全国高职高专教育土建类专业教学指导委员会规划推荐教材

电 子 技 术

(建筑电气工程技术专业适用)

本教材编审委员会组织编写
刘春泽 主编
裴 涛 张玉凤 副主编
吴伯英 主审

中国建筑工业出版社

图书在版编目（CIP）数据

电子技术／刘春泽主编．—北京：中国建筑工业出版社，2004

全国高职高专教育土建类专业教学指导委员会规划推荐教材

ISBN 7-112-06952-1

Ⅰ.电… Ⅱ.刘… Ⅲ.电子技术—高等学校：技术学校—教材 Ⅳ.TN

中国版本图书馆CIP数据核字（2004）第132843号

全国高职高专教育土建类专业教学指导委员会规划推荐教材

电 子 技 术

（建筑电气工程技术专业适用）

本教材编审委员会组织编写

刘春泽 主编

裴 涛 张玉凤 副主编

吴伯英 主审

*

中国建筑工业出版社出版（北京西郊百万庄）

新华书店总店科技发行所发行

北京建筑工业印刷厂印刷

*

开本：787×1092毫米 1/16 印张：22 字数：530千字
2005年3月第一版 2005年3月第一次印刷
印数：1—3,000册 定价：30.00元
ISBN 7-112-06952-1
TU·6193（12906）

版权所有 翻印必究
如有印装质量问题,可寄本社退换
（邮政编码100037）

本社网址：http://www.china-abp.com.cn
网上书店：http://www.china-building.com.cn

本书是建筑电气工程技术专业的专业基础课用教材。全书主要介绍了电子技术的基本理论和基本应用。本书共十二章,包括:半导体元件及特性、基本放大电路、集成运算放大器、功率放大器、直流稳压电源、逻辑代数基础、逻辑门电路、组合逻辑电路、触发器、时序逻辑电路、A/D和D/A转换、电力电子技术。

本书可作为高等职业院校建筑电气工程技术专业的教材,也可供相关工程技术人员参考。

* * *

责任编辑　齐庆梅　朱首明
责任设计　刘向阳
责任校对　关　健　王金珠

本教材编审委员会名单

主　任：刘春泽
副主任：贺俊杰　张　健
委　员：陈思仿　范柳先　孙景芝　刘　玲　蔡可键
　　　　蒋志良　贾永康　王青山　胡晓元　刘复欣
　　　　韩永学　郑发泰　沈瑞珠　黄　河　尹秀妍

序　言

全国高职高专教育土建类专业教学指导委员会建筑设备类专业指导分委员会(原名高等学校土建学科教学指导委员会高等职业教育专业委员会水暖电类专业指导小组)是建设部受教育部委托,并由建设部聘任和管理的专家机构。其主要工作任务是,研究建筑设备类高职高专教育的专业发展方向、专业设置和教育教学改革,按照以能力为本位的教学指导思想,围绕职业岗位范围、知识结构、能力结构、业务规格和素质要求,组织制定并及时修订各专业培养目标、专业教育标准和专业培养方案;组织编写主干课程的教学大纲,以指导全国高职高专院校规范建筑设备类专业办学,达到专业基本标准要求;研究建筑设备类高职高专教材建设,组织教材编审工作;制定专业教育评估标准,协调配合专业教育评估工作的开展;组织开展教学研究活动,构建理论与实践紧密结合的教学内容体系,构筑"校企合作、产学研结合"的人才培养模式,为我国建设事业的健康发展提供智力支持。

在建设部人事教育司和全国高职高专教育土建类专业教学指导委员会的领导下,2002年以来,全国高职高专教育土建类专业教学指导委员会建筑设备类专业指导分委员会的工作取得了多项成果,编制了建筑设备类高职高专教育指导性专业目录;制定了"供热通风与空调工程技术"、"建筑电气工程技术"、"给水排水工程技术"等专业的教育标准、人才培养方案、主干课程教学大纲、教材编审原则,深入研究了建筑设备类专业人才培养模式。

为适应高职高专教育人才培养模式,使毕业生成为具备本专业必需的文化基础、专业理论知识和专业技能、能胜任建筑设备类专业设计、施工、监理、运行及物业设施管理的高等技术应用性人才,全国高职高专教育土建类专业教学指导委员会建筑设备类专业指导分委员会,在总结近几年高职高专教育教学改革与实践经验的基础上,通过开发新课程,整合原有课程,更新课程内容,构建了新的课程体系,并于2004年启动了"供热通风与空调工程技术"、"建筑电气工程技术"、"给水排水工程技术"三个专业主干课程的教材编写工作。

这套教材的编写坚持贯彻以全面素质为基础,以能力为本位,以实用为主导的指导思想。注意反映国内外最新技术和研究成果,突出高等职业教育的特点,并及时与我国最新技术标准和行业规范相结合,充分体现其先进性、创新性、适用性。它是我国近年来工程技术应用研究和教学工作实践的科学总结,本套教材的使用将会进一步推动建筑设备类专业的建设与发展。

"供热通风与空调工程技术"、"建筑电气工程技术"、"给水排水工程技术"三个专业教材的编写工作得到了教育部、建设部相关部门的支持,在全国高职高专教育土建类专业教学指导委员会的领导下,聘请全国高职高专院校本专业享有盛誉、多年从事"供热通风与空调工程技术"、"建筑电气工程技术"、"给水排水工程技术"专业教学、科研、设计的副教授以上的专家担任主编和主审，同时吸收工程一线具有丰富实践经验的高级工程师及优秀中青年教师参加编写。可以说，该系列教材的出版凝聚了全国各高职高专院校"供热通风与空调工程技术"、"建筑电气工程技术"、"给水排水工程技术"三个专业同行的心血，也是他们多年来教学工作的结晶和精诚协作的体现。

各门教材的主编和主审在教材编写过程中认真负责，工作严谨，值此教材出版之际，全国高职高专教育土建类专业教学指导委员会建筑设备类专业指导分委员会谨向他们致以崇高的敬意。此外，对大力支持这套教材出版的中国建筑工业出版社表示衷心的感谢，向在编写、审稿、出版过程中给予关心和帮助的单位和同仁致以诚挚的谢意。衷心希望"供热通风与空调工程技术"、"建筑电气工程技术"、"给水排水工程技术"这三个专业教材的面世，能够受到各高职高专院校和从事本专业工程技术人员的欢迎，能够对高职高专教学改革以及高职高专教育的发展起到积极的推动作用。

全国高职高专教育土建类专业教学指导委员会
建筑设备类专业指导分委员会
2004年9月

前　言

本书是建筑电气工程技术专业的专业基础课之一。主要研究的内容是电子技术的基本理论和基本应用。

本书综合了模拟电子技术、数字电子技术和晶闸管变流技术的有关知识，针对目前高等职业教育教学需要，并吸取了多方的意见和建议编写而成。编写过程中注意结合高等职业教育的特点，尽量做到结合工程实际，理论和实践相结合，既保证全书的系统性和完整性，又体现内容的先进性、适用性、可操作性，便于案例教学，实践教学。

本书共分十二章，刘春泽任主编，裴涛、张玉凤任副主编，吴伯英任主审。其中绪论、第五、六、七、八章由沈阳建筑大学职业技术学院刘春泽编写，第十一、十二章由沈阳建筑大学职业技术学院裴涛编写，第三、四章由徐州建筑职业技术学院张玉凤编写，第一、二章由沈阳建筑大学职业技术学院王庆良编写，第九、十章由四川建设职业技术学院孙建松编写。

在本书编写过程中，黑龙江建筑职业技术学院的吴伯英教授提出了许多宝贵的意见和建议，并以高度负责的态度对书稿进行审查，同时得到了中国建筑工业出版社有关同志的大力支持，在这里一并表示感谢。

由于编者时间仓促，水平有限，书中难免有不妥之处，恳请读者批评指正。

目　录

第一章　半导体元件及特性 1
第一节　半导体二极管 1
第二节　半导体三极管 9
第三节　场效应晶体管 14
思考题与习题 19

第二章　基本放大电路 21
第一节　基本放大电路的组成及工作原理 21
第二节　图解法分析放大电路 25
第三节　微变等效电路法分析放大电路 30
第四节　静态工作点的稳定电路 36
第五节　共集电极电路-射极输出器 39
第六节　共基极放大电路和放大电路的频率响应 42
第七节　场效晶体管基本放大电路 51
思考题与习题 56
实验与技能训练 60

第三章　集成运算放大器 62
第一节　集成电路 62
第二节　差分放大器 64
第三节　集成运算放大器 74
第四节　集成运算放大器的应用 79
第五节　负反馈 93
思考题与习题 112
实验与技能训练 119

第四章　功率放大器 126
第一节　功率放大器概述 126
第二节　功率放大器 130
思考题与习题 138
实验与技能训练 139

第五章　直流稳压电源 143
第一节　整流滤波电路 143
第二节　硅稳压管稳压电路 147
第三节　串联型晶体三极管稳压电路 149
思考题与习题 153

第六章 逻辑代数基础 154
第一节 数字电路概述 154
第二节 数制与码制 156
第三节 逻辑函数的基本运算 160
第四节 逻辑函数及基本公式 163
第五节 逻辑函数的化简方法 166
思考题与习题 176

第七章 逻辑门电路 178
第一节 二极管、三极管的开关特性 178
第二节 基本逻辑门电路 181
思考题与习题 190
实验与技能训练 192

第八章 组合逻辑电路 196
第一节 组合逻辑电路的分析与设计 196
第二节 加法器和数值比较器 199
第三节 编码器 204
第四节 译码器 209
第五节 数据选择器和数据分配器 221
思考题与习题 228

第九章 触发器 231
第一节 RS 触发器 231
第二节 触发器逻辑功能概述 234
第三节 主从触发器 236
第四节 触发器逻辑功能的转换 237
思考题与习题 239
实验与技能训练 240

第十章 时序逻辑电路 242
第一节 时序逻辑电路的特点与基本分析方法 242
第二节 寄存器 243
第三节 计数器 245
思考题与习题 249

第十一章 A/D、D/A 转换 251
第一节 D/A 转换器 251
第二节 A/D 转换器 257
思考题与习题 266
实验与技能训练 268

第十二章 电力电子技术 270
第一节 晶闸管的组成及工作原理 270
第二节 单相可控整流电路 276

第三节　三相可控整流电路 …………………………………………………… 290
第四节　晶闸管触发电路 …………………………………………………… 305
第五节　有源逆变电路 ……………………………………………………… 321
思考题与习题 ………………………………………………………………… 332
实验与技能训练 ……………………………………………………………… 334
参考文献 ………………………………………………………………………… 339

第一章　半导体元件及特性

半导体器件是近代电子学的重要组成部分，是构成电子线路的重要器件。由于半导体元器件具有体积小、重量轻、输入功率小和功率转换效率高等优点，因而得到广泛的应用。本章首先介绍半导体的基本知识，接着介绍半导体二极管、三极管、场效应晶体管的结构、工作原理、特性曲线和主要参数，为后面的章节提供必要的基础知识。

第一节　半导体二极管

一、半导体的特点

（一）半导体的特点

在自然界中，存在着许多不同的物质，有的物质很容易传导电流，称为导体。也有的物质几乎不传导电流，称为绝缘体。此外还有一类物质，它的导电能力介于导体与绝缘体之间，我们称它为半导体。常见的半导体如锗、硅、硒化镓、一些硫化物和氧化物等。半导体除了在导电能力方面与导体和绝缘体不同外，它还具有不同于其他物质的特点，例如，半导体受到外界光和热的刺激时或者在纯净的半导体中加入微量的杂质，其导电性能会发生显著变化。其中半导体的电阻率随温度的上升而明显下降，呈负温度系数的特性。半导体的导电能力随温度上升而明显增加；半导体的电阻率随光照的不同而变化；在纯净半导体掺入少量的杂质，它的导电能力会得到显著的提高。

（二）本征半导体和空穴

本征半导体是完全纯净的、原子排列整齐的半导体晶体。在 $T=0K$ 和没有外界激发时，没有可以自由运动的带电粒子—载流子，这时它相当于绝缘体。例如高纯度半导体材料硅、锗都是单晶结构，它们的原子整齐地按一定的规律排列着，原子之间的距离不仅很小而且是相等的。图 1-1(a) 和 1-1(b) 所示分别为锗和硅的原子结构示意图。

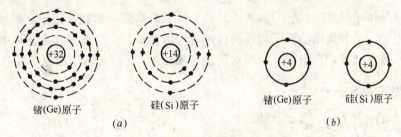

图 1-1　锗和硅原子结构模型
(a)原子结构图；(b)简化模型

在硅、锗被制成单晶后，最外层的 4 个价电子不仅受自身原子核的束缚，还与其相邻的 4 个原子核相互吸引，2 个相邻原子之间有 1 对价电子，这种价电子称为共价键结构，如图 1-2 所示。

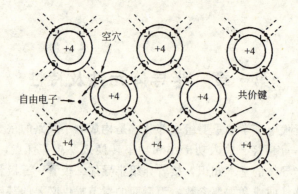

图 1-2 锗(硅)原子在晶体中的共价键排列

半导体共价键中的价电子并不像绝缘体中的原子被束缚得那么紧,在室温 300K 时,由于热激发,就会使一些价电子获得足够的能量挣脱共价键的束缚,成为自由电子。这种现象称为本征激发。在电子挣脱共价键的束缚成为自由电子后,共价键就留下一个空位,这个空位叫做空穴。显然,空穴带有正电荷。当温度越高时,电子的空穴越多。电子空穴的热运动是杂乱无章的,对外不显电性。

(三) 杂质半导体

在本征半导体中掺入少量的杂质,就会使半导体的导电性能发生显著的改变。因掺入杂质的不同,可分为 N 型半导体(电子半导体)和 P 型半导体(空穴半导体)。

1. N 型半导体

在本征半导体中(如硅、锗中)掺入少量的五价元素杂质,如磷、锑、砷等,会使半导体中的自由电子数发生变化。磷原子有五个价电子,它的四个价电子与相邻的硅组成共价键后,还多余一个价电子,多余的价电子很容易受激发成为自由电子。所以掺入的磷元素越多,则自由电子就越多。如图 1-3 所示。由于磷原子在硅晶体中给出了一个多余的电子,称磷为施主杂质,或 N 型杂质。但在产生自由电子的同时并不产生新的空穴,因此在 N 型半导体中,自由电子数远大于空穴数。这样的一种半导体将以自由电子导电为主,所以自由电子称为多数载流子,而空穴称为少数载流子。

2. P 型半导体

在本征半导体中(如硅、锗中)掺入少量的三价元素杂质,如硼、铟等,硼原子最外层只有三个价电子,它与周围硅原子组成共价键时,因缺少一个价电子,在晶体中就留有一个空穴,空穴数量增多,自由电子则相对很少。如图 1-4 所示。由于硼原子在硅晶体中能

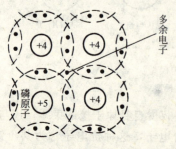

图 1-3 N 型半导体

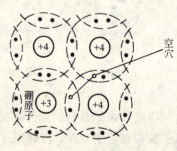

图 1-4 P 型半导体

接受电子，故称硼为受主杂质，或 P 型杂质。在产生空穴的同时并不产生新的自由电子，因此在 P 型半导体中，空穴数远大于自由电子数。在这种半导体中以空穴导电为主，故空穴为多数载流子，而自由电子为少数载流子。注意不论是 N 型半导体或是 P 型半导体都是电中性，对外不显电性。

二、PN 结的形成与特性

（一）PN 结的形成

当 P 型半导体和 N 型半导体接触后，在交界面处由于载流子的扩散运动，P 区的空穴向 N 区扩散，N 区的电子向 P 区扩散。在 P 区和 N 区的接触面上就产生了正、负离子层。N 区一侧失去自由电子剩下正离子，P 区一侧失去空穴剩下负离子，这个区域称为空间电荷区，即 PN 结。同时形成一个由 N 区指向 P 区的内电场，内电场的方向从 N 区指向 P 区。内电场对扩散运动起阻碍作用，电子和空穴的扩散运动随着内电场的增强而逐渐减弱，最后达到动态的平衡。如图 1-5(a)、(b)所示。

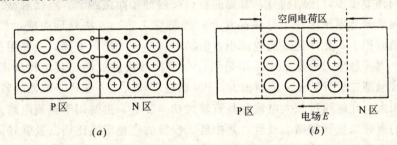

图 1-5 PN 结的形成

（二）PN 结的单向导电性

PN 结在使用时总是加一定的电压，若 PN 结外加正向电压（P 区的电位高于 N 区的电位），称为正向偏置，简称正偏。如图 1-6(a)所示。这时 PN 结外电场与内电场方向相反，PN 结变窄，则 P 区的多数载流子空穴和 N 区的多数载流子自由电子在回路中形成较大的正向电流 I_F，使 PN 结正向导通。这时 PN 结呈低电阻状态。

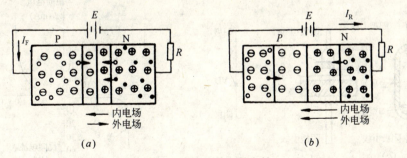

图 1-6 PN 结的单向导电性

若 PN 结外加反向电压（P 区的电位低于 N 区的电位），称为反向偏置，简称反偏。如图 1-6(b)所示。这时外加电场与内电场方向相同，使内电场增强，PN 结变厚，多数载流子运动难以进行，而 P 区的少数载流子自由电子和 N 区的少数载流子空穴在回路中形成极小的反向电流 I_R，称 PN 结反向截止。这时 PN 结呈高阻状态。

由此可知，PN 结正向偏置时，呈导通状态；反向偏置时，呈截止状态。这就是 PN

结的单向导电性。另外在室温下,少数载流子形成的反向电流虽然很小,但它随温度的上升而明显增加,使用时要特别注意。

三、二极管的结构和类型

半导体二极管由一个 PN 结加上相应的引出端和管壳构成。它由两个电极,P 区引出线称二极管的正极(又称阳极),由 N 区引出线称二极管的负极(又称阴极)。常见二极管的外形图和符号如图 1-7 所示。

图 1-7 二极管的结构和符号

二极管的种类很多,按结构分,常见的有点接触型和面接触型。点接触型二极管是用一根含杂质元素的金属丝压在半导体晶片上,经特殊工艺、方法处理而成,如图 1-8(a) 所示。因其结面积小,允许通过的电流小,但结电容小,工作频率高,主要用在高频检波和开关电路;面接触型二极管的 PN 结是用合金或扩散法做成的,其结构如图 1-8(b) 所示。由于面接触型二极管的 PN 结面积大,PN 结电容较大,一般适于较低的频率下工作,由于接触面积大,允许通过较大电流和具有较大功率容量,主要用于整流电路。按制造材料分,常用的有硅二极管和锗二极管,其中硅二极管的热稳定性比锗二极管好得多。按用途分,常用的有普通二极管、整流二极管、检波二极管、稳压二极管、光电二极管、开关二极管等等。

四、二极管的特性及参数

(一)半导体二极管的伏安特性

二极管的伏安特性是指通过二极管的电流与其两端的电压之间的关系。如图 1-9 所示。下面对二极管的伏安特性分三部分来分析。

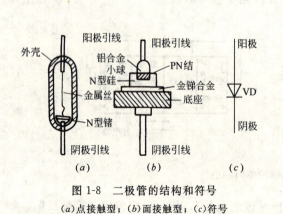

图 1-8 二极管的结构和符号
(a)点接触型;(b)面接触型;(c)符号

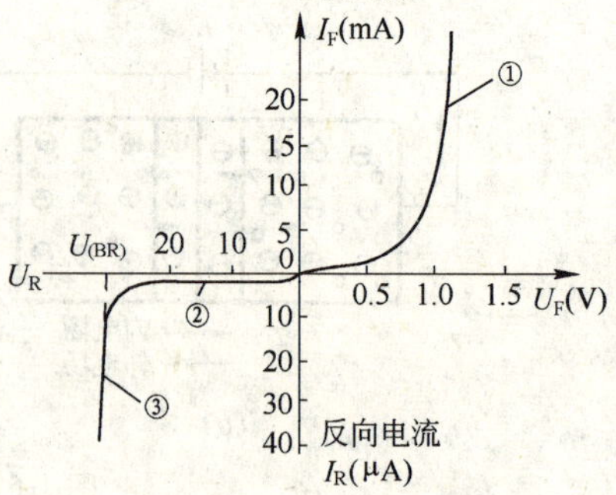

图 1-9 二极管的伏安特性

1. 正向特性

当二极管两端加正向电压时,便有正向电流通过。但当二极管承受电压很低时,还不足以克服 PN 结内电场对多数载流子运动的阻挡作用,因此,这时正向电流 I_F 仍然很小,二极管呈现的电阻较大,称为死区。通常,硅材料二极管的死区电压约为 0.5V,锗材料二极管的死区电压为0.2V。

当外加电压超过一定电压数值U_T时，外电场大大抵消了内电场，二极管的电阻变得很小，正向电流I_F随外加电压的增加而显著增大，如图1-9第①段所示。当二极管完全导通后，正向压降基本维持不变，称为二极管的正向导通电压或门坎电压，一般硅管为0.7V，锗管为0.3V。

2. 反向特性

二极管加反向电压，即高电位接在二极管的阴极，低电位接在二极管的阳极。此时外电场与内电场方向一致，只有少数载流子的漂移运动，形成反向电流I_R，如图1-9第②段所示。反向电流I_R极小，一般硅管为几微安以下，锗管较大，几十到几百微安。这种特性称为反向截止特性。

3. 反向击穿特性

当外加反向电压增大到一定数值时，外加电场过强，可能破坏共价键而把价电子拉出，使电子的数目剧增；强电场也可能引起电子与原子碰撞，产生新的电子空穴对，而引起载流子的数目急剧上升。这都将使反向电流突然剧增，这种现象称二极管反向击穿，击穿时对应的电压称为反向击穿电压U_{BR}。如图1-9第③段所示。普通二极管发生反向击穿后，将会因电流过大使管子过热而造成永久性损坏，这种现象叫做热击穿。

（二）二极管的主要参数

1. 最大整流电流I_{FM}

指二极管长期工作时允许通过的最大正向平均电流。使用二极管时，管子通过的电流应小于I_{FM}，否则管子容易过热而损坏。

2. 反向击穿电压U_{BR}

指二极管反向击穿时，对应的外加电压称为反向击穿电压。一般手册上给出的最高反向电压约为击穿电压的一半，以确保管子安全运行。

3. 反向电流I_R

指管子未击穿时的反向电流。其值愈小，管子的单向导电性越好。由于温度增加，反向电流会急剧增加，所以在使用二极管时要注意温度的影响。

4. 最高工作频率f_M

指保持二极管单向导通性能时，外加电压的最高频率，二极管工作频率与PN结的极间电容大小有关，容量越小，工作频率越高。

五、二极管的应用举例

利用二极管的单向导电性及导通时正向压降很小的特点，可以应用于整流、检波、稳压、限位、开关以及元件保护等各项功能。

（一）整流

整流是指将交流电变为单向脉冲的直流电。利用二极管的单向导电性可组成单相、三相等各种形式的整流电路，然后再经过电容的滤波及稳压，便可获得平稳的直流电。这些内容将在第五章（单相全波整流、单相桥式整流）详细阐述。下面着重分析单相半波整流的基本原理。

单相半波整流电路通常由降压电源变压器T_r、整流二极管VD和负载电阻R_L组成，如图1-10所示。为简化分析，将二极管视为理想二极管，即二极管正向导通时，作短路处理；反向截止时，作开路处理。

设电源变压器二次绕组的交流电压为：

$$u_2=\sqrt{2}U_2\sin\omega t$$

u_2 的波形如图 1-11(a)所示。在 u_2 的正半周期间，变压器二次电压的瞬时极性是上端为正，下端为负。二极管 VD 因正向偏置而导通，电流自上而下流过负载电阻 R_L，则 $u_{VD}=0$，$u_L=u_2$。在 u_2 的负半周，变压器二次电压的瞬时极性是上端为负，下端为正。二极管 VD 因反向偏置而截止，没有电流通过负载电阻 R_L，则 $u_L=0$，而 u_2 全部加在二极管 VD 两端，有 $u_{VD}=u_2$。负载上的电压和电流的波形如图 1-11(b)、(c)所示。可见，利用二极管的单向导电性，将变压器二次绕组的正弦交流电变换成了负载两端的单向脉动的直流电，达到了整流的目的。这种电路在交流电的半个周期才有电流通过负载，故称为半波整流电路。

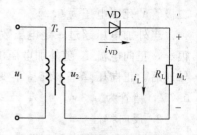

图 1-10 单相半波整流电路

（二）稳压

稳压又称钳位，它是利用二极管的反向击穿电压原理。当反向电流有很大的变化时，只引起微小的电压变化。如图 1-12 所示。特性曲线愈陡，稳压性能愈好。由此可见，稳压管是工作在反向击穿区。

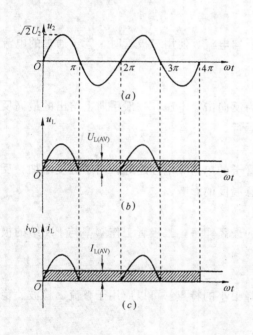

图 1-11 半波整流波形图

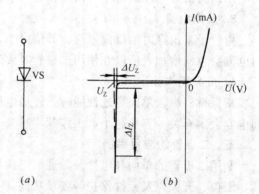

图 1-12 稳压管的符号及伏安特性
(a)符号；(b)伏安特性

稳压管的主要参数有：

(1) 稳定电压 U_Z：它是表示稳压管在规定电流值下正常工作时，其两端的电压值；

(2) 稳定电流 I_Z：它等于稳压管在正常工作时的参考电流值；

(3) 温度系数 k：它表示温度升高 1℃ 时稳压值的相对变化量，即表示管子温度稳定性的参数；

(4) 动态电阻 r_Z：它是稳压管两端电压变化量与电流变化量的比值，其数值随工作电流的不同而改变。r_Z 愈小，表明稳压作用愈好；

(5) 最大允许耗散功率 P_{ZM}：它等于稳定电压 U_Z 和最大允许电流 I_{ZM} 的乘积。

图 1-13 是常用的稳压电路。图中 R 是限流电阻，它一方面起限流作用，保证在负载开路时流过二极管的电流不超过 I_{ZM}；另一方面，在输入电压 u_i 或负载变化时，它起到调整作用，保证输出电压 u_o 稳定。为了保证电路能正常工作，u_i 必须使稳压管工作在反向击穿区，并且适当选择 R 的阻值，使稳压管中的电流在 I_Z 和最大允许电流 I_{ZM} 之间。

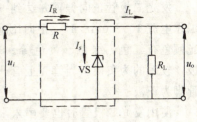

图 1-13 稳压电路

（三）限位

利用二极管正向导通后其两端电压很小且基本保持不变的特性，可以构成限位电路，使输出电压保持在某一电压范围内。

六、特殊用途的二极管

（一）光电二极管

光电二极管又称光敏二极管，是一种将光信号转换成电信号的特殊二极管。它的反向电流随光照强度的增加而上升，通常在管壳备有一个玻璃窗口以接受光照。其外形和符号如图 1-14 所示。

光电二极管工作在反向偏置状态。当管壳上的玻璃窗口无光照时，反向电流很小，称为暗电流；有光照时反向电流很大，称为亮电流，且光照越强，亮电流越大。如果在外电路接上负载，便可获得随光照强弱而变化的电信号。例如图 1-15 是光电二极管的基本应用电路，无光照时，负载 R_L 上无电压；有光照时，亮电流在 R_L 上转换为电压输出，从而实现光电转换。

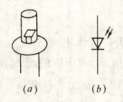

图 1-14 光电二极管的
外形及符号
(a) 外形；(b) 符号

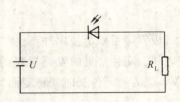

图 1-15 光电二极管的
基本应用电路

光电二极管使用时应注意：

(1) 保证光电二极管的反偏电压不小于 5V，否则光电流和光强度不呈线性关系；

(2) 保持光电二极管的管壳清洁，否则光电灵敏度会下降。

光电二极管主要在光电控制系统中作传感元件，应用也十分广泛。

（二）发光二极管

发光二极管是一种将电能转换成光能的元器件，简写成 LED(Light Emitting Diode)。通常用元素周期表中Ⅲ、Ⅴ族元素的化合物，如砷化镓、磷化镓等制成。发光二极管和普通二极管相似，也是由一个 PN 结构成，发光二极管正向导通时，由于空穴和电子的直接复合而放出能量，发出一定波长的可见光，由于光的波长不同，颜色也不相同。常见的发光二极管有红、绿、黄等颜色。图 1-16 发光二极管的外形和符号。

发光二极管正向偏置并达到一定电流时就会发光。通常工作电流 10~30mA 时，正向压降 2~3V。发光二极管的发光颜色有红色、绿色、黄色等。通常管脚引线较长的为正极，较短的为负极。当管壳上有凸起的标志时，靠近标志的管脚为正极。

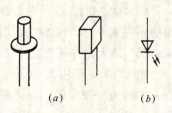

图 1-16 发光二极管的外形及符号
(a)外形；(b)符号

使用发光二极管时也要串入限流电阻，避免流过的电流太大。改变电流的大小还可以改变发光的亮度。图 1-17(a)是常用的直流驱动电路。限流电阻 R 可按下式计算：

$$R = \frac{U - U_F}{I_F} \tag{1-1}$$

式中 U_F 为 LED 的正向电压，约为 2V；I_F 为正向工作电流，可从产品手册中查得。用交流电源驱动时，如图 1-17(b)所示。此时，在计算限流电阻 R 时仍用上式，不过上式中的 U 是交流电压的有效值，二极管 VD 可避免 LED 承受高的反向电压。

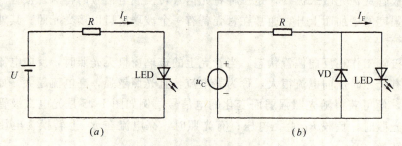

图 1-17 LED 的驱动电路
(a)直流驱动；(b)交流驱动

发光二极管除可单个使用外，也常作成七段式或矩阵式，工作电流一般为几个毫安或几十毫安之间。几种常见的发光材料的主要参数如表 1-1 所示。LED 的反向击穿电压一般大于 5V，但为使器件长时间稳定而又可靠地工作，安全使用电压选择在 5V 以下。

发光二极管的主要参数　　　　　　　　　　表 1-1

颜 色	波 长 (nm)	基 本 材 料	正向电压 (10mA)(V)	光强(10mA 时, 张角±45°)(cd)	光 功 率 (μW)
红外	900	砷化镓(GaAs)	1.3~1.5		100~500
红	655	磷砷化镓(GaAsP)	1.6~1.8	0.4~1	1~2
鲜红	635	磷砷化镓(GaAsP)	2.0~2.2	2~4	5~10
黄	583	磷砷化镓(GaAsP)	2.0~2.2	1~3	3~8
绿	565	磷化镓(GaP)	2.2~2.4	0.5~3	1.5~8

（三）变容二极管

变容二极管是利用 PN 结的电容效应工作的，即空间电荷区内没有载流子，起着绝缘介质的作用，PN 结类似一个平板电容器。它的电容量一般为几十到几百皮法，且随反偏电压(0～30V)的升高而减小(约 15 倍)。因此变容二极管是工作在反向偏置状态，其符号如图 1-18 所示。

图 1-18 变容二极管的符号

变容二极管的常见用途是作为调谐电容使用，例如在电视机的频道选择器中，利用它来微调选择电台的频道。

第二节 半导体三极管

半导体三极管又称双极型三极管或晶体三极管，简称三极管。它在电子电路中既可用作放大元件，又可用作开关元件，应用非常广泛。本节主要介绍三极管的工作原理、特性曲线和主要参数。

一、三极管的结构和类型

（一）三极管的结构

三极管又称晶体管，它的种类很多。从其内部结构来看，分为 NPN 型和 PNP 型两种三极管。其中 NPN 型多为硅管，而 PNP 型多为锗管。

三极管是由两个 PN 结的三块杂质半导体组成，不管是 NPN 型还是 PNP 型，都有三个区组成：集电区、发射区、基区，以及分别从这三个区引出的三个电极：集电极 C、发射极 E、基极 B。两个 PN 结分别是发射区与基区之间的发射结和集电区与基区之间的集电结。在电路中，两种管子的内部结构和符号如图 1-19 所示。图中箭头表示发射结在加正向电压时的电流方向。

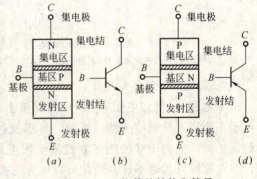

图 1-19 三极管的结构和符号
(a)NPN 型三极管；(b)NPN 管符号；
(c)PNP 型三极管；(d)PNP 管符号

为了保证三极管具有电流放大功能，三极管在制造工艺上有如下特点：

（1）基区做得很薄(一般仅有 1 微米至几十微米厚)掺杂浓度很低，所以基区多数载流子的浓度很低。

（2）发射区比集电区掺的杂质多，因此发射区的多数载流子浓度比集电区高。故三极管的集电极和发射极不能互换使用。另外，集电结截面积大于发射结的截面积。常见三极管的外形如图 1-20 所示。

（二）三极管的类型

三极管根据基片的材料不同，分为锗管和硅管两大类，目前国内生产的硅管多为 NPN 型(3D 系列)，锗管多为 PNP 型(3A 系列)；从频率特性分为高频管和低频管；从功率大小分为大功率管、中功率管和小功率管等。实际应用中采用 NPN 型的三极管较多，所以下面以 NPN 型三极管为例加以讨论，所得结论对于 PNP 型三极管同样适用。

二、三极管的电流分配及放大作用

NPN 型和 PNP 型三极管虽然结构不同，但工作原理是相似的。下面以 NPN 型管为例来介绍三极管的电流放大原理。

（一）三极管内部载流子的运动过程

要实现三极管的放大作用，需要外加合适的电源电压。要求发射结外加正向电压，简称正向偏置；集电结外加反向电压，简称反向偏置。如图 1-21 所示。图中 E_B 为基极外接电源，它保证发射结正向偏置；E_C 为集电极外接电源，并且 $E_C > E_B$，以满足发射结反向偏置的要求；R_B 和 R_C 分别为基极回路和集电极回路的串接电阻。

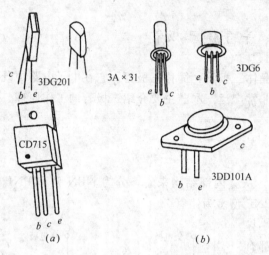

图 1-20　常见三极管外形图
(a)塑封装；(b)金属壳管

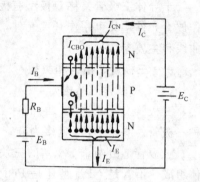

图 1-21　三极管内部载流子的运动

1. 发射区向基区发射电子

由于电源 E_B 经过电阻 R_B 加在发射结上，发射结正偏。发射区的多数载流子——自由电子不断通过发射结向基区扩散，形成发射极电流 I_E。同时基区多数载流子空穴也向发射区扩散，但由于基区的多数载流子浓度远远低于发射区载流子浓度，故与电子流相比，空穴流可以忽略不计。因此可以认为三极管发射结电流主要是电子流。

2. 电子在基区中的扩散和复合

由发射区注入基区的电子，在发射结附近积累起来，形成了一定的浓度梯度，而靠近集电结附近电子浓度很小，渐渐形成电子浓度差，在浓度差的作用下，促使电子流在基区向集电结扩散，在扩散过程中，电子不断与基区空穴复合形成电子流 I_{BN}，复合的空穴由基极电源补充，而形成基极电流 I_B。所以基极电流就是电子在基区与空穴复合的电流。由于基区空穴浓度很低，且基区做得很薄，使电子在基区和空穴复合的数量很少，绝大多数都扩散到集电结附近，所以形成的基极电流 I_B 很小。

3. 集电区收集电子

由于集电结外加反向电压很大，这个反向电压产生的电场力一方面使集电区的电子和基区的空穴很难通过集电结；另一方面吸引基区中扩散到集电结附近的大量电子，将它们收集到集电区，形成收集电流 I_{CN}。同时集电区的少数载流子即空穴也会产生漂移运动，流向基区形成反向饱和电流 I_{CBO}。

由此可见，集电结电流 I_C 由两部分电流 I_{CN} 和 I_{CBO} 组成，而 I_{CBO} 的数值很小，但对温度却非常敏感，使管子工作不稳定，所以在制造过程中应尽量设法减小 I_{CBO}。

以上分析的是 NPN 型三极管的电流放大原理，对于 PNP 型三极管，其工作原理相同,只是三极管各极所接电源极性相反,发射区发射的载流子是空穴而不是电子。

（二）电流分配关系

由上面载流子的运动过程可知,由于电子在基区的复合,发射区注入基区的电子并非全部到达集电极,三极管制成后,发射区注入的电子传输到集电结所占的比例是一定的。图1-22描述了三极管电流分配关系。从图中可知:

$$I_C = I_{CN} + I_{CBO} \qquad (1-2)$$

由于在常温下 I_{CBO} 的数值很小,可忽略不计。故

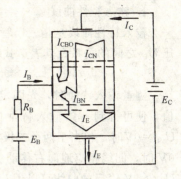

图1-22 三极管的电流分配关系

$$I_C \approx I_{CN} \qquad I_B \approx I_{BN}$$

又因为　　　　　　　　　　$I_E = I_{CN} + I_{BN}$

所以　　　　　　　　　　　$I_E = I_C + I_B$

设　　　　　　　　　　　　$I_C = \beta I_B \qquad (1-3)$

故　　　　　　$I_E = \beta I_B + I_B = (1+\beta)I_B \qquad (1-4)$

上式中 I_C 与 I_B 的比值,表示共射极直流电流放大系数,用 $\overline{\beta}$ 表示,当电流的变化量很小时,可近似认为 $\beta \approx \overline{\beta}$。

（三）放大作用

三极管的最基本的作用是把微弱的电信号加以放大,三极管的放大电路如图1-23所示。因发射极是基极回路和集电极回路的公共端,所以此电路又叫共射极放大电路。如果 $I_B = 20\mu A$, $I_C = 1.2mA$, 则 $I_E = I_B + I_C = (0.02+1.2)mA = 1.22mA$, 电流放大倍数 $\beta = I_C/I_B = 60$。若调节电阻 R_B, 使电流 I_B 增加 $10\mu A$, 则 I_C 相应地增加了 $\Delta I_C = 0.01 \times 60 mA = 0.6 mA$。由此可见,当基极有微小的变化时,集电极会有很大的变化,这说明三极管有电流放大作用。

三、三极管的特性曲线及主要参数

（一）三极管的特性曲线

三极管的特性曲线是指三极管各电极电压与电流之间的关系曲线,它是三极管内部载流子运动的外部表现。由于三极管有三个电极,输入、输出各占一个电极,一个公共电极,因此要用两种特性曲线来描述,即输入特性曲线和输出特性曲线。图1-24是三极管共射极特性曲线测试电路。

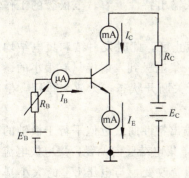　　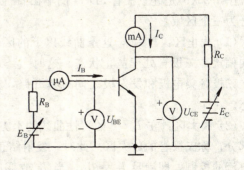

图1-23　三极管共射极放大电路　　图1-24　三极管共射特性曲线测试电路

1. 输入特性曲线

输入特性曲线是指三极管的集、射极间电压 U_{CE} 为常数时,基极电流 I_B 与发射极电压 U_{BE} 之间的关系,其表达式为:

$$I_B = f(U_{BE})|U_{CE}=常数 \qquad (1\text{-}5)$$

测量输入特性时,先固定 U_{CE} 的值,使 $U_{CE} \geqslant 0V$,调节 E_B,测出相应的 I_B 和 U_{BE} 的值,便可得到一条输入特性曲线。图 1-25(a) 是硅三极管 3DG4 的输入特性曲线。当 $U_{CE}=0V$ 时,相当于两个二极管并联工作,曲线和 PN 结的正向特性曲线一样。当 $U_{CE}>0V$ 时,曲线相应地向右移动。当 $U_{CE} \geqslant 1V$ 以后,U_{CE} 对曲线的形状几乎没有影响。所以 $U_{CE} \geqslant 1V$ 以后的曲线可以用 $U_{CE}=1V$ 的曲线替代。这主要是因为当 $U_{CE}=1$ 时,发射区注入基区的电子绝大多数都被集电区所收集,只有很小一部分形成复合电流 I_{BN}。所以 U_{CE} 再加大时,集电极收集的电子也增加不多,I_B 也不会有明显减小,因此 $U_{CE} \geqslant 1V$ 以后,各条曲线基本重合。三极管工作在放大状态时,就用这条曲线。从这条曲线来看,当 U_{BE} 小于 0.5V 时,$I_B \approx 0$ 故在 0.5V 以下的范围称为死区或截止区。

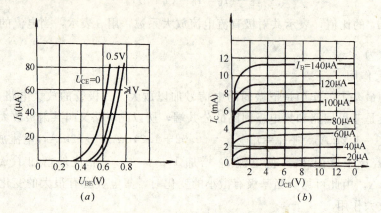

图 1-25 三极管的特性曲线图
(a)3DG4 的输入特性;(b)3DG4 的输出特性

2. 输出特性曲线

输出特性曲线是指当三极管基极电流 I_B 为常数,三极管集电极与发射极之间电压 U_{CE} 和集电极电流 I_C 之间的关系,即

$$I_C = f(U_{CE})|I_B=常数 \qquad (1\text{-}6)$$

图 1-25(b) 是硅三极管 3DG4 的输出特性曲线。从输出特性上看,三极管的工作状态可分为三个区域。

(1) 截止区:$I_B=0$,这条曲线以下的区域称为截止区。此时发射结和集电结均处于反向偏置,三极管处于截止状态。这时 $I_C \approx I_{CEO} \approx 0$。集电极到发射极只有很小的微小电流,三极管集电极和发射极之间接近开路,类似于开关断开状态,无放大作用,呈高阻状态。

(2) 放大区:在 $I_B=0$ 的特性曲线的上方,各条输出特性曲线近似平行于横轴的曲线族部分,称三极管的放大区。此时,发射结正向偏置,集电结反向偏置,集电极电流受基极电流的控制,即满足 $I_C=\beta I_B$。当 I_B 改变时,I_C 随着改变,与电压 U_{CE} 的大小基本无关。不同的 I_B 值对应一组输出特性曲线。

(3) 饱和区：输出特性曲线近似直线上升部分与纵轴所构成的区域称为饱和区。此时发射结与集电结都处于正向偏置，且当 $U_{CE}=U_{BE}$ 时称为临界饱和，$U_{CE}<U_{BE}$ 时为饱和，三极管饱和时 C-E 之间的电压为饱和压降，用 U_{CES} 表示。小功率硅管为 0.3V，锗管为 0.1V。三极管工作在饱和区，无放大作用，集电极与发射极相当于一个开关的接通状态。

(二) 三极管的主要参数

1. 电流放大系数 β

它根据工作状态不同有直流电流放大系数 $\bar{\beta}$ 和交流电流放大系数 β。它们的定义为：

直流电流放大系数 $$\bar{\beta}=\frac{(I_C-I_{CEO})}{I_B}\approx\frac{I_C}{I_B} \qquad (1-7)$$

交流电流放大系数 $$\beta=\Delta I_C/\Delta I_B \qquad (1-8)$$

β 和 $\bar{\beta}$ 含义不同，但通常在输出特性线性较好的情况下，两个数值差别很小，一般不作严格的区分。常用的小功率三极管，β 值约为 20～150，大功率的 β 值一般较小，约为 10～30。注意在选择三级管时，既要考虑 β 值的大小，又要考虑三极管的稳定性。

2. 共基极电流放大系数 α

它是集电极和发射极电流的比值，也有直流放大系数 $\bar{\alpha}$ 和交流放大系数 α。它们的定义为：

共基极直流放大系数： $$\bar{\alpha}=I_C/I_E \qquad (1-9)$$

共基极交流放大系数： $$\alpha=\Delta I_C/\Delta I_E \qquad (1-10)$$

同理，一般情况下可认为： $$\bar{\alpha}=\alpha=I_C/I_E=\Delta I_C/\Delta I_E \qquad (1-11)$$

3. 极间反向电流

(1) 集、基极间反向饱和电流 I_{CBO}：指发射极开路，集电结在反向电压作用下，集、基极的反向漏电流。I_{CBO} 基本上是常数，故又称反向饱和电流。它的数值很小，受温度影响较大。

(2) 集、发射极穿透电流 I_{CEO}：它表示基极开路，集电极、发射极间加上一定反向电压时的集电极电流，$I_{CEO}=(1+\beta)I_{CBO}$。I_{CEO} 和 I_{CBO} 都是衡量管子质量的重要参数，I_{CBO} 越小温度稳定性越好。

4. 极限参数

(1) 集电极最大允许电流 I_{CM}：它是指三极管 I_C 超过一定的数值时 β 会下降，当 β 下降到正常 β 的 2/3 时所对应的 I_C 值为 I_{CM}。如果 I_C 超过 I_{CM} 时，管子的性能显著下降，长时间工作可导致三极管损坏。

(2) 集电极反向击穿电压 $U_{(BR)CEO}$：它表示基极开路时，集电极、发射极之间最大允许电压，称为反向击穿电压 $U_{(BR)CEO}$。当 $U_{CEO}>U_{(BR)CEO}$ 时，三极管的电流 I_C、I_E 剧增，使三极管损坏。

(3) 集电极最大允许功耗 P_{CM}：P_{CM} 表示集电结允许损耗功率的最大值。集电极电流流过集电结时，产生的功耗使结温升高，过高时使三极管烧毁。由 $P_{CM}=I_C\times U_{CE}$ 可求出临界损耗的 I_C 和 U_{CE} 的值，此时 U_{CE} 和 I_C 的输出特性曲线如图 1-25(b) 所示。三极管正常工作时，应工作在安全区域。

(三) 三极管的选择和使用方法

1. 根据电路要求确定管子的种类

三极管的种类很多。按照频率分，有高频管、低频管；按照功率分，有大、中、小功率管等。用于低频电压放大选用低频小功率管；用于高频电路应选用高频管。用于功率放大电路则选用大功率管。

2. 由电路参数选择合适的型号

电路需要输出功率大时，选用 P_{CM} 值大的管子；需要工作在大电流时，选用 I_{CM} 大的管子；工作电压高，选用 $U_{(BE)CEO}$ 大的管子；要求温度稳定好时，选用硅管且 I_{CEO} 较小的管子。要求三极管导通电压低时，选用锗管。β 值一般选几十至一百左右的为宜。β 值太小放大性能差，β 值太大性能一般不稳定。

三极管在电路中不要靠近发热器件，管脚引线不宜太短。大功率管要考虑散热条件。

第三节 场效应晶体管

场效应管是利用电场效应来控制其电流大小的半导体三极管。它是在 20 世纪 60 年代逐渐发展起来的，它不仅具有半导体三极管体积小、重量轻、耗电省、寿命长等特点，而且还有输入阻抗高（最高可达 $10^5\Omega$）、噪声低、热稳定性好、抗辐射能力强和制造工艺简单等优点，因此得到广泛应用。

根据结构不同，场效应管有两大类：绝缘栅场效应管和结型场效应管。

一、绝缘栅场效应晶体管

（一）绝缘栅场效应管的结构和原理

1. 结构

绝缘栅型场效应管可分为增强型和耗尽型两类，每一类又有 N 沟道和 P 沟道两种。

N 沟道增强型绝缘栅场效应管的结构如图 1-26(a) 所示，它是以一块掺杂浓度较低的 P 型硅片作衬底，利用扩散工艺制造两个 N 型区，并用金属铝引出电极，分别为源极 S 和漏极 D。在半导体表面覆盖二氧化硅（SiO_2）绝缘层后，引出的金属铝电极称为栅极 G。由于栅极和其他电极及硅片之间是绝缘的，所以称为绝缘栅场效应晶体管。又称金属-氧化物-半导体场效应管（MOSFET），简称 MOS 管。当栅极和源极之间不加电压时，两个 N 型区之间没有形成导电沟道，属增强型。图 1-26(b) 是 N 沟道增强型 MOS 管的符号。

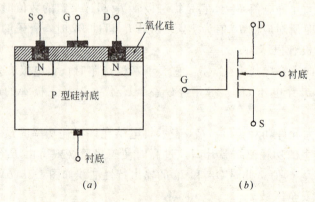

图 1-26 N 沟道增强型 MOS 管的结构与符号

(a)结构；(b)符号

2. N沟道增强型MOS管的工作原理

(1) 导电沟道的建立：在图1-26(a)中，若栅极和源极之间不加电压，即$U_{GS}=0V$，则S、D两极间形成半导体N-P-N组成的两个反向串联的PN结，不存在导电沟道。如果在栅极和源极之间加正向电压U_{GS}，会产生一个垂直于P型硅表面的纵向电场，由于二氧化硅绝缘层很薄，因此即使U_{GS}很小，也会产生很强的电场强度(可达$10^5 \sim 10^6 V/cm$)。P型衬底中的电子受到电场力的吸引到达表层，除填补空穴形成负离子的耗尽层外，还在靠近绝缘层那一面形成一个N型层，如图1-27所示，通常称它为反型层。它就是沟通源区和漏区的N型导电沟道。栅源电压U_{GS}正值越大，半导体表面吸引的电子越多，形成的导电沟道越宽。形成导电沟道后，在漏极电压E_D的作用下，将产生漏极电流I_D，从而管子导通。

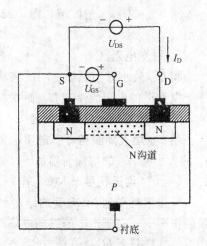

图1-27 N沟道增强型MOS管的工作原理

(2) 栅源电压U_{GS}对漏极电流I_D的控制作用：在一定的漏极电压U_{DS}下，使管子由不导通变为导通的临界栅-源电压称为开启电压，用U_T表示。当外加一定的漏-源电压U_{DS}，栅-源电压U_{GS}越大，形成的导电沟道越宽，导电沟道的电阻就越小，对应的漏极电流I_D越大。因此可通过改变U_{GS}的数值来控制电流I_D。

(二) N沟道增强型MOS管的特性曲线

图1-28和图1-29分别是N沟道增强型MOS管的转移特性曲线和输出特性曲线。

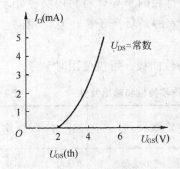

图1-28 N沟道增强型MOS管的转移特性曲线

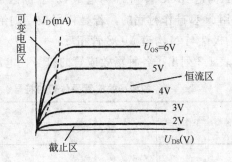

图1-29 N沟道增强型MOS管的输出特性曲线

所谓转移特性，就是输入电压U_{GS}对输出电流I_D的控制特性。在一定的漏源电压下，使增强型MOS管形成导电沟道，产生漏极电流时所对应的栅源电压称为开启电压，用$U_{GS(th)}$表示。显然，只有$U_{GS}>U_{GS(th)}$时，栅源电压才有对漏极电流的控制作用，它们的关系可近似表示为：

$$I_D = I_{DO}\left(\frac{U_{GS}}{U_{GS(th)}}-1\right)^2 \tag{1-12}$$

式中，I_{DO}是$U_{GS}=2U_{GS(th)}$时的I_D值。

输出特性表示在U_{GS}一定时I_D与U_{DS}之间的关系。与晶体三极管类似，它也有三个区域。

1. 截止区

指 $U_{GS}<U_{GS(th)}$ 的区域,图 1-28 中的 $U_{GS(th)}$ 为 2V。由于这时还未形成导电沟道,因此 $I_D≈0$。

2. 可变电阻区

指 U_{DS} 较小时与纵轴之间的区域。这时导电沟道已形成,I_D 随 U_{DS} 的增大而增大。由于导电沟道的电阻大小随 U_{GS} 而变,故称为可变电阻区。

3. 恒流区——线性放大区

当 U_{DS} 增大到脱离可变电阻区时,I_D 不再随 U_{DS} 的增大而增大,I_D 趋于恒定值。但 I_D 的大小随 U_{GS} 的增加而增加,体现了场效应晶体管 U_{GS} 控制 I_D 的放大作用。

(三) N 沟道耗尽型 MOS 管

N 沟道耗尽型 MOS 管的结构与图 1-26 相似,不同的是在制造时已在绝缘层中掺入大量的正离子,它所产生的纵向电场即使在 $U_{GS}=0$ 时,也能吸引足够的电子形成 N 型导电沟道。这样只要 $U_{GS}>0$ 就有 I_D 产生。这种当 $U_{GS}=0$ 时,就有导电沟道的场效应晶体管,称为耗尽型 MOS 管。

N 沟道耗尽型 MOS 管的特性曲线和符号如表 1-2 所示,从转移特性可以看出,耗尽型 MOS 管的栅源电压可以是正值、负值或是零,使用时灵活性较大。它的 I_D 与 U_{DS} 的关系满足下式:

$$I_D = I_{DSS}\left(1 - \left|\frac{U_{GS}}{U_{GS(off)}}\right|\right)^2 \tag{1-13}$$

式中 I_{DSS} 是 $U_{GS}=0$ 时对应的漏极电流,称为饱和漏极电流;$U_{GS(off)}$ 是漏极电流趋于零时,对应的栅源电压,称为夹断电压。

P 沟道 MOS 管和 N 沟道 MOS 管的区别在于作为衬底的半导体材料的类型相反,即它是用 N 型硅作衬底的,若是耗尽型,则绝缘层中掺入的是负离子。注意使用时,U_{GS}、U_{DS} 的极性与 N 沟道 MOS 管相反。

表 1-2 列出了各种场效应管的符号、电压极性及特性曲线,可供使用时参考。

各种场效应管晶体管的符号、电压极性、转移特性和输出特性 表 1-2

结构种类	工作方式	符号	电压极性		转移特性	输出特性
			U_{GS}	U_{DS}		
绝缘栅 N 型	耗尽型	(D-G-衬-S)	−○+	+		
绝缘栅 N 型	增强型	(D-G-衬-S)	+	+		

续表

结构种类	工作方式	符 号	电压极性 U_{GS}	电压极性 U_{DS}	转移特性	输出特性
绝缘栅 P型	耗尽型	D G─┤ 衬 S	±	−	曲线，横轴 $U_{GS(off)}$ 到 $-U_{GS}$，纵轴 $-I_D$	曲线族，$U_{GS}=-1V, 0, +2V, +3V$，横轴 $-U_{DS}$，纵轴 $-I_D$
绝缘栅 P型	增强型	D G─┤ 衬 S	−	−	曲线，横轴 $U_{GS(th)}$ 到 $-U_{GS}$，纵轴 $-I_D$	曲线族，$U_{GS}=-5V, -4V, -3V$，横轴 $-U_{DS}$，纵轴 $-I_D$
*结构 P 沟道	耗尽型	D G─← S	+	−	曲线，横轴 $U_{GS(off)}$ 到 $-U_{GS}$，纵轴 $-I_D$	曲线族，$U_{GS}=0, +1V, +2V$，横轴 $-U_{DS}$，纵轴 $-I_D$
*结构 N 沟道	耗尽型	D G─→ S	−	+	曲线，横轴 $U_{GS(off)}$ 到 U_{GS}，纵轴 I_D	曲线族，$U_{GS}=0, -1V, -2V, -3V$，横轴 U_{DS}，纵轴 I_D

（四）绝缘栅型场效应晶体管的主要参数

1. 开启电压 $U_{GS(th)}$

它是指增强型 MOS 管产生 I_D 所需的最小栅源电压值。通常 $I_D \approx 10\mu A$ 时所对应的栅源电压。

2. 夹断电压 $U_{GS(off)}$

它是指耗尽型 MOS 管的 U_{DS} 为某一固定值时，使 $I_D \approx 10\mu A$ 时对应的栅源电压。

3. 饱和漏极电流 I_{DSS}

它是指耗尽型 MOS 管在 $U_{GS}=0$ 时，外加的漏源电压使 MOS 管工作在恒流区，对应的漏极电流。

4. 直流输入电阻 R_{GS}

它是指 U_{DS} 为一定值时，栅源之间的直流电阻。

5. 跨导 g_m

它是表示栅源电压对漏极电流控制作用大小的参数，也是表示场效应晶体管放大能力

的参数。它的数值等于当漏源电压为常数时,漏极电流变化量和引起这个变化的栅源电压变化量之比,即:

$$g_m = \frac{\Delta I_D}{\Delta U_{GS}} \tag{1-14}$$

跨导的单位为 ms 或 μs。

除以上参数外,场效应晶体管还有击穿电压 $U_{(BR)DS}$、最大耗散功率 P_{DM}、最大漏极电流 I_{DM} 等,它们的意义与晶体三极管相似。

(五)使用绝缘栅场效应晶体管注意事项

(1)绝缘栅场效应晶体管是电压控制器件,栅极没有电流,输入电阻比三极管大得多,适合作放大器的输入级,但应注意各源极性应按规定接入,且数值不应超过对应的极限参数。

(2)绝缘栅场效应管在使用时注意防止栅极悬空,以免栅极的感应电荷无法泄放,导致栅-源电压过高而击穿管子。

(3)当把管子焊接到电路板上时,电烙铁必须良好接地,最好断电后用余热焊接。

二、结型场效应管

1. 结构

结型场效应管它是把一块 N 型半导体材料两边扩散高浓度的 P 型区,形成两个 PN 结,如图 1-30(a)所示。两个 P 型区引出两个电极并连在一起称为栅极 G,在 N 型本体材料的两端各引出一个电极分别称为源极 S 和漏极 D。它的符号如图 1-30(b)所示。其中箭头的方向表示栅结正向偏置时,栅极电流的方向由 P 指向 N,故从符号上可以识别 D、S 之间是 N 沟道。

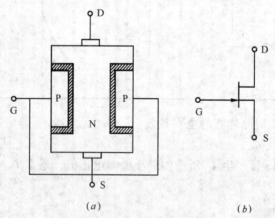

图 1-30 N 沟道结型场效应晶体管的结构和符号
(a)结构;(b)符号

按照同样的方法,可以制成 P 沟道结型场效应管。

2. 工作原理

N 沟道结型场效应管的工作原理如图 1-31 所示。当 $U_{GS}=0V$ 时,在一定的 U_{DS} 作用下会产生一个电流 I_D,称其为饱和漏电流,用 I_{DSS} 表示。当 U_{GS} 反偏电压增大时,两个 PN 结逐渐加宽,导电沟道变窄,沟道的电阻值增大,对应的电流 I_D 逐渐减小。当 U_{GS} 反偏电压增大到一定的数值,即等于夹断电压 $U_{GS(off)}$ 时,两个 PN 结相遇,导电沟道消失,

此时 $I_D=0$。因此结型场效应管是利用外加电压 U_{GS} 来改变 PN 结的宽度（PN 结内电场的变化），即改变导电沟道电阻的大小，从而实现对漏极电流 I_D 的控制。

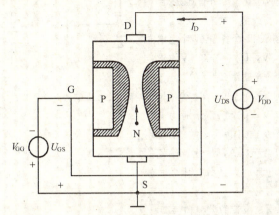

图 1-31　N 沟道结型场效应晶体管的工作原理图

结型场效应晶体管的符号、特性曲线都在表 1-2 中列出，其参数与耗尽型 MOS 管相似。

结型场效应晶体管使用时要特别注意栅源之间应加反偏电压，以保证有高的输入阻抗。

结型场效应晶体管可用万用表检测。可按测试二极管那样，根据 PN 结的正反电阻的差别，找出栅极 G，而漏极 D 和源极 S 对称，可以任意确定。漏源之间的电阻通常为若干千欧，若很大则说明开路。

本 章 小 结

1. 半导体中有自由电子和空穴两种载流子。P 型半导体中多子是空穴，少子是电子；N 型半导体多子是电子，少子是空穴。

2. 半导体二极管是由一个 PN 结构成，它具有单向导电性的特点，并且它是一个非线性器件。

3. 半导体三极管由二个 PN 结构成，它利用基极微小电流的变化对集电极的大电流进行控制，从而实现放大功能。三极管工作在放大区，发射结正向偏置，集电结反向偏置。

4. 场效应晶体管是一种高输入阻抗的电压控制器件，有绝缘栅型和结型两大类。

思 考 题 与 习 题

1-1　什么是 P 型半导体和 N 型半导体？其多数载流子和少数载流子各是多少？

1-2　电路如图 1-32 所示，VD 为理想二极管，输入电压 $u_i=5\sin\omega t$，试画出输出电压 u_o 的波形。

1-3　电路如图 1-33 所示，二极管为理想二极管，输入电压 $u_i=10\sin\omega t$，试画出电路的输出波形。

图 1-32　　　　　　　　　　图 1-33

1-4　如图 1-34 所示电路图，试分析各二极管是导通还是截止？并求 A、O 两点的电压值（设所有二极管的正偏时的工作电压为 0.7V，反偏时的电阻为∞）。

1-5 在一放大电路中，实测一三极管三个电极对地电位分别为：$-6V$、$-3V$、$-3.2V$，试判断该三极管是 NPN 型还是 PNP 型？是锗管还是硅管？并判断三个电极的类型？

1-6 在电路中，测得三极管各管脚对地电位是：$U_A=+7V$，$U_B=+3V$，$U_C=+3.7V$，试问 A、B、C 各是什么电极，该管是什么类型？

1-7 电路如图 1-35 所示，已知：$\beta=20$，饱和时 $U_{CES}=0.3V$，$U_{BE}=0.7V$，试问 u_i 分别为 0V、1V、2V 时管子的工作状态及输出电压 u_O 如何？

1-8 一个三极管的 $I_B=10\mu A$，$I_C=1mA$，能否从这两个数据来定它的电流放大系数？什么时候可以，什么时候不可以？

1-9 怎样用万用表判别三极管的类型和管脚？

1-10 有两个三极管，一个管子的 $\beta=100$，$I_{CEO}=200\mu A$，另一个管子的 $\beta=50$，$I_{CEO}=10\mu A$，其他参数不变，试问哪一个管子的质量好？为什么？

1-11 三极管由两个 PN 结组成，若将两个二极管背靠背连接起来，如图 1-36 所示，是否也可以有放大作用？为什么？

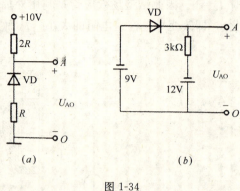

图 1-34

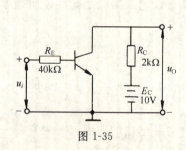

图 1-35

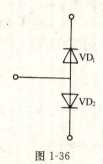

图 1-36

1-12 试说出图 1-37 中场效应晶体管的名称、所需的栅源电压和漏源电压的极性。

1-13 已知某场效应晶体管的输出特性如图 1-38 所示，试判断：

(1) 它是哪种类型的场效应晶体管？

(2) 它的夹断电压 $U_{GS(off)}$ 或开启电压 $U_{GS(th)}$ 大约是多少？

(3) 若是耗尽型它的 I_{DSS} 大约是多少？

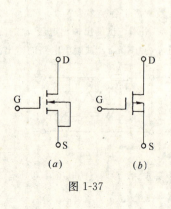

图 1-37

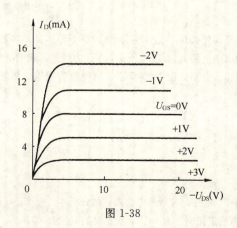

图 1-38

第二章 基本放大电路

放大器通常由多个单极放大电路所组成。本章首先介绍三个最基本的放大电路,即:共发射极、共集电极、共基极电路。并通过对共发射极电路的研究,学会用图解法和微变等效电路分析法来分析电路。讨论如何设置放大电路的工作点,计算输入、输出电阻和电压放大倍数。了解多级放大电路的极间耦合及放大电路的频率特性。

第一节 基本放大电路的组成及工作原理

一、单管共射极放大电路的组成

晶体管电路具有放大作用,要保证晶体管导通并正常工作,要求晶体管的发射结正向偏置,集电结反向偏置。图2-1所示电路为单管共射极放大电路。其中输入端接交流信号源 u_i,V_{BB}、V_{CC} 是直流电压源,C_1、u_i、三极管的基极 B、发射极 E 组成输入回路,输出电压 u_o、C_2 三极管的集电极 C、发射极 E 组成输出回路。因为发射极是输入和输出回路的公共端,所以称这种电路叫共射极电路。电路中各元件的功能如下:

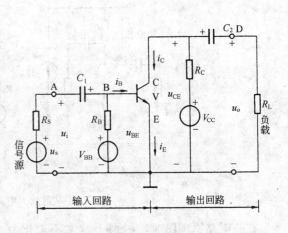

图 2-1 共射极放大电路基本接法

(一) 三极管 V

三极管 V 具有放大作用,是整个放大电路的核心。不同的三极管有不同的放大性能,图中采用 NPN 型半导体三极管 3DG6。为了满足三极管工作在放大状态,应使 V 的发射结处于正向偏置,集电结处于反向偏置状态。

(二) 电源 V_{BB}、V_{CC}

V_{BB} 是基极偏置电源。它与电阻 R_B 及三极管的基极、发射极组成闭合回路,使三极管的发射结处于正向偏置状态,并同时给基极提供一个基极偏置电流 i_B。

V_{CC} 是集电极电源。它经过电阻 R_C 向 V 提供集电结反偏电压,并保证 $u_{CE} > u_{BE}$。

(三) 基极偏置电阻 R_B

通过电阻 R_B,电源 V_{BB} 给基极提供一个偏置电流 i_B。并且 V_{BB} 和 R_B 一经确定后,偏流 i_B 就是固定的,所以这种电路称为固定偏置电路,而 R_B 称为基极偏置电阻。

(四) 集电极电阻 R_C

集电极电阻 R_C,其作用是把经三极管放大了的集电极电流(变化量),转换成三极管集电极与发射极之间管压降的变化量,从而得到放大后的交流信号 u_o 输出。可以看出,若 $R_C=0$,则三极管的管压降 u_{CE} 将恒等于直流电源电压 V_{CC},输出交流电压 u_o 永远为零。

(五)耦合电容 C_1、C_2

耦合电容 C_1、C_2 一方面利用电容的隔直作用,切断信号源与放大电路之间、放大电路与负载之间的直流通路和相互影响。另一方面,C_1 和 C_2 又起着耦合交流信号的作用。只要 C_1、C_2 的容量足够大,对交流的电抗足够小,则交流信号便可以无衰减地传输过去。总之,C_1、C_2 的作用可概括为"隔离直流,传送交流"。

实际的共射极放大电路,常将电源 V_{BB} 省去,把偏流电阻 R_B 接到 V_{CC} 的正极上,由 V_{CC} 经 R_B 向三极和 V 提供偏流 i_B,如图 2-2(a)所示。由图上可以看出,放大电路的输入电压 u_i 经 C_1 接至三极管的基极与发射极之间,输出电压 u_o 由三极管的集电极与发射极之间取出,u_i 与 u_o 的公共端为发射极,故称为共发射极接法。公共端的接地符号,它并不表示真正接到大地电位上,而是表示整个电路的参考零电位,电路各点电压的变化以此为参考点。

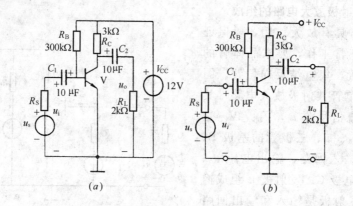

图 2-2 共射放大电路及习惯画法

在画电路原理图时,习惯上常常不画出直流电源的符号,即把图 2-2(a)改画为图 2-2(b)的形式。用 $+V_{CC}$ 表示放大电路接到电源的正极,同时认为电源的负极就接到符号"⊥"(地)上,对于 PNP 管的电路,电源用 $-V_{CC}$ 表示,而电源的正极为"地"。

二、共射极放大电路的工作原理

交流放大电路是一种交、直流共存的电路,故电路的电压和电流的名称较多,符号也不同,现对一些主要符号作如下规定。

用大写字母和大写的脚标来表示静态电压、电流。如 U_{BE} 表示基极和射极间的静态电压,I_B 表示基极的静态电流。用小写字母和小写脚标来表示交流瞬时值,如 u_{be} 表示基-射极的交流信号电压,i_b 表示交变的基极电流。

(一)静态分析和直流通道

所谓静态是指放大电路在未加入交流输入信号时的工作状态。由于 $u_i=0V$,电路在直流电源 V_{CC} 作用下处于直流工作状态。三极管的电流以及管子各电极之间的电压、电流均为直流,它们在特性曲线坐标图上为一个特定点,常称为静态工作点 Q。静态是由于电容 C_1 和 C_2 的隔直作用,使放大电路与信号源及负载隔开,可看作如图 2-3 所示的直流通路。所谓直流通路就是放大电路处于静态时的直流电流流通的路径。直流通路中的电流、电压均应以大写的英文字母表示(包括下标),如 I_B、I_C 及 U_{CE} 等。

利用直流通路可以计算出电路静态工作点处的电流和电压:

由偏流 I_B 流过的基极回路得方程

$$V_{CC} = I_B R_B + U_{BE}$$

得:
$$I_B = \frac{V_{CC} - U_{BE}}{R_B} \quad (2-1)$$

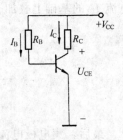

图 2-3 放大电路的直流通路

代入图 2-2 的电路参数(对于硅管 U_{BE} 取 0.7V,锗管取 0.3V)求得放大电路的静态偏置电流 I_B 为:

$$I_B = \frac{V_{CC} - U_{BE}}{R_B} = \frac{(12-0.7)\Omega}{300k\Omega} \approx \frac{12\Omega}{300k\Omega} = 0.04mA = 40\mu A$$

图 2-2 中,当 V_{CC} 和 R_B 确定后,I_B 的数值与管子的参数无关,所以将图 2-1 电路称为固定偏置放大电路。

再求图 2-3 的集电极静态工作点电流 I_C,

$$I_C = \beta I_B + I_{CEO} \quad (2-2)$$

略去很小的电流 I_{CEO},并取 $\beta=50$,得:

$$I_C = \beta I_B + I_{CEO} \approx \beta I_B = 50 \times 0.04mA = 2mA$$

最后由 I_C 流过的集电极回路:

$$V_{CC} = I_C R_C + U_{CE}$$

得集电极静态工作点电压:

$$U_{CE} = V_{CC} - I_C R_C \quad (2-3)$$

在本例中有:

$$U_{CE} = V_{CC} - I_C R_C = (12 - 2 \times 3) = 6V$$

求得 I_B、I_C 和 U_{CE} 就是计算共射极固定偏置放大电路的静态工作点。

注意:在求得 U_{CE} 值之后,要检查其数值应大于发射结正向偏置电压,否则电路可能处于饱和状态,失去计算数值的合理性。

(二)动态分析和交流通道

1. 动态分析

所谓动态是指当放大电路接入交流信号(或变化的信号),电路中各电流和电压的变化情况。动态分析是了解放大电路信号的传输过程和波形变化。设外加电压 $u_i = U_M \sin\omega t$,三极管的基极电流和集电极电流也为脉动电流,集电极与发射极间电压也为脉动电压。

电路中各处电流、电压的变化

在图 2-1 中,u_i 经电容 C_1 耦合到三极管的发射结,使发射结的总瞬时电压在静态直流电压 U_{BE} 的基础上叠加上一个交流分量 u_i,即:

$$u_{BE} = U_{BE} + u_i \quad (2-4)$$

在 u_i 的作用下,基极的电流 i_B 随之变化。u_i 的正半周,i_B 增大;u_i 的负半周,i_B 减小(假设 u_i 的幅值小于 U_{BE},管子工作输入特性接近直线的段落)。因此,在正弦电压 u_i 的作用下 i_B 在 I_B 的基础上也叠加了一个与 u_i 相似的正弦交流分量 i_b,即:

$$i_B = I_B + i_b = I_B + i_{bm} \sin\omega t \quad (2-5)$$

基极电流的变化被三极管放大为集电极电流的变化,因此集电极电流 i_C 也是在静态

电流 I_C 的基础上叠加一个正弦交流分量 i_c，即：

$$\begin{aligned}
I_E &= I_C + I_B \\
&= \beta(I_B + I_{bm}\sin\omega t) \\
&= \beta I_B + \beta I_{bm}\sin\omega t \\
&= I_C + I_{cm}\sin\omega t \\
&= I_C + i_c
\end{aligned} \tag{2-6}$$

最后，集电极电流的变化在电阻 R_C 上引起电阻电压 $i_C R_C$ 的变化，以及管压降 u_{CE} 的变化，即：

$$\begin{aligned}
u_{CE} &= V_{CC} - i_C R_C \\
&= V_{CC} - (I_C + i_c)R_C \\
&= (V_{CC} - I_C R_C) + (-i_c R_C) \\
&= U_{CE} + u_{ce}
\end{aligned}$$

其中
$$u_{ce} = u_o = -i_c R_C \tag{2-7}$$

就是叠加在静态直流电压 U_{CE} 基础上的交流输出电压。在图 2-2(b) 中，就是通过 C_2 耦合到负载 R_L 两端的输出交流电压分量。

以上分析得到一个重要结论：在动态工作时，放大电路中各处电压、电流都是在静态（直流）工作点（U_{BE}、I_B、I_C、U_{CE}）的基础上叠加一个正弦交流分量。电路中同时存在直流分量和交流分量（u_i、i_b、i_c、u_{ce}），这是放大电路的特点。

放大电路中各处电压、电流的波形图画于 2-4 中。

通常用大写字母带大写下标表示直流电压或电流（如 I_C、U_{CE} 等）；

用小写字母带小写字母下标表示交流电压或电流瞬时值（如 i_c、u_{ce}）；

用小写字母带大写字母下标表示电路总瞬时电压或电流（如 i_C、u_{CE}）；

用大写字母带小写下标表示交流电压或电流的有效值（如 U_i、I_b 等）；

用带点的大写字母表示正弦交流电压或电流的相量符号（如 $\dot{U}_i$、$\dot{U}_o$ 等）。

2. 交流通道

直流分量和交流分量共存是放大电路的特点，但在分析问题时，有时只需要考虑交流问题，而忽略直流的影响，这就是交流信号所作用的电路，即交流通道。一般情况下，画交流通道的方法：

(1) 由于耦合电容的容量一般都比较大，对于所放大的交流信号的频率，它的阻抗值很小（近似为零）。在画交

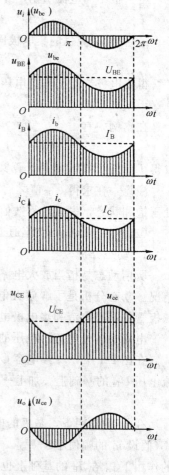

2-4 放大电路中的电压、电流的波形图

流通道时可视为短路。

（2）在画交流通道时，对于直流电源视为短路。

按以上规定，画出图 2-1 所示的共射极放大电路的交流通道，如图 2-5 所示。在交流通道中，R_L 是负载电阻，集电极等效负载电阻 R_L' 是 R_L 与 R_C 的并联，即：

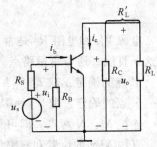

$$R_L' = R_L /\!/ R_C = \frac{R_L \cdot R_C}{R_L + R_C} \quad (2\text{-}8)$$

此时输出电压为：

图 2-5　放大电路的交流通道

$$u_o = u_{ce} = -i_c R_L' \quad (2\text{-}9)$$

式中负号表示输出电压与输入电压相位相反。即输入和输出在相位上相差 $180°$，这是共射极间单管放大电路的一个重要特点，称之为倒相现象。

倒相的原理，除通过图 2-4 的波形分析过程可以看出外，也可以直接从共射放大电路（图 2-2）本身看出。当 u_i 为正半周时，使 i_B 和 i_C 增大，也使电阻 R_C 两端电压降增大，在电源电压 V_{CC} 恒定的条件下，导致三极管的管压降必然减小，这就形成了输出电压 u_O 的负半周。

第二节　图解法分析放大电路

在了解放大电路的原理基础上，用图解法进一步分析电路。所谓图解法，就是利用晶体管的特性曲线，用作图的方法来分析放大电路的静态工作点，观察输出信号的电压变化情况。

一、图解法分析放大电路的静态工作点

（一）在输出特性曲线上画直流负载线

现以图 2-6 所示的共射极放大电路进行图解分析。为了在三极管的输出特性曲线上找到静态工作点，在图中三极管集电极-发射极端电压 u_{CE} 和电流 i_C 的关系由下式决定：

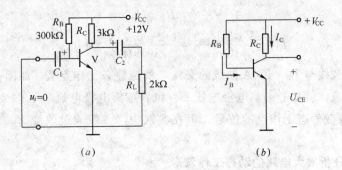

图 2-6　共射电路的静态工作点
(a) $u_i=0$ 的放大电路；(b) 直流通道

$$u_{CE} = V_{CC} - i_C R_C \quad (2\text{-}10)$$

$$i_C = \frac{V_{CC}}{R_C} - \frac{u_{CE}}{R_C} \tag{2-11}$$

电源 V_{CC} 和电阻 R_C 是常数，这样 i_C 和 u_{CE} 之间按照线性规律变化。根据两点法可求得这条直线。通常用短路点 M 和开路点 N 确定，即：

M 点的确定：取 $i_C=0A$，则 $U_{CE}=U_{CC}$；

N 点的确定：取 $u_{CE}=0V$，则 $i_C=U_{CC}/R_C$。

连接 M、N 两点，即可得到一条直线，直线的斜率为 $-1/R_C$，即 $\tan\alpha=1/R_C$。

直线 MN 的位置和斜率仅取决于直流参数 V_{CC} 和 R_C，故这条直线又称作直流负载线。

如图 2-6 中已知电路参数 $V_{CC}=12V$，$R_C=3k\Omega$，$R_B=300k\Omega$，$R_L=2k\Omega$，$C_1=C_2=10\mu F$，$\beta=50$。那么采用两点法确定 M、N，即：

(1) M 点的确定：取 $u_{CE}=0$（AB 短路），则 $i_C=V_{CC}/R_C=12V/3k\Omega=4mA$，得如图 2-7 中的 M 点(0, 4)。

(2) N 点的确定：取 $i_C=0$（AB 开路），则 $u_{CE}=V_{CC}=12V$，得图 2-7 中的 N 点(12, 0)。

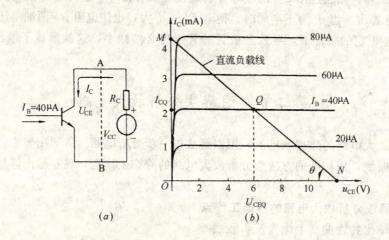

图 2-7 输出回路的图解分析静态工作点

（二）确定静态工作点

在图 2-6 中，
$$V_{CC}=I_B R_B + U_{BE} \tag{2-12}$$

所以
$$I_B = \frac{(V_{CC}-U_{BE})}{R_B} = \frac{(12-0.7)V}{300k\Omega} \approx 40\mu A$$

这样直流负载线与 $I_B=40\mu A$ 曲线的交点，就是静态工作点 Q。如图 2-7 所示。Q 点对应的电压、电流，就是静态集电极电压 U_{CE} 和静态集电极电流 I_C。改变电路参数 V_{CC}、R_C、R_B 都可以改变静态工作点的位置。但在实践中，一般通过改变 R_B 的数值来改变静态工作点。

二、图解法分析放大电路的动态工作波形

在静态工作点 Q 的 I_B、I_C 及 U_{CE} 的基础上，由图 2-6(a) 所示电路的输入端，接入一个幅值为 20mV 的交流电压，即 $u_i=20\sin\omega t(mV)$，按下列步骤分析动态过程：

（一）在三极管的输入特性曲线上求基极电流的变化波形

在图 2-8 所示的输入特性上，也设置一个 $I_B=40\mu A$，对应 $U_{BE}=0.65V$ 的静态工作点 Q。

输入电压 u_i 就叠加在发射结正向偏置电压 U_{BE} 上,使基极电流 i_B 随之变化。u_i 的正半周,使工作点从 Q 点往上移动,u_i 的负半周使工作点 Q 往下移动。当 u_i 为正半周最大值时,从曲线上测得 i_B 最大值为 $60\mu A$;当 u_i 为负半周最大值时,从曲线上测得对应 i_B 最小值为 $20\mu A$。可见在输入信号作用下,基极电流是在 $20 \sim 60\mu A$ 的范围内变化。只要输入信号幅度比较小,工作点 Q 的移动范围不大,即可以认为电压和电流之间的关系近似为线性关系。所以,在正弦电压 u_i 的作用下,基极电流 i_B 也是在静态电流 I_B 的基础上叠加了一个正弦交流分量 i_b,即:

$$i_B = I_B + i_b$$

$$i_b = I_{bm}\sin\omega t = 20\sin\omega t (\mu A)$$

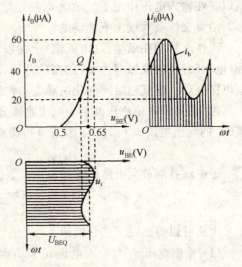

图 2-8 图解 u_{BE} 和 i_B 的波形

(二) 在三极管的输出特性曲线上求集电极电流和电压的变化波形

在图 2-9 所示的输出特性曲线上,在已知 i_B 的变化范围的情况下,根据受控源关系,必然产生放大了的 i_C 变化范围和管压降 u_{CE} 的变化范围。这些都可由工作点 Q 在交流负载线上移动求得。将直流负载线斜率改为 $-1/R'_L$ 就可得到交流负载线 AB,如图 2-9 所示。

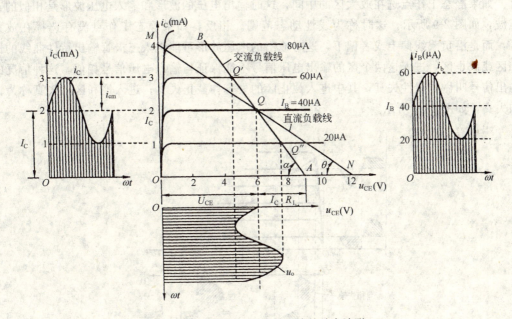

图 2-9 用图解法分析共射电路的动态波形

可由交流负载线与输出特性的交点求出输出电流和电压波形及电压放大倍数 A_u。

在图 2-9 中,信号的正半周,i_B 由 $40\mu A$ 增大到 $60\mu A$,工作点由 Q 沿交流负载线向上移动到 Q' 点;信号负半周,i_B 降至 $20\mu A$,工作点由 Q 沿交流负载线向下移动到 Q'' 点。

所以,在输入电压作用下,放大电路在输出伏安特性上的工作点,是以静态工作点为中心,沿着交流负载线上下移动的。

工作点移动在纵坐标(电流轴)上的投影即 i_C 的变化范围(图中为 1~3mA);在横坐标(电压轴)上的投影即为 u_{CE} 的变化范围(图中为 4.6~7.4V)。这样就可以画出三极管的集电极电压、电流随时间变化的动态工作波形,如图 2-9 所示。

将 u_{CE} 总瞬时值电压波形中减去直流分量 U_{CE},得到的就是经电容 C_2 隔直后传输给负载 R_L 的输出电压 $u_o = u_{ce}$。由图 2-9 可得交流分量 u_o 的峰-峰值为:

$$U_{o(p-p)} = (7.4 - 4.6)V = 2.8V \tag{2-13}$$

于中该共射放大电路的电压放大倍数为:

$$A_u = \frac{U_{o(p-p)}}{U_{i(p-p)}} = \frac{2.8}{0.4} = 7 \text{ 倍} \tag{2-14}$$

由此可以得出以下三个结论:

(1) 输出电压 u_o 与输入电压 u_i 具有倒相关系。

(2) R_L 大小对电压放大倍数 A_u 有影响。R_L 越小,交流负载线越陡,在同样的 u_i 作用,工作点沿交流负载线上下移动时在横坐标上的投影范围(动态范围)越小,u_o 也越小,说明放大倍数 A_u 变小了;反之,R_L 越大,A_u 也越大。

(3) 尽量把静态工作点 Q 设置在交流负载线的中点,可以得到输出电压 u_o 正负半波对称的最大不失真动态范围和输出电压。

(三) 电路的非线性失真与静态工作点的关系

如果静态工作点选在放大区的中间,这时输出电压的波形和输入电压波形是相似的正弦波,如图 2-9 所示,这时称为线性动态范围。相反,如果静态工作点没有选择在放大区,而是沿负载线偏上或者偏下,这时输出的电压波形可能进入三极管输出特性曲线的饱和区或截止区,进入这两个区的输出电压信号不能保证与输入电压信号相似,这种情况的输出信号叫做非线性失真,其中进入截止区的失真称截止失真;进入饱和区的失真称为饱和失真,如图 2-10 所示。

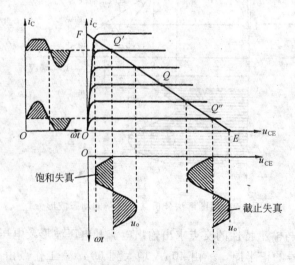

图 2-10 饱和失真和截止失真

1. 静态工作点太低(Q''点)容易产生截止失真

此时由于靠近截止区,在输入电压的负半周,可能使三极管进入截止区,集电极电流 i_C 波形的负半波底部被削平,对于 NPN 型管,其输出电压 u_o 将产生顶部削平的截止失真波形。为了避免截止失真,应调小 R_B 将静态工作点提高一点,一般要求 $I_B > I_{bm}$。

2. 静态工作点太高(Q'点)容易产生饱和失真

此时由于靠近饱和区,在输入电压的正半周,I_B 和 I_C 加大,电阻 R_C 上的电压降也增大,导致管压降 u_{CE} 进一步降低,可能使三极管进入饱和区,集电极电流 i_C 波形的正半波顶部被削平,对于 NPN 型管,其输出电压 u_o 将产生底部削平的饱和失真波形。为了避免饱和失真,应调大 R_B 或减小 R_C 值,使管压降增大,从而将静态工作点降低。一般要求静态管压降与饱和压降之差

$$U_{CE} - U_{CES} > U_{om} \tag{2-15}$$

式中 U_{om} 为输出电压的幅值,U_{CES} 为三极管的饱和压降,小功率三极管可取 1V 左右。

总之,为使放大电路既不出现截止失真又不出现饱和失真,一般宜将静态工作点安排在交流负载线的中间位置。如图 2-10 中直线 EF 的中点附近,以保证三极管工作时有最大的不失真电压输出。

必须指出,三极管只有在较大信号推动下(如处于大信号工作状态的功率电路),失真问题才比较突出。而在小信号的电压放大电路中,一般静态电流选为几毫安就能满足动态工作不产生非线性失真的要求。

【例 2-1】 已知一共射极放大电路,其发射极负载电阻 $R_L = 1\text{k}\Omega$,电源电压 $V_{CC} = 9\text{V}$,要获得输出电压 $u_o = 2.4\text{V}$,试确定集电极负载电阻 R_C 的阻值和静态电流 I_C。

【解】 为了不使三极管进入饱和区,静态电压 U_{CE} 的值为(取饱和压降为 0.6V):

$$U_{CE} = (2.4 + 0.6)\text{V} = 3\text{V}$$

由经验公式:

$$R_C = R_L(V_{CC} - 2U_{CE})/U_{CE}$$
$$= 1000 \times (9 - 2 \times 3)/3 = 1\text{k}\Omega$$

此时静态电流

$$I_C = (V_{CC} - U_{CE})/R_C = (9 - 3)\text{V}/1000\Omega = 6\text{mA}$$

【例 2-2】 放大电路和晶体管的输出特性曲线如图 2-11 所示,试画出该电路的交流负载线,并求此电路在信号波形不失真的条件下,可获得的最大输出电压幅值。

【解】 (1) 作直流负载线,确定静态工作点

由:$I_B \approx E_B/R_B = 4/10\text{mA} = 0.4\text{mA} = 400\mu\text{A}$

可得:$U_{CE} = V_{CC} - I_C R_C = E_C - I_C R_C$

$I_C = 0$ 时,$U_{CE} = V_{CC} = E_C = 6\text{V}$;

$U_{CE} = 0$ 时,$I_C = V_{CC}/R_C = E_C/R_C = 8\text{mA}$

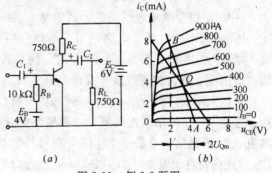

图 2-11 例 2-2 题图

由此可在输出特性曲线上作出直流负载线,并确定静态工作点 Q。

(2) 作交流负载线

$$R'_L = \frac{R_C R_L}{R_C + R_L} = 0.375\text{k}\Omega$$

$$\tan\alpha' = \frac{-1}{0.375} = -2.617$$

$$\alpha' = 110.5°$$

在输出特性曲线上过 Q 点作一条与横轴正方向夹角为 110.5° 的直线,即为交流负载线。

(3) 求最大输出电压的幅值

由图 2-11 可见,若基极信号电流 i_b 的幅值为 $400\mu\text{A}$,则在交流负载线上可确定放大器的工作范围为 AB 段,A 点对应的 $U_{CE}=4.4\text{V}$,B 点对应的 $U_{CE}=2\text{V}$,故输出电压幅值:

$$U_{om} = \frac{(4.4-2)}{2} = 1.2\text{V}$$

但由于 AQ 段并不恰好等于 BQ 段长度,故输出信号有一些失真。

第三节 微变等效电路法分析放大电路

用图解法对共射极放大电路的工作情况进行分析,这种方法比较简单、直观,但是它不易进行定量分析,在计算交流参数时比较困难,因此讨论用微变等效电路来分析放大电路。

所谓微变等效电路法(简称等效电路法),就是在信号条件下,把放大电路中的三极管这个非线性元件线性化,用输入电阻 r_{be} 和受控电流源 βi_b 取代,然后就可以利用线性电路的定律去求解出放大电路的各种性能指标,所以十分方便。这里的微变就是指小信号条件下,即三极管的电流、电压仅在其特性曲线上一个很小段内变化,这一微小的曲线段,完全可以用一段直线来近似,从而获得变化量(电流、电压)间的线性关系。

一、三极管的简化微变等效电路

(一) 三极管的输入回路的等效电路

图 2-12(a)的三极管电路,用二端口网络(b)来等效。两个电路的输入和输出端的电流、电压对应相等,即 u_i、i_b 和 u_o、i_c 间关系都保持不变。现在来确定由图 2-12(b)输入端和输出端看进去的等效线性元件及其参数。

从输入端看,其 $u_i=u_{be}$ 与 i_b 间的伏安特性取决于三极管的输入特性,如图 2-13(c)所示。这是一个 PN 结的正向特性,如果要把它等效为一个电阻元件,即所谓三极管的输入电阻 r_{be},根据第一章关于 PN 结正向特性的论述,属于变化量的 $r_{be}=\Delta U_{BE}/\Delta I_B$ 应当是 PN 结正向特性上某点,如图 2-13(c)上的 Q 点处的动态电阻,也就是三极管输入特性曲线上,工作点 Q 处所作切线斜率的倒数,即:

$$r_{be} = \frac{\Delta U_{BE}}{\Delta I_B} = \frac{1}{\tan\alpha} \tag{2-16}$$

由于特性曲线上各点切线斜率不同,所以 r_{be} 有数值可能随工作点的取值而变化,呈

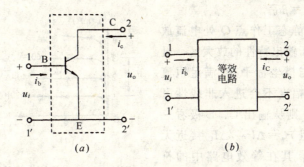

图 2-12 三极管与二端口网络的等效
(a)三极管电路；(b)等效电路

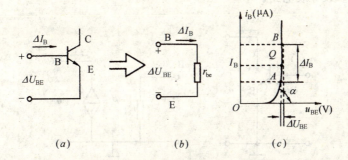

图 2-13 求三极管的等效输入电阻

现非线性电阻的特点。但在小信号工作情况下，如图 2-13(c)中 Q 点附近的 AB 范围内，当 AB 段足够小时，只要 Q 点选得合适，则可把 AB 段曲线近似看成直线段。回到图 2-13(a)的电路上看，就是说电压 ΔU_{BE} 和电流 ΔI_B 的变化量不超过 AB 段的范围，则可认为 r_{be} 是常数，是个线性固定电阻。若电压、电流变化量为交流正弦波，则有：

$$r_{be} = \frac{\Delta U_{BE}}{\Delta I_B} = \frac{u_{be}}{i_b} \tag{2-17}$$

正向输入特性曲线也可以用二极管的 PN 结方程来描述，考虑到三极管的结构特点，即基区很薄，所以基极电流还受到基区体电阻的限制，在工程估算法中若将 r_{be} 看作三极管输入端的等效电阻即输入电阻，还应包括基区体电阻在内，故用下列公式计算：

$$r_{be} = r_{bb} + (1+\beta)\frac{26(mV)}{I_E(mA)} \tag{2-18}$$

式中 r_{bb} 是三极管的基区体电阻，小功率管可取 300Ω 计算。后面一项与工作点有关的即为发射结电阻，$(1+\beta)$ 是考虑到发射结电阻等效到基极回路，要将 I_E 折算为 I_B 的电流比($I_E/I_B=1+\beta$)。从上式可以看出 r_{be} 值与静态工作点 I_E(或 I_C)值有关。通常小功率三极管，当静态电流 $I_C=1\sim 2mA$ 时，r_{be} 约为 1kΩ 左右。

(二) 三极管的输出等效电路

图 2-14(a)是晶体管的输出特性曲线，可以看出三极管在输入基极变化电流 ΔI_B 的作用下，就有相应的集电极变化电流 ΔI_C 输出，它们的受控关系为：

$$\Delta I_C = \beta \Delta I_B \tag{2-19}$$

或写成 $i_c = \beta i_b$

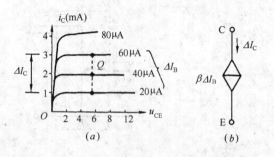

图 2-14 三极管输出端等效为受控电流源

β 为输出特性上静态工作点 Q 处电流放大倍数。若 Q 点位于输出特性的放大区,且放大区的特性曲线与横坐标平行(满足恒流特性),电流的变化幅度不会进入非线性区(饱和区或截止区),则从输出 C、E 极看三极管是一个输出电阻 $r_{ce} = \Delta U_{CE}/\Delta I_C$ 接近无穷大的受控电流源,其在等效电路中的符号,如图 2-14(b) 所示。

综上所述,可以画出三极管的简化微变等效电路,如图 2-15(b) 所示,这种等效电路,又称为简化的 h 参数等效电路。

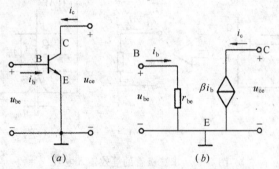

图 2-15 三极管的简化微变等效电路

二、放大电路的微变等效电路

画放大电路的微变等效电路,可先画出三极管的等效电路,然后分别画出三极管基极、发射极、集电极三个电极外接元器件的交流通道,最后加上信号源和负载。在交流情况下,由于直流电源内阻很小,常常忽略不计,故整个直流电源可视为短路;电路中的电容,在一定的频率范畴内,容抗 X_C 很小,故也可视为短路。如图 2-16(b) 是共射极放大电路 2-16(a) 的微变等效电路。

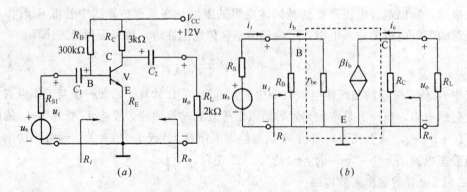

图 2-16 共射极放大电路微变等效电路与输入输出电阻

三、动态参数的计算

(一)电压放大倍数 A_u

放大电路的电压放大倍数定义为输出电压与输入电压的比值，用 A_u 表示，即：

$$A_u = \frac{U_o}{U_i} \tag{2-20}$$

由图 2-16(b)可知，

输出电压
$$U_o = -I_c R_L' = -\beta I_b R_L' \tag{2-21}$$

式中
$$R_L' = R_C // R_L = \frac{R_C \cdot R_L}{R_C + R_L} \tag{2-22}$$

输入电压
$$U_i = I_b r_{be}$$

由此可得
$$A_u = \frac{U_o}{U_i} = \frac{-\beta I_b R_L'}{I_b r_{be}} = -\beta \frac{R_L'}{r_{be}} \tag{2-23}$$

式中负号表示输出电压与输入电压反相，此式说明放大器的放大倍数与电路参数及晶体管的 β 和 r_{be} 有关。

（二）输入电阻 r_i

所谓放大电路的输入电阻，就是从放大电路输入端向电路内部看进去的等效电阻。如图 2-16(a)所示。如果把一个内阻 R_S 的信号源 u_s 加到放大器的输入端，放大电路就相当于信号源的一个负载电阻，这个负载电阻就是放大电路的输入电阻 R_i。

如图 2-17 所示。此时放大电路向信号吸取电流 I_i，而放大电路输入端接受信号电压为 U_i，所以输入端的输入电阻 R_i 为：

$$r_i = \frac{u_i}{i_i} \tag{2-24}$$

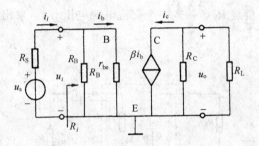

图 2-17 信号源与输入电阻的关系

R_i 愈大的电路，表示其输入端向信号源取用的电流 I_i 愈小。对信号源来说，R_i 是与信号源内阻 R_S 串联的，R_i 大意味着 R_S 上的电压降小，使放大电路的输入电压 U_i 能比较准确地反映信号源真实电压 U_S。因此，要设法提高放大电路的输入电阻，尤其当信号源的内阻较高时更应如此。例如，要提高测量仪器测量的精确度，就必须采用高输入电阻的前置放大电路与信号源连接。

在图 2-16(b)中，从电路的输入端看进去的等效输入电阻为：

$$r_i = \frac{u_i}{i_i} = R_B // r_{be} \tag{2-25}$$

对于固定偏置的放大电路，通常 $R_B \gg r_{be}$，因此 $R_B \approx r_{be}$，小功率管的 r_{be} 为 $1k\Omega$ 左右，可见共射放大电路的输入电阻 R_i 不高。

（三）输出电阻 R_O

放大器带上负载 R_L 以后，由于 $R_L' < R_C$，所以放大倍数和输出电压都要降低。这是由于图 2-16(b)中由负载 R_L 端向放大电路内部看的等效电压源内阻的压降增大的缘故。

放大器的输出端在空载和带负载时，其输出电压将有所改变，放大器带负载时的输出电压将比空载时的输出电压有所降低，如空载时的输出电压为 U_o'，而带负载时的输出电压为 U_o，则有

$$U_o = U_o' \frac{R_L}{R_L + R_O} \tag{2-26}$$

整个放大器可看成一个内阻 R_O、大小为 U'_O 的电压源。这个等效电源的内阻 R_O 就是放大器的输出电阻。$U_O<U'_O$ 是因为输出电流在 R_O 上产生电压降的结果，这就说明 R_O 越小，带负载前后输出电压相差越小，亦即放大器受负载的影响越小，所以一般用输出电阻 R_O 来衡量放大器带负载的能力，R_O 越小带负载的能力越强。求放大器的输出电阻 R_O 的方法有两种：

1. 用实验法求 R_O

如图 2-18 所示，在放大电路输入端加上适当电压 U_i，将输出端开关 S 打开，测得空载输出电压 U'_O。然后接上负载 R_L，闭合开关 S，由于内阻 R_O 上电压降的影响，使输出电压下降，测得输出电压为 U_O，由图可得：

$$U_O = U'_O \frac{R_L}{R_L + R_O}$$

所以输出电阻为：

$$R_O = \left(\frac{U'_O}{U_O} - 1\right) R_L \qquad (2\text{-}27)$$

2. 等效电路法求 R_O

如图 2-19 所示，令信号源电压 $U_S=0V$，但保留其内阻 R_S，在输出端断开放大器的负载 R_L，接入一个交流电源电压 U_O，求出此时的输出电流 I_O，则输出电阻为：

$$R_O = \frac{U_O}{I_O}$$

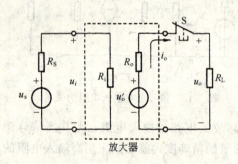

图 2-18 求输出电阻的实验方法

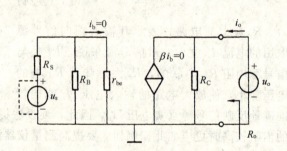

图 2-19 求输出电阻的等效电路法

在图 2-19 所示的共射放大电路等效电路中，由于 $u_s=0V$，使 $i_b=0A$，导致 $\beta i_b=0A$，因此，从等效电路往左看输出电阻为：

$$R_O = R_C \qquad (2\text{-}28)$$

R_C 通常仅有几千欧，这表明共射放大电路的带负载能力不大。

（四）对信号源的放大倍数 A_{us}

放大器对信号源的放大倍数等于输出电压与信号源两端电压的比值，即：

$$A_{us} = \frac{U_O}{U_S}$$

若信号源内阻为 R_S 则：

$$U_i = \frac{U_S}{R_S + r_i} r_i$$

所以：

$$U_S = \frac{R_S + r_i}{r_i} U_i$$

$$A_{us} = \frac{U_O}{U_S} = \frac{U_O}{U_i} \cdot \frac{r_i}{R_S + r_i} = A_u \frac{r_i}{R_S + r_i} \qquad (2\text{-}29)$$

可见，R_S 越大，或者 r_i 越小，信号源的放大倍数越小。因此，一般希望高输入电阻。多级放大时，前一级的输出就是下一级的输入，为增大下一级的放大，也希望有低输出电阻。

四、简化微变等效电路法分析举例

【例 2-3】 计算图 2-20 所示电路的电压放大倍数 A_u。图中晶体管的 $U_{BE}=0.7V$。

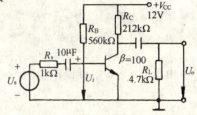

图 2-20 三极管共射极放大电路

【解】
(1) 先通过输入回路计算出静态电流 I_B

$$I_B = (V_{CC} - U_{BE})/R_B = \frac{12 - 0.7}{560 \times 10^3} \approx 20\mu A$$

(2) 求 r_{be}

$$r_{be} = 300 + (1+\beta)\frac{26}{I_E} \approx 300 + \frac{26}{I_B}$$

$$= 300 + \frac{26}{20 \times 10^{-3}} = 1600\Omega$$

(3) 求 A_u

$$A_u = -\beta \frac{R_L'}{r_{be}} = -\beta \frac{R_C // R_L}{r_{be}} = -100 \times \frac{1500}{1600} \approx -93.8$$

【例 2-4】 单管共射放大电路如图 2-16(a)所示，电路参数 $V_{CC}=12V$，$R_C=3k\Omega$，$R_L=2k\Omega$，$R_B=300k\Omega$，信号源内阻 $R_S=500\Omega$，$\beta=50$，试求：(1)放大器的静态工作点；(2)放大电路的电压放大倍数 A_u、输入电阻 R_i 和输出电阻 R_O；(3)考虑信号源内阻的源电压放大倍数 A_{us}。

【解】
(1) 放大电路的静态工作点：

$$I_B = (V_{CC} - U_{BE})/R_B = 40\mu A$$

$$I_C = \beta I_B = 2mA$$

$$U_{CE} = V_{CC} - I_C R_C = 6V$$

(2) 根据图 2-15(b)微变等效电路求三个指标：

$$A_u = -\beta \frac{R_L'}{r_{be}}$$

$$R_L' = R_C // R_L = \frac{3 \times 2}{3+2} k\Omega = 1.2 k\Omega$$

$$r_{be} = 300\Omega + (1+\beta)\frac{26}{I_E}\Omega = 300 + (50+1) \times \frac{26}{2} = 963\Omega$$

代入上式，得电压放大倍数

$$A_u = -\beta \frac{R_L'}{r_{be}} = -\frac{50 \times 1.2}{0.96} \approx -62$$

输入电阻：$r_i \approx r_{be} = 0.96k\Omega$

输出电阻：$R_o = R_C = 3k\Omega$

(3) 源电压放大倍数 A_{us}：

$$A_{us}=\frac{U_O}{U_S}$$

$$U_i=\frac{r_i}{R_S+r_i}\cdot U_S$$

故
$$A_{us}=\frac{U_O}{U_S}=\frac{U_i}{U_S}\cdot\frac{U_O}{U_i}$$

$$=\frac{r_i}{R_S+r_i}\cdot A_u$$

$$=\frac{R_B /\!/ r_{be}}{R_S+R_B /\!/ r_{be}}\cdot A_u$$

由于 $R_B \gg r_{be}$,可得:

$$A_{us}\approx\frac{-r_{be}}{R_S+r_{be}}\cdot\frac{\beta R'_L}{r_{be}}$$

所以,$A_{us}=\frac{r_i}{R_S+r_i}\cdot A_u\approx-\frac{\beta R'_L}{R_S+r_{be}}$

在本例中:

$$A_{us}=-\frac{50\times 1.2}{0.5+0.96}=-41$$

第四节 静态工作点的稳定电路

合理地确定放大器的静态工作点和工作点的变动范围是保证放大器正常工作的条件,但是晶体管放大器的静态工作点往往因外界条件的变化而发生变动。所以在设计放大电路时仅仅考虑工作点合适还不够,还必须采取措施保证工作点的稳定。

一、静态工作点不稳定的原因

前面讨论的固定偏置放大电路,其静态工作点是不稳定的。因为当环境温度发生变化,或调换管子时各管特性的不一致,以及电路元件和电源电压的变化等都会引起工作点的变动。在影响工作点不稳定的诸多因素中,尤以温度的变化影响最大。

温度变化后,晶体管的反向饱和电流 I_{CBO}、电流放大系数 β 和 U_{BE} 都会随之变化,而 I_{CBO} 的变化要比 β 和 U_{BE} 的变化大得多。

对于锗管,I_{CBO} 随温度变化的影响最大,β 和 U_{BE} 的影响较小可以忽略。而硅管的 I_{CBO} 值很小,其变化对集电极电流影响很小,所以,采用硅管的放大电路的静态工作点要比锗管的更稳定些。

如图 2-21 所示,当温度升高时,输出特性曲线向上移动,但是由于 V_{CC}、R_B 不变,直流负载线的位置也不变,偏流 $I_B=(V_{CC}-U_{BE})/R_B$ 固定,所以,原来的静态工作 Q 点沿着负载线向上移动至 Q' 点。

另外,晶体管输入端有一定的正向压降 U_{BE},其值大小也随温度变化而变化。温度上升时 U_{BE} 下降,于是基极电流 $I_B=(V_{CC}-U_{BE})/R_B$ 也随之增加,从而使工作点移动。由于硅管的 U_{BE} 较大,故温度变化引起的工作点移动要比锗管显著。

温度变化使放大电路静态工作点跟随变化而带来的严重后果是:

(1) 工作点变动到非线性区域使放大器产生严重失真,失去放大作用,若工作点变动

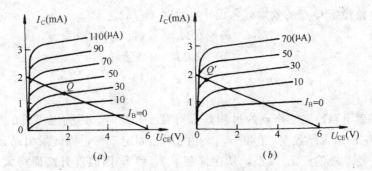

图 2-21 温度变化对静态工作点的影响
(a)25℃；(b)45℃

到过压区管子会被烧毁。如图 2-21(b)所示。

（2）工作点改变后，晶体管的动态特性参数也随之改变，使放大器的性能不稳定。

二、分压式偏置电路

图 2-22 是一种常用的稳定静态工作点的放大电路，称为分压式偏置放大电路，它的固定偏置电路的区别是：基极电压由 R_{B1}、R_{B2} 分压决定，并且接有发射极电阻 R_E。这是一种常用的基本单元电路，下面分析它的稳定工作点的原理。

由 V_{CC}、R_{B1}、R_{B2} 构成一个串联分压电路。因为三极管的基极电流 I_B 很小（微安数量级），一般取 I_{B1}、$I_{B2} \geqslant (5 \sim 10) I_B$，则：

$$I_{B2} = I_{B1} + I_B \approx I_{B1} = \frac{V_{CC}}{R_{B1} + R_{B2}} \tag{2-30}$$

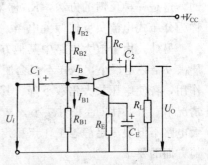

图 2-22 分压式偏置放大电路

此时基极电位：

$$V_B = I_{B1} R_{B1} = \frac{V_{CC}}{R_{B1} + R_{B2}} R_{B1} \tag{2-31}$$

上式表明，只要 $I_{B1} \geqslant I_B$，则 V_B 近似由 V_{CC} 和分压电阻 R_{B1}、R_{B2} 所决定，而与晶体管的参数无关。

再来看接入 R_E 后如何使 I_C 保持稳定。

由于 R_E 的存在，则有：$U_{BE} = V_B - V_E = V_B - I_E R_E \tag{2-32}$

式中，$I_E R_E$ 是 R_E 上的直流电压降，R_E 对交流信号也有电压降，故在 R_E 两端并联上一个电容 C_E，C_E 的容量一般约为几十微法，对交流信号容抗很小，可视为短路，因而交流分量不会影响直流电压降，所以 C_E 称为发射极交流旁路电容。

因为 $I_E \approx I_C$，所以有：

$$I_C \approx \frac{(V_B - U_{BE})}{R_E} \tag{2-33}$$

如果 $V_B \gg U_{BE}$ 成立，$V_B = (5 \sim 10) U_{BE}$，则上式改写为：

$$I_C \approx \frac{V_B}{R_E} \tag{2-34}$$

式中 V_B、R_E 均为固定值，所以可以近似认为 I_C 不受温度变化的影响。

为了使电路稳定 Q 点的效果好，设计电路时，一般选取

$$I_{B2}=(5\sim 10)I_B \quad \text{（硅管）}$$
$$I_{B2}=(10\sim 20)I_B \quad \text{（锗管）}$$
$$V_B=(3\sim 5)U_{BE} \quad \text{（硅管）}$$
$$V_B=(5\sim 10)U_{BE} \quad \text{（锗管）}$$

分压式偏置电路稳定工作点的过程是：当温度升高时，因为三极管的参数变化使 I_C 和 I_E 增大，I_E 的增大导致 V_E 电位升高。由于 V_B 固定不变，因此发射结正向偏置，U_{BE} 将随之降低，使基极偏流 I_B 减小，从而抑制了 I_E 和 I_C 因温度升高而增大的趋势，达到稳定静态工作点 Q 的目的。上述过程是一种自调节作用，可以写成

温度 $T\uparrow \to I_E(I_C)\uparrow \to V_E\uparrow \to U_{BE}\downarrow \to I_B\downarrow \to I_C\downarrow$

从上述过程看出，这种放大电路之所以能够保持工作点稳定，关键有两点：一是通过 R_{B1} 和 R_{B2} 的分压使 V_B 保持恒定，基本上与晶体管的参数无关；二是让电流 $I_C(I_E)$ 通过 R_E 产生 U_E 来抵消一部分偏压 U_{BE}。用这种方法把输出量引回到输入端来达到稳定的目的，这是一种反馈的方法，R_E 称为反馈电阻，它起到了稳定 I_C 的作用，因此这种电路又称为分压式电流负反馈偏置电路。

另外，由于放大电路中其他方面的要求限制，I_{B1}、I_{B2} 不宜过大。如果 I_{B1} 过大，所选 R_{B1}、R_{B2} 必定很小，这样不仅会使电源功率消耗很大，而且对输入的交流信号有很大分流作用，将使电压放大倍数下降。其次，V_B 过高必然使发射极电位 V_E 也很高，在 V_{CC} 一定情况下，势必使 U_{CE} 相对减小，从而减小了放大电路的动态工作范围。基于上述原因，放大电路不但要满足静态工作点稳定这个基本要求，同时还要兼顾放大倍数、电源消耗等其他方面的要求。

【例 2-5】 试用估计的算法求图 2-23 所示分压式偏置放大电路的静态工作点。已知：$R_{B1}=10\text{k}\Omega$，$R_{B2}=20\text{k}\Omega$，$V_{CC}=12\text{V}$，$\beta=37.5$，$R_E=2\text{k}\Omega$，$R_C=2\text{k}\Omega$。

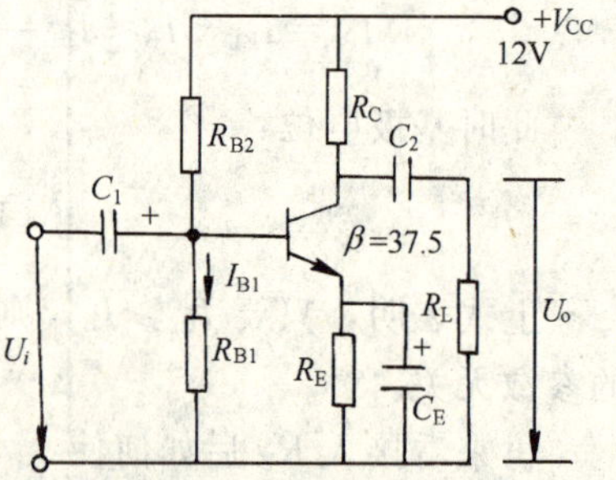

【解】 先求基极电位

$$V_B\approx \frac{R_{B1}}{R_{B1}+R_{B2}}V_{CC}=\frac{10}{10+20}\times 12=4\text{V}$$

集电极电流静态值为：

$$I_C\approx I_E=\frac{(V_B-U_{BE})}{R_E}=\frac{4-0.7}{2}\text{mA}=1.65\text{mA}$$

图 2-23 例 2-5 电路图

基极电流静态值为：

$$I_B=I_C/\beta=\frac{1.65}{37.5}\approx 0.044\text{mA}$$

集电极、发射极间电压静态值为：

$$U_{CE}\approx V_{CC}-I_C(R_C+R_E)=[12-1.65\times(2+2)]=5.4\text{V}$$

【例 2-6】 在上例题的分压式偏置放大电路中，已知硅晶体管的 $\beta=100$，集电极静态电流 $I_C=2\text{mA}$，试选择偏置电路元件的阻值。

【解】 考虑硅管的 $U_{BE}\approx 0.7\text{V}$，因此选择

$$V_B=(5\sim 10)U_{BE}=4.7\text{V}$$

由于 $I_E \approx I_C = 2\text{mA}$，所以有：
$$R_E = (V_B - U_{BE})/I_E = (4.7 - 0.7)/2\text{k}\Omega \approx 2\text{k}\Omega$$

已知：$I_B = I_C/\beta = 2/100\text{mA} = 0.02\text{mA} = 20\mu\text{A}$

所以选取 $\quad\quad\quad\quad I_{B1} = 10 I_B = 0.2\text{mA}$

据此，可以确定基极偏置电阻 R_{B1}、R_{B2}：
$$R_{B2} \approx \frac{(V_{CC} - V_B)}{I_{B1}} = \frac{(12 - 4.7)}{0.2} \approx 36\text{k}\Omega$$

$$R_{B1} = \frac{V_B}{I_{B1}} = \frac{4.7}{0.2} \approx 24\text{k}\Omega$$

三、射极旁路电容 C_E 的作用

在图 2-24 所示电路图中，由于 R_E 的接入，虽然带来了稳定工作点的益处，但却使放大倍数下降了，且 R_E 越大，下降得越多。如果在 R_E 上并联一个大容量的电容 C_E（低频电路取几十到几百微法）。如图 2-24(a) 所示。由于 C_E 对交流可看作短路，因此对交流而言，仍可看作发射极接地。所以 C_E 被称为射极旁路电容。根据电路需要，还可将 R_E 分成两部分（R_{E1}、R_{E2}），在交流的情况下 R_{E2} 被 C_E 短路，以兼顾静态工作点和电压放大倍数的不同要求。如图 2-24(b) 所示。

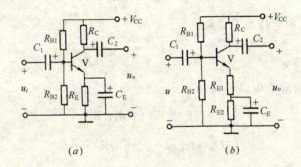

图 2-24 具有射极旁路电容的共射放大电路

第五节 共集电极电路-射极输出器

一、电路的组成

如图 2-25 所示 (a)、(b) 所示是共集电极电路和共集电极放大电路的微变等效电路。共集电极电路是从发射极输出，所以又称射极输出器。

这种电路的特点是三极管的集电极作为输入、输出的公共端，故称为共集电路。输入电压从基极对地（集电极）之间输入，输出电压从发射极对地（集电极）之间取出。

二、工作原理

（一）静态分析

根据图 2-25(a) 可列出直流关系式
$$V_{CC} = I_B R_B + U_{BE} + I_E R_E$$
$$= I_B R_B + U_{BE} + (1+\beta) I_B R_E \quad\quad (2-35)$$

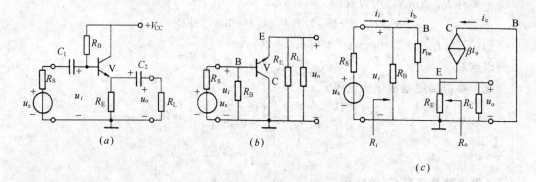

图 2-25 共集电极电路
(a)电路；(b)交流通路；(c)微变等效电路

故有：
$$I_B = \frac{V_{CC} - U_{BE}}{R_B + (1+\beta)R_E} \tag{2-36}$$

$$I_C = \beta I_B \tag{2-37}$$

$$U_{CE} = V_{CC} - I_C R_E$$

由上面各式可以确定静态工作点。

(二) 动态分析

1. 电压放大倍数 A_u

由图 2-25(c)微变等效电路可以列出

$$U_O = I_e R_L' = (1+\beta) I_b R_L' \tag{2-38}$$

$$U_i = I_b [r_{be} + (1+\beta) R_L'] \tag{2-39}$$

所以
$$A_u = \frac{U_O}{U_i} = \frac{(1+\beta) R_L'}{r_{be} + (1+\beta) R_L'} \tag{2-40}$$

式中 $R_L' = R_E // R_L$。一般 $(1+\beta) R_L' \gg r_{be}$，故 A_u 值近似为1，正因为输出电压接近输入电压，两者的相位差又相同，故射极输出器又称射极跟随器。

射极输出器虽然没有电压放大作用，但由于 $I_e = (1+\beta) I_b$，所以仍具有电流放大和功率放大作用。

2. 输入电阻 R_i

由图 2-25(c)得出：

$$R_i = R_B // R_i'$$

$$R_i' = \frac{U_i}{I_b} = r_{be} + (1+\beta) R_L'$$

$$R_i = R_B // [r_{be} + (1+\beta) R_L'] \tag{2-41}$$

由上式可见，射极输出器的输入电阻是由偏置电阻 R_B 与基极回路电阻 $[r_{be} + (1+\beta) R_L']$ 并联而得，其中 $(1+\beta) R_L'$ 可认为是射极的等效负载电阻 R_L' 折算到基极回路的电阻。射极输出器的输入电阻通常为几十千欧到几百千欧。要比共射极放大电路的输入电阻大得多。

3. 输出电阻 R_O

由于 $u_o \approx u_i$,当 u_i 一定时,输出电压 u_o 基本上保持不变,表明射极输出器具有恒压输出的特性,故其输出电阻较低。图 2-26 为求输出电阻的等效电路。其中:

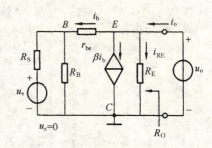

图 2-26 求共集电极电路输出电阻的电路

$$I_O = I_{RE} + I_b + \beta I_b$$

式中:$I_{RE} = \dfrac{U_O}{R_E}$;$I_b = \dfrac{U_O}{r_{be} + (R_B // R_S)}$

故得:
$$I_O = \dfrac{U_O}{R_E} + (1+\beta)\dfrac{U_O}{r_{be}+(R_B // R_S)}$$

经整理得:
$$R_O = \dfrac{U_O}{I_O} = \dfrac{1}{\dfrac{1}{R_E} + \dfrac{1}{\dfrac{r_{be}+(R_B // R_S)}{1+\beta}}}$$

所以,$R_O = R_E // \dfrac{r_{be}+(R_B // R_S)}{1+\beta}$ \hfill (2-42)

若不计信号源内阻 R_S,则有:
$$R_O = R_E // \left[\dfrac{r_{be}}{1+\beta}\right]$$

又若:
$$R_E \gg \dfrac{r_{be}+(R_S // R_B)}{1+\beta}$$

可得:
$$R_O \approx \dfrac{r_{be}+(R_S // R_B)}{1+\beta} \tag{2-43}$$

上式表明,射极输出器的输出电阻是很小的。$[r_{be}+(R_S // R_B)]$ 是基极回路的总电阻,而输出电阻是从发射极往内看的,发射极电流 I_e 是基极电流 I_b 的 $(1+\beta)$ 倍,所以将基极回路总电阻 $[r_{be}+(R_S // R_B)]$ 折算到发射极回路来时,需除以 $(1+\beta)$,β 愈大,输出电阻愈低,通常为几欧至几十欧。

三、应用举例

【例 2-7】 已知一射极输出器如图 2-25(a) 所示,其中 $V_{CC}=12V$,$R_B=120k\Omega$,$R_E=3k\Omega$,$R_L=3k\Omega$,$R_S=0.5k\Omega$,三极管 $\beta=40$,试求电路的静态工作点和动态指标 A_u、R_i 和 R_O。

【解】

(1) 静态工作点

$$I_B \approx \dfrac{V_{CC}}{R_B+(1+\beta)R_E} = \dfrac{12}{120+(1+40)\times 3} mA = 50\mu A$$

$$I_C = \beta I_B = 40 \times 0.05 = 2mA$$

$$U_{CE}=V_{CC}-I_E R_E=12-2\times 3=6\text{V}$$

(2) 动态指标

$$R'_L=R_E /\!/ R_L=\frac{3\times 3}{3+3}=1.5\text{k}\Omega$$

$$r_{be}=300+(1+40)\frac{26}{2}=0.833\text{k}\Omega$$

$$A_u=\frac{U_O}{U_i}=\frac{(1+\beta)R'_L}{r_{be}+(1+\beta)R'_L}=\frac{41\times 1.5}{0.83+41\times 1.5}=0.985$$

$$R_i=R_B /\!/ [r_{be}+(1+\beta)R'_L]=\frac{120\times(0.83+41\times 1.5)}{120+(0.83+41\times 1.5)}=41\text{k}\Omega$$

$$R_o=R_E /\!/ \frac{r_{be}+R_S /\!/ R_B}{1+\beta}=34\Omega$$

由于射极输出器的输入电阻很大,向信号源吸取电流很小,所以常用作多级放大电路的输入级。由于它的输入电阻小,具有较强的带负载能力,且具有较大的电流放大能力,故常用作多级放大电路的输出级(功放电路)。此外,利用其 R_i 大、R_o 小的特点,还常常接于两个共射放大电路之间,作为缓冲(隔离)级,以减小后级电路对前级的影响。

第六节 共基极放大电路和放大电路的频率响应

一、电路的组成

共基极放大电路是由发射极输入信号,从集电极输出信号,基极作为输入、输出的公共端(交流的参考地电位)。习惯上有两种画法,如图 2-27(a)、(b)所示。其中 R_C 为集电极电阻,R_{b1}、R_{b2} 是基极偏置电阻,用来保证三极管有合适的静态工作点。图 2-27(a)、(b)是它的交流通路和微变等效电路。由交流通道可见,输入电压加在发射极和基极之间,而输出电压从集电极和基极两端取出,故基极是输入、输出的共同端点。

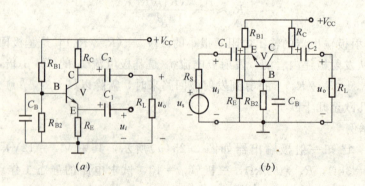

图 2-27 共基极放大电路的两种画法

二、共基极电路分析

由图 2-27(a)、(b)不难看出,其直流通道与分压式射极偏置的共射极电路相同,因此,求静态工作点的公式和方法与共射电路完全一样,不再赘述。

由图 2-28(a)、(b)可见,u_i 与 u_o 的公共端为基极。动态交流指标分析如下:

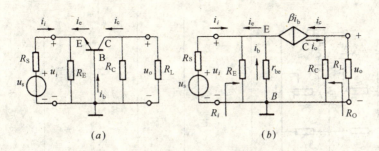

图 2-28 共基极电路的交流通路和微变等效电路

(一) 电压放大倍数 A_u

$$U_O = -I_C R_L' = -\beta I_b R_L'$$
$$U_i = -I_b r_{be}$$

所以
$$A_u = \frac{U_O}{U_i} = -\beta \frac{R_L'}{r_{be}} \tag{2-44}$$

(二) 输入电阻 R_i 和输出电阻 R_O

由图 2-28(b)可得：

$$I_i = \frac{U_i}{R_E} - I_e = \frac{U_i}{R_e} - (1+\beta)I_b = \frac{U_i}{R_e} + (1+\beta)\frac{U_i}{r_{be}}$$

所以, $R_i = \dfrac{U_i}{I_i} = \dfrac{U_i}{\dfrac{U_i}{R_e} + (1+\beta)\dfrac{U_i}{r_{be}}} = R_e \mathbin{/\mkern-5mu/} \dfrac{r_{be}}{1+\beta}$

由于：
$$R_e \gg \frac{r_{be}}{1+\beta}$$

故得：
$$R_i = R_e \mathbin{/\mkern-5mu/} \frac{r_{be}}{1+\beta} \approx \frac{r_{be}}{1+\beta} \tag{2-45}$$

由图 2-28(b)可得：
$$R_O = R_C \tag{2-46}$$

由以上分析可见，共基极电路的输入电阻是很小的。因为在共基极接法中，输入的是发射极电流，在相同的 U_i 作用下，产生的输入电流为共射极电路中产生的基极电流的 $(1+\beta)$ 倍，所以输入电阻要减小到 $1/(1+\beta)$。

共基极电路的输出电压 u_o 与输入电压 u_i 同相；共基极电路的输出电流 $i_o \approx I_c$；输入电流 $i_i \approx I_e$；电流的放大倍数 α 接近 1（即共基极电流放大倍数 α 略小于 1）；共基极电路的电压放大倍数与共射电路相当，其输出电阻也与共射电路相同。共基极电路的输入电阻低，在高频电路中不易受线路分布电容和杂散电容的影响，所以高频特性较好，故常用于宽带放大器和高频振荡器中。

(三) 放大电路三种组态的比较

表 2-1 给出了共射极、共集电极、共基极三种电路的主要性能。共射极电路的电压放大倍数比较大，也有电流、功率放大作用，因而应用广泛。共集电极电路的突出优点是输入电阻高、输出电阻低，常用于输入级和输出级或缓冲级。在宽频带或高频情况下，要求稳定性比较好时，采用共基极电路比较合适。

表 2-1 放大电路三种基本组态的主要性能

电路	共发射极电路		共集电极电路	共基极电路
	固定偏流电路	基极分压式射极偏置电路		
电路图	(固定偏流共射电路图)	(基极分压式射极偏置电路图)	(共集电极电路图)	(共基极电路图)
电压放大倍数 A_u	$A_u = -\dfrac{\beta R'_L}{r_{be}}$ $(R'_L = R_C // R_L)$	$A_u = -\dfrac{\beta R'_L}{r_{be}+(1+\beta)R_e}$ $(R'_L = R_C // R_L)$	$A_u = \dfrac{(1+\beta)R'_L}{r_{be}+(1+\beta)R'_L}$ $(R'_L = R_C // R_L)$	$A_u = \dfrac{\beta R'_L}{r_{be}}$ $(R'_L = R_C // R_L)$
u_o 与 u_i 的相位关系	反相 相差 180°	反相	同相	同相
电流放大倍数 A_i	$A_i \approx \beta$	$A_i \approx \beta$	$A_i \approx 1+\beta$	$A_i \approx \alpha$
输入电阻	$R_i = R_b // r_{be}$	$R_i = R_{b1} // R_{b2} // [r_{be}+(1+\beta)R_e]$	$R_i = R_b // [r_{be}+(1+\beta)R'_L]$	$R_i = R_e // \dfrac{r_{be}}{1+\beta}$
输出电阻	$R_o \approx R_C$	$R_o \approx R_C$	$R_o = R_e // \left(\dfrac{r_{be}+R'_s}{1+\beta}\right) // R_e$ $(R'_s = R_s // R_b)$	$R_o \approx R_C$
用途	多级放大电路的中间级	多级放大电路的中间级	输入级、中间级、输出级	高频或宽带电路及恒流源电路

三、多级放大器

（一）多级放大器的组成

单级放大器的放大倍数一般为几十倍左右，而实际的输入信号往往很微弱（毫伏级或微伏级）。为了推动负载工作，必须由多级放大电路对微弱信号连续放大。图 2-29 为多级放大电路的组成方框图，其中，最前面输入级和中间级主要用作电压放大，可以将微弱的输入电压放大到足够的幅度。后面的末前级和输出阻抗级用于功率放大，以输出负载所需要的功率。

（二）多级放大电路的级间耦合方式

耦合方式是指级与级之间的连接方式。常用的耦合方式有：阻容耦合、变压器耦合、直接耦合等。

1. 阻容耦合方式

图 2-30 为阻容耦合的两级放大电路。两级之间用电容 C_2 连接。由于电容有隔直作用，切断了两级放大电路之间的直流通道。因此，各级的静态工作点互相独立、互不影响，使电路的设计、调试都很方便。这是阻容耦合方式的优点。对于交流信号的传输，若选用足够大容量的耦合电容，则交流信号就能顺利传送到下一级。

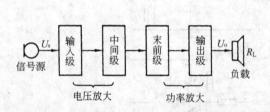

图 2-29 多级放大电路的组成框图

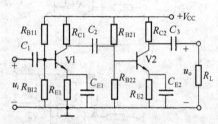

图 2-30 阻容耦合方式

阻容耦合的主要缺点是低频特性较差。当信号频率降低时，耦合电容的容抗增大，电容两端产生电压降，使信号受到衰减，放大倍数下降。因此阻容耦合不适用于放大低频或缓慢变化的直流信号。此外，由于集成电路制造工艺原因，不能在内部构成较大容量电容，所以阻容耦合不适用于集成电路。

2. 变压器耦合方式

图 2-31 是变压器耦合方式的两级放大电路。它的输入电路是阻容耦合，而每一级的输出是通过变压器与第二级的输入相连的，第二级的输出也是通过变压器与负载相连的，这种级间通过变压器相连的耦合方式称为变压器耦合放大器。

因为变压器是利用电磁感应原理在原、副线圈之间传递交流电能的，直流电产生的是恒磁场不产生电磁感应，也就不能在原、副线圈中传递，所以变压器也能起到隔直流的作用。变压器还能改变电

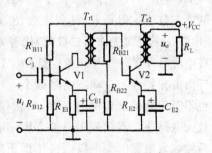

图 2-31 变压器耦合方式

压和改变阻抗，这对放大电路特别有意义。如在功率放大器中，为了得到最大的功率输出，要求放大器的输出阻抗等于最佳负载阻抗，即所谓阻抗匹配。如果用变压器输出就能

得到满意的效果。

变压器耦合也存在一些缺点。首先是要用铁心(磁心)和线圈,成本高、体积大,不利于电路的集成化。其次,高、低频特性都比较差。由于信号的传送是靠电磁感应进行,对于直流或缓慢变化的传感器信号就无法顺利传输过去;对于较高的信号频率,由于变压器的漏感和分布电容的影响,会使放大的高频特性产生畸变。

3. 直接耦合方式

直接耦合就是把前级放大器的输出端直接(或经过电阻)接到下一级放大电路的输入端,如图 2-32(a)所示。但如果简单地把两个基本放大电路直接连接起来,放大器将是不能正常工作的。在图 2-32(a)中,为了满足三极管 V1 的电压偏置和合适的工作点,$U_{BE} \approx 0.7V$,$U_{C1} > 1V$,V2 将进入饱和区;同样,满足了 V2 的偏置和工作点,V1 也不能正常工作,要使得前后两级都能正常放大,就必须考虑它们工作点的相互影响,要有特殊偏置电路。

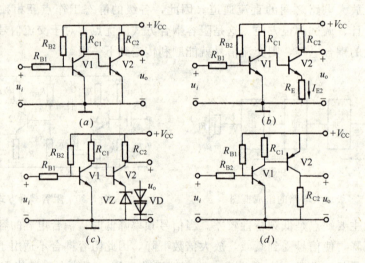

图 2-32 几种直接耦合方式

解决级间工作点的合理设置问题,通常可采用在第二极射极电路中接入电阻 R_E,如图 2-32(b)所示。这种接法使 V2 的射级电位升高,从而增大了第一级三极管的 U_{CE} 值和信号的动态范围。但是 R_E 的引入会使第二级放大电路的放大倍数降低。也可用稳压管 VZ (或串联几个正向工作的二极管)代替 R_E,如图 2-32(c)所示。稳压管的接入,使 V2 的发射极电位升高了一个稳压值,这样 V1 管子也不致饱和。同时,稳压管工作于斜率比较大的反向击穿特性上,动态电阻很小,对于变化信号相当于短路,所以第二级的电压放大倍数也不至于降低。还可用 NPN 型管和 PNP 型管互补使用,如图 2-32(d)所示。在直接耦合放大电路中,若仅采用一种 NPN 型管子,则各级放大电路中集电极的电位逐级升高,使后级放大电路的集电极电位接近正电源电压 U_{CC} 值,降低了输出电压的动态范围(易产生截止失真),所以级数受限制。而图 2-32(d)中,NPN 管集电极电位的升高,被 PNP 管集电极电位的降低所补偿,这种互补作用,使得各级工作点都得到合理安排。

(三) 多级放大器的增益

因为多级放大器,是多级串联逐级连续放大,所以总的电压放大倍数是各级放大倍数

的乘积,即:

$$A_u = A_{u1} \cdot A_{u2} \cdot A_{u3} \cdots\cdots A_{un} \tag{2-47}$$

因此,求多级放大器的增益时,首先必须求出各级放大电路的增益。求单级放大电器的增益已在前面讲述,这里所不同的是需要考虑各级之间有如下的关系:后级的输入电阻是前级的负载电阻,前级的输出电压是后级的输入信号,空载输出电压为信号源电压。

至于多级放大器的输入电阻和输出电阻,就是把多级放大器等效为一个放大器,从输入端看放大器得到的电阻为输入电阻,从输出端看放大器得到电阻为输出电阻。

【例 2-8】 两级阻容耦合放大电路如图 2-33 所示。已知电路参数 $V_{CC} = 9V$,$R_{B11} = 60k\Omega$,$R_{B12} = 30k\Omega$,$R_{C1} = 3.9k\Omega$,$R_{E11} = 300\Omega$,$R_{E12} = 2k\Omega$,$\beta_1 = 40$,$R_{B21} = 60k\Omega$,$R_{B22} = 30k\Omega$,$R_{C2} = 2k\Omega$,$R_L = 5k\Omega$,$R_{E2} = 2k\Omega$,$\beta_2 = 50$,$C_1 = C_2 = C_3 = 10\mu F$,$C_{E1} = C_{E2} = 47\mu F$。试求:(1)放大电路的静态工作点;(2)放大电路的交流性能指标 A_u、R_i 及 R_o。

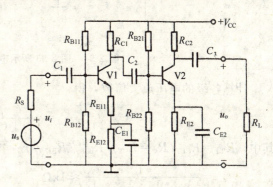

图 2-33 两级阻容耦合放大电路

【解】

(1)放大电路的静态工作点

由于放大电路两级之间被电容 C_2 隔直,所以可分别计算各自的静态工作点。

V_1 电路的静态工作点:

$$U_{B1} \approx V_{CC} \frac{R_{B12}}{R_{B12} + R_{B11}} = 9 \times \frac{30}{60+30} = 3V$$

$$I_{C1} \approx I_{E1} = \frac{U_{B1} - U_{BE1}}{R_{E11} + R_{E12}} = \frac{3 - 0.7}{0.3 + 2} = 1mA$$

$$U_{CE1} = V_{CC} - I_C R_C - I_E(R_{E11} + R_{E12}) \approx V_{CC} - I_{C1}(R_C + R_{E11} + R_{E12})$$
$$= 9 - 1 \times (3.9 + 0.3 + 2) = 2.8V$$

V_2 电路的静态工作点:

$$U_{B2} \approx V_{CC} \frac{R_{B22}}{R_{B21} + R_{B22}} = 9 \times \frac{30}{60+30} = 3V$$

$$I_B = \frac{U_{CC} - U_{BE}}{R_B + (1+\beta)R_E} \approx \frac{U_{CC}}{R_B + (1+\beta)R_E} = \frac{12}{120 + (1+40) \times 3} mA = 50\mu A$$

$$I_C = \beta I_B = 40 \times 0.05 \approx 2mA$$

$$U_{CE} = U_{CC} - I_E R_E \approx 12 - 2 \times 3 = 6V$$

(2)放大电路的交流性能指标

先画出本例电路的微变等效电路如图 2-34 所示。计算三极管 V1、V2 的输入电阻 r_{be1}、r_{be2},得:

$$r_{be1} = 300 + (1+\beta_1)\frac{26}{I_{E1}} = 300 + 41 \times \frac{26}{1} = 1.37k\Omega$$

$$r_{be2} = 300 + (1+\beta_2)\frac{26}{I_{E2}} = 300 + 51 \times \frac{26}{1.15} = 1.45k\Omega$$

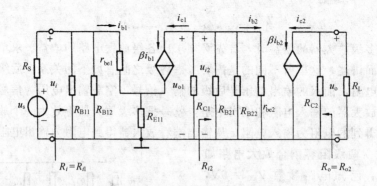

图 2-34　图 2-33 所示电路的微变等效电路

计算各级的电压放大倍数，得：

$$A_{u1} = \frac{-\beta_1 R'_{L1}}{r_{be1} + (1+\beta)R_{E1}}$$

其中，$R'_{L1} = R_{C1} // R_{i2} = R_{C1} // R_{B21} // R_{B22} // r_{be2}$

$$= \frac{1}{\frac{1}{3.9} + \frac{1}{60} + \frac{1}{30} + \frac{1}{1.45}} \approx 1\text{k}\Omega$$

代入上式可得：

$$A_{u1} = \frac{-40 \times 1}{1.37 + 41 \times 0.3} = -2.9$$

$$A_{u2} = \frac{-\beta_2 R'_{L2}}{r_{be2}} = \frac{-\beta_2 (R_{C2} // R_L)}{r_{be2}}$$

$$= -\frac{50 \times 2 // 5}{1.45} = -50$$

总的电压放大倍数为：

$$A_u = A_{u1} \times A_{u2} = (-2.9) \times (-50) = 145$$

多级放大电路的输入电阻就是输入级的输入电阻。在本例中：

$$R_i = R_{i1} = R_{B11} // R_{B12} // [r_{be1} + (1+\beta_1 R_{E11})]$$

$$= \frac{1}{\frac{1}{60} + \frac{1}{30} + \frac{1}{13.7}} = 8\text{k}\Omega$$

多级放大电路的输出电阻是末级的输出电阻。在本例中：

$$R_O = R_{O2} = R_{C2} = 2\text{k}\Omega$$

四、放大电路的频率响应

（一）频率响应和通频带的概念

前面分析放大电路时，均假设输入信号的频率是单一的正弦波电压，并认为在这个频率下，耦合电容和射极旁路电容的容抗很小，可以看作短路。同时，又忽略了三极管的极间电容和线路分布电容的影响，因此所得到的电压放大倍数 A_u 的数值与频率无关。实际上并非如此，例如广播中的语言和音乐信号，其频率通常在几十赫兹至上万赫兹之间。当信号频率很高或很低时，上述电容的影响不能忽略，这些电抗元件不但使 A_u 的数值随频率而变化，而且使输出电压与输入电压的相位也发生变化，即产生了附加的相位移。所以放大电路的电压放大倍数实际上是一个幅度、相移均与频率有关的复数，记作 $\dot{A}_u$。

$$\dot{A}_u = A_u(f) \angle \phi(f) \tag{2-48}$$

通常把放大电路对不同频率的正弦电压信号的放大效果称为频率响应。

上式中 $A_u(f)$ 表示放大电路电压放大倍数的模与频率 f 的关系，称为幅频特性，而 $\phi(f)$ 表示放大电路输出电压与输入电压之间相位差 ϕ 与频率的关系，称为相频特性，两者综合起来就是频率响应。图 2-35 所示是单级共射阻容耦合放大电路的频率响应特性，其中图 2-35(a) 是幅频特性，图 2-35(b) 是相频特性。由图上看出，阻容耦合放大电路的频率响应可分为三个区域，在中频区，电压放大倍数 A_{um} 不随信号频率变化，相位保持 $-180°$；在低频区和高频区，电压放大倍数则下降，同时产生附加相移，低频区的相位超前于中频区的相位移，高频区的相位滞后于中频区的相位移。

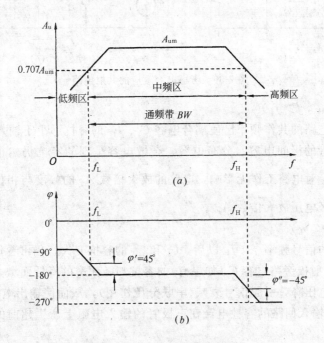

图 2-35 放大电路的频率特性

为了衡量放大电路的频率响应性能，规定在电压放大倍数下降到 $0.707A_{um}$ 时所对应的高低两个频率，分别称为上限频率 f_H 和下限频率 f_L。在这两个频率之间的频率范围，称为放大电路的通频带，用 BW 表示，即：

$$BW = f_H - f_L \tag{2-49}$$

通频带愈宽，表示放大器工作的频率范围愈宽，好的间频放大器，可达 $20 \sim 20000 Hz$，通频带是放大器频率响应的一个重要指标。一个放大器若对不同频率的信号有不同的放大倍数和相移，这就使放大器的输出电压波形不能完全重现输入信号的波形，从而产生了失真，这种失真是因为频率不同而产生的，故称为频率失真。在幅度特性上表现的是幅度失真程度；在相频特性上表现的是相位失真程度。为了避免频率失真，应尽量使放大电路的上限频率高于实际信号中的最高频率成分；下限频率低于信号中的最低频率成分。

（二）放大电路频率特性的定性分析

为了分析各个电容对放大电路的影响，在图 2-36(a)中除画出了耦合电容 C_1、C_2 外，还画出了三极管的极间电容。其中 C_{be} 为发射结电容，一般为几十皮法数量级。C_{bc} 为集电结电容，一般比 C_{be} 要小得多。考虑到线路的分布电容和杂散电容后可等效为图 2-36(b)。其中 C_i 表示三极管的输入端并联电容；C_o 表示三极管的输出端并联电容。下面分三个频区来分析各电容对频率特性的影响：

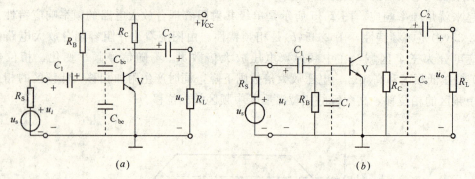

图 2-36 考虑电容效应的共射电路

1. 中频区($f_H > f > f_L$)

在中频区，电路的共作频率已使耦合电容 C_1、C_2 的容抗远小于输入电阻 R_i，可以视为短路，而三极管的极间电容、分布电容、杂散电容呈现的容抗仍然很大，可以视为开路。所以 C_i 和 C_o 对电路工作无影响，电路的放大倍数 $\dot{A}_u$ 的幅度与相位移均不随频率而变化，称为中频区电压放大倍数 $\dot{A}_{um}$。

2. 低频区($f < f_L$)

当输入电路的信号频率 $f < f_L$ 以后，C_i 和 C_o 的容抗变大，仍可看作开路。但是耦合电容 C_1、C_2 以及射极旁路电容 C_e（如果有）的容抗却随频率的降低而增大，交流信号通过它们时，要产生电压降，引起信号衰减（串联分压作用），从而使输出电压 U_o 和放大倍数 A_{uL} 下降。同时，输入回路的容性电流在三极管的输入电阻上产生超前的附加相移，即图 2-35(b)中 $\phi' > 0$。

3. 高频区($f > f_H$)

当输入电路的信号频率 $f > f_H$ 以后，由于频率增高，C_1、C_2 及 C_e 容抗进一步减小，更可看作短路，它们对信号传输没有影响。但是构成并联电容 C_i、C_o 的极间电容、分布电容及杂散电容的容抗随频率增高而下降，它们容抗的减小对信号电流产生分流作用，导致输出电压 U_o 和放大倍数 A_{uH} 的下降。同时，输入回路的容性电流在三极管的并联电容（C_i、C_o）上产生滞后的附加相移，即图 2-35(b)上的 $\phi'' > 0$。

总之，影响放大电路低频响应的电路元件是耦合电容 C_1、C_2 及发射极电容 C_e。为使放大电路的低端通频带加宽，减小下限频率 f_L，就应当用尽可能大的 C_1、C_2 及 C_e。影响放大电路高频响应的主要因素是三极管极间电容和电路布线，为使放大电路的高端通频带加宽，增大上限频率 f_H，应当选用极间电容较小，截止频率 f_T 较高的三极管，并在设计安装放大电路时合理布线尽量减小分布电容和杂散电容。

第七节 场效晶体管基本放大电路

一、场效晶体管的偏置电路

场效应管具有输入阻抗大和噪声小等优点，很适合微弱信号的放大。因此，多用于放大器的输入级。与三极管放大电路相似，场效晶体管放大电路也必须设置合适的静态工作点。由于场效应管没有栅极电流，所以关键是要有合适的栅偏压 U_{GS}。常用的偏置电路有两种。

（一）自偏压电路

图 2-37 为耗尽型 MOS 管常用的自偏压电路。其中 V 是 N 沟道耗尽型 MOS 管，R_D 是漏极负载电阻，V_{DD} 是漏源回路的电源，其极性应满足 V 的需要。R_S 是源极电阻，在 V_{DD} 的作用下，I_D 在 R_S 上产生电压降，即 $U_S=I_D R_S$，C_S 是 R_S 的旁路电容。R_G 通过栅极接地，使栅极电压 $U_G=I_G R_G=0$，则 R_S 上的电压就成为 N 沟道耗尽型 MOS 管所需的负栅偏压，通常称为自偏压，其值为：

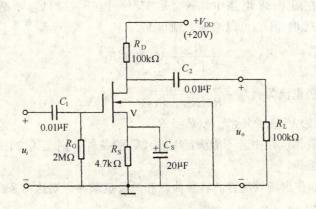

图 2-37 自偏压电路

$$U_{GS}=-I_D R_S \tag{2-50}$$

适当调节源极电阻 R_S，可以获得合适的静态工作点。

这种自偏电路只适合耗尽型 MOS 管，不适合增强型 MOS 管。因为增强型 MOS 管在 $U_{GS}=0$ 时，没有 I_D，从而不能形成自偏压。

（二）分压式自偏压电路

图 2-38 是电源分压式偏置的共源放大器的基本电路。这种电路是利用 R_{G1} 和 R_{G2} 将电源分取合适的栅压，通过电阻 R_G 接通栅极，源极则通过电阻 R_S 接地。

电路栅源间的直流偏压为：

$$U_{GS}=\frac{R_{G2}}{R_{G1}+R_{G2}}V_{DD}-I_D R_S=V_G-I_D R_S \tag{2-51}$$

由上式可知，只要适当选取 R_{G1}、R_{G2}、R_S 值，就可获得各种场效应管所需的正、负或零三种栅偏压。因此，分压式自偏压电路适用于各种场效应管。

（三）静态工作点

为了使场效应管能工作在最佳状态，就要正确设置静态工作点。对于确定的电路，可

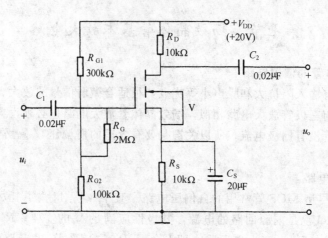

图 2-38 分压式自偏置电路

用计算法或图解法来求出静态工作点。

(1) 计算法：在图 2-38 电路中，通常取 $V_S=(1/6\sim 1/3)V_{DD}$，栅-源电压为 $U_{GS}=V_G-V_S$，当 $V_G\gg U_{GS}$ 时，U_{GS} 可以略去，则得 $V_G=V_S$。

即：
$$\frac{R_{G2}}{R_{G1}+R_{G2}}V_{DD}=I_D R_S$$

所以，静态漏极电流为：
$$I_D=\frac{R_{G2}V_{DD}}{R_S(R_{G1}+R_{G2})} \qquad (2-52)$$

静态漏-源电压为：$U_{DS}=V_{DD}-I_D(R_D+R_S)$ (2-53)

必须指出，在具体电路中若不能满足 $V_G\gg U_{GS}$ 的条件，则上述方法将产生很大误差，故改用图解法较为准确。

(2) 图解法：如作出场效应管的转移曲线和源极负载线，则这两条曲线的交点就是静态工作点。

首先根据图 2-38 的输出回路，列出直流负载线方程式为：
$$U_{DS}+I_D(R_D+R_S)=V_{DD} \qquad (2-54)$$

或者
$$I_D=-\frac{1}{R_D+R_S}U_{DS}+\frac{1}{R_D+R_S}V_{DD} \qquad (2-55)$$

根据上式可在场效应管的漏极特性曲线上作出直流负载线 MN。如图 2-39(b) 所示。

然后，根据负载线 MN 与 U_{GS} 为不同值的各条输出(漏极)特性曲线的交点，可对应画出转移特性曲线，如图 2-39(b) 左图所示。最后，根据源极负载线的方程式 $U_{GS}=V_G-V_S=-I_D R_S$ 画出源极负载线 QL，它是通过原点，斜率为 $\tan\alpha=-1/R_S$ 的一条直线。源极负载线与转移特性曲线的交点 Q 便是场效应管的静态工作点。从图中可看出 Q 点的参数为 $I_D=0.05\text{mA}$，$U_{GS}=-0.25\text{V}$，$U_{DS}=15\text{V}$。

对于图 2-39(a) 所示的分压式偏置电路，也可采用类似的图解法，但此时电路的源极负载线方程为：
$$U_{GS}=V_G-V_S=\frac{R_{G2}}{R_{G1}+R_{G2}}V_{DD}-I_D R_S \qquad (2-56)$$

根据直线方程的解析原理，画图时只要将图 2-39(b) 中的源极负载线向右平移一个横

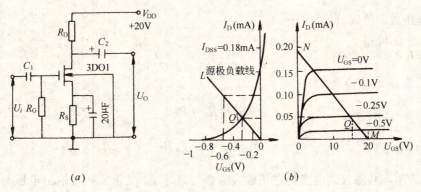

图 2-39 自偏压电路静态工作点的确定
(a)电路；(b)转移特性与负载线做法

坐标 $R_{G2}/(R_{G1}+R_{G2})$ 值就可以了。

二、场效晶体管放大电路的动态分析

(一) 场效晶体管的微变等效电路

图 2-40 是场效晶体管与晶体三极管微变等效电路的对照图。图 2-40(b) 中，栅源之间的输入电阻 r_{gs} 很大，故作开路处理；栅源电压控制的电流源用 $i_d=g_m u_{gs}$ 表示。图 2-40(a)、(b) 中均略去了受控源的内阻 r_{ce} 和 r_{ds}，认为它们是恒流特性都是理想的。显而易见，场效晶体管的等效电路更为简单。

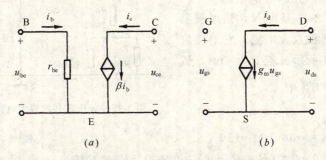

图 2-40 场效晶体管和晶体三极管微变等效电路的对照图
(a)三极管微变等效电路；(b)场效晶体管微变等效电路

(二) 共源极放大电路

图 2-37 是一种由 MOS 管组成的共源极放大电路，它类似晶体三极管的共射放大电路，图 2-41 为它的交流等效电路。

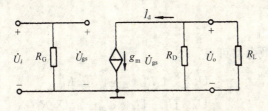

图 2-41 共源放大电路的等效电路

1. 电压放大倍数 $\dot{A}_u$

由图 2-41 可得：
$$\dot{U}_O = -\dot{I}_d R'_L = -g_m \dot{U}_{gs} R'_L$$
$$\dot{U}_{gs} = \dot{U}_i$$

其中：
$$R'_L = R_D \mathbin{/\mkern-6mu/} R_L$$

所以：
$$\dot{A}_u = \frac{\dot{U}_O}{\dot{U}_i} = -g_m R'_L \tag{2-57}$$

上式表明，共源放大电路的电压放大倍数与跨导 g_m 成正比，且输出电压与输入电压反相。由于场效晶体管的跨导不大，因此单级放大倍数要比共射放大电路小。

2. 输入电阻 R_i 和输出电阻 R_o

由图 2-41 可得：
$$R_i \approx R_G \tag{2-58}$$

可见场效晶体管放大电路的输入电阻，主要由偏置电阻 R_G 决定的，因此 R_G 通常取大值。

输出电阻：
$$R_o \approx R_D \tag{2-59}$$

即共源放大电路的输出电阻与共射放大电路类似，由漏极电阻 R_D 决定的。

【例 2-9】 图 2-42 是由 N 沟道增强型 MOS 管组成的共源极放大电路，它的交流等效电路如图 2-42 所示，若 $g_m = 1\text{ms}$，试求其动态参数 $\dot{A}_u$、R_i、R_o。

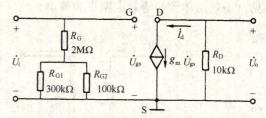

图 2-42 分压式共源放大电路的等效电路

【解】
$$\dot{A}_u = -g_m R_D = -1 \times 10 = -10$$
$$R_i = R_G + (R_{G1} \mathbin{/\mkern-6mu/} R_{G2}) \approx R_G = 2\text{M}\Omega$$
$$R_o = R_D = 10\text{k}\Omega$$

从以上参数可知，共源放大电路的电压放大倍数不大，但输入电阻很高，因此很适合作多级放大器的输入级。

（三）共漏极放大电路——源极输出器

与射极输出器相类似，场效应晶体管也可组成具有高输入电阻、低输出电阻的源极输出器，如图 2-43 所示。

1. 电压放大倍数 $\dot{A}_u$

由图 2-43(b) 的等效电路可得：
$$\dot{A}_u = \frac{\dot{U}_o}{\dot{U}_i} = \frac{\dot{I}_d R'_L}{\dot{U}_{gs} + \dot{U}_o} = \frac{g_m R'_L}{\dot{U}_{gs} + g_m \dot{U}_{gs} R'_L}$$

即：
$$\dot{A}_u = \frac{g_m R'_L}{1 + g_m R'_L}$$

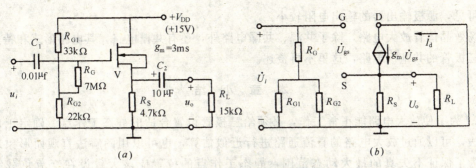

图 2-43 场效晶体管源极输出器
(a)电路；(b)等效电路

若图 2-43(a)中场效应晶体管的 $g_m=3\text{ms}$，则可得：

$$\dot{A}_u=\frac{3\times\dfrac{4.7\times15}{4.7+15}}{1+3\times\dfrac{4.7\times15}{4.7+15}}=0.91$$

可见，与射极输出器相似，源极输出器的电压放大倍数也小于1(通常比射极输出器更小些)，输出电压与输入电压同相。

2. 输入电阻 R_i

由图 2-43(b)可得：

$$R_i=R_G+(R_{G1}\mathbin{/\mkern-6mu/}R_{G2})\approx R_G=7\text{M}\Omega$$

显然，源极输出器的输入电阻比射极输出器高得多。

3. 输出电阻 R_o

输出电阻的求法可用求放大器输出电阻的通常方法，即令图 2-43(b)中的 $\dot{U}_i=0$，在输入端外加一交流电压 $\dot{U}_o$，如图 2-44 所示。由该等效电路求输出电阻，由于输入端短路后 $\dot{U}_{gs}$ 仍存在，且 $\dot{U}_{gs}=-\dot{U}_o$，因此在 $\dot{U}_o$ 的作用下 $\dot{I}_d$ 支路也存在，并有 $\dot{I}_d=-g_m\dot{U}_{gs}$，即

$$R_o=R_S\mathbin{/\mkern-6mu/}\frac{\dot{U}_o}{\dot{I}_d}$$

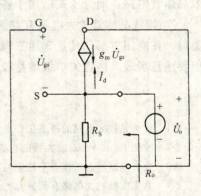

图 2-44 求 R_o 的等效电路

其中：

$$\frac{\dot{U}_o}{\dot{I}_d}=\frac{\dot{U}_o}{-g_m\dot{U}_{gs}}=\frac{\dot{U}_o}{-g_m(-\dot{U}_o)}=\frac{1}{g_m}$$

则有：

$$R_o=R_S\mathbin{/\mkern-6mu/}\frac{1}{g_m}$$

由图 2-41(a)中参数可得：

$$R_o=R_S\mathbin{/\mkern-6mu/}\frac{1}{g_m}=\frac{4.7\times\dfrac{1}{3}}{4.7+\dfrac{1}{3}}\approx 0.31\text{k}\Omega$$

可见，源极输出器的输出电阻较小。

场效晶体管放大电路，除了共源、共漏电路外，还有共栅电路，其电路形式和特点类似于三极管的共基极电路，这里不再赘述。

本 章 小 结

1. 为了使放大电路能正常工作，必须给三极管设置合适的静态工作点。确定工作点的方法，可以通过放大电路的直流通路进行近似估算，也可以用图解法直观而形象地求出。为了保证不失真的最大动态范围，静态工作点的位置应该大致设在交流负载线的中点。

2. 放大电路的静态工作点容易受温度的影响而发生改变。因此，对于放大电路不仅要设置合适的静态工作点，而且还必须在电路上采取措施来稳定静态工作点。分压式偏置放大电路能够在较大的温度变化范围内具有很好的稳定性。

3. 共集电极电路（射极输出器）的特点是：公共端是集电极，电压放大倍数小于1，输出信号与输入信号同相，输入电阻高，输出电阻低。

4. 共基极电路的输入输出公共端点是基极。特点是电压放大倍数与共发射极相同，但为同相，输入电阻很小。

5. 多级放大电路中，阻容耦合是常用的级间连接方式。它的特点是各级直流互不影响，分析计算简便，在一定的频率范围内能保证信号顺利地由前级送到后级。多级放大电路的总电压放大倍数等于各级放大倍数的乘积。

6. 场效晶体管的直流偏置电路有自偏压和分压式两种。自偏压只适用于耗尽型的场效晶体管电路，而分压式适用于各种场效晶体管电路。

7. 场效晶体管放大电路有共源、共漏及共栅三种组态。分析方法与三极管放大电路类似。在应用方面，凡是普通三极管可以使用的场合，原则上都可使用场效晶体管器件，但要注意场效晶体管的单级增益较低。

思考题与习题

2-1 什么是放大电路的静态工作点？为什么一定要设置合适的静态工作点？

2-2 改变 R_C 和 V_{CC} 对放大器的直流负载线有什么影响？

2-3 放大电路静态工作点不稳定的原因是什么？试分析分压式偏置放大电路稳定工作点的原理。

2-4 共集电极放大电路有何特点？为什么既可将它用作放大器的输入级又可用作放大器的输出级？有时也可将它作中间级使用？

2-5 放大电路如图 2-45 所示，调整电位器可改变 R_B 的阻值，就能调整放大器的静态工作点。试估算：

(1) 如果要求 $I_C = 2\text{mA}$，问 R_B 值应多大？

(2) 如果要求 $U_{CE} = 3\text{V}$，问 R_B 值又应多大？

2-6 电路同上题，固定电阻 R_{BB} 是保护电阻，用以防止电位器高到零时，管子因过电流而损坏。一般用临界饱和电流来选择该电阻，问 R_{BB} 应取多大合适？

2-7 指出图 2-46 所示电路中，哪些能进行正常放大，哪些不能，并简要说明原因。

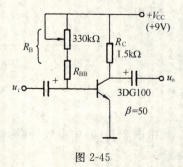

图 2-45

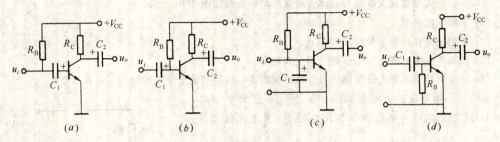

图 2-46

2-8 在图 2-47 所示电路图中，若选用的三极管 V 为 3DG6 型，其输出特性曲线如图(b)所示，设电路中的电源 $V_{CC}=12V$，$R_B=510k\Omega$，$R_C=2k\Omega$。试在输出特性曲线上作直流负载线。并从图上求静态工作点 Q，算出 Q 点附近的 β 值。

2-9 如在图 2-47(a) 所示的放大电路中，已知 $V_{CC}=20V$，$R_B=200k\Omega$，$R_C=2k\Omega$，$\beta=50$，$R_L=2k\Omega$。试估算：(1) 该放大电路的静态工作点；

(2) 画出其简化的微变等效电路；

(3) 计算 A_u、R_i、R_o。

2-10 在上题中，已知条件不变，试比较放大电路接负载和不接负载时的电压放大倍数值有何不同？并定性说明信号源内阻的大小对放大器放大倍数的影响。

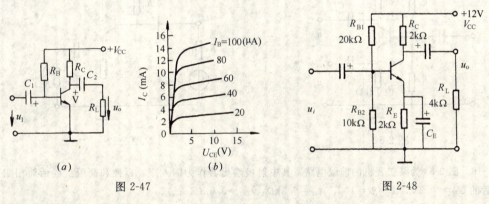

图 2-47　　　　　　　　　　　　　图 2-48

2-11 分压式偏置稳定电路如图 2-48 所示，已知三极管为 3DG100，$\beta=40$，$U_{BE}=0.7V$。

(1) 估算静态工作点 I_C 和 U_{CE}；

(2) 如果 R_{B2} 开路，此时电路工作状态有什么变化？

(3) 如果换用 $\beta=80$ 的三极管，对静态工作点有多大影响。

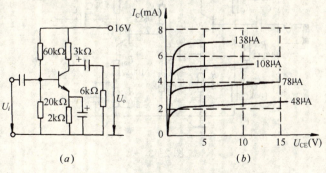

图 2-49

2-12 分压式偏置放大电路和晶体管的输出特性曲线如图 2-49 所示。

(1) 求输入电阻 R_i；

(2) 分别用计算法和图解法求 Q 值；

(3) 估算本电路可能输出电压最大不失真幅度；

(4) 此电路静态工作点设置得是否合理？如何进一步提高输出电压的最大不失真幅度？

2-13 共集电极放大电路如图 2-50 所示，已知 $\beta=50$，$r_{be}=1\mathrm{k}\Omega$，试求其输入电阻 R_i、输出电阻 R_o 及电压放大倍数 A_u。

2-14 图 2-51 所示电路能够输出一对幅度大致相等，相位相反的电压。试求各个输出端的输出电阻 R_{O1} 和 R_{O2} 的值（设三极管的 $\beta=100$，$r_{be}=1\mathrm{k}\Omega$）。

2-15 射极输出器电路如图 2-52 所示。已知三极管的 $\beta=100$，$U_{BE}=0.7\mathrm{V}$。试求：

(1) 静态工作电流 I_C；

(2) 电压放大倍数 A_u；

(3) 输入电阻和输出电阻。

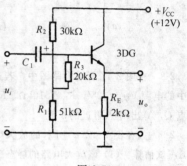

图 2-50

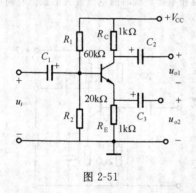

图 2-51

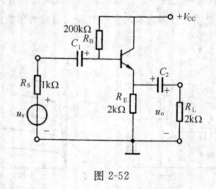

图 2-52

2-16 图 2-53 为某扩音机的前级电路，其中射极输出器作为输入级，以便和高阻抗的话筒相配合，设两管的 $U_{BE}=0.2\mathrm{V}$，$\beta_1=\beta_2=100$，$r_{be1}=5.3\mathrm{k}\Omega$，$r_{be2}=3.6\mathrm{k}\Omega$。试求：

(1) 输入电阻；

(2) 电压放大倍数。

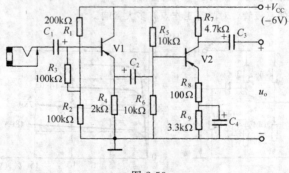

图 2-53

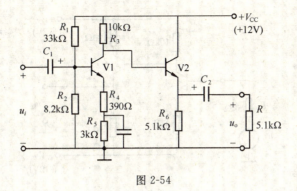

图 2-54

2-17 已知放大电路及其元件参数如图 2-54 所示，三极管 $\beta_1=\beta_2=40$，$r_{be1}=1.4\text{k}\Omega$，$r_{be2}=0.9\text{k}\Omega$，试求：

(1) 电压放大倍数；
(2) 输入电阻；
(3) 输出电阻。

2-18 有甲乙两个直接耦合放大电路，甲电路 $A_u=1000$，当温度从 20℃上升到 25℃时，输出电压漂移了 10V；乙电路 $A_u=50$，当温度从 20℃上升到 40℃时，输出电压也漂移了 10V，你认为哪一个温度漂移指标比较小。

2-19 图 2-55 为一两级直接耦合放大电路，已知经调节 R_{B1} 后的第二级静态输出电压 $U_O=3\text{V}$，图中三极管 $U_{BE}=0.7\text{V}$，$\beta_1=40$，$\beta_2=20$。试求：

(1) 当 $u_i=0$(短路)时，两级的静态工作点 I_{C1}、I_{C2}、U_{CE1} 及 U_{CE2}；
(2) 电压放大倍数 A_{u1}、A_{u2} 及 A_u；
(3) 偏流电阻 R_{B1} 的值。

2-20 图 2-56 为一复合跟随器电路(又称达林顿电路)，设三极管的 $\beta_1=\beta_2=50$，$r_{be1}=r_{be2}=1.2\text{k}\Omega$，试求：(1)输入电阻；(2)输出电阻。

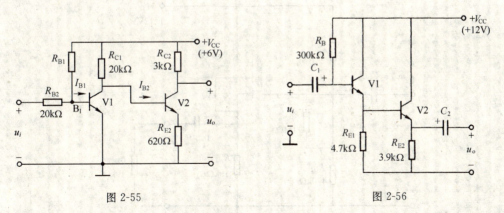

图 2-55　　　　　图 2-56

2-21 图 2-57 为两级 NPN 与 PNP 管互补的直接放大电路，它由正、负两个电源供电，两管都工作在共射组态，能够得到合适的静态工作点和输出电平。已知 $\beta_1=\beta_2=100$，$r_{be1}=r_{be2}=4\text{k}\Omega$，试求：(1)电压放大倍数；(2)源电压放大倍数；(3)电路的输入电阻和输出电阻。

2-22 已知电路参数如图 2-58 所示，$g_m=1\text{ms}$，试作交流等效电路，估算 A_u、R_i 和 R_O 的值。

2-23 图 2-59 为场效晶体管源极输出器，$g_m=1\text{ms}$，试作交流等效电路，估算 A_u、R_i 和 R_O 的值。

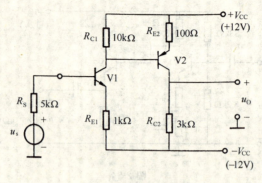

图 2-57

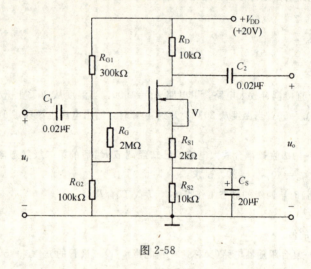

图 2-58

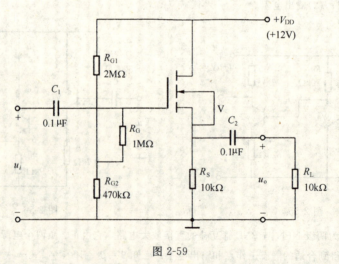

图 2-59

实验与技能训练

实验分压偏置共发射极放大器

一、实验目的

1. 了解工作点漂移的原因及稳定措施。
2. 熟练掌握静态工作点的测量与调整方法。
3. 了解小信号放大器的放大倍数、动态范围与静态工作点的关系。

二、实验仪器设备与器件

实验板 1 块、电阻(1kΩ 1 只、2kΩ 2 只、10kΩ 1 只、5.1kΩ 1 只)、电容(10μF 2 只、100μF 1 只)、三极管(3DG6)1 只、示波器 1 台、万用表 1 只、电流表 1 只、电位器(100kΩ)1 只。

三、实验内容

1. 稳定静态工作点的原理

实验测试电路如图 2-60。利用 R_{B1}、R_{B2} 的分压作用固定基极电压 U_B,按图 2-60 中的数值选择电阻和电源,接通电路后记录 U_B 的数值。

2. 通过 R_E 的作用,限制 I_C 的改变,使工作点保持稳定

对静态工作点的测量,只要分别测出三极管的三个电极对地电位,便可求得静态工作点 I_{CQ}、U_{CEQ}、U_{BEQ} 的大小,或用电流表和电压表直接测量。

3. 改变电路参数,观察是否能稳定工作

在电路输入端加频率为 1kHz 的正弦信号,用示波器观察输出波形的变化。增大输入信号,并调整静态工作点,使输出波形达到最大而不失真,计算电压放大倍数并记录。

分别改变电位器 R_P、电阻 R_C、R_E 和电源值(每次仅改变一个参数),重复做上面实验,并记录每次实验数据。

用电烙铁烘烤三极管,使三极管温度升高,观察 I_{CQ}、U_{CEQ} 的变化。

4. 把 NPN 型管子换成 PNP 型管子,调整电源极性,再做上面实验。

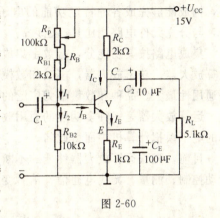

图 2-60

四、预习内容

1. 认真复习分压偏置共射极放大电路,掌握静态工作点稳定的原因。
2. 根据实验电路计算静态工作点,以便和实验数据进行比较。
3. 自己设计实验表格,填写实验数据。

五、思考题

1. 静态工作点稳定的因素是什么?
2. 比较实验数据与计算数据有什么不同,并说明为什么?
3. 三极管由 NPN 型换成 PNP 型,输出电压的饱和失真和截止失真的波形是否相同?

第三章 集成运算放大器

集成电路是 20 世纪 50 年代末、60 年代初发展起来的一种新型电子器件。它采用与硅平面晶体管相似的生产工艺,把管子、电阻、电容元件以及电路连线等制作在同一基片上,构成能够完成各种特定功能的电子线路,实现了材料、元器件、电路三者的有机结合,与分立元件电路相比具有密度高、引线短、外部焊点少、可靠性高等优点。

集成电路按其功能分,有数字集成电路和模拟集成电路。模拟集成电路种类很多,有运算放大器、功率放大器,模数和数模转换器,稳压电源等许多种。其中集成运算放大器是通用性最大、品种和数量最为广泛的一种。

运算放大器是一种多功能的通用放大器件。由于最初是用在对模拟量进行各种函数运算的电子模拟计算机中而得此名。

目前,随着运算放大器性能的不断完善,它的应用已远远超过了模拟运算的范畴,在自动控制、测量、无线电通信、信号变换等方面获得了广泛应用。

第一节 集 成 电 路

一、集成电路

集成电路(Integrated Circuit,简称 IC)是 20 世纪 50 年代末、60 年代初发展起来的一种半导体器件。它采用氧化、光刻、扩散、外延和蒸铝等特殊的生产工艺,把多达数百、上万,甚至上千万个半导体器件、电阻、电容以及它们之间的连线集成在同一块半导体基片上,然后进行封装,形成一个完整的并能够实现一定功能的电路。

由于集成电路实现了元件、电路和系统的结合,因此,具有元件密度高、引线少、体积小、重量轻、功耗低等特点,从而提高了电子设备的可靠性、灵活性,降低了生产成本,被广泛地应用在消费电子、计算机和通信等电子设备中。

(一)集成电路的分类

集成电路的种类很多,按照实现的功能不同,一般将集成电路分为数字集成电路和模拟集成电路两大类:数字集成电路主要用于产生和处理各种数字信号;而模拟集成电路主要完成对模拟信号的采集、放大、比较、变换等功能,用来产生、放大和处理各种模拟信号或进行模拟信号和数字信号之间的相互转换。

模拟集成电路包含了纯模拟信号处理功能和模拟/数字混合信号处理功能的电路,种类很多,主要包括数据转换(如 A/D、D/A 转换等)、线性和非线性放大(如集成运算放大器、对数放大器、电压比较器、模拟乘法器)以及其他模拟集成电路。

(二)集成运算放大器(简称集成运放)的发展

尽管集成运放的产生时间不长,在 40 多年的时间里,随着半导体集成技术和微电子设计技术的迅速发展,集成运放的品种和数量与日俱增,集成度也越来越高,同时,各项性能指标得到了不断提高。集成运放有通用型产品和专用型产品两类，其通用型产品已经经历了四代，各种适应特殊需要的专用型产品也得到了进一步发展。

1. 通用型集成运放的发展

集成运放的通用型产品一般按照各阶段的主要特点将其称为四代产品。

第一代通用型产品基本上按照分立元件电路的设计思想，利用半导体生产工艺制造出来，但其主要技术指标比分立元件电路有所提高。其产品以 $\mu A709$ 或国产的 FC3 为代表。

第二代通用型产品则普遍采用了有源负载，以三极管代替负载电阻，在不增加输入级的情况下可以获得比第一代产品更高的开环增益，简化了电路。另外，还在电路中增加了一些保护措施。第二代产品以 $\mu A741$ 或国产的 F007 为代表，由于第二代产品的电路简单，性能尚可，故得到了广泛应用。

第三代通用型产品的主要特点是采用了 β 值高达 1000～5000 的超 β 管作为输入级，另外，在集成电路的版图设计时考虑到热效应影响，采用热对称设计，使超 β 管的温漂得以抵消，因此，失调电压、失调电流、开环增益、共模抑制比和温漂等指标得到了较大的改善。典型产品为 AD508 和国产的 F030。

第四代通用型产品以开始采用大规模集成电路的制造工艺为主要标志，由于电路中包含了自动稳零放大电路，使失调电压和温漂进一步降低，不再需要外接调零电路进行调零；同时，输入级采用了高输入电阻的 MOS 管，大大增加了输入电阻。其代表产品为 HA2900。

2. 专用型集成运放

专用型集成运放是为适应某些特殊的领域或应用而设计生产的定制集成运放电路，它是为满足某一项技术指标或性能必须达到更高的要求而专门设计的，主要有以下几种类型：

高精度型：高精度型集成运放的主要特点是漂移小和噪声低，开环增益和共模抑制比高，可以大大减小集成运放的误差，获得较高的精度。

低功耗型：低功耗型集成运放所采用的制造工艺与标准制造工艺有所不同，一般选用高电阻率的材料制成。

高阻型：高阻型集成运放需要具有高输入电阻或低输入电流，一般在输入级采用超 β 管或 MOS 管制造。

高速型：高速型集成运放具有较快的转换速率和较短的过渡时间以保证电路的转换精度，设计时常采用加大电流等措施来提高转换速度，这种电路常用于 A/D 转换。

高压型：高压型集成运放的电源电压高，输出电压的动态范围大，同时，功耗也较高。

大功率型：大功率型集成运放要求在提供较高输出电压的同时，还要有较大的输出电流，以实现在负载上获得较大的输出功率。

由于通用产品容易得到，且价格低廉，因此，在集成运放的选择上，应根据实际电路的需要，除特殊情况下采用可以满足高精度、低功耗、高速或高压等要求的集成电路外，应尽量使用通用产品。

二、集成电路的结构特点与组成框图

（一）集成电路的特点

由于集成电路的内部结构受制造工艺的限制,因此,采用标准工艺制造的集成电路,其电路的形式与其内部元器件的性能和特点密切相关,一般具有以下特点:

(1) 由于制造工艺和集成化的限制,不适于制造容量大的电容和电感,因此,集成电路内部放大电路通常采用直接耦合方式。

(2) 集成电路的工艺不适于大阻值电阻的制造,因此,常采用晶体管构成的恒流源电路提供偏置电流。

(3) 采用集成电路工艺制造的元器件,单个元件的参数精度不高且受温度的影响也较大,但由于各元件集成在同一块基片上,距离非常近,因而各元器件之间的温度差别很小,其对称性和温度对称性都较好。

(4) 在集成电路内部,纵向 NPN 管的 β 较大,而横向 PNP 管的 β 值很小,但 PN 结耐压高,因此,设计时常常利用这一特点,将纵向 NPN 管和横向 PNP 管接成复合组态,形成性能优良的各种放大电路。

(二) 集成运放的电路组成框图

从原理上看,集成运放实际上是具有高放大倍数的多级直接耦合放大电路,其内部电路一般由输入级、输出级、中间级和偏置电路等四个基本部分组成,如图 3-1 所示。

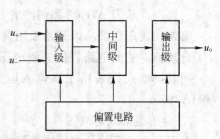

图 3-1 集成运放的组成框图

输入级:由于差动放大电路具有温漂小,便于集成化的特点,因此,集成运放的输入级一般由各种改进型的差动放大器构成,这样可以发挥集成电路内部元件参数匹配性好和易于补偿的优点。输入级电路的主要作用是在尽可能小的温度漂移和输入电流的情况下,得到尽可能大的放大倍数和输入电压的变化范围。

中间级:中间级是集成运放的重要组成部分,一般由一到两级直接耦合共发射极或组合电路放大器构成,其主要作用是提供足够大的电压放大倍数;同时,还应具有较高的输入电阻以减少对前级电路的影响。另外,中间级往往还要实现电平移动的功能,进行双端输入、单端输出的转换等。

输出级:输出级的主要作用是提供足够的推动电流以满足负载的需要,因此需要有较低的输出电阻。另外,为了使放大电路工作稳定,要求有较高的输入电阻,起到将放大器与负载隔离的作用,所以,一般情况下,输出级往往由互补推挽射极跟随器构成。有时,为防止集成运放损坏,输出级还带有短路、过流等保护电路。

偏置电路:主要作用是为运放内部的各级放大电路提供稳定、合适的偏置电流,决定各级放大电路的静态工作点,尽可能少地受到温度和电源电压等因素变化的影响。

第二节 差分放大器

一、直接耦合放大器的特殊问题

当需要传送和放大频率很低的直流信号时,电容耦合和变压器耦合方式都不能采用,而必须采用前级输出与后级输入直接连接的耦合方式。此外,在半导体集成电路中,由于大电容集成很困难，也无法集成电感，因此集成电路内部各级之间一定是直接耦合的电路设计。

由于省去了电抗元件作耦合元件，电路中也没有其他诸如旁路电容之类的电抗元件，则直接耦合放大器可以放大频率低到零的直流信号，即直接耦合放大器可以作为直流放大器。请注意：直流放大器并不是指放大直流信号的放大器，而是指被放大信号的频率即使降低到零也能被正常放大。直接耦合放大器电路更简捷，而且可以放大频率极低的信号。但是，直接耦合放大器也存在如下一些特殊问题。

（一）直接耦合放大器前后级直流电平必须正确配合

由于直接耦合造成放大器前后级工作点不再独立，而是互相影响，在设计电路时，必须使前后级电平正确配合才能保证晶体管工作在放大区。例如，在图 3-2 中，如果将耦合电容 C_2 短路而使前级集电极输出与后级基极输入直接耦合，则 $U_{CE1}=U_{BE2}=0.7\text{V}$。该式表明，$T_1$ 的集电极电位大大降低，使得 T_1 的集电结无法得到反偏电压，T_2 也会因电流过大而饱和。为了解决这一问题，可以用一支稳压管将 T_2 发射极的直流电位抬高，如图 3-3 所示，T_2 的基极电位也因此而抬高，T_2 的基极就可以和 T_1 的集电极直接相连了。图 3-3 中的电阻 R_Z 可以为稳压管提供合适的偏置电流，使稳压管的交流电阻减小。使前后级电位能正确配合的另一解决办法是将第二级改为 PNP 管，如图 3-4 所示。图中也使用了稳压管来降低 T_2 的基极电位，使其能与 T_1 的集电极电位配合。

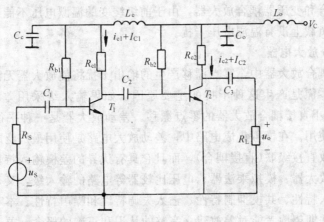

图 3-2 两极电容耦合共射放大器

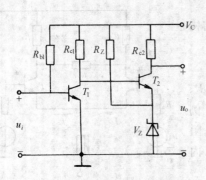

图 3-3 两极直接耦合共射放大器

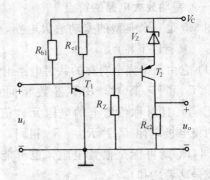

图 3-4 NPN-PNP 直接耦合共射放大器

这种使前后级电位正确配合的电路称为电平偏移电路,它是集成放大器设计中必须考虑的问题。

(二) 直流放大器的零输入和零输出条件

在直流放大器中,如果在静态时输入口和输出口的直流电压不为零,那么接入信号源和负载后,就会有直流电流流过信号源和负载,同时工作点也会发生变化。为了解决这一问题,在设计直流放大器时,希望放大器输入口和输出口的静态直流电压为零,这就是直流放大器的零输入和零输出条件。如果放大器采用正负双电源供电并合理设计电平偏移电路,就能使直流放大器实现零输入和零输出条件。

(三) 零点漂移问题

直接耦合放大器在静态时,输出端直流电压会出现缓慢变化的现象,称为零点漂移,简称零漂。产生零漂的主要原因是环境温度的变化,此时零漂又称为温漂。当环境温度变化时,引起晶体管参数(β、I_{CBO} 和输入、输出特性曲线)的变化,使得前级工作点发生缓慢漂移。这种漂移电压会因为直接耦合传到后级,经过后级放大后在输出口出现更大的漂移电压。当放大器工作时,负载上的漂移电压与信号输出电压混在一起,对输出信号形成干扰。如果输出信号小于温漂电压,则有用的信号便会被"淹没"在温漂电压中而无法识别。因此,温度漂移使直接耦合放大器失去放大微弱信号的能力。克服温漂的有效方法是采用差动放大电路。

对于电容耦合和变压器耦合放大器,由于前级缓变的温漂电压不能通过电容和互感传到下一级,所以负载上没有温漂电压干扰。

二、典型差分放大电器

在多级直接耦合放大器中,零点漂移产生的输出干扰将使放大器无法放大和输出微弱信号。输入级的零漂是产生这种干扰的主要原因,如果输入级采用差动放大器(简称差放),则将大大减小直接耦合放大器的零点漂移。差动放大器是一种平衡电路,特别适合于在集成电路中使用。在模拟集成电路中,差动放大电路是使用最广泛的单元电路,它不仅可与另一级差放直接级联(直接耦合),而且它具有优异的差模输入特性。它几乎是所有集成运放、数据放大器、模拟乘法器、电压比较器等电路的输入级,又几乎完全决定着这些电路的差模输入特性、共模抑制特性、输入失调特性和噪声特性。本节将讨论与分析差放的这些特性,并期望读者能对差放建立完整的认识和正确的概念。差动放大器同样可以作分立元件放大器。总之,差动放大器是一种重要的基本放大器。

(一) 差动放大电路的特点

图 3-5 是一个典型的差动放大电路,从电路结构上来看,具有以下特点:

(1) 它由两个完全对称的共射电路组合而成。

即 T_1 和 T_2 配对,BJT 参数相同(如 $\beta_1 = \beta_2$、$r_{be1} = r_{be2}$),且对称位置上的电阻元件值也相同,例如,两集电极电阻 $R_{c1} = R_{c2} = R_c$ 相同,两基极电阻 R_b 相同(R_b 既可能是偏置电阻,也可能是信号源内阻,或是两者之和)。

(2) 电路采用正负双电源供电。

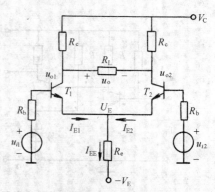

图 3-5 典型差动放大电路

T_1 和 T_2 的发射极都经同一电阻 R_e 接至负电源 $-V_E$，该负电源能使两管基极在接地（即 $u_{i1}=u_{i2}=0$）的情况下，为 T_1 和 T_2 提供偏流 I_{B1} 和 I_{B2}，保证两管发射结正偏。另外，由于电路对称，在零输入的情况下，$u_{o1}=u_{o2}$，$u_o=u_{o1}-u_{o2}=0$，从而实现了零输入，零输出。

（3）电阻 R_e 不仅为 T_1 和 T_2 提供偏流 I_{EE}，并且通常称 R_e 为射极负反馈偏置电阻，它在静态时（$u_{i1}=u_{i2}=0$）对工作电流 I_{C1} 和 I_{C2} 具有很强的负反馈作用，能稳定静态工作电流 I_E，抑制工作点随温度变化而产生的缓慢漂移（通常称为零点漂移）。例如，温度 $T\uparrow \to I_{E1}$ 和 $I_{E2}\uparrow \to I_{EE}(=I_{E1}+I_{E2})\uparrow \to U_E\uparrow \to U_{BE}(=U_B-U_E)\downarrow \to I_{B1}$ 和 $I_{B2}\downarrow \to I_{E1}$ 和 $I_{E2}\downarrow$。

另外，R_e 在动态时对共模信号有较强的抑制作用。当差动放大器的两个输入端同时输入大小相同、极性也相同的信号时（称为共模信号，即 $u_{i1}=u_{i2}=u_{ic}$），R_e 对共模信号具有很强的负反馈作用，例如，当 u_{ic}（共模输入信号）增加时 T_1 和 T_2 的射极电流 i_{E1} 和 $i_{E2}\uparrow \to i_{EE}(=i_{E1}+i_{E2})\uparrow \to U_E\uparrow \to U_{BE}(=U_B-U_E)\downarrow \to i_{B1}$ 和 $i_{B2}\downarrow \to i_{E1}$ 和 $i_{E2}\downarrow$。因此 R_e 又称为共模负反馈电阻。

（4）差动放大器有两个对地的输入端和两个对地的输出端。当信号从一个输入端输入时称为单端输入；从两个输入端之间浮地输入时称为双端输入；当信号从一个输出端输出时称为单端输出；从两个输出端之间浮地输出时称为双端输出。因此，差动放大器具有四种不同的工作状态：双端输入，双端输出；单端输入，双端输出；双端输入，单端输出，单端输入，单端输出。

（二）静态工作点的估算

令图 3-5 中 $u_{i1}=u_{i2}=0$，可获得直流通路。由于电路和元件值的对称性，故两管静态电流、电压相同（即 $I_{C1}=I_{C2}=I_C$，$I_{E1}=I_{E2}=I_E=\frac{1}{2}I_{EE}$，$I_{B1}=I_{B2}=I_B$），所以，只需讨论 T_1 管（单边电路）的静态工作点。注意到流过 R_e 上的直流电流为 $2I_E$，故等效折合到 T_1 射极的电阻为 $2R_e$。其单边直流通路的等效电路如图 3-6 所示。利用等效电路可列写出发射极回路的方程为：

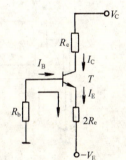

图 3-6 求静态工作点的等效电路

$$I_B R_b + U_{BE} + 2R_e I_E = V_E$$

而 $I_B = I_E/(1+\beta)$，所以有：

$$I_C = \alpha I_E \approx I_E = \frac{V_E - U_{BE}}{2R_E + \frac{R_b}{1+\beta}} \approx \frac{1}{2} \frac{V_E - U_{BE}}{R_e} \approx \frac{V_E}{2R_e} \qquad (3\text{-}1)$$

上式在推导过程中，运用了一般情况下都能满足的条件：

$$R_e \gg \frac{R_b}{1+\beta}, \quad V_E \gg U_{BE}$$

所以由式(3-1)求得的 I_C 与 BJT 的参数无关，即表明差放电路具有较强的稳定静态工作点的功能。实际上，这就是前边讨论过的射极偏置电阻的直流负反馈稳定 Q 点的作用。T_1、T_2 管的集电极静态电位可表示为：

$$U_{C1} = U_{C2} = V_C - I_C R_c \qquad (3\text{-}2)$$

$$U_{CE1} = U_{CE2} = V_C + V_E - I_C(R_C + 2R_e) \qquad (3\text{-}3)$$

在工程中，一般由于 R_b 较小，I_b 更小，在忽略 R_b 上的静态电压时，U_{CE} 通常可按下式估算：

$$U_{CE1}=U_{CE2}=V_C+V_E-I_C R_C+0.7\text{V} \tag{3-4}$$

（三）动态性能分析

1. 信号输入的类型

假设差放两输入端都有输入信号，分别为 u_{i1} 和 u_{i2}。当 u_{i1} 与 u_{i2} 大小和极性都相同时，称为共模信号，记做 u_{ic}，即 $u_{i1}=u_{i2}=u_{ic}$。当 u_{i1} 与 u_{i2} 大小相同但极性相反时，即 $u_{i1}=-u_{i2}$ 时，称为差模信号，记做 u_{id}。

若一个信号要作为共模信号 u_{ic} 输入时，可将两输入端口并联再输入该信号，如图3-7(a)所示。若一个信号要作为差模信号 u_{id} 输入，可将该信号浮地双端输入，如图3-7(b)所示。由于电路的对称性，当一个差模信号 u_{id} 双端输入时，两个输入端对地会分别输入了 $\frac{1}{2}u_{id}$ 和 $-\frac{1}{2}u_{id}$ 的信号，这就是一对差模信号。此时，称 u_{id} 为差模输入电压。换言之，当两输入端的差模信号为 $\pm u_i$ 时，差模输入电压 $u_{id}=u_i-(-u_i)=2u_i$。

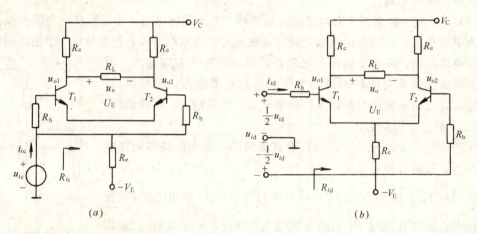

图 3-7 信号的共模和差模输入方式

(a) 信号的共模输入方式；(b) 信号的差模输入方式

如果差放两输入端输入任意信号为 u_{i1} 和 u_{i2}，且 u_{i1} 和 u_{i2} 既不是共模信号，也不是差模信号，称 u_{i1} 和 u_{i2} 为任模信号。那么，根据共模信号和差模信号的定义，则有差模信号：

$$u_{id}=u_{i1}-u_{i2} \tag{3-5}$$

$$u_{id1}=\frac{1}{2}u_{id}=\frac{1}{2}(u_{i1}-u_{i2}) \tag{3-6}$$

$$u_{id1}=-\frac{1}{2}u_{id}=-\frac{1}{2}(u_{i1}-u_{i2}) \tag{3-7}$$

共模信号：

$$u_{ic}=\frac{1}{2}(u_{i1}+u_{i2})$$

所以可以将其分解成共模分量与差模分量的组合形式：

$$u_{i1}=\frac{1}{2}u_{id}+u_{ic} \tag{3-8}$$

$$u_{i2}=-\frac{1}{2}u_{id}+u_{ic} \tag{3-9}$$

2. 对差模信号的放大作用

差模输入时 $u_{i1}=-u_{i2}$，由于两管的输入电压方向相反，流过两管的电流方向也相反。一管电流增加，另一管的电流减小，在电路完全对称的条件下，i_{C1} 增加的量与 i_{C2} 减小的量相等，所以流过 R_e 的电流变化为零，则 $u_{Re}=0$。可以认为：R_e 对差模信号呈短路状态，交流通路如图 3-8 所示，由图可以看出，当从两管集电极取电压时，其差模电压放大倍数表示为：

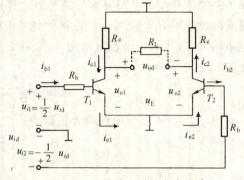

图 3-8 差模输入时的交流通路

$$A_{ud}=\frac{u_{od}}{u_{id}}=\frac{u_{o1}-u_{o2}}{u_{i1}-u_{i2}}=\frac{2u_{o1}}{2u_{i1}}=-\frac{\beta R_e}{r_{be}+R_b} \tag{3-10}$$

当在两个管子的集电极接上负载 R_L 时，

$$A_{ud}=-\frac{\beta R_L'}{r_{be}+R_b} \tag{3-11}$$

其中：

$$R_L'=R_c \mathbin{/\mkern-5mu/} (R_L/2)$$

在输入差模信号时，两管集电极电位的变化等值反相。可见，负载电阻 R_L 的中点是交流地电位，所以在差动输入的半边等效电路中，负载电阻是 $R_L/2$。

综上分析可知：双端输入、双端输出差放电路的差模电压放大倍数与单管共射放大电路的电压放大倍数相同。可见，差放电路是用增加了一个单管共射放大电路作为代价来换取对零点漂移的抑制能力的。

由电路可得差模输入电阻为：

$$r_{id}=2(R_b+r_{be}) \tag{3-12}$$

电路的两集电极之间的差模输出电阻为：

$$r_{od}=2R_c \tag{3-13}$$

3. 对共模信号的抑制作用

共模输入时，$u_{ic1}=u_{ic2}=u_{ic}$，其交流通路如图 3-9 所示，在共模信号电压作用下，两管的电流同时增加或减少，由于电路对称，输出端的电压 u_{oc1} 和 u_{oc2} 变化也是大小相等、极性相同，输出电压 $u_{oc}=u_{oc1}-u_{oc2}=0$，其双端输出的共模电压放大倍数为：

$$A_{uc}=\frac{u_{oc}}{u_{ic}}=\frac{u_{oc1}-u_{oc2}}{u_{ic}}=0 \quad (3\text{-}14)$$

综上所述，差动放大器对共模信号无放大，而对差模信号有放大，可以概括为一句顺口溜："差动，差动，输入有差别，输出就变动；输入无差别，输出就不动。"这就是差动放大器名称的由来。

在实际中，共模信号是反映温漂干扰或噪声等无用的信号，因为温度的变化，噪声的干扰对两管的影响是相同的，可等效为输

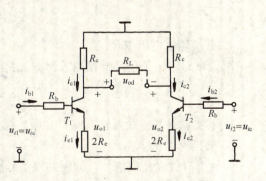

图 3-9 共模输入时的交流通路

入端的共模信号，在电路对称的情况下，其共模输出电压为零，即使电路不完全对称，可通过发射极电阻 R_e，使每一个三极管的共模输出电压减小。在图 3-9 中，若将 T_1 管的基极电阻用 R_{b1} 表示，集电极电阻用 R_{c1} 表示，发射结交流电阻用 r_{be1} 表示，则 T_1 管的共模电压放大倍数为：

$$A_{uc1}=\frac{u_{o1}}{u_{i1}}=\frac{-\beta R_{c1}}{R_{b1}+r_{be1}+(1+\beta)2R_e}$$

同理，T_2 管的共模电压放大倍数为：

$$A_{uc2}=\frac{u_{o2}}{u_{i2}}=\frac{-\beta R_{c2}}{R_{b2}+r_{be2}+(1+\beta)2R_e}$$

而 $u_{oc}=u_{o1}-u_{o2}$。

由 A_{uc1}、A_{uc2} 的表达式可看出，R_e 越大，其值越小，共模输出电压 u_{o1}、u_{o2} 越小，从而使共模输出电压 u_{oc} 越小。

从上述分析可知，对差模信号来说，R_e 相当于短路，即 R_e 对差模信号无损耗。对共模信号来说，R_e 使每个三极管的共模电压放大倍数减小，即 R_e 对共模信号有衰减作用。

为了抑制共模信号，可将 R_e 的值取得大一些。但由差放电路的静态工作电流可知，既要使 R_e 大，又要保证三极管具有合适的静态电流 I_{EQ} 值，必然要相对提高负电源电压 V_E，因而也就要提高器件的耐压值，显然这是不可取的。解决这一问题最好的办法是采用恒流源差动放大电路。

（四）差放的性能指标

1. 差模电压增益 A_{ud}

当输入差模信号 u_{id} 时，输出电压称为差模输出电压 u_{od}，则差模电压增益为：

$$A_{ud}=\frac{u_{od}}{u_{id}} \tag{3-15}$$

由于信号可以双端或单端输出，所以 A_{ud} 又可分为双端输出 A_{ud}（双）或单端输出 A_{ud}（单）。

2. 差模输入电阻 r_{id}

当信号差模输入时，由两输入端之间视入的输入电阻即 R_{id}，图 3-7(b) 所示电路中示出了 R_{id} 的含义，即：

$$r_{id}=\frac{u_{id}}{i_{id}} \tag{3-16}$$

3. 共模电压增益 A_{uc}

当输入共模信号 u_{ic} 时，输出电压称为共模输出电压 u_{oc}，则共模电压增益为：

$$A_{ud}=\frac{u_{oc}}{u_{ic}}$$

4. 共模输入电阻 R_{ic}

图 3-7(a) 示出了信号共模输入时 R_{ic} 的含义，即：

$$R_{ic}=\frac{u_{ic}}{i_{ic}} \tag{3-17}$$

R_{ic} 其实就是将差放两输入端口并联后视入的输入电阻。

5. 共模抑制比 K_{CMR}

差放具有放大差模信号，抑制共模信号输出的特性。正是这一特性使差放能抑制零点漂移、干扰、噪声的输出。为了综合衡量差放这一性能，定义：

$$K_{\text{CMR}} = \left| \frac{A_{\text{ud}}}{A_{\text{uc}}} \right| \tag{3-18}$$

由上式可知，K_{CMR} 越大，差放放大差模信号和抑制共模信号的能力就越强。

利用上述参数，当输入口存在两个任模信号 u_{i1} 和 u_{i2} 时，可将其按式(3-8)、(3-9)分解成差模信号分量 u_{id} 和共模分量 u_{ic}，运用线性放大电路的叠加原理，分别求 u_{ic} 和 u_{id} 产生的输出 u_{oc} 和 u_{od}，这样，差放总的输出为：

$$u_o = u_{od} + u_{oc} = A_{\text{ud}} u_{id} + A_{\text{uc}} u_{ic} = A_{\text{ud}} \left(u_{id} + \frac{u_{ic}}{\pm K_{\text{CMR}}} \right) \tag{3-19}$$

三、具有恒流源的差动放大电路

恒流源差放电路如图 3-10 所示，T_3、R_1、R_2、R_3 构成恒流源。T_3 的基极电位由 R_1 和 R_2 分压所固定，做到了 I_{BQ3} 一定，I_{CQ3} 也一定，具有恒流特性。此时管子的动态电阻 r_{ce} 非常大，而管压降 U_{CE} 又不很大，从而解决了 R_e 太大所须 V_E 数值很高的问题。

由上述分析可知，恒流源差放电路在电源电压 V_E 较低的情况下，大大提高了 R_e 在共模时所呈现的阻值，从而显著提高了电路抑制共模信号的效果。因此，恒流源差放电路得到了广泛的应用，常用图 3-11 所示的简化电路来表示。此时，T_1 和 T_2 的静态电流为：

$$I_{EQ1} = I_{EQ2} = \frac{1}{2} I \tag{3-20}$$

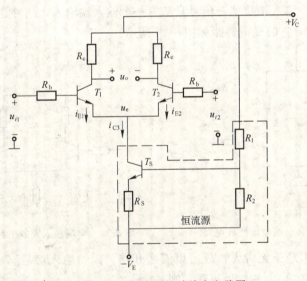

图 3-10　恒流源差动放大电路图

四、差分放大电器的几种接法

差动放大电路有两个输入端和两个输出端，所以在信号源与两个输入端的连接方式及负载从输出端取电压的方式上可以根据需要灵活选择。

(一) 双端输入、单端输出

在图 3-12 中，输出信号只从一管的集电极对地输出，这种输出方式叫单端输出。此时由于只取出一管的集电极电压变化量，只有双端输出电压的一半，因而差模电压放大倍数也只有双端输出时的一半。即：

$$A_{ud1} = \frac{1}{2} A_{ud} = -\frac{\beta R_L'}{2(R_b + r_{be})} \tag{3-21}$$

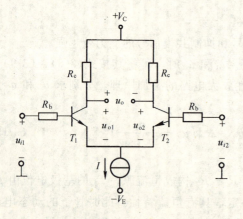

图 3-11 恒流源差动放大电路的简化电路图

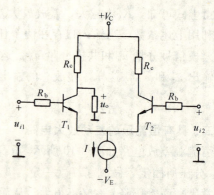

图 3-12 双端输入、单端输出差放电路

其中：
$$R'_L = R_c // R_L$$

信号也可以从 T_2 的集电极输出，此时式中无负号，表示同相输出。

（二）单端输入、双端输出

将差放电路的一个输入端接地，信号只从另一个输入端输入，这种连接方式称为单端输入，如图 3-13 所示。它的交流通路如图 3-14 所示。

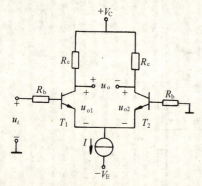

图 3-13 单端输入、双端输出差放电路

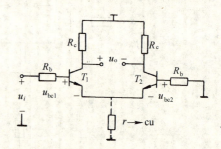

图 3-14 单端输入差放电路的交流通路

在图中，恒流源的内阻趋于无穷大，故可以看成开路，因而输入信号 u_i 均匀地分配给两管的输入回路。若忽略 R_b 上的信号压降，则：

$$u_{be1} = \frac{1}{2} u_i, \quad u_{be2} \approx -\frac{1}{2} u_i$$

可见，在单端输入差放电路中，虽然信号只从一端输入，但另一管的输入端也得到了大小相等、相位相反的输入信号，与双端输入电路工作状态相同，因此，双端输入的各种结论均适用于单端输入情况。

（三）单端输入、单端输出

电路如图 3-15 所示，由于单端输入与双端输入情况相同，因而单端输入、单端输出电路计算与双

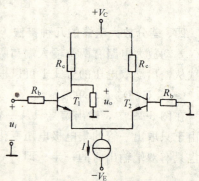

图 3-15 单端输入、单端输出差放电路

端输入、单端输出电路计算相同。

现将差动放大器的几种接法的性能比较列于表3-1中。由表3-1可以看出，差动放大器的几种接法中，其性能指标只取决于电路的输出方式，而与输入方式无关。

差动放大器四种接法的性能比较　　　　　表 3-1

	双端输入、双端输出	双端输入、单端输出	单端输入、双端输出	单端输入、单端输出
电路图	(电路图)	(电路图)	(电路图)	(电路图)
差模电压放大倍数 A_{ud}	$A_{ud}=-\dfrac{\beta R'_L}{r_{be}+R_b}$	$A_{ud}=-\dfrac{1}{2}\dfrac{\beta R'_L}{r_{be}+R_b}$	$A_{ud}=-\dfrac{\beta R'_L}{r_{be}+R_b}$	$A_{ud}=-\dfrac{1}{2}\dfrac{\beta R'_L}{r_{be}+R_b}$
差模输入电阻 r_{id}	$r_{id}=2(R_b+r_{be})$	$r_{id}=2(R_b+r_{be})$	$r_{id}=2(R_b+r_{be})$	$r_{id}=2(R_b+r_{be})$
差模输出电压 r_{od}	$r_{od}=2R_c$	$r_{od}=R_c$	$r_{od}=2R_c$	$r_{od}=R_c$
共模抑制比 K_{CMR}	$K_{CMR}\rightarrow\infty$	K_{CMR}很大，但小于∞	$K_{CMR}\rightarrow\infty$	K_{CMR}很大，但小于∞
用 途	适用于输入、输出都不接地，对称输入、对称输出的场合	适用于将双端输入转换成单端输出的场合	适用于将单端输入转换成双端输出的场合	适用于输入、输出都接地的场合

在实际应用中，可根据是否需要对地平衡输入（出）及对地不平衡输入（出），选择相应的双端输入（出），或单端输入（出）的差动放大电路。

【例 3-1】 在图 3-11 所示的双端输入、双端输出的恒流源差动放大器中，$V_C=V_E=12V$，$R_c=10k\Omega$，$R_b=1k\Omega$，$\beta_1=\beta_2=\beta=50$，$I=1mA$，试求：

(1) 电路的静态工作点 Q；
(2) 差模电压放大倍数 A_{ud}；
(3) 差模输入电阻 r_{id}；
(4) 差模输出电阻 r_{od}；
(5) 共模抑制比 K_{CMR}；
(6) 将输出方式改为图 3-12 的单端输出且 R_L 开路时的 A_{ud1}、r_{id}、r_{od}。忽略 R_b 上的直流压降，则：

【解】 (1) $I_{EQ1}=\dfrac{1}{2}I=0.5mA=I_{EQ2}\approx I_{CQ1}=I_{CQ2}$

$$I_{BQ1}=I_{BQ2}=\dfrac{I_{CQ1}}{\beta}=\dfrac{0.5}{50}=10\mu A$$

忽略 R_b 上的直流压降，则：

$$U_{CEQ1}=U_{CEQ2}=U_{CC}-I_{CQ1}R_c-U_{EQ}=12-0.5\times10-0.7=6.3V$$

(2) $r_{be}=300+(1+\beta)\times\dfrac{26}{I_{EQ}}=300+(1+50)\times\dfrac{26}{0.5}\approx 2.95k\Omega$

$$A_{ud} = -\frac{\beta R_c}{R_b + r_{be}} = -\frac{50 \times 10}{1 + 2.95} = -126.6$$

(3) $r_{id} = 2(R_b + r_{be}) = 2 \times (1 + 2.95) = 7.9 \text{k}\Omega$

(4) $r_{od} = 2R_c = 20 \text{k}\Omega$

(5) $K_{CMR} \to \infty$

(6) $A_{ud1} = \frac{1}{2} A_{ud} = -63.3$,$r_{id} = 7.9 \text{k}\Omega$,$r_{od} = 10 \text{k}\Omega$,$U_{EQ} = -0.7 \text{V}$

第三节 集成运算放大器

集成运算放大器(简称集成运放)是一种具有高增益放大功能的通用固态组件。在其发展初期,主要用于模拟计算机实现模拟运算功能,现在,已经像晶体管一样,成为通用的增益器件,并被广泛地应用于模拟电子电路的各个领域。

从电特性看,集成运放是一种比较理想的电压增益器件,具有增益高,输入电阻大,输出电阻小等特点,同时还具有零输入时零输出的特性。所谓零输入时零输出,是指集成运放输入端和输出端的静态工作点电压均为零,一方面,便于与其他集成运放连接时实现电位的配合;另一方面,即使输入信号源内阻或负载电阻发生变化,也不会引起静态工作点电压的变化。

一、运算放大器概述

集成运放的电路符号为一个用正方形表示的三端口元件,如图 3-16 所示。由于集成运放的输入级通常由差分放大电路组成,因此一般具有两个输入端和一个输出端,其中一个输入端与输出端为反相的关系称其为反相输入端,用符号"一"表示;另一个输入端与输出端为同相的关系,称其为同相输入端,用符号"+"表示。

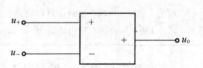

图 3-16 集成运放的电路符号

由于集成运放为有源器件,因此,实际的集成运放还有其他的引出端,如用以连接电源电压的引出端:一般有两个电源端,其中一个接正电源,另一个接负电源或接地;有的集成运放为了减小输入失调,还有几个用于外接调零电路的引出端;另外,还有为消除自激振荡而外接补偿电容的引出端等等。

集成运放的封装形式主要有金属圆壳封装、双列直插式塑料封装以及扁平式陶瓷封装等几种,如图 3-17。由于集成运放的管脚较多,因此,在实际应用中需要按照不同的封装形式,根据产品手册中的管脚接线图,确定集成运放的管脚排列位置。

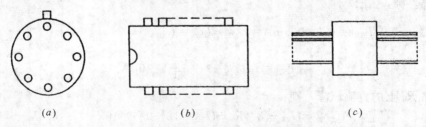

(a) (b) (c)

图 3-17 集成运放几种封装形式的管脚排列图

(a)金属圆壳封装;(b)双列直插式封装;(c)扁平陶瓷封装

二、集成运算的内部电路组成（F007）

为方便了解集成运放的内部电路结构和工作原理，给使用集成运放打下一定基础，我们以早期生产的双极型通用简单运放 F007 为例，简要介绍其内部电路结构。

F007 属第二代集成运放产品，是曾经广泛应用的通用型集成运放。其特点是，电路结构简单、电压放大倍数高、输入阻抗高、共模抑制比高、功耗低、使用安全、校正方便、工作性能稳定等。F007 的内部原理电路如图 3-18 所示，图中各引出端所标数字均为它的管脚编号。F007 双列直插封装和圆壳封装见图 3-19、图 3-20。

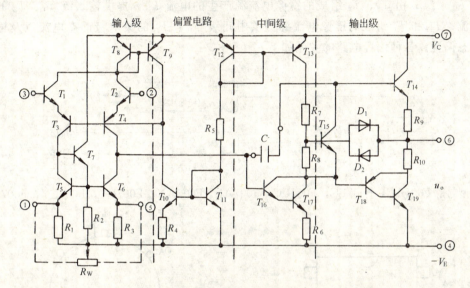

图 3-18　F007 内部原理电路

由图可以看出，它是由输入级、中间级、输出级和偏置电路四部分组成。

（一）输入级

F007 的输入级由 $T_1 \sim T_7$ 组成的有源负载、共集—共基型差动放大电路构成。其中 $T_1 \sim T_4$ 组成共集—共基差动放大电路；$T_5 \sim T_7$、R_1、R_2、R_3 组成改进型镜像电流源电路，作为差动放大电路的集电极有源负载，不仅提高了输入级的放大倍数，而且同时实现了单端—双端的转换功能（即虽为单端输出，却具有接近双端输出的放大倍数）。

（二）中间级

中间级由 T_{16}、T_{17} 和 T_{13} 组成有源负载的共射极放大电路，T_{13} 为它的集电极有源负载。

（三）输出级

输出级由 T_{14}、T_{15}、T_{18} 和 T_{19} 及 D_1、D_2 等组成具有过载保护电路的准互补功率放大电路。其中 T_{14} 和复合管 T_{18}、T_{19} 构成准互补输出电路；T_{15} 和 R_7、R_8 组成 V_{BE} 倍增电路，为输出级提供合适的静态偏置，以克服交越失真；D_1 和 D_2 起过流保护作用，其保护原理是：当输出信号为正且输出电流在额定值之内时，D_1、D_2 不导通；若输出电流过大，超过额定值时，则 R_9 上压降变大，使 D_1 两端电压升高而导通，形成对 T_{14} 管基极电流的分流作用，从而限制了输出电流的增大，保护了输出管。D_2 和 D_1 保护原理一样，它是在信号为负值时起保护作用的。

(四)偏置电路

偏置电路由 $T_8 \sim T_{13}$、R_4、R_5 等组成,其中参考电流 I_R 由 T_{11}、T_{12} 和 R_5 确定,由图 3-18 可以看出:

$$I_R = \frac{V_C + V_E - V_{BE12} - V_{BE11}}{R_5}$$

然后可根据镜像电流关系求出其他各路偏置电流。图中 T_{10} 和 T_{11} 组成微电流源电路,I_{C10} 比 I_{C11} 小得多,但稳定性很好;由 I_{C10} 提供 T_9 集电极电流 I_{C9} 和输入级中 T_3、T_4 的基极电流 I_{B3}、I_{B4};由 T_8、T_9 组成的镜像电流源产生的电流 I_{C8},提供输入级 T_1、T_2 的集电极电流;T_{12} 和 T_{13} 组成的镜像电流源提供中间级 T_{16}、T_{17} 的集电极静态电流以及输出级的静态偏置。各种偏置电路的关系如下:

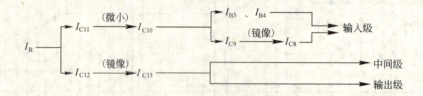

型号:F007AC,F007BC,F007CC,F007AD,F007AY,F007BY,F007CY,F007CD

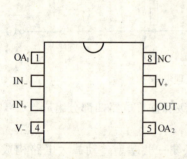

图 3-19 F007 双列直插封装图

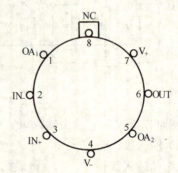

图 3-20 F007 圆壳封装图

(F007AC,F007BC,F007CC,F007AD,F007CD)

(F007AY,F007BY,F007CY)

OA_1、OA_2:调零端。

IN_-:反相输入端。

IN_+:同相输入端。

OUT:输出端。

V_+:正电源端。

V_-:负电源端。

NC:空脚。

主要参数:

电源电压范围:$\pm 9 \sim \pm 18V$

最大差模输入电压:$\geqslant \pm 30V$

最大共模输入电压:$\geqslant \pm 12V$

开环电压增益:(在 $f=7\text{kHz}$,$R_\text{L}=10\text{k}\Omega$,$V_\text{O}=5\text{V}$ 条件下)
A:$\geqslant 86\text{dB}$,B:$\geqslant 94\text{dB}$,C:$\geqslant 94\text{dB}$
静态功耗:$\leqslant 120\text{mW}$
输入电阻:$\geqslant 500\text{k}\Omega$
输出电阻:$\leqslant 200\Omega$

三、集成运放的主要技术指标

评价集成运放性能好坏的参数(即性能指标)很多,这里仅介绍其中主要的几种。

(一)输入失调电压 U_IO

一个理想的集成运放,当输入电压为零时,输出电压也应为零(不加调零装置)。但实际上它的差分输入级很难做到完全对称,通常在输入电压为零时,存在一定的输出电压。在室温(25℃)及标准电源电压下,当输入电压为零时,为了使集成运放的输出电压为零,在输入端加的补偿电压叫做失调电压 U_IO。实际上指输入电压 $U_\text{I}=0$ 时,输出电压 U_O 折合到输入端的电压的负值,即 $U_\text{IO}=-(U_\text{O}|U_\text{I}=0)/A_\text{UO}$。$U_\text{IO}$ 的大小反映了运放制造中电路的对称程度和电位配合情况。U_IO 值越大,说明电路的对称程度越差,一般约为 $\pm(1\sim 10)\text{mV}$。

(二)输入偏置电流 I_IB

双极型晶体管集成运放的两个输入端是差分对管的基极,因此两个输入端总需要一定的输入电流 I_BN 和 I_BP。输入偏置电流是指集成运放输出电压为零时,两个输入端静态电流的平均值,如图 3-21 所示。当 $U_\text{O}=0$ 时,偏置电流为 $I_\text{IB}=(I_\text{BN}+I_\text{BP})/2$。

在电路外接电阻确定后,输入偏置电流的大小主要取决于双极型晶体管运放差分输入级的性能。当它的 β 值太小时,将引起偏置电流增加。从使用角度来看,偏置电流越小,由于

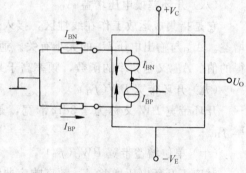

图 3-21 输入偏置电流

信号源内阻变化引起的输出电压变化越小,故它是重要的技术指标,一般为 $10\text{nA}\sim 1\mu\text{A}$。

(三)输入失调电流 I_IO

在双极型晶体管集成电路运放中,输入失调电流 I_IO 是指当输出电压为零时,流入放大器两输入端的静态基极电流之差,即:

$$I_\text{IO}=|I_\text{BP}-I_\text{BN}|$$

由于信号源内阻的存在,I_IO 会引起一输入电压,破坏放大器的平衡,使放大器输出电压不为零。所以,希望 I_IO 越小越好,它反映了输入级差分对管的不对称程度,一般约为 $1\text{nA}\sim 0.1\mu\text{A}$。

(四)温度漂移

放大器的温度漂移是漂移的主要来源,而它又是由输入失调电压和输入失调电流随温度的漂移引起的。

1. 输入失调电压温漂 $\Delta U_\text{IO}/\Delta T$

它是指在规定温度范围内 U_IO 的温度系数,也是衡量电路温漂的重要指标。$\Delta U_\text{IO}/\Delta T$

不能用外接调零装置的方法来补偿。高质量的放大器常选用低漂移的器件来组成,一般约为 $C(10\sim 20)\mu V/℃$。

2. 输入失调电流温漂 $\Delta I_{IO}/\Delta T$

这是指在规定温度范围内的 I_{IO} 温度系数,也是对放大电路电流漂移的量度。同样不能用外接调零装置来补偿。高质量的放大器温度每升降1℃电流只变化几个"pA"。

(五) 最大差模输入电压 U_{idmax}

它是指集成运放的反相和同相输入端所能承受的最大电压值。超过这个电压值,运放输入级某一侧的双极型晶体管将出现发射极的反向击穿,而使运放的性能显著恶化,甚至可能造成永久性损坏。利用平面工艺制成的NPN管约为±5V左右,而横向双极型晶体管可达±30V以上。

(六) 最大共模输入电压 U_{icmax}

它是指运放所能承受的最大共模输入电压。超过 U_{icmax} 值,它的共模抑制比将显著下降。一般指运放在做电压跟随器时,使输出电压产生1%跟随误差的共模输入电压幅值,高质量的运放可达±13V。

(七) 最大输出电流 I_{omax}

它是指运放所能输出的正向或负向的峰值电流。通常给出输出端短路的电流。

(八) 开环差模电压增益 A_{UO}

它是指集成运放工作在线性区,接入规定的负载,在无负反馈情况下的直流差模电压增益。A_{UO} 与输出电压 U_o 的大小有关。通常是在规定的输出电压幅度(如 $U_o=\pm 10V$)测得的值。A_{UO} 又是频率的函数,频率高于某一数值后,A_{UO} 的数值开始下降。

(九) 开环带宽 $BW(f_H)$

开环带宽 BW 又称为 $-3dB$ 带宽,是指开环差模电压增益下降3dB时,对应的频率 f_H。

(十) 单位增益带宽 $BW_G(f_T)$

对应于开环电压增益 A_{UO} 频率响应曲线上其增益下降到 $A_{UO}=1$ 时的频率,即 A_{UO} 为0dB时的信号频率 f_T。它是集成运放的重要参数。

(十一) 转换速率 S_R

转换速率是指放大电路在闭环状态下,输入为大信号(例如阶跃信号)时,放大电路输出电压对时间的最大变化速率,即:

$$S_R = \frac{du_o(t)}{dt}\bigg|_{max}$$

集成运放的频率响应和瞬态响应在大和小信号时有很大的差别。在大信号输入时,特别是大的阶跃信号加入时,运放将工作到非线性区域,通常它的输入级会产生瞬间饱和或截止现象。从频率范围看,这将使大信号的频带宽度总要比小信号时窄;而从瞬态响应看,将使放大电路的输出电压不能即时地跟随阶跃输入电压变化。这就提出了转换速率的问题。由于转换速率与闭环电压增益有关,因此一般规定用集成运放在单位电压的增益、单位时间内输出电压的变化值来标定转换速率。

转换速率的大小与许多因素有关,其中主要与运放所加的补充电容、运放本身各级双极型晶体管的极间电容、杂散电容,以及放大电路提供的充电电流等因素有关。在输入大信号的瞬变过程中，输出电压只有在电路的电容被充电后才随输入电压作线性变化，通常要求运放的 S_R 大于信号变化斜率的绝对值。

如在运放的输入端加一正弦电压：

$$u_i = u_{im}\sin\omega t$$

输出电压：

$$u_o = -u_{om}\sin\omega t$$

输出电压的最大变化速率为：

$$S_R = \frac{du_o}{dt}\bigg|_{t=0} = u_{om}\omega\cos\omega t\bigg|_{t=0} = 2\pi f u_{om}$$

为了使输出电压波形不因 S_R 的限制而产生失真，必须使运放的 $S_R \geq 2\pi f u_{om}$

S_R 是在大信号和高频信号工作时的一项重要指标，目前一般运放的 S_R 在 $1V/\mu s$ 以下。

除上述参数外，还有共模抑制比 K_{CMR}、差模输入电阻 r_{id}、共模输入电阻 r_{ic}、输出电阻 r_o、电源参数（电源电压范围 $V_C + V_E$、电源电流 I_{OC}）和功耗 P_{CO}（指运放有输入信号和接上负载时，运放允许耗散的最大功率）等。

表3-2中列出了几种运放的典型参数值。

几种运放的典型参数　　　　　　表3-2

型号	输入失调电压 (mV)	失调电压温漂 (mV/℃)	输入失调电流 (mA)	偏置电流 (μA)	开环差模电压增益 (dB)	共模抑制比 (dB)	最大差模输入电压 (V)	最大共模输入电压 (V)	最大输出电压 (V)	输入电阻 (kΩ)	开环带宽 (Hz)	转换速率 (V/μs)	静态功耗 (mW)
741C	2~6	20	20~200	200	86~106	70~90	+30	±12		100	7	0.3~0.5	<120
OP-27	≤0.03	0.2	≤12		110~120	126		±3~±40				2.8	≤140
OP-07A	0.01≤ 0.025	0.2~0.6	0.3~2	<2	110~114	110~126	30					0.17	
LF356	3	5	3		106	100	±30	+15, −12	±13	10^9		12	<500
LFT356	0.5	3~5	0.003~0.02	0.07	50~200	95	30					12	
μA253	1~8	3	3×10^{-3}		90~110	100	±30	±15	±13.5	6×10^3	7		≤0.6

为简化起见，在对运放电路的分析中，通常把实际运放视为理想器件。在理想运放中，把 A_{UO}、r_{id}、BW、S_R 和 K_{CMR} 视为无穷大，把 r_o、U_{IO}、I_{IO}、I_{IB}、$\Delta U_{IO}/\Delta T$ 和 $\Delta I_{IO}/\Delta T$ 视为零。早期集成运放的性能指标与理想参数相差甚远。由于现代集成电路制造工艺的进步，已经生产出各类接近理想的集成电路运算放大器。

第四节　集成运算放大器的应用

一、理想集成运放电路及其分析方法

（一）集成运放的理想化模型

在分析集成运算放大器的应用电路时，如果将实际运放理想化，会使分析和计算大大

简化。运放的理想化模型实际上是一组理想化运放的参数,或者说是实际运放到理想运放的等效条件,它们分别是:

开环电压放大倍数 $A_{uo} \to \infty$;

开环差模输入电阻 $r_{id} \to \infty$;

开环输出电阻 $r_o \to 0$;

共模抑制比 $K_{CMR} \to \infty$;

频带宽度 $BW \to \infty$;

输入失调及温漂为零。

实际集成运放的技术指标都是有限值,理想化后必然带来误差,但在工程计算和设计中这不太大的误差是允许的,而且目前不少新型运放的参数已接近理想运放,使误差进一步缩小,在下面的分析中均采用以上理想化条件。

(二) 集成运放的电压传输特性和分析依据

1. 集成运放的电压传输特性

运算放大器的输出电压 u_o 与输入电压 $u_i(=u_+ - u_-)$ 之间的关系称为运放的电压传输特性,即:

$$u_o = f(u_i)$$

用曲线表示的电压传输特性如图 3-22 所示。电压传输特性分为线性区和非线性区两部分:当运放工作在线性区时,u_o 与 u_i 之间是线性关系,即当 $u_i < |U_{im}|$ 时,有

$$u_o = A_{uo} u_i = A_{uo}(u_+ - u_-) \tag{3-22}$$

此时,集成运放内部电路中的全部三极管都工作在放大状态。

当运放处于开环或接入正反馈时,由于开环电压放大倍数 A_{uo} 很大,即使只有很小的输入电压,也会导致组件内输出对管中一个饱和导通,另一个截止,其输出电压不是偏向于正饱和值,就是偏向于负饱和值。由于晶体管的饱和管压降很小,所以运放的最大输出电压(即正、负饱和值)$\pm U_{OM}$ 在数值上接近正、负电源电压,通常 U_{OM} 比 V_C 低 $(1 \sim 2)$V。在电压传输特性上,非线性区可表示为:

$$u_i > U_{im} \text{ 时, } u_o = +U_{OM} \tag{3-23}$$

$$u_i < U_{im} \text{ 时, } u_o = -U_{OM}$$

式中,U_{im} 为运放线性工作区最大输入电压。

对于实际运放来说 A_{uo} 很大,所以运放开环工作的线性范围非常小,通常只在毫伏量级以下。要使运放在较大信号输入时也能正常工作,必须在电路中引入深度负反馈,其实质是扩大运放的线性工作区。

若运放为理想运放时,其电压传输特性曲线如图 3-22(b)。由于开环电压放大倍数 $A_{uo} \to \infty$,所以在传输特性曲线上,线性区不复存在,在输入电压 u_i 过零(即 $u_+ = u_-$)时,输出电压 u_o 发生跃变。

需要说明的是,如果定义 $u_i = u_+ - u_-$,则图 3-22 以及上面各式中的输出电压 u_o 应反相,请读者自己画出电压传输特性曲线。

2. 运放的分析依据

为了分析方便,将运放在线性区和非线性区工作的特点归纳如下:

(1) 线性区工作的特点。

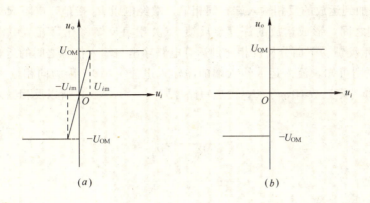

图 3-22 运放的电压传输特性曲线
(a)实际运放；(b)理想运放

1) **虚短路原则** 在式(3-22)中，理想运放的开环电压放大倍数 $A_{uo} \to \infty$，所以 $u_i = u_+ - u_- = u_o/A_{uo} = 0$。由此可得：

$$u_+ \approx u_- \tag{3-24}$$

式(3-24)说明运放两个输入端电压近似相等，可把同相输入端和反相输入端之间看成短路，但并未真正短路，故称为"虚短路"。特别是当同相输入端接地时，反相输入端可认为是"虚地"。

2) **虚断路原则** 理想运放的差模输入电阻 $r_{id} \to \infty$，流入运放输入端的电流极小，可认为近似为零，即：

$$i_i \approx 0 \tag{3-25}$$

输入电流趋于零，接近于断路，但并未真正断路，所以称为"虚断路"。
这两条是分析运放线性工作的主要依据。

(2) 非线性区工作的特点。

运放工作在非线性状态时，式(3-23)和(3-25)仍然成立，"虚断路"原则适用，但"虚短路"则不再适用。输出的非线性和虚断路原则是分析运放非线性工作的依据。

运放工作在非线性区的条件是：运放处在开环或加正反馈的状态下。

二、基本运算电路

运算放大器和外接电路元件组成模拟运算电路时，必须保证运放工作在线性状态。为此，应在运放的反相输入端和输出端之间加入不同的元器件，以形成深度负反馈，使放大器处于闭环状态，从而构成各种不同的运算电路。

按运放输入方式的不同，可组成三种基本接法：反相输入方式、同相输入方式和差动输入方式，它们也是三种信号运算电路——反相、同相和差动比例运算电路，并成为各种运放应用电路的基础。

(一) 反相比例运算电路

反相比例运算电路如图 3-23 所示。输入信

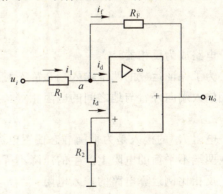

图 3-23 反相比例运算电路

号 u_i 经电阻 R_1 加到运放的反相输入端,同相输入端经电阻 R_2 接地,电阻 R_F 跨接在反相输入端和输出端之间,形成运放的深度负反馈。(关于负反馈将在第五节中作深入讨论,R_F 的下标 F 表示反馈。)下面分析反相比例运算电路输出与输入信号之间的运算关系式。

由虚断路原则可知,流入运放输入端的净输入电流 $i_d=0$。因为同相输入端经 R_2 接地,R_2 上的压降为零,故有 $u_+=0$。由虚短路原则 $u_-=u_+=0$,所以反相输入端为虚地,故有:

$$i_i = \frac{u_i - u_-}{R_1} \approx \frac{u_i}{R_1}$$

$$i_f = \frac{u_- - u_o}{R_F} \approx -\frac{u_o}{R_F}$$

列出反相输入端 a 点的 KCL 方程:

$$i_1 = i_d + i_f \approx i_f$$

代入,

$$\frac{u_i}{R_1} = -\frac{u_o}{R_F}$$

或:

$$u_o = -\frac{R_F}{R_1} u_i \tag{3-26}$$

闭环电压放大倍数:

$$A_{uf} = \frac{u_o}{u_i} = -\frac{R_F}{R_1} \tag{3-27}$$

以上分析结果表明,输出电压 u_o 与输入电压 u_i 之间为比例放大或比例运算关系,负号表示输出与输入反相,比例系数为 R_F 与 R_1 的比值,故称为反相比例运算。表面看来,反相比例运算的闭环电压放大倍数 A_{uf} 只与外接电阻 R_F 与 R_1 的阻值有关,而与运放本身的参数无关。但由实际运放构成的反相比例运算电路,其闭环电压放大倍数与运放的开环电压放大倍数 A_{uo} 有关,而且运放的 A_{uo} 越大,实际电路的闭环电压放大倍数 A_{uf} 越接近式(3-27)的结果。对于以后分析的其他电路,结论与此相同。

由于用理想运放模型推导运算关系的过程简单,结论简洁明了,与实际运放参数所推得的结果误差不大,便于进行工程设计与计算,故分析其他电路时不再用实际运放模型,以避免繁杂的推导。

当 $R_F = R_1$ 时,式(3-26)和式(3-27)可写为:

$$u_o = -u_i$$
$$A_{uf} = -1$$

电路成为反相器。

为了保证运放的两个输入端在静态时外接电阻相等,即在 $u_i=0$ 时,从同相输入端和反相输入端向外看与地之间的电阻相等,有:

$$R_2 = R_1 /\!/ R_F \tag{3-28}$$

电阻 R_2 的接入是为平衡静态偏置电流造成的失调,故称为平衡电阻,以避免偏置电流在两端不平衡的电阻上产生的压降不等而引入附加的差动输入电压。

反相比例运算电路的输入电阻:

$$r_{if} = u_i / i_1 = R_1 \tag{3-29}$$

分析表明，当外接电阻 R_1 和 R_F 的精度和稳定性足够高时，就能使反相比例运算具有较高的精度和稳定性，而且调整灵活方便。

【例 3-2】 在图 3-24 所示电路中，设 $R_F \gg R_4$，求闭环电压放大倍数 A_{uf}。

【解】 由题目给定条件 $R_F \gg R_4$，在输出回路的分流作用可忽略，即：

$$u_o' = \frac{R_4}{R_3 + R_4} u_o$$

根据"虚地"的原则，$u_- = u_+ = 0$

$$i_1 = \frac{u_i}{R_1}, \quad i_f = \frac{-u_o'}{R_F} = -\frac{1}{R_F} \frac{R_4}{R_3 + R_4} u_o$$

根据"虚断路"原则，有 $i_1 = i_f$，所以：

$$\frac{u_i}{R_1} = -\frac{u_o}{R_F} \frac{R_4}{R_3 + R_4}$$

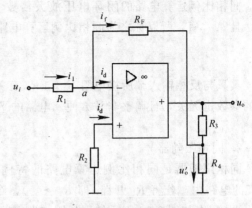

图 3-24 例 3-2 电路图

则：

$$A_{uf} = \frac{u_o}{u_i} = -\frac{R_F}{R_1} \left(1 + \frac{R_3}{R_4}\right) \tag{3-30}$$

若取 $R_1 = R_F$，则有：

$$A_{uf} = -\left(1 + \frac{R_3}{R_4}\right)$$

平衡电阻：

$$R_2 \approx R_1 // R_F$$

这个电路的特点是：在 R_1 和 R_F 固定不变时，通过调节 R_3/R_4，即可以方便地调整输出电压 u_o 与输入电压 u_i 的比例，而不必重新变更平衡电阻 R_2 的阻值。

（二）同相比例运算电路

1. 同相比例运算

图 3-25 所示为同相比例运算的电路图。

根据运放虚断路的原则，即 $i_i \approx 0$，电阻 R_2 上的压降为零，故 $u_i = u_+$，电阻 R_1 上的电压：

$$u_f = u_- = \frac{R_1}{R_1 + R_F} u_o$$

又由虚短路的原则，即 $u_- = u_+$，有：

$$u_+ = \frac{R_1}{R_1 + R_F} u_o \tag{3-31}$$

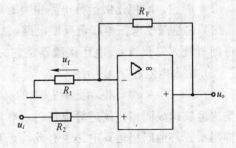

图 3-25 同相比例运算电路

$$u_o = \frac{R_1 + R_F}{R_1} u_+ = \left(1 + \frac{R_F}{R_1}\right) u_+$$

代入 $u_i = u_+$，得：

$$u_o = \left(1 + \frac{R_F}{R_1}\right) u_i \tag{3-32}$$

闭环电压放大倍数：

$$A_{uf} = \frac{u_o}{u_i} = 1 + \frac{R_F}{R_1} \tag{3-33}$$

同相比例运算电路的闭环电压放大倍数 $A_{uf} > 0$，说明输出电压 u_o 与输入电压 u_i 同相，且 $A_{uf} > 1$，所以称之为同相比例运算电路。运算的比例系数为：

$$\left(1 + \frac{R_F}{R_1}\right)$$

其只与反相输入端所接电阻 R_1 和 R_F 有关，而与同相输入端电阻 R_2 无关，与运放本身的参数也无关，且调整非常方便。电路的平衡电阻为：

$$R_2 = R_1 / R_F$$

2. 同相跟随器

同相跟随器是同相比例运算电路的特例。在图 3-25 的电路中，若将 R_1 开路(即 $R_1 \to \infty$)，令 $R_F = R_2 = 0$，则有如图 3-26 所示的同相跟随器电路。

将所设条件代入式(3-32)和(3-33)，可得：

$$u_o = u_i \tag{3-34}$$
$$A_{uf} = 1 \tag{3-35}$$

输出电压 u_o 与输入电压 u_i 同相且相等，故称之为同相跟随器或电压跟随器。与前面介绍过的射极

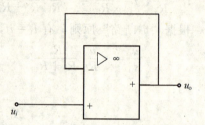

图 3-26 同相电压跟随器电路

跟随器类似，它具有射随器的所有特点，而且性能更加优良。同相跟随器的输入电阻很高(约为运放的开环输入电阻)，几乎不从信号源吸取电流；输出电阻很低，向负载输出电流时几乎不在内部引起压降，可视作恒压源；电路带负载能力很强，在多级电路中常作输出级或中间缓冲级，起阻抗变换作用。

需要指出，因为输入信号 u_i 接在同相输入端，故有关系式 $u_i = u_+ = u_i$，所以同相比例运算电路中不存在"虚地"，在分析时，只能利用虚断路和虚短路原则进行关系式的推导。

综上所述，同相比例运算电路主要有如下工作特点：

(1) 它是深度电压串联负反馈电路(见下节)，可作为同相放大器，调节 R_F、R_1 比值即可调节放大倍数 A_{uf}，电压跟随器是它的应用特例。

(2) 输入电阻趋于无穷大。

(3) $u_i = u_+ = u_+$，说明此时运放的共模信号不为零，而等于输入信号 u_i，因此在选用集成运放构成同相比例运算电路时，要求运放应有较高的最大共模输入电压和较高的共模抑制比。其他同相运算电路也有此特点和要求。

【例 3-3】 试分析图 3-27 所示电路输出电压 u_o 与输入电压 u_i 之间的关系式，并说明电路的作用。

【解】 图 3-27(a)电路中反相输入端与地之间未接电阻 R_1(即 $R_1 \to \infty$)，反相端与输出端之间接有电阻 R_F，构成负反馈，稳压管电压 U_Z 作为输入信号加到同相输入端，电阻 R 是稳压管 VZ 的限流电阻，为稳压管提供合适的工作电流，与图 3-26 比较，可知电路形式为同相跟随器，故有：

$$u_o = u_i = U_Z$$

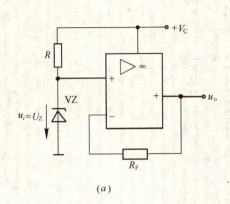
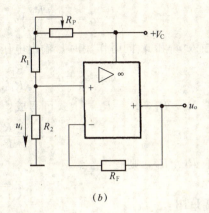

图 3-27 例 3-3 图
(a)有稳压管；(b)无稳压管

由于 U_Z 比较稳定、精确，此电路可作为基准电压源。

若将图 3-27(a)电路稍加改动，接入电位器 R_P，稳压管用 R_2 代替，变成图 3-27(b)电路，即得输出可调的电压源，其输出电压为：

$$u_o = u_i = \frac{R_2}{R_1 + R_2 + R_P} V_{CC}$$

电路中 V_C 为运放的正电源。

（三）差动比例运算（减法运算）电路

差动比例运算电路如图 3-28 所示。在运算放大器的反相输入端加入的输入信号 u_{i1} 和同相输入端加入的输入信号 u_{i2} 形成差动输入方式，为使运放工作在线性状态，仍需接入反馈电阻 R_F。

差动比例运算可看成反相比例运算和同相比例运算的合成，利用叠加原理可求得 u_{i1} 和 u_{i2} 分别作用所产生的输出电压分量，再求出两个输出分量的代数和。由于运放接有深度负反馈，处于线性状态，可满足叠加原理的使用条件。

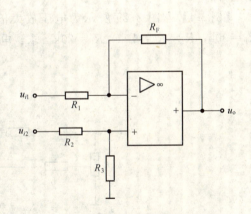

图 3-28 差动比例运算电路

设反相输入信号 u_{i1} 单独作用所产生的输出电压分量为 u_o'，同相输入信号 u_{i2} 单独作用所产生的输出电压分量为 u_o''，同相端电压 u_+ 与输入信号 u_{i2} 之间存在下列关系：

$$u_+ = \frac{R_3}{R_2 + R_3} u_{i2}$$

由反相比例运算和同相比例运算的运算关系式(3-26)和(3-31)，可求得输出电压分量：

$$u_o' = -\frac{R_F}{R_1} u_{i1}$$

$$u_o'' = \left(1+\frac{R_F}{R_1}\right)u_+ = \left(1+\frac{R_F}{R_1}\right)\frac{R_3}{R_2+R_3}u_{i2}$$

当输入 u_{i1} 和 u_{i2} 同时作用时，输出电压：

$$u_o = u_o' + u_o'' = -\frac{R_F}{R_1}u_{i1} + \frac{R_1+R_F}{R_1} \cdot \frac{R_3}{R_2+R_3}u_{i2} \tag{3-36}$$

若取 $R_2 = R_1$，$R_3 = R_F$，上式可写成：

$$u_o = \frac{R_F}{R_1}(u_{i2} - u_{i1}) \tag{3-37}$$

若取 $R_1 = R_F$，则有：

$$u_o = u_{i2} - u_{i1}$$

平衡电阻：

$$R_1 /\!/ R_F = R_2 /\!/ R_3$$

从以上分析可见，输出信号 u_o 与两个输入信号之差（$u_{i2} - u_{i1}$）成正比，故称为差动比例运算或差动输入放大电路，适当选取外接电阻，则成为减法运算电路。差动比例运算电路结构简单，但从式(3-36)可看出，输出与各个电阻均有关系，所以参数调整比较困难。

差动比例运算电路的实际应用较为广泛，例如在自动控制和测量系统（大多为带有负反馈的闭环系统）中，两个输入信号分别为：从输出端采样的反馈输入信号和系统给定的基准电压信号。由于差动输入放大电路的输出与输入的差值成正比，所以系统能够自动检测目前输出与基准之间的差值，经放大后去控制执行机构作及时准确的调整，达到自动控制的目的。

【**例 3-4**】 图 3-29 所示为电压放大倍数连续可调的运放电路。已知电路参数为：$R_F = 30k$，$R_1 = R_2 = 10k$，$R_P = 20k$。求：电压放大倍数的调节范围。

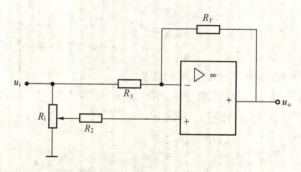

图 3-29

【**解**】 该电路的输入信号 u_i 经 R_1 加到运放的反相输入端，u_i 又由电位器 R_P 分压后，经 R_2 加到运放的同相输入端，所以电路为差动输入方式。当 R_P 的滑动端调至最下端时，运放的同相输入端接地，电路成为反相比例运算，由式(3-27)，电压放大倍数为：

$$A_{uf} = \frac{u_o}{u_i} = -\frac{R_F}{R_1} = -\frac{30}{10} = -3$$

当电位器 R_P 的滑动端调至最上端时，输入信号 u_i 同时加在运放的反相输入端和同相输入端。电路的输出电压为：

$$u_o = -\frac{R_F}{R_1}u_i + \left(1+\frac{R_F}{R_1}\right)u_i = u_i$$

所以 $A_{uf}=\dfrac{u_o}{u_i}=1$

所以电压放大倍数的调节范围为($-3\sim+1$)。

（四）加法运算电路

加法运算即对多个输入信号进行求和，根据输出信号与求和信号反相还是同相分为反相加法运算和同相加法运算两种方式。

1. 反相加法运算

图 3-30 所示为反相输入加法运算电路，它是利用反相比例运算电路实现的。图中，输入信号 u_{i1}、u_{i2} 分别通过电阻 R_1、R_2 加至运放的反相输入端，R_3 为直流平衡电阻，要求 $R_3=R_1/\!/R_2/\!/R_F$。

根据运放反相输入端虚断可知 $i_f=i_1+i_2$，而根据运放反相运算时输入端虚地可得 $u_-=0$，因此由图 3-30 可得：

$$-\dfrac{u_o}{R_F}\approx\dfrac{u_{i1}}{R_1}+\dfrac{u_{i2}}{R_2}$$

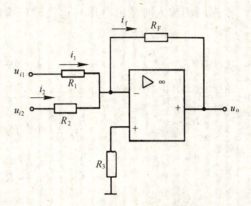

图 3-30　反相输入加法运算电路

故可求得输出电压为：

$$u_o=-R_F\left(\dfrac{u_{i1}}{R_1}+\dfrac{u_{i2}}{R_2}\right) \tag{3-38}$$

可见实现了反相加法运算。若 $R_F=R_1=R_2$，则 $u_o=-(u_{i1}+u_{i2})$。

由式(3-38)可见，这种电路在调节单路输入端电阻时并不影响其他路信号产生的输出值，因而调节方便，使用得比较多。

2. 同相加法运算

图 3-31 所示为同相输入加法运算电路，它是利用同相比例运算电路实现的。图中，输入信号 u_{i1}、u_{i2} 均加至运放同相输入端。为使直流电阻平衡，要求 $R_2/\!/R_3/\!/R_4=R_1/\!/R_F$

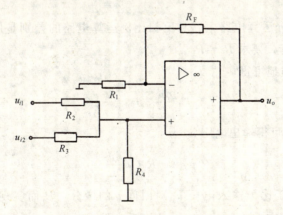

图 3-31　同相输入加法运算电路

根据运放同相端虚断，对 u_{i1}、u_{i2} 应用叠加原理可求得

$$u_+ \approx \frac{R_3 /\!/ R_4}{R_2 + R_3 /\!/ R_4} u_{i1} + \frac{R_2 /\!/ R_4}{R_3 + R_2 /\!/ R_4} u_{i2}$$

$$= \frac{(R_3 /\!/ R_4) R_2}{R_2 + R_3 /\!/ R_4} \frac{u_{i1}}{R_2} + \frac{(R_2 /\!/ R_4) R_3}{R_3 + R_2 /\!/ R_4} \frac{u_{i2}}{R_3} \tag{3-39}$$

$$= (R_2 /\!/ R_3 /\!/ R_4) \left(\frac{u_{i1}}{R_2} + \frac{u_{i2}}{R_3} \right)$$

根据同相输入时输出电压与运放同相端电压 u_+ 的关系式,可得

$$u_o = \left(1 + \frac{R_F}{R_1}\right) u_+ = \left(1 + \frac{R_F}{R_1}\right)(R_2 /\!/ R_3 /\!/ R_4)\left(\frac{u_{i1}}{R_2} + \frac{u_{i2}}{R_3}\right) \tag{3-40}$$

将式(3-40)进行变换,得:

$$u_o = \frac{R_1 + R_F}{R_1 R_F} R_F (R_2 /\!/ R_3 /\!/ R_4)\left(\frac{u_{i1}}{R_2} + \frac{u_{i2}}{R_3}\right)$$

$$= \frac{R_2 /\!/ R_3 /\!/ R_4}{R_1 /\!/ R_F} R_F \left(\frac{u_{i1}}{R_2} + \frac{u_{i2}}{R_3}\right)$$

因为

$$R_2 /\!/ R_3 /\!/ R_4 = R_1 /\!/ R_F$$

所以

$$u_o = R_F \left(\frac{u_{i1}}{R_2} + \frac{u_{i2}}{R_3}\right) \tag{3-41}$$

可见实现了同相加法运算。若 $R_2 = R_3 = R_F$,则 $u_o = u_{i1} + u_{i2}$。应当指出,只有在

$$R_2 /\!/ R_3 /\!/ R_4 = R_1 /\!/ R_F$$

的条件下,式(3-41)才成立,否则应利用式(3-40)求解。与反相加法运算比较,同相加法运算电路共模输入电压较高,且调节不大方便,因此运用较少。

（五）微分运算

图 3-32 所示为微分运算电路,它和反相比例运算电路的差别是用电容 C_1 代替电阻 R_1。为使直流电阻平衡,要求 $R_2 = R_F$。

根据运放反相端虚地可得

$$i_1 = C_1 \frac{du_i}{dt}, \quad i_F = -\frac{u_o}{R_F}$$

由于 $i_1 \approx i_F$,因此可得输出电压 u_o 为

$$u_o = -R_F C_1 \frac{du_i}{dt} \tag{3-42}$$

可见输出电压 u_o 正比于输入电压 u_i 对时间 t 的微分,从而实现了微分运算。式中 $R_F C_1$ 即为电路的时间常数。

（六）积分运算

将微分运算电路中的电阻和电容位置互换,即构成积分运算电路,如图 3-33 所示。

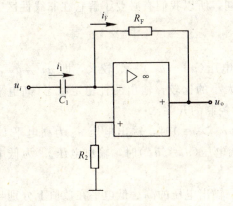
图 3-32 微分运算电路

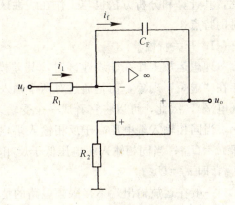
图 3-33 积分运算电路

由图可得：

$$i_1 = \frac{u_i}{R_1}, \quad i_F = -C_F \frac{du_o}{dt}$$

由于 $i_1 = i_F$，因此可得输出电压 u_o 为：

$$u_o = -\frac{1}{R_1 C_F} \int u_i dt \tag{3-43}$$

可见输出电压 u_o 正比于输入电压 u_i 对时间 t 的积分，从而实现了积分运算。式中 $R_F C_1$ 为电路的时间常数。

当输入端加入阶跃信号，如图 3-34(a) 所示，若 $t=0$ 时电容器上的电压为零，则可得：

$$u_o = -\frac{1}{R_1 C_F} \int_0^t u_i dt = -\frac{U_i}{R_1 C_F} t \tag{3-44}$$

u_o 的波形如图 3-34(b) 所示，为一线性变化的斜坡电压，其最大值受运放最大输出电压 U_{OM} 限制。

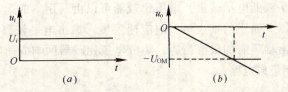

图 3-34 积分运算电路输入阶跃信号时的输出波形

三、电压比较器

电压比较器也是一种常用的模拟信号处理电路，它将一个模拟输入电压与一个参考电压进行比较，其结果以高电平和低电平两种状态输出。电压比较器常常在测量电路、自动控制系统等电路中作 A/D 转换单元，另外，在信号处理和波形发生电路中也有广泛使用。

（一）理想运放工作在非线性区的特点

当运放的工作电压超出了线性放大范围而进入非线性区时，由于两个输入端的电位差与开环电压增益的乘积已经超出了最大输出电压，导致内部某些晶体管饱和或截止，此时，运放的输出电压将不再随输入电压的增长而线性增长。

理想运放工作在非线性区域时，其电路结构、传输特性均与工作在线性区时不同，因此，其计算和分析方法也与工作在线性区时不同，所以我们有必要了解它在非线性区工作时的特点。

1. 开关特性

理想运放工作在非线性区时，其差模输入电压($u_+ - u_-$)一般较大，即 $u_+ \neq u_-$，不存在"虚短"现象，而是通过对两个输入电压大小的比较，输出两种稳定状态(高电平或低电平)，因此，可以将它看成一个受输入电压控制的开关：

当同相输入端电压高于反相输入端电压即($u_+ > u_-$)时，输出电压 u_o 为高电平 U_{oH}，即 $u_o = U_{oH}$；当同相输入端电压低于反相输入端电压($u_+ < u_-$)时，输出电压 u_o 为低电平 U_{oL}，即 $u_o = U_{oL}$。

一般在运放输出端不接限幅电路的情况下，输出电压的高、低电平在数值上分别与运放的正、负电源电压值相接近。

2. 理想运放的输入电流等于零

尽管在非线性区，运放两个输入端的电压不再相等(即 $u_+ \neq u_-$)，但由于理想运放的输入电阻 $r_{id} = \infty$，所以，仍然可以认为其输入电流为零，即 $i_+ = i_- = 0$。

3. 电路结构的特点

当运放工作在线性区域时，往往需要引入深度负反馈，使电路的性能稳定并满足一定的精度要求；但在非线性区工作时，由于理想运放的开环差模电压增益出 $A_{od} = \infty$，即使在输入端加上一个很小的电压，也会使运放进入非线性工作范围，因此，要使运放工作在非线性区，一般不加负反馈(即工作在开环状态)，有时为了加速状态的转换，还需要引入正反馈。

需要特别注意的是：集成运放工作在非线性区时，不能像运算电路一样直接用"虚断"和"虚短"进行电路的分析。"虚断"和"虚短"只有在判断临界情况下才适用。

(二) 电压比较器

电压比较器是集成运放的另一类基本应用电路，其功能是对两个输入电压的幅度进行比较，结果以高电平或低电平输出。电压比较器可以由通用集成运放组成，也可以采用专用的集成电压比较器。通用的集成运放响应速度慢，输出电平较高，为适应 TTL 逻辑电平的要求，运放输出端还需加限幅措施；集成电压比较器的响应速度快，精度高，可以直接驱动 TTL 等数字集成电路。

1. 反相电压比较器

为了提高灵敏度，常常使集成运放工作在开环状态下(不加反馈)，两个输入端分别接输入信号 u_i 和作为基准的参考电压 U_R，或者接两个输入信号，如图 3-35 所示。

在图 3-35 中，输入信号 u_i 接在反相输入端，参考电压 U_R 接在同相输入端构成反相电压比较器。由于集成运放工作在开环状态，根据理想运放工作在非线性区的特点，输出电压发生状态翻转的临界条件为：两个输入端电压相等(即 $u_i = U_R$)。由此可以画出图 3-35 反相电压比较器的传输特性曲线，如图 3-36。该图表明，当反相输入端输入电压由低逐渐升高经过 U_R 时，输出电压由高电平跳变到低电平；相反，当反相输入端输入电压由高逐渐降低经过 U_R 时，输出电压由低电平跳变到高电平。

电压比较器输出电压发生状态翻转的临界情况所对应的输入电压值称为门限电压或阈值电压，用 U_{TH} 表示。图 3-35 电路的门限电压 $U_{TH} = U_R$。

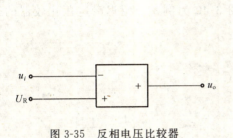

图 3-35　反相电压比较器　　　　图 3-36　反相电压比较器的传输特性

2. 过零比较器

当把电压比较器的参考电压端接地，使参考电压 $U_R=0$ 时，可以实现输入电压与零电平的比较，这种比较器称为过零比较器。

图 3-37 为同相输入的过零比较器电路，电路的输入回路中，反相输入端接地作为参考电压 U_R，输入信号 u_i 加在同相输入端，R 为限流电阻，其作用是为避免 u_i 幅度过大而损坏器件，R_2 为平衡电阻。由于电压比较器的输出幅度与正、负电源电压有关，因此，在实际应用中，为了满足某些特殊需要（例如需要与 TTL 数字电路的逻辑电平兼容等），可以在输出回路中接入与所需电压值相近的稳定电压为 $\pm U_Z$ 的稳压管 V_{DZ}，以限制输出电压的幅度，R_o 为稳压管的限流电阻。

由于电路的门限电压 $U_{TH}=U_R=0$，即输入电压 u_i 与零比较：当 $u_i>0$ 时，则输出电压 u_o 为高电平，且 $U_{OH}=U_Z+U_D\approx U_Z$（$U_D$ 为稳压管的正向导通电压）；反之，$u_i<0$ 时，则输出电压 u_o 为低电平，$U_{OL}=-(U_Z+U_D)\approx -U_Z$。利用过零比较器可以将正弦波变为方波，输入、输出波形如图 3-38 所示。

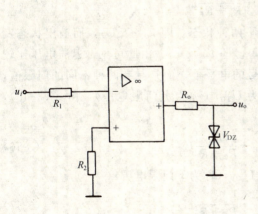
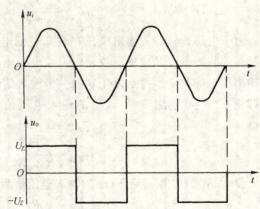

图 3-37　过零比较器　　　　图 3-38　过零比较器的输入、输出波形

（三）迟滞电压比较器

尽管电压比较器电路结构简单，而且灵敏度高，但其抗干扰能力差。输入电压在传输过程中受到干扰或噪声影响后，在门限电压附近上下波动，容易形成错误判断，不仅无法

保证正确的输出，甚至会对后级电路造成严重的影响，如图 3-39。为了解决这一问题，常常采用迟滞电压比较器（或称滞回电压比较器）。

迟滞电压比较器通过引入上、下两个门限值电压，来获得正确、稳定的输出电压。

下面以反相输入的迟滞电压比较器，如图 3-40 为例，介绍迟滞电压比较器的工作原理。

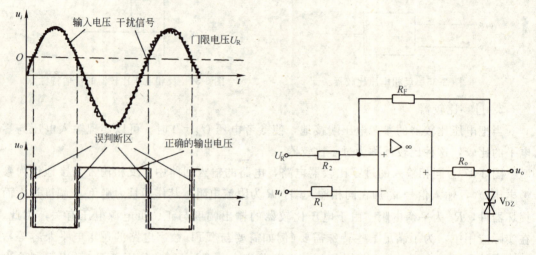

图 3-39　干扰对电压比较器的影响　　　图 3-40　反向迟滞电压比较器

在图 3-40 所示的电路中，输入信号 u_i 接在集成运放的反相输入端，同相输入端接参考电压 U_R，电路还通过引入正反馈电阻 R_F 加速集成运放的状态转换速度。另外在输出回路中，接有起限幅作用的稳压管。

在电路中，同相输入端的电压 u_+ 由参考电压 U_R 和输出电压 u_o 共同决定，可以根据叠加原理求出同相输入端的电压

$$u_+ = \frac{R_F}{R_2+R_F}U_R + \frac{R_2}{R_2+R_F}u_o \tag{3-45}$$

由于电压比较器的输出电压存在高、低电平两种状态，即 $u_o = \pm U_Z$，而输出状态发生翻转的临界条件是集成运放两输入端电压相等，即 $u_+ = u_-$。由此可见，迟滞电压比较器输出状态的跳变不再是发生在同一个输入信号的电平上，而是具有两种不同的门限值，亦即使 u_o 从 $+U_Z$ 翻转到 $-U_Z$ 的输入电压值为 U_{TH+}（称为上门限电压），由式（3-45），可得

$$U_{TH+} = \frac{R_F}{R_2+R_F}U_R + \frac{R_2}{R_2+R_F}U_Z \tag{3-46}$$

使 u_o 从 $-U_Z$ 翻转到 $+U_Z$ 的输入电压值为 U_{TH-}（称为下门限电压）

$$U_{TH-} = \frac{R_F}{R_2+R_F}U_R - \frac{R_2}{R_2+R_F}U_Z \tag{3-47}$$

将上、下门限电压相减，可得：

$$\Delta U_{TH} = U_{TH+} - U_{TH-} = \frac{2R_2}{R_2+R_F}U_Z \tag{3-48}$$

工程上将 ΔU_{TH} 称为门限宽度或回差。

由式(3-46)、(3-47)、(3-48)可以看出：上门限电压 U_{TH+}、下门限电压 U_{TH-} 的大小可以通过 R_2、R_F、U_Z 及参考电压 U_R 调节。同时，门限宽度 ΔU_{TH} 的值仅取决于 R_2、R_F、U_Z 的大小，而与 U_R 无关，即使通过调整 U_R 改变了 U_{TH+} 和 U_{TH-} 的大小，ΔU_{TH} 也始终保持不变。

迟滞电压比较器的传输特性曲线也称磁滞回线，如图 3-41。它表明：输出电压 u_o 从高电平 $+U_Z$ 跳变到低电平 $-U_Z$，是发生在输入电平 $u_i=U_{TH+}$ 时，而从低电平 $-U_Z$ 跳变到高电平 $+U_Z$，是发生在输入电平 $u_i=U_{TH-}$ 时。

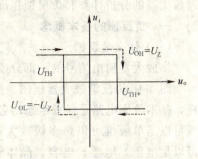

迟滞电压比较器具有较强的抗干扰能力，当输入信号受到干扰或其他因素影响时，只要其变化幅度不超过门限宽度 ΔU_{TH}，则输出电压可以保持稳定，而且不会产生误判断。另外，ΔU_{TH} 可以根据需要自由调节。但迟滞电压比较器抗干扰能力的提高却是以牺牲灵敏

图 3-41 传输特性曲线

度为代价的，由于 ΔU_{TH} 的存在，电路的鉴别灵敏度降低了，一般情况下，随着门限宽度 ΔU_{TH} 的增加，灵敏度下降。

第五节 负 反 馈

在大多数控制系统中，常利用"负反馈"构成闭环系统，使被控制量的参数变化在规定的范围内，并有效地改善系统的各项性能指标。下面从一个实际的闭环系统入手，展开负反馈的研究。

目前，由单片机为主构成的控制系统的应用很普遍。图 3-42 为单片机控制电炉炉温的恒温系统框图。首先，需要设定系统的基准温度值。触发电路决定晶闸管的导通角，可控制流过电炉丝的电流的大小，从而控制了电炉的温度，热电偶为温度传感器，它将温度信号转换成相应的电信号，经放大和模/数转换送到单片机的 I/O 口。单片机检测后将电炉的温度与给定值比较，产生温度偏差，据此偏差产生

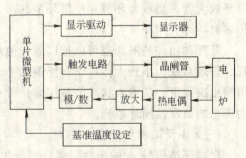

图 3-42 单片机控制电炉炉温的恒温系统框图

现行控制量，并由此转换成晶闸管的触发角，最终控制炉温按要求升高或降低。这是一个典型的闭环控制系统，即负反馈控制系统。利用负反馈，将输出量采样返回与基准量比较，以决定控制方向，它比无反馈的开环系统具有更高的控制精度。故实际的控制系统大多是负反馈系统。在此例中，单片机也可由放大器替代，但控制精度将降低（晶闸管及其触发电路的原理可参阅后面章）。

在电子技术中，反馈不仅是改善放大电路性能的重要手段，而且在振荡电路、直流稳压电源等许多场合，反馈都起着不可替代的作用。前面几章讨论过的分压式偏置电路，利用直流负反馈稳定静态工作点；典型差动放大器射极电阻 R_e 对共模信号有很强的负反馈

作用，从而抑制了直流放大器的零点漂移；集成运放的三种基本运算电路，电阻 R_F 跨接在输出端与反相输入端之间，构成深度负反馈，使运算放大器的线性工作范围得到极大的扩展。

本节仅就反馈的概念、反馈的类型及其判别、负反馈对放大器性能的影响、深度负反馈放大器的分析计算和负反馈正确引入的原则等几个问题进行讨论。

一、负反馈的基本概念

（一）什么是反馈

将放大器输出信号的一部分或全部经反馈网络引回到输入端，称为反馈。

图 3-43 为反馈放大器框图。反馈放大器由无反馈的基本放大电路 A 和反馈电路 F 构成，基本放大电路是任意组态的各种放大电路，既可以是单级也可以是多级放大器；反馈电路可以是电阻、电感、电容、晶体管和变压器等单个元件及简单组合，也可以是较为复杂的网络。反馈网络的作用是对放大器的输出信号进行采样并回送至输入端，形成闭环放大器。

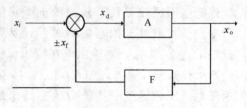

图 3-43 反馈放大器框图

在图 3-43 中，x_i 为闭环放大器总的输入信号，x_o 为输出信号，x_f 为反馈信号，x_d 为净输入信号，即 x_i 与反馈信号 x_f 比较后产生的输入信号。以上信号既可以是电压也可以是电流，故用符号 x 表示。"⊗"表示加法器，实现信号的加减运算，箭头表示信号传递方向，放大环节中信号为正向传输，反馈环节中信号为反向传输。

（二）开环和闭环

当图 3-43 中反馈环节开路，信号从放大器的输入端至输出端只有正向传输时，称为开环放大器。当放大环节和反馈环节共存，信号从输入端至输出端既有正向传输又有反向传输时，称为闭环放大器。

开环和闭环的概念也可以推广到其他系统。在现代社会中，大到经济、军事系统、工程、管理系统，小到人体科学，反馈几乎无处不在。凡是将系统的输出与输入联系起来，由输出决定下一步输入状态的系统则是带有反馈的闭环系统。前面提到的炉温控制系统即为典型的负反馈闭环系统。

（三）正反馈和负反馈

根据反馈信号 x_f 的极性，将反馈分为正反馈和负反馈。当反馈信号 x_f 为正时，净输入信号为

$$x_d = x_i + x_f \tag{3-49}$$

由于 $x_d > x_i$，即反馈信号加强了输入信号，因此称为正反馈。当反馈信号 x_f 为负时，净输入信号为

$$x_d = x_i - x_f \tag{3-50}$$

由于 $x_d < x_i$，即反馈信号削弱了输入信号，因此称为负反馈。

正反馈使放大器工作不稳定，极易产生振荡，一般用于信号发生器等电路中；负反馈可使放大器稳定、可靠地工作，并能有效地改善放大器的各项性能指标。本节以介绍负反馈为主。

(四) 反馈放大器放大倍数的一般分析

1. 闭环放大倍数 A_f 的一般表达式

基本放大电路的放大倍数 A 称为开环放大倍数，定义为：

$$A = x_o / x_d \tag{3-51}$$

反馈网络的输出信号与输入信号之比称为反馈系数 F，它表明反馈的强弱，定义为：

$$F = x_f / x_o \leqslant 1 \tag{3-52}$$

反馈放大器的放大倍数(亦称闭环放大倍数) A_f 定义为：

$$A_f = x_o / x_i$$

将式(3-50)、(3-51)、(3-52)代入，得：

$$A_f = \frac{x_o}{x_d + x_f} = \frac{\frac{x_o}{x_d}}{\frac{x_d}{x_d} + \frac{x_f}{x_d}} = \frac{A}{1 + AF} \tag{3-53}$$

式(3-53)表明系统的开环放大倍数 A、闭环放大倍数 A_f 和反馈系数 F 之间的关系，是反馈放大器的一般表达式，也是分析各种反馈放大器的基本公式。反馈放大器的信号 x_i、x_o 和 x_f 既可以是电压，又可以是电流，它们取不同量纲时组合成不同类型的反馈放大器，其中的 A、A_f 和 F 具有不同的量纲和含义。

2. 反馈深度

从式(3-53)看出，闭环放大倍数 A_f 与 $(1+AF)$ 成反比，称 $(1+AF)$ 为反馈深度。当 $|1+AF|>1$ 时，$|A_f|<|A|$，电路引入负反馈，当 $|1+AF|<1$ 时，$|A_f|>|A|$，电路引入正反馈。$|1+AF|$ 越大，则 A_f 下降得越多，即引入的负反馈程度越深。在下面内容中，将讨论负反馈对放大器各种性能指标的改善，它们均与反馈深度 $(1+AF)$ 有关。所以对负反馈放大器的分析来说，反馈深度是一个很重要的量。

若 $(1+AF) \gg 1$，称放大器引入深度负反馈，闭环放大倍数为

$$A_f = \frac{A}{1+AF} \approx \frac{A}{AF} = \frac{1}{F} \tag{3-54}$$

在深度负反馈的情况下，闭环放大倍数 A_f 与开环放大倍数 A 几乎无关，仅取决于反馈系数 F。开环放大倍数 A 越大，则式(3-54)越精确，放大器工作越稳定。集成运算放大器的开环电压放大倍数 A 一般都大于 10^4，只要反馈系数 F 取得不太小，均可用 $1/F$ 估算闭环放大倍数 A_f。

特别地，当反馈深度 $(1+AF)=0$，$A_f \to \infty$。此时，放大器不再需要外加输入信号 x_i，而由反馈信号 x_f 充当输入信号 x_d，形成正反馈，放大器成为振荡器，这种现象称为自激振荡。

二、负反馈的类型及其判别

(一) 负反馈放大器的四种典型组态

负反馈放大器的电路形式多种多样，但归纳起来可分为 4 种典型的组态：电压串联负反馈，电压并联负反馈，电流串联负反馈和电流并联负反馈。下面以运放组成的负反馈放大器为例逐一进行介绍。

1. 电压串联负反馈

电压串联负反馈电路的结构框图如图 3-44(a)所示。由图上可看出，在放大器输出

端，反馈网络与放大器相并联，反馈信号取自输出电压，形成电压反馈；在放大器输入端，反馈信号与输入信号相串联，并均以电压形式出现，净输入电压为：

$$u_d = u_i - u_f \tag{3-55}$$

因此为串联反馈，这里借用了电阻串联的概念：用电压相加、减时为串联，所不同的是：串联的两个电阻上流过的电流相等；而反馈中串联的两个电压 u_d 和 u_f 所对应的元件上流过的电流不一定相等。从式(3-55)可见，由于反馈电压 u_f 的引入使净输入信号减小，即 $u_d < u_i$，故反馈极性为负反馈。因此将这种反馈形式称为电压串联负反馈。

图 3-44(b)为由运放构成的同相比例运算电路，其反馈类型即为电压串联负反馈。与图 3-44(a)相对照，基本放大电路为运算放大器，反馈网络由电阻 R_F 和 R_1 串联而成。当反馈接到运算放大器的反相输入端时必定形成负反馈。

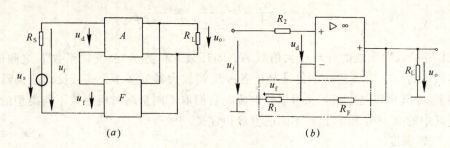

图 3-44 电压串联负反馈
(a)框图；(b)电路

反馈信号是 R_F 和 R_1 分压所形成的反馈电压 u_f，将输出电压 u_o 的一部分回送至输入端，即

$$u_f = \frac{R_1}{R_1 + R_F} u_o$$

反馈系数

$$F = \frac{u_f}{u_o} = \frac{R_1}{R_1 + R_F} \tag{3-56}$$

由于运放的开环放大倍数 A 很大，且反馈深度 $(1+AF) \gg 1$，满足式(3-54)的条件，所以电路的闭环放大倍数为：

$$A_f = \frac{1}{F} = 1 + \frac{R_F}{R_1} \tag{3-57}$$

利用反馈概念推导出来的式(3-57)与上节讨论的结果式(3-33)完全相同。

2. 电压并联负反馈

电压并联负反馈的结构框图和电路举例如图 3-45 所示。由图(a)可清楚地看出，从输出端分析仍为电压反馈；而从输入端分析，反馈信号以电流 i_f 的形式出现，净输入电流为：

$$i_d = i_i - i_f \tag{3-58}$$

由于反馈网络输出端与放大电路输入端相并联，因此为并联反馈。反馈电流 i_f 的引入减小了输入信号，使 $i_d < i_i$，故反馈极性为负反馈。所以将电路的这种反馈形式称为电压并联负反馈。

图 3-45(b)所示为运放构成的反相比例运算电路，其反馈类型即为电压并联负反馈。放大电路仍为运算放大器，反馈网络仅由电阻 R_F 组成。它跨接在放大器输出端与反相输

入端之间，构成负反馈，将输出电压转换成反馈电流 i_f，根据"虚地"的概念，有

$$i_f = \frac{u_- - u_o}{R_F} \approx -\frac{u_o}{R_F} \tag{3-59}$$

式(3-59)表明，反馈信号以电流的形式出现在放大器输入端，且与输出电压 u_o 成正比，所以形成电压并联负反馈，反馈系数

$$F = \frac{i_f}{u_o} = -\frac{1}{R_F} \tag{3-60}$$

可见，反馈系数具有电导的量纲，称为互导反馈系数。

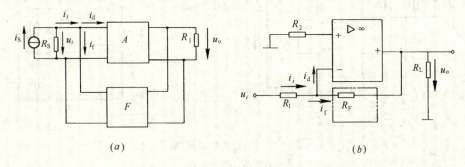

图 3-45　电压并联负反馈
(a)框图；(b)电路

3. 电流串联负反馈

电流串联负反馈的结构框图和电路举例如图 3-46 所示。与电压串联负反馈相同，从放大电路输入端分析为串联反馈，在输出端，反馈信号取自输出电流 i_o（即负载电流），形成电流反馈，且反馈电压 u_f 由输出电流 i_o 经电阻 R_1 转换而成，加到放大器的反相输入端，故为负反馈。因此构成电流串联负反馈。

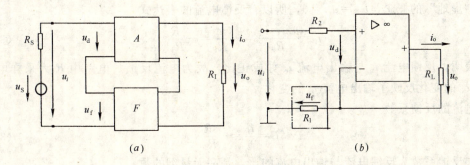

图 3-46　电流串联负反馈
(a)框图；(b)电路

图 3-46(b)所示电路为一电压控制恒流源，或称电压—电流转换电路，反馈网络由电阻 R_1 构成。根据"虚断路"原则，反馈电压为：

$$u_f = i_o R_1 \tag{3-61}$$

(3-61)式说明，反馈信号以电压的形式出现在输入端，与输入信号 u_i 相减后形成净输入电压 u_d，并且 u_f 与输出电流 i_o 成正比，所以形成电流串联负反馈，其反馈系数

$$F = \frac{u_f}{i_o} = R_1 \tag{3-62}$$

可见，反馈系数 F 具有电阻的量纲，称为互阻反馈系数。

4. 电流并联负反馈

电流并联负反馈电路的结构框图和电路举例如图 3-47 所示。根据前三种反馈类型的分析结论，图(a)中输入、输出回路的联接方式可看出，显然其反馈类型为电流并联负反馈。

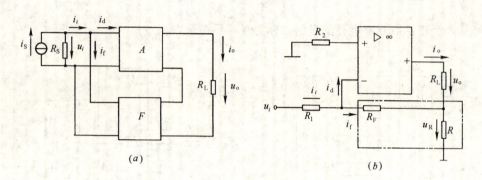

图 3-47 电流并联负反馈
(a)框图；(b)电路

图(b)为上节例题中反相比例运算电路的另一种形式，反馈网络由电阻 R_F 和 R 组成。在放大器输入端，输入信号 i_i 加在运放的反相输入端，反馈电阻 R_F 也接在反相输入端，使净输入电流 i_d 随反馈电流 i_f 的加入而减小，故为并联负反馈；在放大器输出端，R_F 接在负载电阻 R_L 和 R 之间，由于 $R_F \gg R$，将 R_F 的分流作用忽略不计，可认为：

$$u_o = i_o R_L$$

因为

$$u_R \approx i_o R$$

根据"虚地"的概念，$u_+ = u_- = 0$，所以有反馈电流的表达式

$$i_f = \frac{u_- - u_R}{R_F} = -\frac{u_R}{R_F} = -\frac{R}{R_F} i_o \qquad (3\text{-}63)$$

上式表明，反馈电流 i_f 与输出电流 i_o 成正比，故为电流反馈。电路中 R 为采样电阻，因为 u_R 的变化反映了输出电流 i_o 的变化。

电流的反馈系数

$$F = \frac{i_f}{i_o} = -\frac{R}{R_F} \qquad (3\text{-}64)$$

可见，反馈系数为反馈电流与输出电流的比，是一无量纲的数。

负反馈在放大器的电路构成中几乎无处不在，以上只列举了由运算放大器构成的 4 种反馈组态的电路。在由分立元件组成的放大器中，也存在形式繁多的反馈电路，其构成方式和分析方法与前面的介绍基本相同。在以后的讨论中，将举出一些分立元件电路作为例子进行分析。

(二) 反馈类型的判别

反馈类型的判别包括正反馈和负反馈、直流反馈和交流反馈、电压反馈和电流反馈、串联反馈和并联反馈的判别等，下面逐一介绍。

1. 正反馈和负反馈

首先，判断一个放大电路中存在反馈与否，要看在电路的输出端与输入端之间有无反馈网络。若电路中有反馈元件，则需要进一步判断反馈的极性，即正反馈或负反馈。

对于单级运算放大器来说，当反馈电路接在反相输入端时，输出信号与输入信号的极性相反，引入反馈后必然削弱输入信号，使 $x_d < x_i$，所以形成负反馈；当反馈电路接在同相输入端时，输出信号与输入信号的极性相同，引入反馈后必然加强输入信号，使 $x_d > x_i$，所以形成正反馈。

对于两级或多级放大器来说，可利用瞬时极性法判断反馈的正负。瞬时极性法的分析步骤可分为两步：

(1) 首先设定输入信号 u_i 对地电位的瞬时极性为正(或负)，用符号"⊕"(或"⊖")表示，根据放大器同相输出或反相输出，可逐级分析放大电路输出信号的正负，据此标出有关各点交流电位的瞬时极性。

(2) 根据反馈到输入端的信号极性，若削弱了原输入信号，则反馈极性为负，若增强了原输入信号，则反馈极性为正。

结合一实际电路来看瞬时极性法的分析过程。图 3-48 所示为两级运放组成的放大电路，除 N_1 本身的串联电压负反馈和 N_2 本身的并联电压负反馈(亦称本级反馈或局部反馈)外，电阻 R_F 将 N_2 输出端与 N_1 的同相输入端连接起来，形成后级对前级的反馈(亦称级间反馈)。

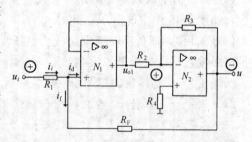

图 3-48 用瞬时极性法判断反馈极性

设 u_i 对地电位的瞬时极性为正，第一级运放 N_1 接成同相跟随器，则第一级输出 u_{o1} 与输入 u_i 同相，也为正。第二级运放 N_2 接成反相比例运算电路，输出电压 u_o 与第二级输入电压 $u_{i2} = u_{o1}$ 反相，瞬时极性为负。在反馈电阻 R_F 中形成的反馈电流 i_f 从输入端流向输出端，图上标出了 i_i、i_d、i_f 的瞬时流向，且有净输入电流

$$i_d = i_i - i_f$$

可知，反馈的引入减小了输入信号，使 $i_d < i_i$，所以为负反馈。

2. 直流反馈和交流反馈

当反馈信号为直流电压(电流)时，称为直流反馈，当反馈信号为交流电压(电流)时，称为交流反馈，若反馈信号中既含有直流成分又含有交流成分时，则称为交、直流反馈。

在第二章中分析过的分压式负反馈偏置电路，发射极电阻上并联了一个容量较大的旁路电容，对交流信号可近似看成短路，所以引入了直流负反馈，而交流电流被旁路，不会产生交流负反馈。若旁路电容开路时，电阻中同时流过直流电流和交流电流，则直流负反馈和交流负反馈兼而有之。直流负反馈起到稳定电路静态工作点的作用，交流负反馈能够改善放大电路的动态指标(详见第三节)。

图 3-48 电路中电阻 R_F 引入的反馈为交、直流反馈。若在 R_F 反馈支路中再串入一隔离电容 C_F，那么电容 C_F 会把反馈信号中的直流成分隔掉，所形成的反馈只有交流反馈。

3. 电压反馈和电流反馈

在电路的输出端，根据反馈信号采样方式的不同来区别电压反馈和电流反馈。可采用

两种方法进行判断：

(1) 当反馈信号取自输出电压，且与输出电压成正比，反馈类型为电压反馈；当反馈信号取自输出电流，且与输出电流成正比，反馈类型为电流反馈。要分清电压反馈和电流反馈似乎不是很容易，因为输出端接上负载 R_L 后，可以用欧姆定律将电压和电流联系起来，那么电压反馈和电流反馈有什么本质的区别呢？这里要注意负载和反馈电路的连接方式。在图 3-49(a) 中，反馈电阻 R_F 直接连在运放的输出端上，反馈信号 u_f 与输出电压 u_o 成正比，有

$$u_f = \frac{R_1}{R_1 + R_F} u_o$$

所以称为电压反馈。由于运放的输出电阻 $r_o \to 0$，故当负载 R_L 变化时，运放的 u_o 保持不变。而在图 3-49(b) 中，反馈电阻 R_F 接在电阻 R_L 和 R 之间，将 R 称作采样电阻，反馈信号 i_f 与 $u_R = i_o R$ 成正比，与运放输出量相联系的为电流 i_o，改变负载 R_L，会直接影响 i_o 和 i_f，所以称为电流反馈。

(2) 另一简单的判别方法是：假设将负载 R_L 两端短路，或在输出端负载上并联一大电容，如图 3-49 中虚线所示，此时 $u_o = 0$，在图 (a) 中，反馈电压正比于输出电压，所以反馈信号 $u_f = 0$，即负反馈消失，故为电压反馈。在图 (b) 中，输出电流仍存在，还有反馈信号送回输入端，故为电流反馈。

反馈信号 x_f 是将输出信号 x_o 采样后送回到输入端，控制输入信号与反馈信号的差值，即 $x_d = x_i - x_f$，若 x_o 增加，x_f 也随之增加，x_d 将减少，使 x_o 回落，即

$$x_o \uparrow \to x_f \uparrow \to x_d \downarrow \to x_o \downarrow$$

因此，电压反馈提高了输出电压的稳定性，同理，电流反馈提高了输出电流的稳定性，使负反馈放大器的输出更趋向于恒压源或恒流源。

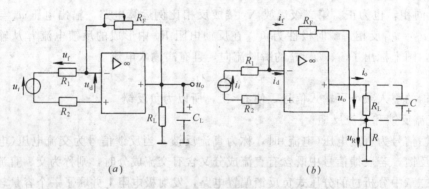

图 3-49　电压反馈和电流反馈的判断
(a) 电压反馈；(b) 电流反馈

4. 串联反馈和并联反馈

在放大器的输入回路中，根据输入信号与反馈信号的连接方式来判别串联反馈和并联反馈。如果净输入信号 x_d 与反馈信号 x_f 相串联，由电压源 u_s 供电，两信号之间必以电压的形式相加减，因此为串联负反馈，或称电压比较；如果净输入信号 x_d 与反馈信号 x_f 相并联，由电流源 i_s 供电，两信号之间必以电流形式相加减，因此为并联负反馈，或称电流比较。所以，当输入端 3 个量 x_i、x_d 和 x_f 均为电压量时，形成串联负反馈，如图

3-49(a)所示,它多为电压源激励。当输入端三个量 x_i、x_d 和 x_f 均为电流量时,形成并联负反馈,如图 3-49(b)所示,它多为电流源激励。

以上判断反馈类型的分析均以运算放大器为例,但分析方法和结论对分立元件的放大电路同样适用。

为了清楚起见,将 4 种基本负反馈类型的主要特征总结归纳如表 3-3。对表中内容需要说明的有两点:

4 种类型负反馈的主要特征   表 3-3

负反馈类型	电压串联	电压并联	电流串联	电流并联
输出量 x_o	u_o	u_o	i_s	i_s
稳定量	u_o	u_s	i_o	i_s
净输入量 x_d	u_d	i_d	u_d	i_d
反馈量 x_f	u_f	i_f	u_f	i_f
负反馈类型	电压串联	电压并联	电流串联	电流并联
输入端各量的关系	$u_d=u_i-u_f$	$i_d=i_i-i_f$	$u_d=u_s-u_f$	$i_d=i_i-i_f$
反馈系数 F(单位)	$F_d=\dfrac{u_f}{u_o}(1)$	$F_d=\dfrac{i_f}{u_o}(S)$	$F_d=\dfrac{u_f}{i_o}(\Omega)$	$F_i=\dfrac{i_f}{i_d}(1)$
基本放大倍数 A(单位)	$A_o=\dfrac{u_o}{u_d}(1)$	$A_d=\dfrac{u_o}{i_d}(\Omega)$	$A_o=\dfrac{i_o}{u_d}(S)$	$A_i=\dfrac{i_o}{i_d}(1)$
闭环放大倍数 A_f(单位)	$A_f=\dfrac{u_o}{u_s}$	$A_f=\dfrac{u_o}{i_i}(\Omega)$	$A_f=\dfrac{i_o}{u_i}(S)$	$A_f=\dfrac{i_o}{i_i}(1)$

(1) 表中各量均用小写字母,表示瞬时值,即在反馈放大器中流通的信号形式可任意。通常电路中元件为电阻时,各表达式均成立,但若元件中含有电容、电感时,各表达式在放大器的中频段成立,否则应考虑 L 和 C 引入低频和高频段的附加相移。若信号为正弦稳态时,可用相量表示各量。

(2) 对于不同的反馈类型,A、F、A_f 都有不同的含义和单位,但应强调指出,不论何种反馈类型,AF 总是单位为1,因为 $AF=x_f/x_d$,两者同时出现在输入端进行比较运算,所以 A_f 与 A 为同量纲。

通常在反馈放大器的动态分析时需要求出闭环电压放大倍数 A_{uf},这就应将表 3-3 中闭环放大倍数 A_f 表达式里的电流 i_i、i_o 转换成电压 u_i、u_o 代入 $A_{uf}=u_o/u_i$ 中求解。如对于电流串联负反馈,只要将输出电流 i_o 乘以负载电阻 R_L,即得 $u_o=i_oR_L$,也就是说,乘以负载电阻就可将互导放大倍数 A_{gf} 转化成电压放大倍数 A_{uf},即

$$A_{uf}=\frac{u_o}{u_i}=\frac{i_oR_L'}{u_i}=A_{gf}R_L' \tag{3-65}$$

式中,R_L' 为等效负载电阻。同理,对电压并联负反馈,需将输入电流 i_i 乘以输入电阻 r_i 转换成输入电压 u_i,有

$$A_{uf}=\frac{u_o}{u_i}=\frac{u_o}{i_ir_i}=\frac{A_{if}}{r_i} \tag{3-66}$$

对电流并联负反馈,应作相同处理,有

$$A_{uf}=\frac{u_o}{u_i}=\frac{i_oR_L'}{i_ir_i}=A_{if}\frac{R_L'}{r_i} \tag{3-67}$$

将以上过程用框图表示,在输入端或输出端加转换环节,如图 3-50 所示,图中 ⊗ 表示乘法器。

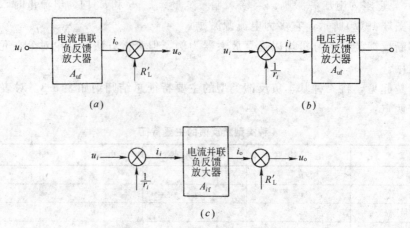

图 3-50 电压放大倍数 A_{uf} 的转换
(a)电流串联;(b)电压并联;(c)电流并联

【例 3-5】 电路如图 3-48 所示,试判断其反馈类型。

【解】 (1) 前面已利用瞬时极性法判断出反馈极性为负反馈;

(2) 在反馈支路中不包含电容,反馈信号中有交、直流两种分量,故为交、直流反馈;

(3) 反馈电阻 R_F 一端接在运放的输出端,若令输出 $u_o=0$,则 R_F 该端接地,相当于只与输入端相连,不能引入反馈信号,只起与 R_1 分压的作用,故为电压反馈;

(4) 反馈信号 i_f 与输入信号 i_i 相并联,以电流的形式相加减,所以为并联反馈;

(5) 结论:由电阻 R_F 构成的反馈为交、直流电压并联负电馈。

【例 3-6】 试判断分立元件构成的分压式偏置电路和射极输出器的反馈类型。

【解】 在图 3-51(a)所示分压式偏置电路中,为避免负反馈造成电压放大倍数下降过多,同时保证放大器有稳定的静态工作点,将射极电阻分为两个:R_E 上并联了旁路电容 C_E,只形成直流负反馈,而 R_e 引入了交、直流负反馈。

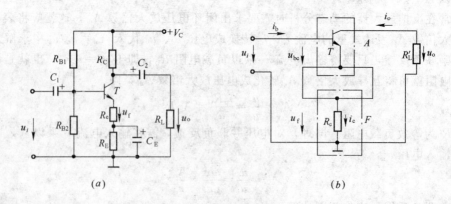

图 3-51 分压式反馈电路及其反馈分析
(a)电路图;(b)交流通路

图 3-51(b)为图 3-51(a)电路的交流通路,图中忽略了偏置电路的影响。设输入电压 u_i 对地为正极性,则电流 i_b 流入晶体管 T 的基极,$i_o(\approx i_e)$ 流出晶体管 T 的发射极,在

R_L 上形成反馈电压 u_f 的极性为上正下负。对于输入回路，净输入电压 $u_{be}=u_i-u_f$，显然反馈使净输入信号减小，所以为串联负反馈。又因 $u_f=R_e i_e \approx R_e i_o$，与输出电流成正比，所以反馈类型为电流串联负反馈。

射极输出器电路如图 3-52(a)，将它画成反馈框图如图 3-52(b)。

由于负载电阻与发射极电阻并联，所以反馈电压等于输出电压，即 $u_f=u_o$，构成电压全反馈，反馈系数 $F=u_f/u_o=1$，闭环放大倍数 $A_f\approx 1/F=1$，由 $u_{be}=u_i-u_f$，将图 3-52(b) 与图 3-44(a) 的反馈框图相比较，显然射极输出器为深度交、直流电压串联负反馈电路。

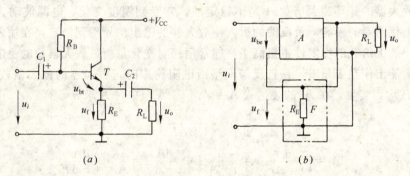

图 3-52 射极输出器及其反馈分析
(a)电路图；(b)交流反馈框图

【例 3-7】 试分析图 3-53 所示电路的反馈类型。

【解】 (1) 由 T_1、T_2 组成单端输入双端输出差动放大器构成电路的第一级，运放构成第二级。反馈电阻 R_F 和 R_{B2} 分压网络引入了运放对差放的级间反馈。根据差放和运放的工作原理，利用瞬时极性法标出从电路输入端到输出端各点交流电位的瞬时极性，如图 3-53 所示。从而求得反馈电压 u_f 的极性为上正下负，其大小约为输出电压 u_o 在电阻 R_{B2} 上的分压，即

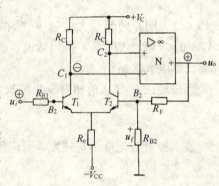

图 3-53 例 3-7 的电路图

$$u_f \approx \frac{R_{B2}}{R_{B2}+R_F}u_o$$

在反馈信号 u_f 未引入之前，u_i 作用在晶体管 T_1、T_2 的发射结上；而 R_F 将输出电压引回到 T_2 基极 B_2，形成反馈电压 u_f 以后，作用在 T_1、T_2 发射结上的电压变为 (u_i-u_f)。由此可见，反馈的引入减小了净输入电压，因而为负反馈；输入端 3 个信号以电压形式相加减，属串联反馈；反馈电压 u_f 与 u_o 成正比，是电压反馈。所以 R_F、R_{B2} 引入了级间交、直流电压串联负反馈。

(2) 发射极电阻 R_e 还引入了差动放大器 T_1、T_2 的本级反馈。由于差模信号在 R_e 上无压降，所以 R_e 只对共模信号有负反馈作用。与例 3-6 中所分析的分压式偏置电路类似，R_e 引入的反馈为电流串联负反馈。由于射极电流为 $2i_e$，R_e 的反馈作用很强，可有效地抑制共模信号和零点漂移，所以 R_e 称为共模反馈电阻。

三、负反馈对放大器性能的影响

负反馈使放大器闭环放大倍数降低(见式(3-53)),但以牺牲放大倍数作为代价,却可以使放大器的许多性能得到改善,便于适应各种应用场合对放大器不同指标的需求,而增加放大器的级数即可弥补放大倍数的降低。

负反馈可以提高放大倍数的稳定性,减小非线性失真,扩展通频带,改变输入和输出电阻等等。由于负反馈使闭环放大倍数 A_f 降低为开环放大倍数 A 的 $1/(1+AF)$,所以引入负反馈对以上各参数影响的程度都与反馈深度 $(1+AF)$ 有关。

(一)提高放大倍数的稳定性

通常放大器的开环放大倍数 A 是不稳定的,它受到温度变化、电源波动、负载变动以及其他干扰因素的影响。负反馈的引入使放大器的输出信号得到稳定,在输入信号不变的情况下,放大倍数的稳定性也提高了,通常用相对变化量衡量放大倍数的稳定性。

当放大器工作在中频段,并且反馈网络由电阻构成时,放大器的放大倍数 A、A_f 和反馈系数 F 均为实数,在 A_f 的表达式 $A_f = A/(1+AF)$ 中对 A 求导,有

$$\frac{dA_f}{dA} = \frac{1}{(1+AF)^2}$$

$$dA_f = \frac{dA}{(1+AF)^2} = \frac{1}{1+AF} \cdot \frac{dA}{1+AF} = \frac{A_f}{A} \cdot \frac{dA}{1+AF}$$

对上式进行整理,可得

$$\frac{dA_f}{A_f} = \frac{1}{1+AF} \frac{dA}{A} \tag{3-68}$$

式(3-68)表明,闭环放大倍数 A_f 的相对变化量 dA_F/A_f 是开环放大倍数 A 的相对变化量 dA/A 的 $1/(1+AF)$ 倍,换句话说,放大倍数的稳定性提高了 $(1+AF)$ 倍,使放大倍数受外界的影响大大减小。

严格地说,当 A 的相对变化量较大时,用微分

$$\frac{dA}{A} \cdot \frac{dA_f}{A_f}$$

表示相对变化量误差较大,而应用差分

$$\frac{\Delta A}{A} \cdot \frac{\Delta A_f}{A_f}$$

表示,二者之间关系式推导如下:

设:原放大倍数为 A,变化后的放大倍数为 A_o。则开环放大倍数的差分为

$$\Delta A = A_o - A$$

闭环放大倍数分别为 A_f、A_{fo}

$$A_f = \frac{A}{1+AF}, \quad A_{fo} = \frac{A_o}{1+A_o F}$$

闭环放大倍数的差分

$$\Delta A_f = A_{fo} - A_f = \frac{A_o}{1+A_o F} - \frac{A}{1+AF} = \frac{A_o - A}{(1+A_o F)(1+AF)} = \frac{\Delta A}{1+A_o F} \cdot \frac{1}{1+AF}$$

因为

$$\frac{1}{1+AF} = \frac{A_f}{A}$$

代入上式并整理,得

$$\frac{\Delta A_f}{A_f}=\frac{1}{1+A_\circ F}\cdot\frac{\Delta A}{A} \tag{3-69}$$

式(3-68)和(3-69)表面上形式一致,但反馈深度$(1+A_\circ F)$中应代入变化后的开环放大倍数$A_\circ$,而不是原值A。

【例 3-8】 某反馈放大器的开环放大倍数$A=10^4$,反馈系数$F=0.01$,当A的相对变化量为$+10\%$和-30%时,求放大器的闭环放大倍数A_f及其相对变化量。

【解】 闭环放大倍数

$$A_f=\frac{A}{1+AF}=\frac{10^4}{1+10^4\times 10^{-2}}=99$$

利用微分法和差分法,即式(3-68)和式(3-69)分别求A_f的相对变化量。

(1) 当A的相对变化量为$+10\%$时

$$\frac{dA_f}{A_f}=\frac{1}{1+AF}\frac{dA}{A}=\frac{1}{1+10^4\times 10^{-2}}\times 10\%=0.1\%$$

$$\frac{\Delta A_f}{A_f}=\frac{1}{1+A_\circ F}\frac{\Delta A}{A}=\frac{1}{1+(1.1\times 10^4)\times 10^{-2}}\times 10\%=0.09\%$$

(2) 当A的相对变化量为-30%时

$$\frac{dA_f}{A_f}=\frac{1}{1+AF}\frac{dA}{A}=\frac{1}{1+10^4\times 10^{-2}}(-30\%)=-0.3\%$$

$$\frac{\Delta A_f}{A_f}=\frac{1}{1+A_\circ F}\frac{\Delta A}{A}=\frac{1}{1+(0.7\times 10^4)\times 10^{-2}}(-30\%)=-0.42\%$$

由解(1)可看到,闭环放大倍数A_f的稳定性提高了 100 倍,而A_f却下降为A的 1/100,反馈深度$(1+AF)$愈大,放大倍数的稳定性就愈高。可见,稳定性的提高是以放大倍数下降为代价的。

用微分法和差分法求A_f的相对变化量,若$\Delta A/A$较小时,两者的差异很小,若$\Delta A/A$较大时,两者的差异会较大。而且相对变化量有正负的差别,即A增加或减小时,求出的$\Delta A_f/A_f$不同。

(二)扩展通频带

放大器在低频段和高频段,放大倍数都会下降,上、下限频率之差为通频带$BW=f_H-f_L$。加入负反馈使放大器的闭环通频带比开环时展宽。关于这一点,可定性解释为:在放大器频率特性的低频段和高频段,输出信号减小,反馈信号也随之减小,净输入信号相对增大,从而使放大器输出信号的下降程度减小,放大倍数相应提高。上、下限频率分别向高、低频段扩展了$(1+AF)$倍,开环和闭环的频率特性如图 3-54 所示。

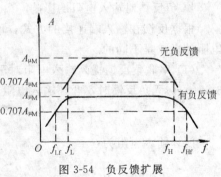

图 3-54 负反馈扩展放大器的通频带

扩展后的上、下限频率为

$$f_{Hf}=(1+AF)f_H$$

$$f_{Lf}=\frac{1}{1+AF}f_L$$

通常在放大电路中，可近似认为通频带只取决于上限截止频率，所以闭环通频带 $BW_f \approx f_{Hf}$，故有

$$BW_f=(1+AF)BW \tag{3-70}$$

上式的结论适用于单级放大器。对于多级放大器，负反馈可扩展通频带，但展宽为开环带宽 BW 的 $(1+AF)$ 倍的结论不成立。

（三）削弱非线性失真和抑制干扰

由于放大器核心元件三极管伏安特性的非线性和运算放大器电压传输特性的非线性，均会导致在输出信号较大时，产生非线性失真，如图 3-55(a) 所示。加入负反馈以后，放大倍数下降，使输出电压进入非线性区的部分减小，从而削弱了失真。

可以利用图 3-55(b) 定性说明负反馈抑制失真的原理。负反馈使放大器形成闭环，正、负半周不对称的失真波形经反馈网络采样，送到输入端与不失真的输入信号相减。设输出信号 x_o 的波形正大负小，反馈信号 x_f 也是正大负小，差值 x_d 则为正小负大，从而减小了 x_o 的波形失真，甚至完全消除了失真。减小失真的效果取决于失真的严重程度和反馈深度 $(1+AF)$ 的大小。

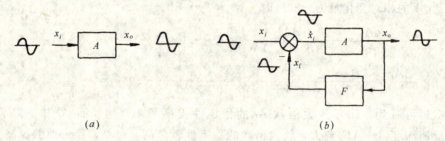

图 3-55 负反馈削弱非线性失真
(a)无负反馈；(b)有负反馈

同理，负反馈放大器也可以有效地抑制闭环内部的干扰，但干扰如混于输入信号加入放大器，负反馈也无能为力。

（四）改变输入电阻和输出电阻

1. 负反馈对输入电阻的影响

根据反馈在输入端连接的方式，可分为串联反馈和并联反馈。两种负反馈电路对输入电阻的影响是不同的。

(1) 串联负反馈提高输入电阻 对于串联负反馈，输入端各个信号相互之间的关系如图 3-56(a)。无负反馈时，开环输入电阻为：

$$r_i=\frac{u_d}{i_i} \tag{3-71}$$

闭环输入电阻为：

$$r_{if}=\frac{u_i}{i_i}=\frac{u_d+u_f}{i_i}$$

代入 $u_f=AFu_d$，得

$$r_{if}=\frac{u_d}{i_i}(1+AF)=(1+AF)r_i \tag{3-72}$$

上式表明，串联负反馈使闭环输入电阻 r_if 比开环输入电阻 r_i 增大 $(1+AF)$ 倍。

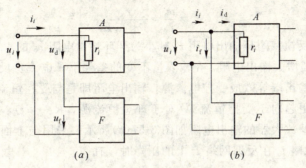

图 3-56　负反馈输入电阻的影响
(a)串联负反馈；(b)并联负反馈

（2）并联负反馈降低输入电阻。对于并联负反馈，放大器输入端各信号相互之间的关系如图 3-56(b) 所示。开环输入电阻的定义为：

$$r_i = u_i/i_\text{d}$$

闭环输入电阻为：

$$r_\text{if} = \frac{u_i}{i_\text{f}} = \frac{u_i}{i_\text{d}+i_\text{f}}$$

代入 $i_\text{f} = AFi_\text{d}$，得

$$r_\text{if} = \frac{u_i}{i_\text{d}(1+AF)} = \frac{r_i}{1+AF} \tag{3-73}$$

上式表明，并联负反馈使闭环输入电阻 r_if 减小为开环输入电阻 r_i 的 $1/(1+AF)$。

放大电路的负反馈对输入电阻的影响只取决于放大器输入端的连接方式是串联负反馈，还是并联负反馈，而与放大器输出端的连接方式是电压负反馈还是电流负反馈无关。

2. 负反馈对输出电阻的影响

负反馈对输出电阻的影响仅取决于放大器输出端的连接方式，而与输入端的连接方式无关。下面分别讨论电压负反馈和电流负反馈对输出电阻的影响。

（1）电压负反馈减小输出电阻。从负反馈提高放大器放大倍数的稳定性的分析可知，电压负反馈具有稳定输出电压的作用。如果将带有电压负反馈的放大电路对输出端等效成一个受控电压源，放大器的输出电阻即是受控电压源的内阻。在输入量不变的条件下，电压负反馈使输出电压在负载变动时保持稳定，提高了放大器带负载的能力，使之更趋向于受控恒压源，而理想恒压源的内阻值 $R_s=0$，所以电压负反馈减小了放大器的输出电阻。

求解电压负反馈放大器输出电阻的方法如图 3-57(a) 所示。因为求输出电阻与输入端的连接方式无关，所以为简化分析，输入端采用一般形式。设输入信号源不作用，即 $x_i=0$，将负载电阻 R_L 去掉，在输出端加电压源 u_o，通过计算 i_o 来求解闭环输出电阻 r_of。为了方便计算，将放大器的输出端等效成受控电压源 $A_\text{o}x_\text{d}$ 和 r_o 的串联，A_o 为负载开路 ($R_\text{L}\to\infty$) 时的开环放大倍数，r_o 为无负反馈时的开环输出电阻。

若忽略反馈网络对电流 i_o 的分流作用，由图 3-57(a) 可列出放大器输出回路的方程

$$u_\text{o} = i_\text{o}r_\text{o} + A_\text{o}x_\text{d}$$

而 $x_\text{d} = x_i - x_\text{f} = -x_\text{f} = -Fx_\text{o} = -Fu_\text{o}$

代入 $u_\text{o} = i_\text{o}r_\text{o} - A_\text{o}Fu_\text{o}$

所以

$$r_{of} = \frac{u_o}{i_o} = \frac{r_o}{1+A_oF} \tag{3-74}$$

可见，电压负反馈使闭环输出电阻 r_{of} 减小为开环输出电阻 r_o 的 $1/(1+A_oF)$。

(2) 电流负反馈增大输出电阻。在输入量不变的条件下，电流负反馈使输出电流保持稳定。若将放大器输出端等效成受控电流源，输出电阻即是与受控恒流源并联的内阻，电流负反馈使放大器更趋向于受控恒流源（对于理想恒流源，$R_s \to \infty$），所以增大了输出电阻。求解电流负反馈放大器的输出电阻如图 3-57(b) 所示，采用与上面类似的方法可求出 r_{of}。令 $x_i = 0$，并忽略 i_o 在反馈网络 F 上的压降时，有

$$i_o = \frac{u_o}{r_o} + A_o x_d$$

而 $x_d = x_i - x_f = -x_f = -Fx_o = -Fi_o$

代入 $i_o = \frac{u_o}{r_o} - A_o F i_o$

所以

$$r_{of} = \frac{u_o}{i_o} = (1+A_oF)r_o \tag{3-75}$$

式中，r_o 为放大器的开环输出电阻，A_o 为输出端短路（$R_L = 0$）时的开环放大倍数。式(3-75)表明，电流负反馈使闭环输出电阻 r_{of} 比开环输出电阻 r_o 增大了 $(1+A_oF)$ 倍。

综上所述，负反馈对放大器性能的改善均与反馈深度 $(1+AF)$ 有关，并以放大倍数降低作为代价。

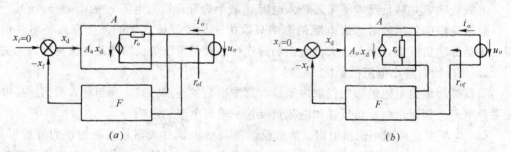

图 3-57 负反馈放大器的输出电阻
(a)电压负反馈；(b)电流负反馈

表 3-4 列出了负反馈对放大器主要性能指标的影响，是以上讨论结果的归纳和总结，使读者对负反馈的作用能够一目了然。

负反馈对放大器性能的影响 表 3-4

序 号	放大器性能参数	开 环	闭 环	备 注
1	放大倍数	A	$A_f = \dfrac{A}{1+AF}$	当 $AF \gg 1$ 时，$A_f = \dfrac{1}{F}$
2	放大倍数稳定性	$\dfrac{dA}{A}$	$\dfrac{dA_f}{A_f} = \dfrac{1}{1+AF} \dfrac{dA}{A}$	
3	通频带	$BW = f_H - f_L$	$BW_f = (1+AF)BW$	$A \cdot BW = A_f \cdot BW_f$
4	非线性失真	$\dfrac{\Delta f(e)}{A}$	$\dfrac{1}{1+AF} \cdot \dfrac{\Delta f(e)}{A}$	$e = x_d = x_i - x_f$

续表

序 号	放大器性能参数		开 环	闭 环	备 注
5	输入电阻	串联负反馈	r_i	$r_{if}=(1+AF)r_i$	
		并联负反馈	r_i	$r_{if}=\dfrac{1}{1+AF}r_i$	
6	输出电阻	电压负反馈	r_o	$r_{of}=\dfrac{1}{1+AF}r_o$	输出更接近恒压源
		电流负反馈	r_o	$r_{of}=(1+AF)r_o$	输出更接近恒流源

【例 3-9】 某运放参数为 $A=2\times10^5$，$r_i=2M$，$r_o=1k$，要求由运放引入负反馈构成一阻抗变换电路，将输入电阻提高到大于 100M，输出电阻降低到小于 0.1，闭环增益为 1，试设计电路形式及参数。

【解】 由题意，提高输入电阻，应采用串联负反馈，降低输出电阻，应采用电压负反馈，且闭环增益为 $A_f=1$，所以应将运放接成同相跟随器，如图 3-58 所示，电路的反馈系数 $F=1$。

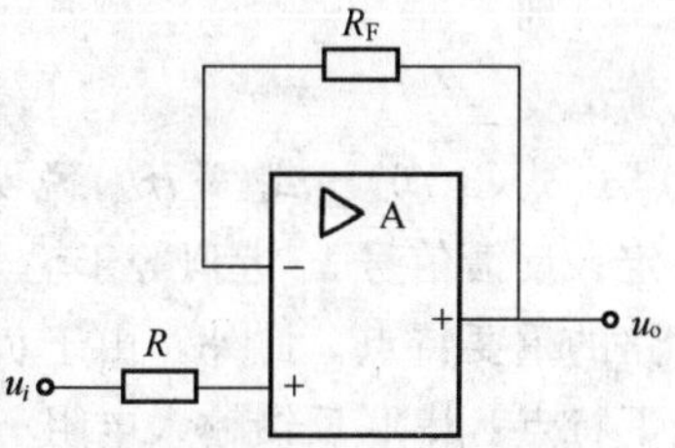

为限制电流，接入电阻 R 和 R_F，取

$$R=R_F=20k$$

最后检验 r_{if} 和 r_{of} 是否符合要求。反馈深度

$$1+AF=1+2\times10^5\times1\approx2\times10^5$$

显然为深度负反馈。

闭环输入电阻

$$r_{if}=(1+AF)r_i=2\times10^5\times2=4\times10^5M\gg100M$$

闭环输出电阻

$$r_{of}=\dfrac{1}{1+AF}r_o=\dfrac{10^3}{2\times10^5}=0.005\Omega\ll0.1\Omega$$

图 3-58 例 3-9 图

可见，利用同相跟随器电路，完全可以满足题目的要求。

(五) 正确引入负反馈的原则

由于负反馈有不同的类型，而且对放大器的性能有不同的要求，所以负反馈放大电路有许多种形式。但归纳起来，有些一般原则可以遵循：

(1) 若要稳定放大器的静态工作点，应引入直流负反馈，而要改变其动态性能，则应引入交流负反馈；

(2) 根据被采样的物理量即是需要稳定的输出量，因此若要稳定输出电压，应引入电压负反馈，而要稳定输出电流，应引入电流负反馈；

(3) 若要提高输入电阻，应采用串联负反馈，反之，应引入并联负反馈；

(4) 要提高输出电阻，应采用电流负反馈，反之，应引入电压负反馈。

以上分析说明：引入负反馈能改善放大器的性能。那么，在实际电路中如何引入负反馈呢？可归纳为三点：

(1) 要稳定交流性能，应引入交流负反馈；要稳定静态工作点，应引入直流负反馈。

(2) 要稳定输出电压，应引入电压负反馈；要稳定输出电流，应引入电流负反馈。

(3) 要提高输入电阻，应引入串联负反馈；要减小输入电阻，应引入并联负反馈。

(4) 要减小输出电阻，应引入电压负反馈；要增加输出电阻，应引入电流负反馈。

四、深度负反馈放大电路的特点及性能估算

(一) 深度负反馈放大电路的特点

当 $(1+AF) \gg 1$ 时的负反馈放大电路称为深度负反馈放大电路。由于 $(1+AF) \gg 1$，所以，可得

$$A_f = \frac{A}{1+AF} \approx \frac{A}{AF} = \frac{1}{F} \tag{3-76}$$

由于

$$A_f = x_o/x_i, \quad F = x_f/x_o$$

所以，深度负反馈放大电路中有

$$x_f \approx x_i \tag{3-77}$$

即

$$x_{id} \approx 0 \tag{3-78}$$

式(3-76)～式(3-78)说明：在深度负反馈放大电路中，闭环放大倍数由反馈网络决定；反馈信号 x_f 近似等于输入信号 x_i；净输入信号 x_{id} 近似为零。这是深度负反馈放大电路的重要特点。此外，由于负反馈对输入、输出电阻的影响，深度负反馈放大电路还有以下特点：串联反馈输入电阻 r_{if} 非常大，并联反馈 r_{if} 非常小；电压反馈输出电阻 r_{of} 非常小，电流反馈 r_{if} 非常大。工程估算时，常把深度负反馈放大电路的输入电阻和输出电阻理想化，即认为：深度串联反馈的输入电阻 $r_{if} \to \infty$；深度并联负反馈的 $r_{if} \to 0$；深度电压负反馈的输出电阻 $r_{of} \to 0$；深度电流负反馈的 $r_{of} \to \infty$。

根据深度负反馈放大电路的上述特点，对深度串联负反馈，由图 3-59(a) 可得：1. 净输入信号 u_{id} 近似为零，即基本放大电路两输入端 P、N 电位近似相等，两输入端似乎短路但并没有真的短路，称为"虚短"；2. 闭环输入电阻 $r_{if} \to \infty$，即闭环放大电路的输入电流近似为零，也即流过基本放大电路两输入端 P、N 的电流 $i_+ \approx i_- \approx 0$，两输入端似乎开路但并没有真的开路，称为"虚断"。对深度并联负反馈由图 3-59(b) 可得：1. 净输入信号 i_{id} 近似为零，即基本放大电路两输入端"虚断"；2. 闭环输入电阻 $r_{if} \to 0$；即放大电路两输入端也即基本放大电路两输入端"虚短"。因此，对深度负反馈放大电路可得出两个重要结论：基本放大电路的两输入端满足"虚短"和"虚断"。

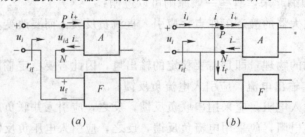

图 3-59 深度负反馈放大电路中的"虚短"与"虚断"
(a) 深度串联负反馈放大电路简化框图；
(b) 深度并联负反馈放大电路简化框图

(二) 深度负反馈放大电路性能的估算

利用上述"虚短"和"虚断"的概念可以方便地估算深度负反馈放大电路的性能,下面通过例题来说明估算方法。

【**例 3-10**】 估算图 3-60 所示负反馈放大电路的电压放大倍数 $A_{uf}=u_o/u_i$。

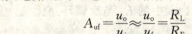

【**解**】 这是一个电流串联负反馈放大电路,反馈元件为 R_F,基本放大电路为集成运放,由于集成运放开环增益很大,故为深度负反馈。因此有 $u_f \approx u_i$,$i_- \approx 0$,

所以可得:

$$u_i \approx i_o R_F = \frac{u_o}{R_L} R_F$$

图 3-60 电流串联负反馈放大电路增益的估算

因此,可求得该放大电路的闭环电压放大倍数为:

$$A_{uf}=\frac{u_o}{u_i} \approx \frac{u_o}{u_f}=\frac{R_L}{R_F}$$

【**例 3-11**】 估算图 3-61 所示电路的电压放大倍数 $A_{uf}=u_o/u_i$。

【**解**】 这是一个电流并联负反馈放大电路,反馈元件为 R_3、R_F,基本放大电路为集成运放,由于集成运放开环增益很大,故为深度负反馈。

根据深度负反馈时基本放大电路输入端"虚断",可得 $i_+ \approx i_- \approx 0$,故同相端电位为 $u_+ = 0$。

根据深度负反馈时基本放大电路输入端"虚短",可得 $u_+ \approx u_-$,故反相端电位 $u_- = 0$。因此,由图 3-61 可得

$$i_i = \frac{u_i - u_n}{R_1} \approx \frac{u_i}{R_1}$$

$$i_f \approx \frac{R_3}{R_F + R_3} \frac{-u_o}{R_L}$$

在深度并联负反馈放大电路中有 $i_i \approx i_f$,所以,可得

$$\frac{u_i}{R_1} \approx \frac{R_3}{R_F + R_3} \frac{-u_o}{R_L}$$

故该放大电路的闭环电压放大倍数为

$$A_{uf}=\frac{u_o}{u_i} \approx -\frac{R}{R_1} \frac{R_F + R_3}{R_3}$$

【**例 3-12**】 估算图 3-62 所示电路的电压放大倍数、输入电阻和输出电阻。

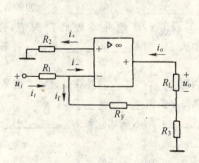

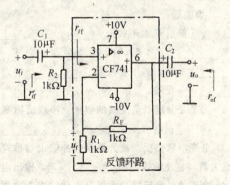

图 3-61 电流并联负反馈放大电路增益的估算   图 3-62 电压串联负反馈放大电路实例

【解】 这是一个由集成运放 741 构成的交流放大电路，C_1 和 C_2 为交流耦合电容，其对交流的容抗可以略去。R_1、R_F 构成电压串联负反馈，由于集成运放开环增益很大，所以电路构成深度电压串联负反馈。

根据深度串联负反馈放大电路的特点可知：$u_f \approx u_i$，根据深度负反馈时基本放大电路输入端"虚断"可知 $i_- \approx 0$，因此，由图 3-62 可得

$$u_i \approx u_f = \frac{u_o R_1}{R_1 + R_F}$$

所以，该放大电路的闭环电压放大倍数 A_{uf} 为

$$A_{uf} = \frac{u_o}{u_i} \approx \frac{R_1 + R_F}{R_1} = \frac{1+10}{1} = 11$$

已经知道深度串联负反馈闭环输入电阻 $r_{if} \to \infty$，需要注意的是闭环输入电阻 r_{if} 是指反馈环路输入端呈现的电阻，而图 3-62 中的 R_2 与反馈环路无关，是环外电阻，所以该放大电路的输入电阻为

$$r'_{if} = R_2 // r_{if} \approx R_2 = 1\text{k}\Omega$$

该放大电路的输出电阻即为闭环输出电阻 r_{of}，由于是深度电压负反馈，故输出电阻近似为零。

【例 3-13】 如图 3-63 所示电路为深度负反馈放大电路，试估算其电压放大倍数。

【解】 图 3-63 所示为一个实用的三极管共发射极放大电路，R_{E1} 构成电流串联负反馈，由于 R_{E1} 值较大，故为深度负反馈。

由图可得

$$u_i \approx u_f = i_o R_{E1}$$
$$u_o = -i_o (R_C // R_L)$$

因此，该放大电路的闭环电压放大倍数为

$$A_{uf} = \frac{u_o}{u_i} = -\frac{R_C // R_L}{R_{E1}} = \frac{\frac{3 \times 3}{3+3}}{0.51} = -2.94$$

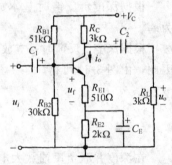

图 3-63 三极管共发射极放大电路实例

思考题与习题

3-1 填空题：

(1) 负反馈的基本形式有 _____ 、_____ 、_____ 、_____ 四种；若把输出端 _____ 后，反馈消失者，就是 _____ 反馈；反馈并不因此消失者，则是 _____ 反馈；若把输入端 _____ 后，反馈因此消失者，就是 _____ 反馈，否则，则是 _____ 反馈。

(2) 为了充分提高负反馈的效果，串联反馈要求信号源内阻 _____ ，并联反馈要求信号源内阻 _____ ；电流反馈要求负载 _____ ，电压反馈要求负载 _____ 。

(3) 电流串联负反馈放大器是一种输出端取样为 _____ ，输入端比较量为 _____ 的负反馈放大器，它使输入电阻 _____ ，输出电阻 _____ 。

(4) 电压并联负反馈放大器是一种输出端取样为 _____ ，输入端比较量为 _____ 的负反馈放大器，它使输入电阻 _____ ，输出电阻 _____ 。

(5) 若要减小放大器从信号源索取电流,应引入_____反馈,若要提高放大器带负载能力,应引入_____反馈。

3-2 判断题 3-64 图中各电路的级间反馈类型和反馈极性。

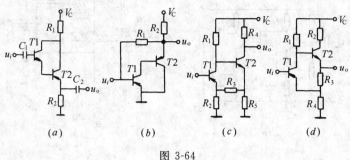

图 3-64

3-3 电路如 3-65 图所示,试找出各电路中的反馈元件,并说明是直流反馈还是交流反馈。

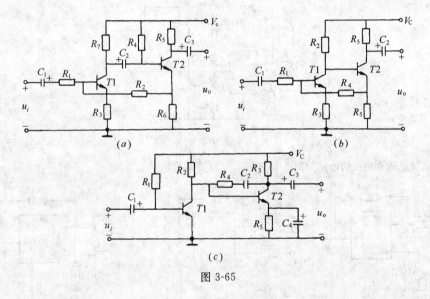

图 3-65

3-4 某负反馈放大电路,其闭环放大倍数为 100,且当开环放大倍数变化 10% 时闭环放大倍数的变化不超过 1%,试求其开环放大倍数和反馈系数。

3-5 如图 3-66 所示电路中,希望降低输入电阻,稳定输出电流,试在图中接入相应的反馈网络。

3-6 分析如图 3-67 所示反馈放大电路:(1)判断反馈极性与类型,并标出有关点的瞬时极性;(2)计算电压放大倍数(设 C_1 足够大);(3)求输入电阻和输出电阻。

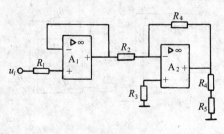

图 3-66

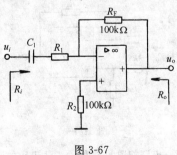

图 3-67

3-7 分析如图 3-68 所示深度负反馈放大电路(设图中所有电容对交流信号均可视为短路):(1)判断反馈类型;(2)写出电压增益 $A_{uf}=u_o/u_f$ 的表达式。

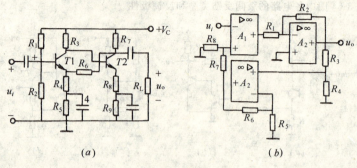

图 3-68

3-8 估算如图 3-69 所示负反馈放大电路的电压放大倍数、输入电阻和输出电阻值。

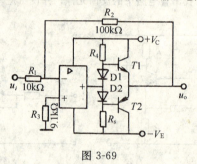

图 3-69

3-9 由理想运放构成的电路如图 3-70 所示。试计算输出电压 u_o 的值。

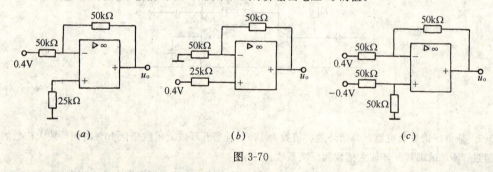

图 3-70

3-10 电路如图 3-71 所示,已知 $R_1=2\text{k}\Omega$, $R_f=10\text{k}\Omega$, $R_2=2\text{k}\Omega$, $R_3=18\text{k}\Omega$, $u_i=1\text{V}$,求 u_o 的值。

3-11 电路如图 3-72 所示,已知 $R_f=5R_1$, $u_i=10\text{mV}$,求 u_o 的值。

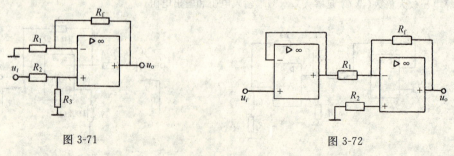

图 3-71   图 3-72

3-12 电路如图 3-73 所示,已知 $u_i=10\text{mV}$,求 u_{o1}、u_{o2}、u_{o3} 的值。

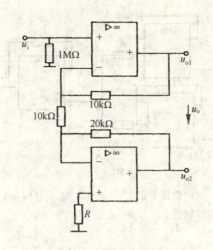

图 3-73

3-13 电路如图 3-74 所示，试分别求出各电路输出电压 u_o 的值。

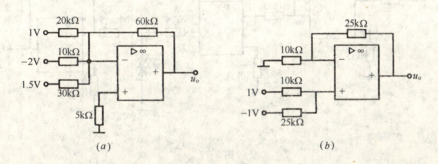

图 3-74

3-14 积分电路和微分电路如图 3-75(a)、(b)所示，已知输入电压如图(c)所示，且 $t=0$ 时，$u_C=0$，试分别画出电路输出电压波形。

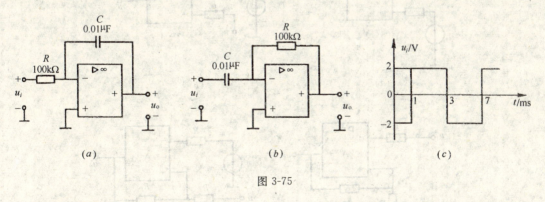

图 3-75

3-15 如果要求运算电路的输出电压 $u_o=-5u_{i1}+2u_{i2}$，已知反馈电阻 $R_f=50\text{k}\Omega$，试画出电路图并求出各电阻值。

3-16 电路如图 3-76 所示，试写出 u_o 与 u_{i1} 和 u_{i2} 的关系，并求出当 $u_{i1}=+1.5\text{V}$，$u_{i2}=-0.5\text{V}$ 时 u_o 的值。

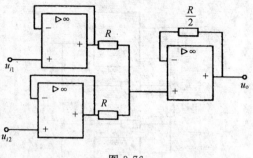

图 3-76

3-17 电路如图 3-77 所示，双向稳压管的 $U_Z=\pm 6\text{V}$，输入电压为 $u_i=0.5\sin\omega t\text{V}$。试画出 u_{o1}、u_{o2}、u_o 的波形，并指出集成运放的工作状态。

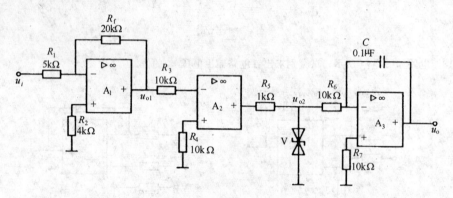

图 3-77

3-18 电路如图 3-78 所示，$R_f=R_1$，试分别画出各比较器的传输特性曲线。

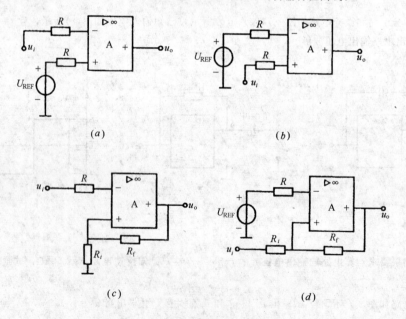

图 3-78

3-19 电路如图 3-79 所示，集成运放的最大输出电压是±12V，双向稳压管的电压 $U_Z=\pm6$V，输入信号 $u_i=12\sin\omega t$ V，在参考电压 U_{REF} 为 3V 和 −3V 两种情况下，试画出传输特性曲线和输出电压的波形。

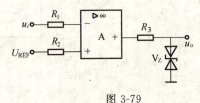

图 3-79

3-20 图 3-80 所示电路为监控报警装置，U_{REF} 为参考电压，u_i 为被监控量的传感器送来的监控信号，当 u_i 超过正常值时，指示灯亮报警，请说明其工作原理及图中的稳压二极管和电阻起何作用？

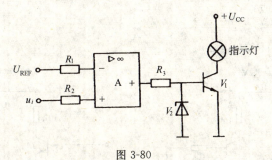

图 3-80

3-21 电路如图 3-81 所示，A 为理想集成运放，$R_1=5$kΩ，$R_2=R_3=1$kΩ，试分析确定在 $u_i=2$V 及 $u_i=-2$V 时的 u_o 值。

3-22 电路如图 3-82 所示，设 A 为理想集成运放，稳压管 V 的稳定电压 $U_Z=\pm9$V，参考电压 $U_{REF}=3$V，电阻 $R_1=30$kΩ，$R_2=15$kΩ，$R=1$kΩ，试画出该电路的电压传输特性。

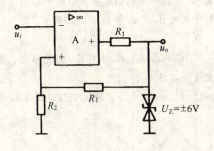

图 3-81   图 3-82

3-23 在图 3-83 所示电路中，A 为理想运算放大器。
(1) 指出它们分别是什么类型的电路；
(2) 画出它们的电压传输曲线。

3-24 如图 3-84 所示，电路参数完全对称，已知 $\beta_1=\beta_2=60$，$U_{BEQ1}=U_{BEQ2}=0.7$V，试求：
(1) 电路的静态工作点；
(2) 差模电压放大倍数 A_{ud}；
(3) 差模输入电阻 r_{id} 和差模输出电阻 r_{od}；
(4) 共模抑制比 K_{CMR}。

117

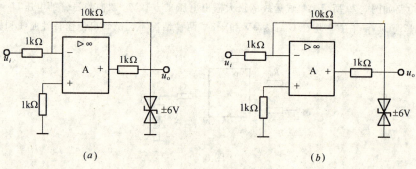

图 3-83

3-25 如图 3-85 所示，已知 $\beta_1=\beta_2=80$，$U_{BEQ1}=U_{BEQ2}=0.7\text{V}$，试求：
(1) 电路的静态工作点；
(2) 差模电压放大倍数 A_{ud}；
(3) 差模输入电阻 r_{id} 和输出电阻 r_{od}。

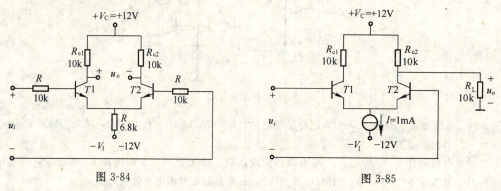

3-26 在图 3-86 所示差动放大电路中，设 $u_{i2}=0$（接地），试选择正确的答案填空：
(1) 若希望负载电阻 R_L 的一端接地，输出电压 u_o 与输入电压 U_{ui1} 极性相同，则 R_L 的另一应接_____（C_1，C_2）；
(2) 当输入电压有一变化量时，R_e 两端_____。（a. 也存在，b. 不存在）变化电压，对差模信号而言，发射极_____（a. 仍然是，b. 不再是）交流接地点。

3-27 已知某运放的开环增益 A_{ud} 为 80dB，最大输出电压 $U_{omax}=\pm10\text{V}$，输入信号按图 3-87 所示的方式加入，设 $u_i=0$ 时，$u_o=0$，试问：
(1) $U_i=0.5\text{mV}$ 时，$U_o=(\quad)$；
(2) $U_i=-1\text{mV}$ 时，$U_o=(\quad)$；
(3) $U_i=1.5\text{mV}$ 时，$U_o=(\quad)$。

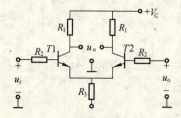

图 3-86

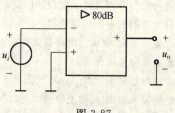

图 3-87

> 实验与技能训练

实验 3-1 集成运算放大器的基本应用

一、实验目的

1. 研究由集成运算放大器组成的比例、加法、减法和积分等基本运算电路的功能。
2. 了解运算放大器在实际应用时应考虑的一些问题。

二、实验原理

集成运算放大器是一种具有高电压放大倍数的直接耦合多级放大电路。当外部接入不同的线性或非线性元器件组成输入和负反馈电路时,可以灵活地实现各种特定的函数关系。在线性应用方面,可组成比例、加法、减法、积分、微分、对数等模拟运算电路。

（一）理想运算放大器特性

在大多数情况下,将运放视为理想运放,就是将运放的各项技术指标理想化,满足下列条件的运算放大器称为理想运放。

开环电压放大倍数　　$A_{uo} \to \infty$；

开环差模输入电阻　　$r_{id} \to \infty$；

开环输出电阻　　　　$r_o \to 0$；

共模抑制比　　　　　$K_{CMR} \to \infty$；

频带宽度　　　　　　$BW \to \infty$；

输入失调及温漂为零。

（二）理想运放在线性应用时的两个重要特性：

1. 虚短路原则,理想运放的开环电压放大倍数 $A_{uo} \to \infty$,所以 $u_i = u_+ - u_- = u_o / A_{uo} = 0$。由此可得：

$$u_+ \approx u_-$$

上式说明运放两个输入端电压近似相等,可把同相输入端和反相输入端之间看成短路,但并未真正短路,故称为"虚短路"。特别是当同相输入端接地时,反相输入端可认为是"虚地"。

2. 虚断路原则,理想运放的差模输入电阻 $r_{id} \to \infty$,流入运放输入端的电流极小,可认为近似为零,即

$$i_i \approx 0$$

输入电流趋于零,接近于断路,但并未真正断路,所以称为"虚断路"。

这两条是分析运放线性工作的主要依据。

（三）基本运算电路

1. 反相比例运算电路

反相比例运算电路如图 3-88 所示。输出电压 u_o 与输入电压 u_i 之间为运算关系为

$$u_o = -\frac{R_F}{R_1} u_i$$

为了减小输入级偏置电流引起的运算误差,在同相输入端应接入平衡电阻 R_2 有

$$R_2 = R_1 // R_F$$

2. 反相加法电路

电路如图 3-89 所示,输出电压与输入电压之间的关系为

$$u_o = -R_F \left(\frac{u_{i1}}{R_1} + \frac{u_{i2}}{R_2} \right)$$

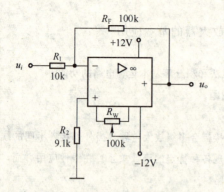
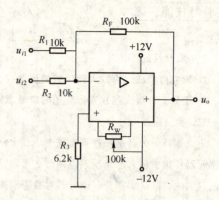

图 3-88　反相比例运算电路　　　　　图 3-89　反相加法运算电路

3. 同相比例运算电路

图 3-90(a)是同相比例运算电路，它的输出电压与输入电压之间的关系为

$$u_o = \left(1 + \frac{R_F}{R_1}\right) u_i$$

当 $R_1 \to \infty$ 时，$u_o = u_i$，即得到如实验图 3-90(b)所示的电压跟随器。图中 $R_2 = R_F$，用以减小漂移和起保护作用。一般 R_F 取 1k，R_F 太小起不到保护作用，太大则影响跟随性。

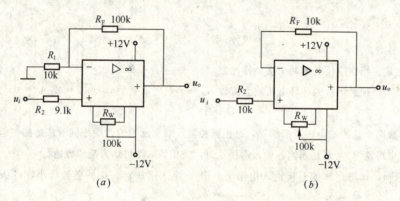

图 3-90　同相比例运算电路
(a)同相比例运算电路；(b)电压跟随器

4. 差动放大电路(减法器)

对于图 3-91 所示的减法运算电路，当 $R_1 = R_2$，$R_3 = R_F$ 时，有如下关系式

$$u_o = \frac{R_F}{R_1}(u_{i2} - u_{i1})$$

5. 积分运算电路

反相积分运算电路图 3-92 所示。在理想化条件下，输出电压等于

$$u_o = -\frac{1}{R_1 C_F} \int u_i \, dt$$

式中　$u_c(t)$ 是 $t = 0$ 时刻电容 C 两端的电压值，即初始值。

如果 $u_i(t)$ 是幅值为 E 的阶跃电压，并设 $u_c(t) = 0$，则

$$u_o(t) = -\frac{1}{R_1 C} \int_0^t E \, dt = -\frac{E}{R_1 C} t$$

即输出电压 $u_o(t)$ 随时间增长而线性下降。显然 RC 的数值越大，达到给定的 u_o 值所需的时间就越长。积分输出电压所能达到的最大值受集成运放最大输出范围的限值。

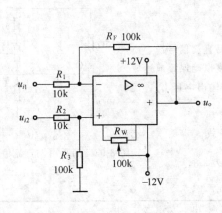 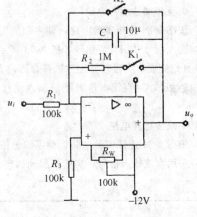

图 3-91 减法运算电路图　　　　　图 3-92 积分运算电路

在进行积分运算之前,首先应对运放调零。为了便于调节,将图中 K_1 闭合,即通过电阻 R_2 的负反馈作用帮助实现调零。但在完成调零后,应将 K_1 打开,以免因 R_2 的接入造成积分误差。K_2 的设置一方面为积分电容放电提供通路,同时可实现积分电容初始电压 $u_c(t)=0$。另一方面,可控制积分起始点,即在加入信号 u_i 后,只要 K_2 一打开,电容就将被恒流充电。电路也就开始进行积分运算。

三、实验设备与器件

(1) ±12V 直流电源;(2) 函数信号发生器;(3) 交流毫伏表;(4) 直流电压表;(5) 集成运算放大器;(6) 电阻器、电容器若干。

四、实验内容

实验前要看清运放组件各管脚的位置;切忌正、负电源极性接反和输出端短路,否则将会损坏集成块。

(一) 反相比例运算电路

1. 按图 3-88 连接实验电路,接通 ±12V 电源,输入端对地短路,进行调零和消振。
2. 输入 $f=100$Hz,$U_i=0.5$V 的正弦交流信号,测量相应的 U_o,并用示波器观察 u_o 和 u_i 的相位关系,记入表 3-5。

$f=100$Hz,$U_i=0.5$V　　　　　表 3-5

U_i(V)	U_o(V)	u_i 波形	u_o 波形	A_v	
				实测值	计算值

(二) 同相比例运算电路

1. 按图 3-90(a) 连接实验电路。实验步骤同内容(一),将结果记入表 3-6。

$f=100$Hz,$U_i=0.5$V　　　　　表 3-6

U_i(V)	U_o(V)	u_i 波形	u_o 波形	A_v	
				实测值	计算值

2. 将图 3-90(a)中的 R_1 断开,得图 3-90(b)电路重复内容 1。

(三)反相加法运算电路

1. 按图 3-89 连接实验电路,调零和消振。

2. 输入信号采用直流信号,图 3-93 所示电路为简易直流信号源,由实验者自行完成。实验时要注意选择合适的直流信号幅度以确保集成运放工作在线性区。用直流电压表测量输入电压 U_{i1}、U_{i2} 及输出电压 U_o,记入表 3-7。

(四)减法运算电路

1. 按图 3-91 连接实验电路,调零和消振。

2. 采用直流输入信号,实验步骤同内容(三),记入表 3-8。

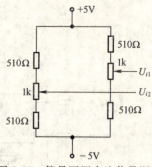

图 3-93 简易可调直流信号源

表 3-7

U_{i1}(V)						
U_{i2}(V)						
U_o(V)						

表 3-8

U_{i1}(V)						
U_{i2}(V)						
U_o(V)						

(五)积分运算电路

实验电路如图 3-92 所示。

1. 打开 K_2,闭合 K_1,对运放输出进行调零。

2. 调零完成后,再打开 K_1,闭合 K_2,使 $u_c(t)=0$。

3. 预先调好直流输入电压 $U_i=0.5V$,接入实验电路,再打开 K_2,然后用直流电压表测量输出电压 U_o,每隔 5 秒读一次 U_o,记入表 3-9,直到 U_o 不继续明显增大为止。

表 3-9

t(s)	0	5	10	15	20	25	30	…
U_o(V)								

五、实验总结

(一)整理实验数据,画出波形图(注意波形间的相位关系)。

(二)将理论计算结果和实测数据相比较,分析产生误差的原因。

(三)分析讨论实验中出现的现象和问题。

六、预习要求

(一)复习集成运放线性应用部分内容,并根据实验电路参数计算各电路输出电压的理论值。

(二)在反相加法器中,如 U_{i1} 和 U_{i2} 均采用直流信号,并选定 $U_{i2}=-1V$,当考虑到运算放大器的最大输出幅度(±12V)时,|U_{i1}| 的大小不应超过多少伏?

(三)在积分电路中,如 $R_1=100k$,$C=4.7\mu F$,求时间常数。假设 $U_i=0.5V$,问要使输出电压 U_o 达到 5V,需多长时间(设 $u_c(t)=0$)?

(四)为了不损坏集成块,实验中应注意什么问题?

实验 3-2 差动放大器

一、实验目的

(一)加深对差动放大器性能及特点的理解。

(二)学习差动放大器主要性能指标的测试方法

二、实验原理

图 3-94 是差动放大器的基本结构。它由两个元件参数相同的基本共射放大电路组成。当开关 K 拨向左边时,构成典型的差动放大器。调零电位器 R_p 用来调节 T_1、T_2 管的静态工作点,使得输入信号 u_i=0 时,双端输出电压 u_o=0。R_e 为两管共用的发射极电阻,它对差模信号无负反馈作用,因而不影响差模电压放大倍数,但对共模信号有较强的负反馈作用,故可以有效地抑制零漂,稳定静态工作点。

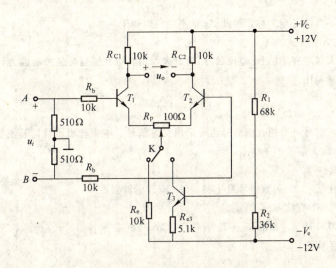

图 3-94 差动放大器实验电路

当开关 K 拨向右边时,构成具有恒流源的差动放大器。它用晶体管恒流源代替发射极电阻 R_e,可以进一步提高差动放大器抑制共模信号的能力。

(一)静态工作点的估算

1. 典型电路

$$I \approx \frac{|V_E| - U_{BE}}{R_e} (认为 U_{R1} = U_{R2} \approx 0)$$

$$I_{C1} = I_{C2} = \frac{1}{2} I_E$$

2. 恒流源电路

$$I_{C1} \approx I_{E3} \approx \frac{\dfrac{R_2}{R_1+R_2}(V_C+|V_E|) - U_{BE}}{R_{e3}}$$

$$I_{C1} = I_{C2} = \frac{1}{2} I_{C3}$$

(二)差模电压放大倍数和共模电压放大倍数

当差动放大器的射极电阻 R_e 足够大,或采用恒流源电路时。差模电压放大倍数 A_{ud} 由输出端方式决定,而与输入方式无关。

双端输出:$R_E \to \infty$,R_p 在中心位置时,

$$A_{ud} = -\frac{\beta R_C}{R_b + r_{be} + \dfrac{1}{2}(1+\beta)R_F}$$

123

单端输出：
$$A_{ud1} = \frac{1}{2} A_{ud}$$

$$A_{ud2} = -\frac{1}{2} A_{ud}$$

当输入共模信号时，若为单端输出，则有

$$A_{ud1} = A_{ud2} = \frac{-\beta R_C}{R_b + r_{be} + (1+\beta)\left(\frac{1}{2}R_F + 2R_e\right)} \approx -\frac{R_c}{2R_e}$$

若为双端输出，在理想情况下

$$A_{uc} = 0$$

实际上由于元件不可能完全对称，因此 A_{uc} 也不会绝对等于零。

（三）共模抑制比 K_{CMR}

为了表征差动放大器对有用信号（差模信号）的放大作用和对共模信号的抑制能力，通常用一个综合指标来衡量，即共模抑制比：

$$K_{CMR} = \left|\frac{A_{ud}}{A_{uc}}\right|$$

差动放大器的输入信号可采用直流信号也可采用交流信号。本实验由函数信号发生器提供频率 $f = 1\text{kHz}$ 的正弦信号作为输入信号。

三、实验设备与器件

(1) ±12V 直流电源；(2) 函数信号发生器；(3) 双踪示波器；

(4) 交流毫伏表；(5) 直流电压表；

(6) 晶体三极管 3DG6×3，要求 T_1、T_2 管特性参数一致（或 90×113）；

(7) 电阻器、电容器若干。

四、实验内容

（一）典型差动放大器性能测试

按图 3-94 连接实验电路，开关 K 拨向左边构成典型差动放大器。

1. 测量静态工作点

(1) 调节放大器零点：信号源不接入，将放大器输入端 A、B 与地短接，接通±12V 直流电源，用直流电压表测量输出电压 U_o，调节调零电位器 R_p，使 $U_o = 0$。调节要仔细，力求准确。

(2) 测量静态工作点：零点调好以后，用直流电压表测量 T_1、T_2 管各电极电位及射极电阻 R_e 两端电压 UR_e，记入表 3-10。

表 3-10

	U_{C1}(V)	U_{n1}(V)	U_{C1}(V)	U_{C2}(V)	U_{E2}(V)	U_{E2}(V)	U_{Re}(V)
测量值							
计算值	I_C(mA)		I_H(mA)			U_{CE}(V)	

2. 测量差模电压放大倍数

断开直流电源，将函数信号发生器的输出端接放大器输入 A 端，地端接放大器输入 B 端构成单端输入方式，调节输入信号为频率 $f = 1\text{kHz}$ 的正弦信号，并使输出旋钮旋至零，用示波器监视输出端（集电极 C_1 或 C_2 与地之间）。

接通±12V 直流电源，逐渐增大输入电压 U_i（约 100mV），在输出波形无失真的情况下，用交流毫伏表测 U_i、U_{C1}、U_{C2}，记入表 3-11 中，并观察 u_i、u_{c1}、u_{c2} 之间的相位关系及 U_{Re} 随 U_i 改变而变化的情况。

3. 测量共模电压放大倍数

将放大器 A、B 短接,信号源接 A 端与地之间,构成共模输入方式,调节输入信号 $f=1\text{kHz}$,$U_i=1\text{V}$,在输出电压无失真的情况下,测量 U_{C1},U_{C2} 之值记入表 3-11,并观察 u_i,u_{c1},u_{c2} 之间的相位关系及 U_{Re} 随 U_i 改变而变化的情况。

表 3-11

	典型差动放大电路		具有恒流源差动放大电路	
	单 端 输 入	共 模 输 入	单 端 输 入	共 模 输 入
U_i	100mV	1V	100mV	1V
$U_{C1}(\text{V})$				
$U_{C2}(\text{V})$				
$A_{ud1}=\dfrac{U_{C1}}{U_i}$		—		—
$A_{ud}=\dfrac{U_n}{U_i}$		—		—
$A_{uc1}=\dfrac{U_{C1}}{U_i}$	—		—	
$A_{uc}=\dfrac{U_o}{U_i}$	—		—	
$K_{\text{CMR}}=\left\|\dfrac{A_{ud1}}{A_{uc1}}\right\|$				

(二) 具有恒流源的差动放大电路性能测试

将图 3-94 电路中开关 K 拨向右边,构成具有恒流源的差动放大电路。重复内容(一)中 2 和(一)中 3 的要求,记入表 3-11。

五、实验总结

(一) 整理实验数据,列表比较实验结果和理论估算值,分析误差原因。

1. 静态工作点和差模电压放大倍数。
2. 典型差动放大电路单端输出时的 K_{CMR} 实测值与理论值比较。
3. 典型差动放大电路单端输出时 K_{CMR} 的实测值与具有恒流源的差动放大器 K_{CMR} 实测值比较。

(二) 比较 u_i,u_{c1},u_{c2} 之间的相位关系。

(三) 根据实验结果,总结电阻 R_e 和恒流源的作用。

六、预习要求

(一) 根据实验电路参数,估算典型差动放大器和具有恒流源的差动放大器的静态工作点及差模电压放大倍数(取 $\beta_1=\beta_2=100$)。

(二) 测量静态工作点时,放大器输入端 A、B 与地应如何连接?

(三) 实验中怎样获得双端和单端输入差模信号?怎样获得共模信号?画出 A、B 端与信号源之间的连接图。

(四) 怎样进行静态调零点?用什么仪表测 U_o?

(五) 怎样用交流毫伏表测双端输出电压 U_o?

第四章 功率放大器

在多级放大电路中，输出级通常要带动一定的负载，这就要求最后一级电路能输出一定功率。把为负载提供功率的电路称为功率放大电路(简称功放)。前面讨论的放大电路主要用于增强电压幅度或电流幅度，因而相应地称为电压放大电路或电流放大电路。无论哪种放大电路，在负载上都同时存在输出电压、输出电流和输出功率，上述名称上的区别只是强调的输出量不同而已。

本章将以分析功率放大电路的输出功率、效率和非线性失真之间的矛盾为主线进行讨论。在电路方面，以互补对称功率放大电路为重点进行比较详细的分析与计算。

第一节 功率放大器概述

一、功率放大电路的特点及要求

功率放大电路与电压放大电路没有本质的区别。它们都是利用晶体管的控制作用，把直流电源供给的功率按输入信号的变化规律输送给负载。但由于工作任务的不同仍存在区别，电压放大电路的主要任务是把微弱的信号电压进行放大，一般输入及输出的电压和电流都很小，是小信号放大器。它消耗能量少，信号失真小，输出信号的功率小。可是功率放大电路的主要任务是使负载得到尽可能大的输出功率。因此，功率放大电路除了必须遵循一般放大电路的规律外，还有其自身的特点。为了输出足够大的功率，电路中的三极管必然在大信号状态下工作。正是由于大信号工作状态，才引出以下特殊问题：

(一) 要求输出功率尽可能大

为了获得大的功率输出，要求功放管的电压和电流都有足够大的输出幅度。

(二) 要求功率转换效率尽可能高

功率放大电路的输出功率是通过晶体管将直流电源的直流功率转换而来的。转换时功率管和电路中的耗能元件都要消耗功率，而电源供给直流功率，两者的比值就是功率转换效率。

(三) 要求非线性失真尽可能小

功率放大电路是在大信号下工作，所以不可避免地会产生非线性失真。同一功放管的输出功率越大，其非线性失真越严重，这就使输出功率和非线性失真成为一对主要矛盾。在不同场合对功率放大器非线性失真的要求不同。例如，在测量系统和电声设备中，必须把非线性失真限制在允许范围内，而在驱动电动机和控制继电器中，对非线性失真的要求就降为次要问题了。

(四) 晶体管的散热与保护问题

在功率放大电路中，由于功率管处于大信号工作状态，为了有尽可能大的输出功率，常常在接近极限状态运行。因此有相当大的功率消耗在管子的集电结上，使结温和管壳温度升高。为了充分利用允许的管耗而使管子输出足够大的功率,放大器件的散热就成为一个重要问题。

此外,在功率放大电路中,为了输出较大的信号功率,管子承受的电压要高,通过的电流要大,功率管损坏的可能性也就比较大,所以功率管的损坏与保护问题不容忽视。

(五)功放电路的分析方法

由于晶体管工作在大信号状态下,放大电路的微变等效电路分析方法不再适用,通常使用图解分析法。

二、功率放大电路的类别

在放大电路中,静态工作点设置的位置不同,对效率的影响也很大。这里按三极管静态工作位置不同,将其工作状态分为三类:

(一)甲类工作状态

在正弦输入信号的整个周期内都有电流 i_c 流过功率管,这种工作方式称为甲类放大。这时要得到最大不失真输出功率,只有将静态工作点选在交流负载线的中点,如图 4-1(a)所示。此种状态下工作的放大电路,在没有输入信号时仍有相当大的静态电流流过功率管,电源始终不断地输送功率,这些功率全部消耗在管子和电阻上,并转化为热量的形式耗散出去。当有信号输入时,其中一部分转化为有用的输出功率,信号越大,输送给负载的功率越多。下面用一个实际电路加以说明。

甲类功率放大电路如图 4-1(a)所示。这是一个工作点稳定的电路。利用已知参数,可以算出 $U_{CEQ}=4.9V$,$I_{CQ}=12mA$,$U_{BEQ}=0.7V$。设 C_e 数值很大,交流负载线的斜率只由扬声器的 8Ω 电阻决定。为了不使输出波形失真过大和管耗超过规定值,把输入信号 i_c 由零调节到 24mA。根据交流负载线的斜率,此时 U_{CE} 的变化为 0~0.2V。下面对它的指标进行分析。

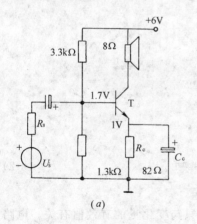
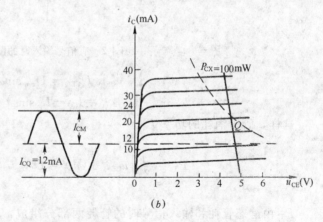

图 4-1 甲类功放电路
(a)电路图;(b)图解

1. 输出功率 P_o

$$I_C=8.4mA$$

由此得

$$P_o=(8.4\times10^{-3})^2\times8=0.576mW$$

2. 直流电源给出的功率 P_{DC}

$$P_{DC} = \frac{1}{T}\int_0^T ei\,dt = \frac{1}{2\pi}\int_0^{2\pi}V_C(I_{CQ}+I_{cm}\sin\omega t)\,d(\omega t) = V_C I_{CQ} \tag{4-1}$$

特别注意：虽然通过管子的电流时刻在变化，但直流电源给出的功率却是一个常数 $V_C I_{CQ}$，也即静态时直流电源供给的直流功率。

3. 对输出功率分析

图 4-2 表示有输入信号时管子工作点的移动情况。

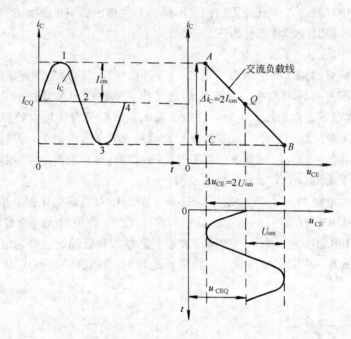

图 4-2 有信号输入时的图解

$$u_{CE} = U_{CEQ} - U_{cem}\sin\omega t$$
$$i_C = I_{CQ} - I_{cm}\sin\omega t$$

这样，管子消耗的功率 P_T

$$P_T = \frac{1}{2\pi}\int_0^{2\pi}u_{CE}i_C\,d(\omega t) = U_{CEQ}I_{CQ} - \frac{1}{2}U_{cem}I_{cm} \tag{4-2}$$

P_T 由静态管耗和输入信号时的管耗两部分组成，它只与变化量的有效值有关。电路输出到负载的功率，它正好是 $P_o = 1/2 I_{cm}U_{cem}$，P_o 它正好是 P_T 式中的第二项，即

$$P_T = I_{CQ}U_{CEQ} - P_o = (V_C - I_{CQ}R_1 - I_{CQ}R_e)I_{CQ} - P_0 = P_{TQ} - P_o$$

式中 $P_{TQ} = V_C I_{CQ} - I_{CQ}^2(R_1 + R_e)$ 是静态管耗，它是常数。这说明有输入信号时，管耗 P_T 比静态管耗电量 P_{TQ} 少了一个 P_o，而后者恰好是电路的交流输出功率。换言之，负载所得到的交流功率是通过管子损耗的减少转换而来的。当然在本例题中，由于电路的能量转换效率非常低，所以输出交流功率也非常小。

因为，$P_{DC}=V_C I_{CQ}=6×12×10^{-3}=72\text{mW}$，而 $P_o=0.576\text{mW}$，所以 $\eta=P_o/P_{DC}=0.8\%$。也就是说，把扬声器直接接入集电极电路的甲类功放的效率不到1%。可以证明，即使在理想情况下，甲类放大电路的效率最高也只能达到50%。一般情况下，此类放大电路的效率均小于35%。

（二）乙类工作状态

从甲类放大电路中可知，静态电流是造成管耗的主要因素。如果把静态工作点Q向下移动，使信号等于零时电源输出的功率等于零(或很小)，信号增大时电源供给的功率也随之增大，这样电源供给功率及管耗都随着输出功率的大小而变。这就改变了甲类放大器效率低的状况。利用图4-3(c)所示工作情况(即工作点选在交流负载的最下端)，就可以实现上述设想。

（三）甲乙类工作状态

在输入信号变化的一个周期内，三极管在多于半个周期内导通，这类工作状态称为甲乙类工作状态，如图4-3(b)所示。静态时流过三极管的电流很小，所以效率也很高。

从上面分析可以看出，甲类放大电路的效率最低，甲乙类和乙类放大电路虽然减小静态损耗提高了效率，但却出现了严重的波形失真。那么若想既保持高的效率，又使失真不很严重，就需要在电路结构上采取措施。

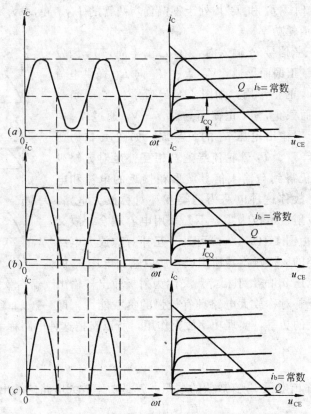

图 4-3 甲乙类放大器的特性曲线
(a)甲类放大在一周期内 $i_c \geqslant 0$；(b)甲乙类放大在一周期内有半个周期以上 $i_c \geqslant 0$；
(c)乙类放大在一周期内有半个周期 $i_c \geqslant 0$

第二节 功率放大器

一、乙类互补对称功率放大器

采用正、负电源构成的乙类互补对称功率放大电路如图 4-4(a) 所示，T_1 和 T_2 分别为 NPN 型管和 PNP 型管，两管的基极和发射极分别连接在一起，信号从基极输入，从发射极输出，R_L 为负载。要求两管特性相同，且 $V_C=V_E$。

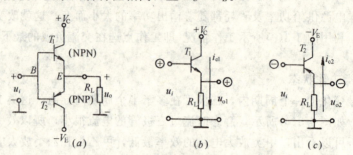

图 4-4 乙类双电源互补对称放大电路
(a)基本电路；(b)u_i 正半周，T_1 导通；(c)u_i 负半周，T_2 导通

静态，即 $u_i=0$ 时，T_1 和 T_2 均处于零偏置，两管的 I_{BQ}、I_{CQ} 均为零，因此输出电压 $u_o=0$，此时电路不消耗功率。

当放大电路有正弦信号 u_i 输入时，在 u_i 正半周，T_2 因发射结反偏而截止，T_1 正偏而导通，V_C 通过 T_1 向 R_L 提供电流 i_{C1}，产生输出电压 u_o 的正半周，如图 4-4(b) 所示。在 u_i 负半周，T_1 发射结反偏而截止，T_2 正偏而导通，$-V_E$ 通过 T_2 向 R_L 提供电流 i_{C2}，产生输出电压 u_o 的负半周，如图 4-4(c) 所示。由此可见，由于 T_1、T_2 管轮流导通，相互补足对方缺少的半个周期，R_L 上仍得到与输入信号波形相接近的电流和电压，如图 4-5 所示，故称这种电路为乙类互补对称放大电路。又因为静态时公共发射极电位为零，不必采用电容耦合，故又简称为 OCL 电路。由图 4-4(b)、(c) 可见，互补对称放大电路是由两个工作在乙类的射极输出器所组成，所以输出电压 u_o 的大小基本上与输入电压 u_i 的大小相等。又因为射极输出器输出电阻很低，所以，互补对称放大电路具有较强的负载能力，即它能向负载提供较大的功率，实现功率放大作用，所以又把这种电路称为乙类互补对称功率放大电路。

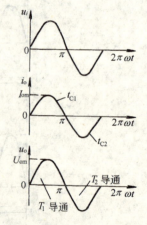

图 4-5 乙类互补对称功率放大电路电流、电压波形

(一) 输出功率

输出电流 i_o 和输出电压 u_o 有效值的乘积，就是功率放大电路的输出功率，即

$$P_O = \frac{I_{cm}}{\sqrt{2}} \frac{U_{om}}{\sqrt{2}} = \frac{1}{2} I_{cm} U_{om} \tag{4-3}$$

由于

$$I_{cm} = \frac{U_{om}}{R_L}$$

所以式 4-3 也可写成

$$P_o = \frac{U_{om}^2}{2R_L} = \frac{1}{2} I_{cm}^2 R_L \tag{4-4}$$

由图 4-4 可知，乙类互补对称放大电路最大不失真输出电压的幅度为

$$U_{omm} = V_C - U_{CE(sat)} \approx V_C \tag{4-5}$$

式中，$U_{CE(sat)}$ 为三极管的饱和压降，通常很小，可以略去。

最大不失真输出电流的幅度为

$$I_{cmm} = U_{omm}/R_L \approx V_C/R_L \tag{4-6}$$

所以，放大器最大输出功率为

$$P_{om} = \frac{U_{omm}}{\sqrt{2}} \cdot \frac{I_{cmm}}{\sqrt{2}} \approx \frac{V_C^2}{2R_L} \tag{4-7}$$

（二）直流电源的供给功率

由于两个管子轮流工作半个周期，每个管子的集电极电流的平均值为

$$I_{C1} = I_{C2} = \frac{1}{2\pi} \int_0^\pi I_{cm} \sin\omega t \, \mathrm{d}(\omega t) = \frac{I_{cm}}{\pi} \tag{4-8}$$

因为每个电源只提供半周期的电流，所以两个电源供给的总功率为

$$P_{DC} = I_{C1} V_C + I_{C2} V_E = 2 I_{C1} V_C = 2 V_C I_{cm}/\pi \tag{4-9}$$

将式（4-6）代入式（4-9），得最大输出功率时，直流电源供给功率为

$$P_{DC} = \frac{2 V_C^2}{\pi R_L} \tag{4-10}$$

（三）效率

效率是负载获得的信号功率 P_o 与直流电源供给功率 P_{DC} 之比，一般情况下的效率可由式（4-4）与式（4-9）相比求出

$$\eta = \frac{P_o}{P_{DC}} = \frac{\pi}{4} \cdot \frac{U_{om}}{V_C} \tag{4-11}$$

可见，效率与 U_{om} 有关。当 $U_{om} = 0$ 时效率等于零；当 $U_{om} = U_{omm}$ 时，可得乙类互补对称功放电路的最高效率为：

$$\eta_m = \frac{\pi}{4} \cdot \frac{V_C - U_{CE(sat)}}{V_C} \approx \frac{\pi}{4} = 78.5\% \tag{4-12}$$

实用中，放大电路很难达到最大效率，由于饱和压降及元件损耗等因素，乙类推挽放大电路的效率仅能达到 60% 左右。

（四）管耗

直流电源提供的功率除了负载获得的功率外即为 T_1、T_2 管消耗的功率，即管耗，用 P_C 表示。由式（4-9）和式（4-4）可得每个晶体管的管耗为

$$P_{C1} = P_{C2} = \frac{1}{2}(P_{DC} - P_o) = \frac{1}{2}\left(\frac{2V_C U_{om}}{\pi R_L} - \frac{U_{om}^2}{2R_L}\right) = \frac{U_{om}}{R_L}\left(\frac{V_C}{\pi} - \frac{U_{om}}{4}\right) \tag{4-13}$$

可见，管耗 P_C 与输出信号幅度 U_{om} 有关。为求管耗最大值与输出电压幅度的关系，令：

$$\frac{dP_{C1}}{dU_{om}}=0$$

则得：

$$\frac{dP_{C1}}{dU_{om}}=\frac{V_C}{\pi R_L}-\frac{U_{om}}{2R_L}=0$$

由此可见，当：

$$U_{om}=\frac{2V_C}{\pi}\approx 0.6V_C$$

时 P_{C1} 达到最大值，由式(4-11)可得此时的效率为50%，而输出功率为最大时，管耗却不是最大，这一点必须注意。将此关系代入式(4-13)得每管的最大管耗为

$$P_{C1m}=\frac{V_C^2}{\pi^2 R_L} \tag{4-14}$$

由于：

$$P_{om}=\frac{1}{2}\frac{V_C^2}{R_L}$$

所以最大管耗和最大输出功率的关系为：

$$P_{C1m}=\frac{2}{\pi^2}P_{om}\approx 0.2P_{om}=0.2\frac{V_C^2}{2R_L} \tag{4-15}$$

由此可见，每管的最大管耗约为最大输出功率的 1/5。因此，在选择功率管时最大管耗不应超过晶体管的最大允许管耗，即：

$$P_{C1m}=0.2P_{om}<P_{CM} \tag{4-16}$$

由于上面的计算是在理想情况下进行的，所以应用式 4-16 选择管子时，还需留有充分余量。

【例 4-1】 已知互补对称功率放大电路如图 4-4 所示，已知：$V_C-V_E=24V$，$R_L=8\Omega$，试估算该放大电路最大输出功率 P_{om} 及此时电源供给的功率 P_{DC} 和管耗 P_{C1}，并说明该功放电路对功率管的要求。

【解】 (1) 求 P_{om}、P_{DC} 及 P_{C1}

略去三极管饱和压降，最大不失真输出电压幅度为 $U_{om}\approx V_C=24V$，所以最大输出功率

$$P_{om}=\frac{U_{omm}^2}{2R_L}=\frac{24^2}{2\times 8}=36W$$

电源供给功率

$$P_{DC}=\frac{2V_C^2}{\pi R_L}=\frac{2\times 24^2}{\pi\times 8}=45.9W$$

此时每管的管耗为：

$$P_{C1}=\frac{1}{2}(45.9-36)W=4.9W$$

(2) 该功放晶体管实际承受的最大管耗 P_{C1m} 为：

$$P_{C1m}=\frac{V_C^2}{\pi^2 R_L}=\frac{24^2}{\pi^2\times 8}=7.3W$$

因此，为了保证功率管不损坏，则要求功率管的集电极最大允许损耗功率 P_{CM} 为

$$P_{CM} > P_{C1m} = 7.3\text{W}$$

由于乙类互补对称功率放大电路中一只晶体管导通时，另一只晶体管截止，由图 4-4 可知，当输出电压 u_o 达到最大不失真输出幅度时，截止管所承受的反向电压为最大，且近似等于 $2V_C$。为了保证功率管不致被反向电压所击穿，因此要求三极管的

$$U_{(BR)CEO} > 2V_C = 2 \times 24\text{V} = 48\text{V}$$

放大电路在最大功率输出状态时，集电极电流幅度达最大值 I_{cmm}，为使放大电路失真不致太大，则要求功率管最大允许集电极电流 I_{CM} 满足：

$$I_{CM} > I_{cmm} = \frac{V_C}{R_L} = 3\text{A}$$

二、甲乙类互补对称功率放大器

(一) 甲乙类双电源互补对称放大电路

在乙类互补功率放大器中，由于 T_1、T_2 管没有基极偏流，静态时 $U_{BEQ1} = U_{BEQ2} = 0$，当输入信号小于晶体管的死区电压时，管子仍处于截止状态。因此，在输入信号的一个周期内，T_1、T_2 轮流导通时形成的基极电流波形在过零点附近一个区域内出现失真，从而使输出电流和电压出现同样的失真，这种失真称为"交越失真"，如图 4-6 所示。

为了消除交越失真，可分别给两只晶体管的发射结加很小的正偏压，使两管在静态时均处于微导通状态，两管轮流导通时，交替得比较平滑，从而减小了交越失真。但此时管子已工作在甲乙类放大状态。实际电路中，静态电流通常取得很小，所以这种电路仍可以用乙类互补对称电路的有关公式近似估算输出功率和效率等指标。

图 4-7(a) 所示电路在 T_1、T_2 基极间串入二极管 T_3、T_4，利用 T_5 管的静态电流流过 T_3、T_4 产生的压降作为 T_1、T_2 管的静态偏置电压。这种偏置方法有一定的温度补偿作用，因为这里的二极管都是将三极管基极和集电极短接而成，当 T_1、T_2 两管的 U_{BE} 随温度升高而减小时，T_3、T_4 两管的发射结电压降也随温度的升高相应减小。

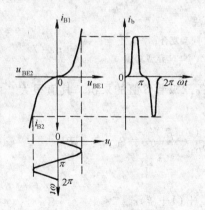

图 4-6　乙类互补对称功率
放大电路的交越失真

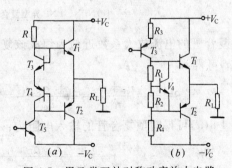

图 4-7　甲乙类互补对称功率放大电路
(a) 利用二极管进行偏置的电路；
(b) 利用 U_{BE} 扩大电路进行偏置的电路

图 4-7(a) 所示电路偏置电压不易调整，而在图 4-7(b) 中，设流入 T_4 的基极电流远小于流过 R_1、R_2 的电流，则由图可求出：

$$U_{CE4} \approx \frac{U_{BE4}}{R_2}(R_1 + R_2) \tag{4-17}$$

U_{CE4} 用以供给 T_1、T_2 两管的偏置电压。由于 U_{BE4} 基本为一固定值 (0.6～0.7V)，只要适当调节 R_1、R_2 的比值，就可改变 T_1、T_2 两管的偏压值。

（二）复合管互补对称放大电路

1. 复合管

互补对称放大电路要求输出管为一对特性相同的异型管，这往往很难实现，在实际电路中常采用复合管来实现异型管子的配对。

所谓复合管，就是由两只或两只以上的三极管按照一定的连接方式，组成一只等效的三极管。复合管的类型与组成该复合管的第一只三极管相同，而其输出电流、饱和压降等基本特性，主要由最后的输出三极管决定。图 4-8 所示为由两只三极管组成复合管的四种情况，图(a)、(b) 为同型复合，图(c)、(d) 为异型复合，可见复合后的管型与第一只三极管相同。

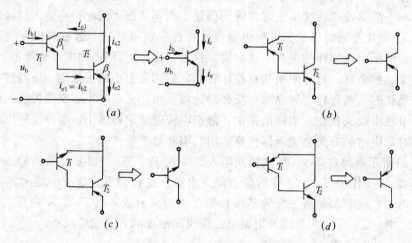

图 4-8 复合管接法
(a) NPN 同型复合；(b) PNP 同型复合；
(c) NPN、PNP 异型复合；(d) PNP、NPN 异型复合

复合管的电流放大系数近似为组成该复合管的各三极管 β 值的乘积，其值很大。由图 4-8(a) 可得：

$$\beta = \frac{i_c}{i_b} = \frac{i_{c1}+i_{c2}}{i_{b1}} = \frac{\beta_1 i_{b1}+\beta_2 i_{b2}}{i_{b1}} = \frac{\beta_1 i_{b1}+\beta_2(1+\beta_1)i_{b1}}{i_{b1}} = \beta_1+\beta_2+\beta_1\beta_2 \tag{4-18}$$

由图 4-8(a) 可得同型复合管的输入电阻为：

$$r_{be} = \frac{u_b}{i_b} = \frac{i_{b1}r_{be1}+i_{b2}r_{be2}}{i_{b1}} = r_{be1}+(1+\beta_1)r_{be2} \tag{4-19}$$

由图 4-8(c)、(d) 可得异型复合管的输入电阻，它与第一只三极管的输入电阻相同，即：

$$r_{be} = r_{be1}$$

复合管虽有电流放大倍数高的优点，但它的穿透电流较大，且高频特性变差。这是因为复合管中第一只晶体管的穿透电流会进入下级晶体管放大，致使总的穿透电流比单管穿透电流大得多。为了减小穿透电流的影响，常在两只晶体管之间并接一个泄放电阻 R，如

图 4-9 所示，R 可将 T_1 管的穿透电流分流，R 越小分流作用越大，总的穿透电流越小，当然 R 的接入同样会使复合管的电流放大倍数下降。

2. 复合管互补对称放大电路举例

图 4-10 所示是由复合管组成的甲乙类互补对称放大电路。图中 T_1、T_3 同型复合等效为 NPN 型管，T_2、T_4 异型复合等效为 PNP 型管。由于 T_1、T_2 是同一类的 NPN 管，它们的输出特性可以很好地对称，通常把这种复合管互补电路称为准互补对称放大电路。图中 D_5、D_6、D_7、R_P 构成输出级偏置电路，用以克服交越失真。T_1 与 T_2 管发射极电阻 R_{E1}、R_{E2}，一般为 $0.1 \sim 0.5\Omega$，它除具有直流负反馈作用提高电路工作的稳定性外，还具有过流保护作用。T_4 管发射极所接电阻 R_4 是 T_3、T_4 管的平衡电阻，可保证 T_3、T_4 管的输入电阻对称。R_3、R_4 为穿透电流的泄放电阻，用以减小复合管的穿透电流，提高复合管的温度稳定性。T_8、R_{B1}、R_{B2}、R_1 等组成前置电压放大级，R_{B1} 接至输出端 E 点，构成负反馈，可提高电路工作点的稳定性。例如，某种原因使得 U_E 升高，则：

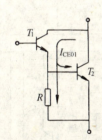

图 4-9 接有泄放电阻的复合管

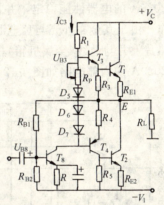

图 4-10 复合管互补对称放大电路

$$U_E \uparrow \to U_{B8} \uparrow \to I_{B8} \uparrow \to I_{C8} \uparrow \to U_{B3} \downarrow \to U_E \downarrow$$

可见，引入负反馈可使 U_E 趋于稳定。同时 R_{B1}、R_{B2} 也引入了交流负反馈，从而使放大电路的动态性能指标得到改善。

（三）甲乙类单电源互补对称放大电路

以上介绍的互补对称放大电路均采用双电源供电，但在实际应用中，有些场合只能有一个电源，这时可采用单电源供电方式，如图 4-11 所示，它在互补对称放大电路输出端接上一个大容量的电容器 C。为使 T_1、T_2 管工作状态对称，要求它们的发射极 E 点静态时对地电压为电源电压的一半，一般只要合理选择 R_{B1}、R_{B2} 的数值，就可以使得 $U_E = V_C/2$。这样，静态时电容 C 上也充有 $V_C/2$ 的直流电压。这种电路简称为 OTL 电路。

当输入正弦信号 u_i 时，在负半周，T_1 导电，有电流通过负载 R_L，同时向 C 充电，由于电容上有 $V_C/2$ 的直流压降，因此 T_1 管的工作电压实际上为 $V_C/2$。在信号的正半周，T_2 导

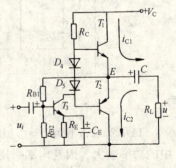

图 4-11 甲乙类单电源互补对称放大电路

电,则已充电的电容器 C 起着负电源($-V_C/2$)的作用,通过负载 R_L 放电。只要选择时间常数 $R_L C$ 足够大(比信号的最长周期大得多),就可以保证电容 C 上的直流压降变化不大。

在 OTL 电路中有关输出功率、效率、管耗等指标的计算与 OCL 电路相同,但 OTL 电路中每只晶体管的工作电压仅为 $V_C/2$,因此在应用 OCL 电路的有关公式时,应用 $V_C/2$ 取代 V_C。

三、集成功率放大器

集成功率放大器具有输出功率大、外围连接元件少、使用方便等优点,目前使用越来越广泛。它的品种很多,本节主要以 TDA2030A 音频功率放大器为例加以介绍,希望读者在使用时能举一反三,灵活应用其他功率放大器件。

(一) TDA2030A 音频集成功率放大器简介

TDA2030A 是目前使用较为广泛的一种集成功率放大器,与其他功放相比,它的引脚和外部元件都较少。

TDA2030A 的电器性能稳定,并在内部集成了过载和热切断保护电路,能适应长时间连续工作,由于其金属外壳与负电源引脚相连,因而在单电源使用时,金属外壳可直接固定在散热片上并与地线(金属机箱)相接,无需绝缘,使用很方便。

TDA2030A 的内部电路如图 4-12 所示(其中 D 为二极管)。

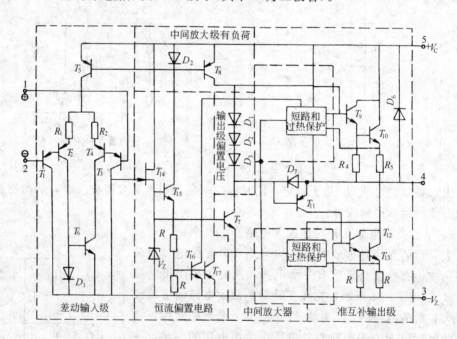

图 4-12 TDA2030A 集成功放的内部电路

TDA2030A 使用于收录机和有源音箱中,作音频功率放大器,也可作其他电子设备中的功率放大。因其内部采用的是直接耦合,亦可以作直流放大。主要性能参数如下:

电源电压 V_C : $\pm 3 \sim \pm 18V$

输出峰值电流: 3.5A

输入电阻: $\geqslant 0.5M\Omega$

静态电流： <60mA（测试条件：$U_{cc}=\pm 18V$）
电压增益： 30dB
频响 BW： 0~140kHz

在电源为±15V、$R_L=4\Omega$ 时，输出功率为14W。

外引脚的排列如图 4-13 所示。

（二）TDA2030A 集成功效的典型应用

1. 双电源（OCL）应用电路

图 4-14 电路是双电源时 TDA2030A 的典型应用电路。输入信号 u_i 由同相端输入，R_1、R_2、C_2 构成交流电压串联负反馈，因此，闭环电压放大倍数为

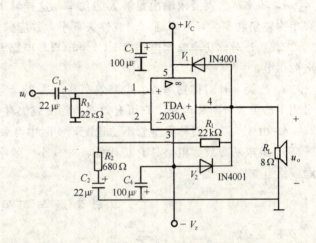

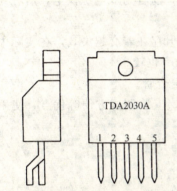

图 4-13 TDA2030A 引脚排列及功能
1—同相输入端；2—反向输入端；
3—负电源端；4—输出端；5—正电源端

图 4-14 由 TDA2030A 构成的 OCL 电路

$$A_{uf}=1+\frac{R_1}{R_2}=33$$

为了保持两输入端直流电阻平衡，并使输入级偏置电流相等，选择 $R_1=R_3$。T_1、T_2 起保护作用，用来泄放 R_L 产生的感生电压，从而将输出端的最大电压钳位在（V_C+

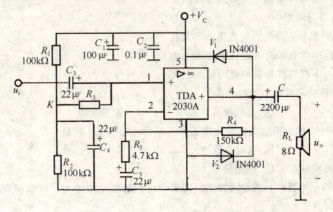

图 4-15 由 TDA2030A 构成的单电源功放电路

0.7V)和($-V_C-0.7$V)上。C_3、C_4 为去耦电容，用于减少电源内阻对交流信号的影响。其中 C_1、C_2 为耦合电容。

2. 单电源(OTL)应用电路

对仅有一组电源的中、小型录音机的音响系统，可采用单电源连接方式，如图 4-15 所示。由于采用单电源供电，故同相输入端用阻值相同的 R_1、R_2 组成分压电路，使 K 点电位为 $V_C/2$，经 R_3 加至同相输入端。在静态时，同相输入端、反向输入端和输出端皆为 $V_C/2$。其他元件作用与双电源电路相同。

本 章 小 结

1. 功率放大器要求输出足够大的功率，这样输出电压和电流的幅度都很大，对它的要求为输出功率大，效率高，非线性失真小，并应保证三极管安全可靠地工作。

2. 互补对称功率放大电路有 OCL 和 OTL 电路两种，前者为双电源供电，后者为单电源供电。

3. 乙类互补对称功率放大电路效率高，达 78.5%，但存在着交越失真，在实际中多采用甲乙类互补对称电路，它可有效地消除交越失真，效率也较高。

4. 由于大功率对称异型管不易选配，实际中可采用复合管。

5. 集成功率放大电路具有功耗低、失真小、效率高、安装调试方便等优点，使用日趋广泛。

思 考 题 与 习 题

4-1 选择题

(1) 功率放大电路的任务是向负载提供尽可能大的输出(　　)。

A. 电流　　　　　　　　B. 电压　　　　　　　　C. 功率

因此，功率放大电路工作在(　　)

A. 小信号变化范围　　　B. 大信号变化范围

(2) 功率放大电路的输出功率等于(　　)。

A. 输出电压与输出电流的乘积

B. 输出交流电压与输出交流电流的有效值的乘积

C. 输出交流电压与输出交流电流幅值的乘积

(3) 功率放大电路的效率为(　　)。

A. 输出的直流功率与电源提供的直流功率之比

B. 输出的交流功率与电源提供的直流功率之比

C. 输出的平均功率与电源提供的直流功率之比

(4) 乙类互补对称功率放大电路存在着(　　)。

A. 截止失真　　　　　B. 交越失真　　　　　C. 饱和失真

(5) 甲乙类准互补对称功率放大电路比甲乙类互补对称功率放大电路(　　)。

A. 效率高　　　　　　　B. 交越失真小

C. 输出波形对称性好　　D. 输出功率大

4-2 在图 4-16 所示电路中，测量时发现三极管集电极静态电流偏大，应如何调节？如果 K 点电位大于 $V_C/2$，又应如何调节？

4-3 图 4-17 所示电路，已知：$V_C=18$V，$R_L=4\Omega$，C_2 容量足够大，三极管 T_1、T_2 对称，三极管

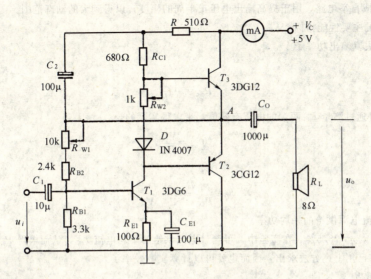

图 4-16 OTL 功率放大器实验电路图

的饱和压降等于零。试求：

(1) 最大不失真输出功率 P_{omax}；

(2) 每个三极管承受的最大反相电压；

(3) 若输入电压有效值为 5V，求输出功率 P_o（U_{BEQ}忽略）。

4-4 分析上题图的工作原理。

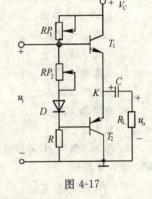

图 4-17

实验与技能训练

实验 4-1 低频功率放大器—OTL 功率放大器

一、实验目的

（一）进一步理解 OTL 功率放大器的工作原理

（二）学会 OTL 电路的调试及主要性能指标的测试方法

二、实验原理

图 4-18 所示为 OTL 低频功率放大器。其中由晶体三极管 T_1 组成推动级（也称前置放大级），T_2、T_3 是一对参数对称的 NPN 和 PNP 型晶体三极管，它们组成互补推挽 OTL 功放电路。由于每一个管子都接成射极输出器形式，因此具有输出电阻低，负载能力强等优点，适合于作功率输出级。T_1 管工作于甲类状态，它的集电极电流 I_{C1} 由电位器 R_{w1} 进行调节。I_{C1} 的一部分流经电位器 R_{w2} 及二极管 D，给 T_2、T_3 提供偏压。调节 R_{w2}，可以使 T_2、T_3 得到合适的静态电流而工作于甲、乙类状态，以克服交越失真。静态时要求输出端中点 A 的电位 $U_1 = \frac{1}{2}V_c$，可以通过调节 R_{w1} 来实现，又由于 R_{w1} 的一端接在 A 点，因此在电路中引入交、直流电压并联负反馈，一方面能够稳定放大器的静态工作点，同时也改善了非线性失真。

当输入正弦交流信号 U_i 时，经 T_1 放大、倒相后同时作用于 T_2、T_3 的基极，u_i 的负半周使 T_2 管导通（T_3 管截止），有电流通过负载 R_L，同时向电容 C_o 充电，在 u_i 正半周，T_3 导通（T_2 截止），则已充好电的电容器 C_o 起着电源的作用，通过负载 R_L 放电，这样在 R_L 上就得到完整的正弦波。

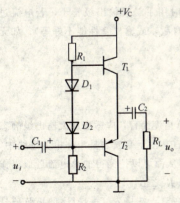

图 4-18 OTL 功率放大器
实验电路图

C_2 和 R 构成自举电路，用于提高输出电压正半周的幅度，以得到大的动态范围。

OTL 电路的主要性能指标

1. 最大不失真输出功率 P_{om}

理想情况下

$$P_{om}=\frac{1}{8}\frac{V_C^2}{R_L}$$

在实验中可通过测量 R_L 两端的电压有效值，来求得实际的

$$P_{om}=\frac{V_O^2}{R_L}$$

2. 效率 η

$$\eta=\frac{P_O}{P_{DC}}=\frac{\pi}{4}\cdot\frac{U_{om}}{V_C}$$

P_{DC}——直流电源供给的平均功率。

理想情况下，$\eta=78.5\%$。在实验中，可测量电源供给的平均电流 I_{DC}，从而求得 $P_{DC}=V_C\cdot I_{DC}$，负载上的交流功率已用上述方法求出，因而也就可以计算实际效率了。

3. 输入灵敏度

输入灵敏度是指输出最大不失真功率时，输入信号 u_i 之值。

三、实验设备与器件

1. +5V 直流电源
2. 函数信号发生器
3. 双踪示波器
4. 交流毫伏表
5. 直流电压表
6. 直流毫安表
7. 频率计
8. 晶体三极管 3DG6(9011)、3DG12(9013)、3CG12(9012)、晶体二极管 IN4007、8Ω 扬声器、电阻器、电容器若干

四、实验内容

在整个测试过程中，电路不应有自激现象。

（一）静态工作点的测试

按图 4-18 连接实验电路，将输入信号旋钮旋至零（$u_i=0$），电源进线中串入直流毫安表，电位器 R_{w2} 置最小值，R_{w1} 置中间位置。接通+5V 电源，观察毫安表指示，同时用手触摸输出级管子，若电流过大，或管子温升显著，应立即断开电源检查原因（如 R_{w2} 开路，电路自激，或输出管性能不好等），如无异常现象，可开始调试。

1. 调节输出端中点电位 U_1

调节电位器 R_{w1}，用直流电压表测量 1 点电位，使 $U_1=1/2V_C$。

2. 调整输出级静态电流及测试各级静态工作点

调节 R_{w2}，使 T_2、T_3 管的 $I_{C2}=I_{C3}=5\sim10mA$。从减小交越失真角度而言，应适当加大输出级静态电流，但该电流过大，会使效率降低，所以一般以 $5\sim10mA$ 左右为宜。由于毫安表是串在电源进线中，因此测得的是整个放大器的电流，但一般 T_1 的集电极电流 I_{C1} 较小，从而可以把测得的总电流近似当作末级的静态电流。如要准确得到末级静态电流，则可从总电流中减去 I_{C1} 之值。

调整输出级静态电流的另一方法是动态调试法。先使 $R_{w2}=0$，在输入端接入 $f=1kHz$ 的正弦信号比。逐渐加大输入信号的幅值，此时，输出波形应出现较严重的交越失真（注意：没有饱和和截止失真），然后缓慢增大 R_{w2}，当交越失真刚好消失时，停止调节 R_{w2}，恢复 $U_i=0$，此时直流毫安表读数即

为输出级静态电流。一般数值也应在 5～10mA 左右，如过大，则要检查电路。

输出级电流调好以后，测量各级静态工作点，记入表 4-1。

表 4-1 $I_{C2}=I_{C3}=$　　mA　　$U_i=2.5$V

	T_1	T_2	T_3
U_B(V)			
U_C(V)			
U_E(V)			

注意：

1. 在调整 R_{w2} 时，一是要注意旋转方向，不要调得过大，更不能开路，以免损坏输出管。
2. 输出管静态电流调好，如无特殊情况，不得随意旋动 R_{w2} 的位置。

（二）最大输出功率 P_{om} 和效率 η 的测试

1. 测量 P_{om}

输入端接 $f=1$kHz 的正弦信号 u_i，输出端用示波器观察输出电压 u_o 波形。逐渐增大 u_i，使输出电压达到最大不失真输出，用交流毫伏表测出负载 R_L 上的电压 V_o，则

$$P_{om}=\frac{V_O^2}{R_L}$$

2. 测量 η

当输出电压为最大不失真输出时，读出直流毫安表中的电流值，此电流即为直流电源供给的平均电流 I_{DC}（有一定误差），由此可近似求得 $P_{DC}=V_C I_{DC}$，再根据上面测得的 P_{om}，即可求出

$$\eta=\frac{P_O}{P_{DC}}=\frac{\pi}{4} \cdot \frac{U_{om}}{V_C}$$

（三）输入灵敏度测试

根据输入灵敏度的定义，只要测出输出功率 $P_o=P_{om}$ 时的输入电压值 U_i 即可。

（四）研究自举电路的作用

1. 测量有自举电路，且 $P_o=P_{omax}$ 时的电压增益 $A_v=V_o/U_i$。
2. 将 C_2 开路，R 短路（无自举），再测量 $P_o=P_{omax}$ 的 A_v。

用示波器观察 1、2 两种情况下的输出电压波形，并将以上两项测量结果进行比较，分析研究自举电路的作用。

（五）噪声电压的测试

测量时将输入端短路（$U_i=0$），观察输出噪声波形，并用交流毫伏表测量输出电压，即为噪声电压 U_N，本电路若 $U_N<15$mV，即满足要求。

（六）试听

输入信号改为录音机输出，输出端接试听音箱及示波器。开机试听，并观察语言和音乐信号的输出波形。

五、实验总结

（一）整理实验数据，计算静态工作点、最大不失真输出功率 P_{om}、效率 η 等，并与理论值进行比较。画频率响应曲线。

（二）分析自举电路的作用。

（三）讨论实验中发生的问题及解决办法。

六、预习要求

（一）复习有关 OTL 工作原理部分内容。

（二）为什么引入自举电路能够扩大输出电压的动态范围？

（三）交越失真产生的原因是什么？怎样克服交越失真？

（四）电路中电位器 R_{W2} 如果开路或短路，对电路工作有何影响？

（五）为了不损坏输出管，调试中应注意什么问题？

（六）如电路有自激现象，应如何消除？

第五章 直流稳压电源

几乎所有的电子设备都需要稳定的直流电源,但大量的电子设备都由交流电网供电。因此,需要把电网供给的交流电转换为稳定的直流电。直流稳压电源就是把交流电通过整流、滤波和稳压而输出稳定的直流电压的装置。对直流电源的主要要求是输出电压幅值稳定、平滑、脉动成分小。

第一节 整流滤波电路

一、单相全波整流电路

1. 电路组成

全波整流电路如图 5-1 所示。它由变压器、整流二极管和负载三部分组成。变压器次级具有中心抽头,次级两绕组电压大小相等,同名端如图所示;二极管 VD_1、VD_2 具有正向导通反向截止的开关作用,因此将交流变成了脉动的直流电,所以也称为整流二极管;负载 R_L 将电能转换为其他能量。

2. 工作原理及波形图

u_2 为正半周时(极性如图所示),VD_1 导通,VD_2 截止,i_{D1} 流过 R_L,在负载上得到的输出电压极性为上正下负;当 u_2 为负半周时(极性如图所示),VD_1 截止,VD_2 导通,i_{D2} 流过 R_L,在负载上也得到的输出电压极性为上正下负的输出电压。这样,就把大小、方向均变的交流电变成了仅大小变化而方向不变的脉动直流电。全波整流电路的波形图如 5-2 所示。

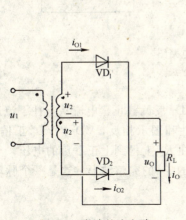

图 5-1 全波整流电路

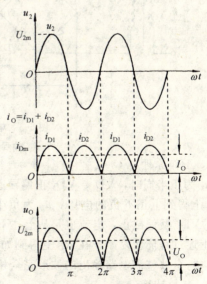

图 5-2 全波整流电路波形图

3. 参数计算

(1) 负载上输出的平均电压 U_O：

$$U_O = \frac{1}{\pi}\int_0^\pi \sqrt{2}U_2 \sin\omega t\, d(\omega t) = \frac{2}{\pi}\sqrt{2}U_2 = 0.9U_2 \tag{5-1}$$

式中 U_2——u_2 的有效值。

(2) 流过负载的平均电流 I_O：

$$I_O = U_O/R_L = 0.9U_2/R_L \tag{5-2}$$

(3) 流过整流二极管的平均电流 I_D：

在全波整流电路中，因为每个二极管都只能在半个周期内导通，所以流过每个二极管的平均电流均为 I_O 的一半，即

$$I_D = \frac{1}{2}I_O = 0.45U_2/R_L \tag{5-3}$$

(4) 整流二极管所承受的最大反向电压 U_{DRM}：

由图 5-2 中可以看出，在 VD_1 导通时忽略管压降，则加在 VD_2 上的反向电压为 $2U_{2M}$，故其最大值为 $2U_{2M}$，即

$$U_{DRM} = 2U_{2M} \tag{5-4}$$

式中 $2U_{2M}$ 为电压 u_2 峰值。同理，VD_2 导通时 VD_1 所承受的最大反向电压也是 $2U_{2M}$。

需要注意的是，式 5-3、5-4 是选择整流二极管的依据。选择整流管时，管子最大允许平均电流应是 I_D 的 2～4 倍，管子最大反向工作电压应是 U_{DRM} 的 2～3 倍。

二、单相桥式整流电路

单相桥式整流电路如图 5-3 所示。图中，四个整流二极管 VD_1～VD_4 接成桥形，其中一个对角线接变压器的次极，另一个对角线接负载电阻 R_L，二者不能互换。

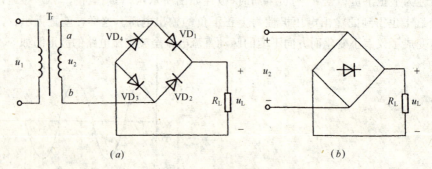

图 5-3 单相桥式整流电路图
(a) 原理电路；(b) 简化画法

1. 工作原理

u_2 为正半周时，VD_1、VD_3 正偏导通，VD_2、VD_4 反偏截止，电流从上往下流过 R_L，在 R_L 上得到上正下负的电压。u_2 为负半周时，极性和图示相反，VD_2、VD_4 正偏导通，VD_1、VD_3 反偏截止，电流也是从上往下流过 R_L，在 R_L 上得到上正下负的电压。

上述过程周而复始，在 R_L 上得到如图 5-4 所示的 u_O 的完整波形。这是一个脉动直流电压，与全波整流电路输出的波形完全相同。

2. 参数计算

由桥式整流电路波形图知：输出直流电压平均值、负载电流平均值、流过每个二极管

的电流平均值和全波整流电路相同，分别为：

$$U_O = 0.9U_2 \quad (5-5)$$
$$I_O = 0.9U_2/R_L \quad (5-6)$$
$$I_D = 0.45U_2/R_L \quad (5-7)$$

但是桥式整流电路二极管所承受的最大反向电压和全波整流时不同，其值为：

$$U_{DRM} = \sqrt{2}U_2 \quad (5-8)$$

桥式整流电路在使用中一定要注意二极管的接法，不允许接反。当一个管子接反时，将会出现交流电半个周期内变压器二次侧出现短路的情况，很容易烧坏变压器。

桥式整流电路输出电压高，纹波电压较小，和全波整流电路相比，克服了全波整流电路管子要承受最大反向电压高的缺点，且电源变压器二次侧也不再需要中心抽头，结构比较简单。但桥式整流电路需要多用两只二极管。在半导体器件成本日益降低的形势下，桥式整流的这个缺点并不突出，因而在实际中得到广泛应用。

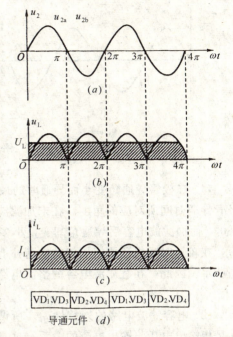

图 5-4　单相桥式整流电路波形图

三、滤波电路

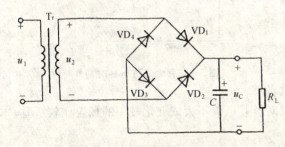

图 5-5　单相桥式整流滤波电路原理图

整流电路输出的脉动电压是直流分量和许多不同频率的交流谐波分量叠加而成的，这些谐波分量总称为纹波。为了获得较平滑的直流输出，还必须采用滤波电路，把脉动电压中的交流成分滤除。

在小功率的整流电路中最常用的是电容滤波电路，它是利用电容两端的电压不能突变的特性，与负载并联，使负载得到较平滑的电压，图 5-5 就是一个很实用的单相桥式整流滤波电路。

1. 工作原理

假定起始电压 u_C（即 R_L 两端电压 u_O）为零，且 u_2 从零开始，上升，VD_1、VD_3 导通，VD_2、VD_4 反偏截止，电源向负载 R_L 供电的同时，也向电容 C 充电。因变压器二次绕组的直流电阻和二极管的正向电阻均很小，故充电时间常数很小，充电速度很快，$u_C = u_2$，达到峰值 $\sqrt{2}U_2$ 后，u_2 下降，当 $u_C > u_2$ 时，VD_1、VD_3 截止，电容开始向 R_L 放电，因其放电时间常数 $R_L C$ 较大，u_C 缓慢下降。直至 u_2 的负半周出现 $|u_2| > |u_C|$ 时，二极管 VD_2、VD_4 正偏导通，电源又向电容充电，如此周而复始地充、放电，得到图 5-6 所示的 u_C 即输出电压 u_L 的波形。显然此波形比没有滤波时平滑得多，即输出电压中的纹波大为减少，达到了滤波的目的。

2. 加滤波电容后电路的特点

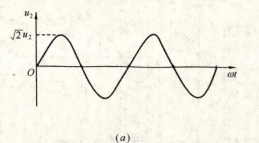 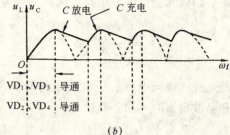

图 5-6 波形图
(a)u_2 波形；(b)u_L、u_C 波形

(1) 二极管导通角变小而导通时的最大电流变大。二极管导通角就是一个周期内，二极管导通时间所对应的角度。在未加滤波电容时，桥式整流电路中每只整流管的导通角为 180°，而加滤波电容后导通角却变得小多了，并且电容越大导通角越小。由于导通时间变短，在较短时间内还要把放掉的电荷补上，所以电流很大，形成脉动电流，如图 5-6 中 b 图所示。因此，在有滤波电容的整流电路中，整流管的最大允许平均电流应为 I_D 的 2～3 倍。

(2) 电容滤波电路的外特性差。所谓外特性是指输出电压与输出电流的关系，这是整流滤波电路的一项指标。图 5-7 为纯电阻负载及有电容滤波时两种情况下的外特性曲线。从图中可以看出，有滤波电容后，负载得到的直流电压升高，且随负载电流加大而降低。在负载开路($I_O=0$)时，$U_O=\sqrt{2}U_2$，当负载电流很大时，输出电压又与无滤波电容时相当，可见这种滤波电路输出电压随负载电流变化而变化的

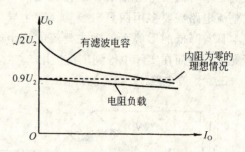

图 5-7 有无滤波电容时的外特性

幅度很大，即外特性差。因此，电容滤波只对负载电流不大或变化较小的场合比较适宜。

3. 参数计算

(1) 输出电压的 U_O：

$$U_O=(1.1\sim1.4)U_2 \tag{5-9}$$

额定情况下

$$U_O=1.2U_2 \tag{5-10}$$

(2) 滤波电容容量的确定

$$C=(3\sim5)T/2R_L \tag{5-11}$$

式中 T 为电流交流电压的周期。

(3) 电容耐压值的确定

由图 5-6 可知，加在电容上的最大电压为 $U_{2m}=\sqrt{2}U_2$，选定的电容耐压值为 U_{2m} 的 1.5～2 倍。

(4) 负载上的平均电流

$$I_O=U_O/R_L=1.2U_2/R_L \tag{5-12}$$

(5) 整流管的平均电流

$$I_D = \frac{1}{2}I_O = 0.6U_2/R_L \tag{5-13}$$

(6) 整流管承受的最大反向电压：

$$U_{DRM} = \sqrt{2}U_2 \tag{5-14}$$

第二节 硅稳压管稳压电路

前面讲述的整流滤波电路，虽然结构简单、输出电压较平滑，但它的直流电压是不稳定的。其不稳定因素主要有以下两个原因：

(1) 由于市电交流电压不稳定，而使整流滤波电路输出的直流电压不稳定；

(2) 当负载 R_L 变化时(即负载电流变化)，整流滤波电路输出的电压也会变化。负载电流越大，由于整流滤波电路也具有一定内阻，故输出的直流电压就越低。

当用一个不稳定的电压对负载供电时，会引起负载工作不稳定，甚至不能正常工作。精密电子仪器、自动控制和计算装置等都需要很稳定的直流电源供电。为了得到稳定的直流输出电压，在整流滤波电路之后需要增加稳压电路。其作用是当交流电源电压波动、负载或温度变化时，维持输出直流电压稳定。

一、硅稳压管稳压电路的工作原理及主要指标

1. 工作原理

图 5-8 所示为硅稳压管组成的稳压电路，电阻 R 限制流过稳压管的电流使之不超过 I_{IM}，称为限流电阻。负载 R_L 与用作调整元件的稳压管 VZ 并联，输出电压就是稳压管两端的稳定电压，故又称为并联型稳压电路。

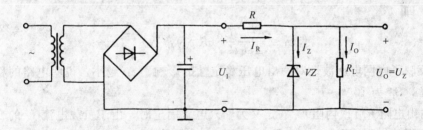

图 5-8 硅稳压管稳压电路

电路要有稳定的电压输出，要求稳压管必须工作在反向击穿状态，且流过稳压管的电流要在稳定电流 I_Z 和允许的最大电流 I_{ZM} 之间。下面结合稳压管的反向特性曲线(图 5-9)，分析电路的稳压原理：

(1) 当负载不变(即 R_L 不变)，电网电压变化时的稳压过程。例如当电网电压升高使输入电压 U_I 随着升高时，输出电压 U_O 也即稳压管电压 U_Z 略有增加时，稳压管的电流 I_Z 会明显地增加，而 I_Z 增大使 I_R 随之增大，这使电阻 R 上的压降 $U_R = R(I_O + I_Z) = RI_R$ 增加，从而导致输出电压 U_O 下降，接近原有值。即利用 I_Z 的调整作用，将 U_I 的变化量转移在电阻

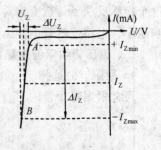

图 5-9 硅稳压管的反向伏安特性

R 上，从而保持输出电压的稳定。其整个稳压过程可总结如下：
$$U_I\uparrow \to U_O\uparrow \to I_Z\uparrow \to I_R\uparrow \to U_R\uparrow \to U_O\downarrow$$
结果使输出电压基本不变，反之亦然，过程如下：
$$U_I\downarrow \to U_O\downarrow \to I_Z\downarrow \to I_R\downarrow \to U_R\downarrow \to U_O\uparrow$$
使输出电压基本稳定。

（2）当输入电压 U_I 不变时，当负载电阻 R_L 变化时的稳压过程。若 R_L 减小，则输出电流 I_O 增大，因 $I_R=I_Z+I_O$，所以使 I_R 增大。而 I_R 增大使 U_R 增大，从而使 U_O 减小。只要 U_O 略有下降，即 U_Z 下降，则稳压管电流 I_Z 会明显减小，从而使 I_R 和 U_R 减小，输出电压 U_O 增大，接近原有值。即将 I_O 的变化量通过 I_Z 反方向的变化，使 U_R 基本不变，从而使输出电压 U_O 基本稳定。其整个稳压过程总结如下：
$$R_L\downarrow \to I_O\uparrow \to I_R\uparrow \to U_R\uparrow \to U_O\downarrow \to I_Z\downarrow \to I_R\downarrow \to U_R\downarrow \to U_O\uparrow$$
结果使输出电压基本稳定，反之亦然，即：
$$R_L\uparrow \to I_O\downarrow \to I_R\downarrow \to U_R\downarrow \to U_O\uparrow \to I_Z\uparrow \to I_R\uparrow \to U_R\uparrow \to U_O\downarrow$$
结果也使输出电压基本稳定。

上述过程说明稳压管稳压电路确实起到了稳压作用。同时可以看到，电阻 R 在稳压过程中起到了电压的调整作用，故称调压电阻，只有稳压二极管的稳压作用与 R 调压作用相配合，才能使稳压电路具有良好的稳压效果。

2. 性能指标

稳压电路的作用，就是在电网电压波动和负载电流变化时，使输出电压基本稳定。因此，常用稳压系数和输出电阻作为表征稳压电路性能的两个主要指标。

（1）稳压系数 S_U。它定义为负载固定时输出电压的相对变化量与输入电压的相对变化量之比，即

$$S_U=\frac{\Delta U_O/U_O}{\Delta U_I/U_I}(R_L\text{ 为常数}) \tag{5-15}$$

这个指标反映了电网电压波动对输出电压稳定性的影响。S_U 越小，说明电路的稳定性能越好。通常，S_U 为 $10^{-2}\sim 10^{-4}$。

（2）输出电阻 R_O（或内阻）。它定义为输入电压固定时，由于负载电流 I_Z 的变化所引起的输出电压的变化，即

$$R_O=\frac{\Delta U_O}{\Delta I_O}(U_I\text{ 为常数}) \tag{5-16}$$

这个指标反映了负载变化对输出电压稳定性的影响。R_O 越小，负载变化对输出电压的影响越小，电路带负载的能力越强。一般 $R_O<1\Omega$。

二、稳压管和限流电阻的选择

1. 稳压管的选择

通常根据稳压管的 U_Z、I_{ZM} 和 r_Z 选择稳压管的型号。一般取：

$$U_Z=U_O \tag{5-17}$$
$$I_{ZM}=(2\sim 3)I_{Omax} \tag{5-18}$$

2. 限流电阻的选择

限流电阻的选择应保证稳压管能正常工作，一般按经验取：

$$\frac{U_{\mathrm{Imin}}-U_\mathrm{O}}{I_\mathrm{Z}+I_{\mathrm{Omax}}} \geqslant R \geqslant \frac{U_{\mathrm{Imax}}-U_\mathrm{O}}{I_{\mathrm{ZM}}} \tag{5-19}$$

上式中的 U_I 一般取 $(2\sim3)U_\mathrm{O}$，且随电网电压允许有 $\pm10\%$ 的波动。

【例 5-1】 稳压管稳压电路如图 5-8 所示，已知 $U_\mathrm{I}=30\mathrm{V}$，电网电压波动 U_I 波动 $\pm10\%$，在要求输出电压 $U_\mathrm{O}=12\mathrm{V}$，$I_\mathrm{O}=0\sim6\mathrm{mA}$。

(1) 计算稳压管型号及限流电阻；
(2) 稳压电路的稳压系数和内阻。

【解】 (1) 根据 U_O 和 I_{Omax} 的要求，查附录 V，选用稳压管 2CW60，其 $U_\mathrm{Z}=11.5\sim12.5\mathrm{V}$，$I_\mathrm{Z}=5\mathrm{mA}$，$I_{\mathrm{ZM}}=19\mathrm{mA}$，$r_\mathrm{Z}=40\Omega$。

选限流电阻 R

$$R \leqslant \frac{U_{\mathrm{Imin}}-U_\mathrm{O}}{I_\mathrm{Z}+I_{\mathrm{Omax}}} = \frac{0.9\times30-12}{5+6}\mathrm{k\Omega} = 1.36\mathrm{k\Omega}$$

$$R \geqslant \frac{U_{\mathrm{Imax}}-U_\mathrm{O}}{I_{\mathrm{ZM}}} = \frac{1.1\times30-12}{19}\mathrm{k\Omega} = 1.11\mathrm{k\Omega}$$

按电阻元件的标称值取 $R=1.2\mathrm{k\Omega}$。

(2) 稳压电路的 S_U 和 R_O 的计算

画出只考虑变化量的动态等效电路如图 5-10 所示，其中硅稳压管用它的动态电阻 r_Z 取代，当输入端电压变化量为 ΔU_I 时，输出电压的变化量为：

$$\Delta U_\mathrm{O} = \frac{r_\mathrm{Z}/\!/R_\mathrm{L}}{R+(r_\mathrm{Z}/\!/R_\mathrm{L})} \cdot \Delta U_\mathrm{I} \approx \frac{r_\mathrm{Z}}{R} \cdot \Delta U_\mathrm{I}$$

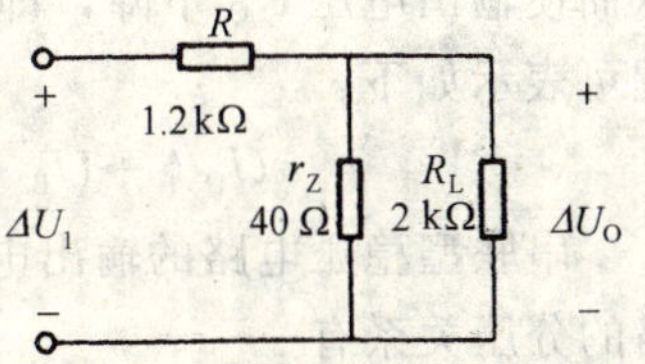

因此：$S_\mathrm{U} = \dfrac{\Delta U_\mathrm{O}/U_\mathrm{O}}{\Delta U_\mathrm{I}/U_\mathrm{I}} \approx \dfrac{r_\mathrm{Z}}{R} \cdot \Delta U_\mathrm{I} = \dfrac{40}{1200} \times \dfrac{30}{12} = 0.083$

图 5-10 动态等效电路

整流滤波电路的内阻忽略不计时，电路的输出电阻为：

$$R_\mathrm{O} = r_\mathrm{Z}/\!/R \approx r_\mathrm{Z} = 40\Omega$$

可见并联型稳压电路的内阻约等于稳压管的动态电阻 r_Z，r_Z 越小，电路的稳定性越好，带负载的能力也越强。

综上所述，硅稳压管稳压电路的稳压值取决于稳压管的 U_Z，负载电流的变化范围受到稳压管 I_{ZM} 的限制。因此，它只适用于电压固定、负载电流较小的场合。

第三节 串联型晶体三极管稳压电路

稳压管稳压电路存在两个缺点：一是带负载能力差，不能输出大电流；二是输出电压由稳压管决定，不能调整。因此，在要求输出大电流、输出电压连续可调的情况下，就需要采用串联型晶体三极管稳压电路。

一、串联型晶体三极管稳压电路及稳压过程

1. 电路组成

串联型晶体三极管稳压电路如图 5-11 所示。它由取样、基准、比较放大和调整四部分组成。其中 R_1、R_2 和 R_P 取样环节；VZ 和 R_3 为基准电压源；R_4 和 V_2 为比较放大环节；V_1 为调整管。由于负载 R_L 和调整管 V_1 串联，输出电压 $U_\mathrm{O}=U_\mathrm{I}-U_{\mathrm{CE1}}$，因此称串联

型稳压电路。

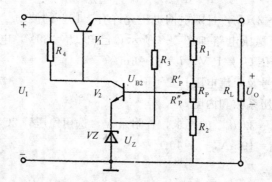

图 5-11 分立元件串联型稳压电路

2. 稳压原理

当电网电压波动或负载变化,导致输出电压 U_O 上升,经取样电路 R_1、R_2、R_P 分压后,反馈到放大管 V_2 的基极使 U_{B2} 升高,由于稳压管提供的基准电压 $U_Z=U_{E2}$ 稳定,比较的结果使 U_{BE2} 上升,经 V_2 放大后,$U_{B1}=U_{C2}$ 下降,则调整管 V_1 的管压降 U_{CE1} 增大,从而使输出电压 U_O 下降,即电路的负反馈使输出电压 U_O 趋于稳定,电路的自动调节过程可表示如下:

$$U_O \uparrow \to U_{B2} \uparrow \to U_{BE2} \uparrow \to U_{C1} \downarrow (U_{B2} \downarrow) \to U_{CE1} \uparrow \to U_O \downarrow$$

串联型稳压电路的输出电压可通过取样电路中电位器的滑动触点来调节。根据取样电路的分压关系有

$$U_{B2}=\frac{R_2+R_{P''}}{R_1+R_P+R_2}U_O=U_{BE2}+U_Z \tag{5-20}$$

一般取 $U_Z \gg U_{BE2}$,则

$$U_O \approx \frac{R_1+R_P+R_2}{R_2+R_{P''}}U_Z \tag{5-21}$$

在许多实用电路中,为避免出现异常情况烧坏三极管,一般还加有保护电路。此处不作详细论述,可参阅有关参考书。

为了进一步提高电路的稳压特性,比较放大环节常集成运算放大器代替,如图 5-12

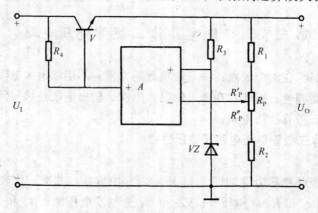

图 5-12 由运放组成的串联型稳压器

所示。由于电压放大倍数大大提高，零漂也减小，因此稳压性能更好。其稳压过程及输出电压的计算与分立元件组成的串联型稳压电路相同。

串联型稳压电路的优点是输出电压可调，稳压效果较好。但由于调整管与负载串联，当过载或输出端短路时，调整管会因功耗剧增而损坏。因此，目前常用性能优良的集成稳压器来替代由分立元件组成的串联型稳压电路。集成稳压器不但具有体积小、性能稳定的优点，还设置了各种保护电路，使用安全可靠。

二、集成稳压器

随着电子技术的发展，目前可集成稳压器只有输入端、输出端及公共端，故称为三端稳压器。三端稳压器分为两大类，即固定式和可调式。固定式三端稳压器的输出电压固定不变，不用调节。它的型号有 W78×× 和 W79×× 两个系列，其中最后两位数表示输出电压值，有 5V、6V、9V、12V、15V、18V、24V 等。78 系列为正电压输出，79 系列为负电压输出。比如 W7812 和 W7909 分别表示稳压值为 +12V 和 -9V。78 系列的 1 端为输入端，2 端为输出端，3 端为公共端；79 系列的 ± 端为输入端，2 为输出端，1 为公共端。图 5-13 为它们的外形图及实用接线图。

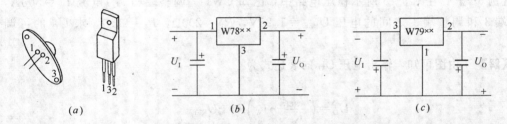

图 5-13 三端稳压器的外形图和实用接线图
(a)外形图；(b)W78×× 系列实用接线图；(c)W79×× 系列实用接线图

图 5-14 是同时输出正、负双电压的稳压电路，由 W78×× 和 W79×× 共同组成。W78×× 的输出为正极，W79×× 的输出为负极，而它们的公共端相连作为整个电源的公共端接地。

可调式三端集成稳压器的输出电压在一定范围内连续可调，其外形及表示符号与固定式完全相同，只是型号不同。可调集成稳压器的国内型号有 CW117/CW217/CW317、CW137/CW237CW337，对应国外型号为 LM117/LM217/LM317、LM137/LM237/LM337，其中 17 系列为正稳压源，37 系列为负稳压源。图 5-15 是以正稳压源为例的接线图，图中 CW117 的 2 是输入端，3 是输出端，1 是调整端。C_1 是为防止容性负载时产生高频振荡而设的，取值为 $10\sim25\mu F$，耐压值高于 U_I 值。C_2 是为消除纹波而设的，取值为 $10\sim100\mu F$。D_1 是为防止当输入短路时 C_1 反向通过稳压器放电使之损坏而设的。R_1、R_2 为分压电路，调节 R_2/R_1 分压比可以改变输出电压。由后面的例题可知，输出电压与分压比的关系如下：

$$U_O = U_{REF}\left(1+\frac{R_2}{R_1}\right) \tag{5-22}$$

式中 U_{REF} 输出端 3 与调整端 1 之间的电压。

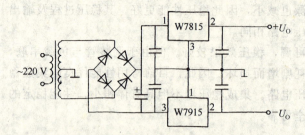
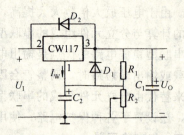

图 5-14 正、负电压同时输出的稳压电源　　图 5-15 CW 系列实际接线图

应用 CW(LM) 系列时应注意以下技巧：

(1) R_1 应焊接在含有集成稳压器的输出管脚和调整管脚上，否则将影响稳压器的负载调整率；

(2) R_2 是接地点应与负载电流返回的接地点处在同一点，以免引起输出电压偏差；

(3) R_1、R_2 应选择零温度系数的高精度高稳定度电阻，以保证输出电压的精度和稳定性。

【例 5-2】 在图 5-15 所示稳压电路中，已知 CW117 调整端(1 端)电流 $I_W = 50\mu A$，输出端 3 和调整端 1 之间的电压 $U_{REF} = 1.25V$，$R_1 = 200\Omega$，$R_2 = 3k\Omega$，求 U_O 的可调范围。

【解】 由图可知，输出电压 U_O 的表达式为

$$U_O = \left(\frac{U_{REF}}{R_1} + I_W\right)R_2 + U_{REF}$$

考虑到调整电流 I_W 很小，可以忽略不计，故 U_O 表达式可以改写为

$$U_O = \frac{R_1 + R_2}{R_1} U_{REF}$$

若用电位器代替 R_2，当 R_2 被短接时，$R_2 = 0$，U_O 有最小值 U_{Omin}
$$U_{Omin} = U_{REF} = 1.25V$$
当电位器 R_2 全部接入电路时，$R_2 = 3k\Omega$，U_O 有最大值 U_{Omax}
$$U_{Omax} = (200 + 3000)/200 \times 1.25 = 20V$$
因此，输出电压 U_O 的可调范围为 1.25～20V。

本 章 小 结

直流电源一般由电源变压器、整流电路、滤波电路和稳压电路四部分组成。稳压电路的作用是使输出电压在电网电压波动或负载变化时，基本保持不变。

稳压电路根据调整管与负载的连接方法，可分为串联型和并联型。硅稳压管稳压电路是最简单的稳压电路，属于并联型，只要合理选用限流电阻，就能获得一定的稳压效果。串联型稳压电路由调整管、放大电路、基准电压和取样电路组成，由于负反馈的作用，输出电压更稳定，同时输出电压可在一定范围内调节，也扩大了负载电流的变化范围。

集成稳压电路属于专用的模拟集成电路，三端式集成稳压电路因使用简便，得到了广泛

的应用。

思考题与习题

5-1 桥式整流电路接入电容滤波后,输出直流电压为什么为升高?滤波电容对桥式整流电路中二极管导通角有何影响?

5-2 稳压管稳压电路中限流电阻根据什么来选择?

5-3 硅稳压管稳压电路如图 5-16 所示,其中稳压管为 2CW58,其 $U_Z=10V$, $I_{ZM}=23mA$, $I_Z=5mA$,动态电阻 $r_Z=25\Omega$,若输入电压有 $\pm 10\%$ 的变化,试估算:

(1) 限流电阻 R 的取值范围;

(2) $R=500\Omega$ 时,U_O 的相对变化量。

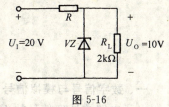

图 5-16

5-4 检查图 5-17 所示的各种电路,画出改正后的电路图。

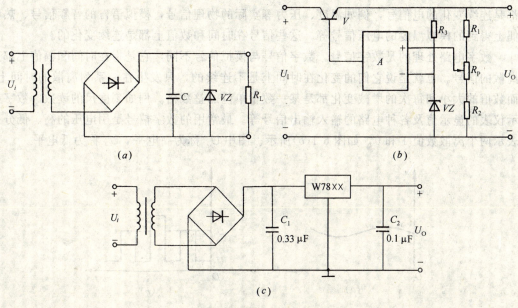

图 5-17

第六章 逻辑代数基础

第一节 数字电路概述

一、数字信号与模拟信号

电子电路按处理信号的不同通常可分为模拟电子电路和数字电子电路两大类,简称模拟电路和数字电路。模拟电路处理的是模拟信号,所谓模拟信号是指那些在时间和数值上都是连续变化的电信号,例如温度、压力等实际的物理信号,模拟语言的音频信号、热电偶上得到的模拟温度的电压信号等。这些信号在时间和数值上都是连续变化的。

数字电路处理的是数字信号。数字信号与模拟信号不同,它是指在时间和幅值上都是离散的信号。也就是说它们的变化在时间上是不连续的,只发生在一系列离散的时间上,而数值的大小和每次的增减变化都是某一数量单位的整数倍。例如刻度尺的读数、数字显示仪表的显示值及各种电路的输入输出信号等。最常用的数字信号是用电压的高、低分别表示两个离散数值 1 和 0,如图 6-1(b)所示。图中 U_1 称为高电平,U_2 称为低电平。

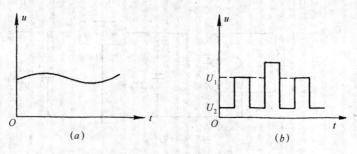

图 6-1 模拟信号和数字信号
(a)模拟信号;(b)数字信号

二、数字电路的特点及应用

1. 数字电路的特点

在模拟电路中,研究的主要问题是怎样不失真地放大模拟信号,而数字电路中研究的主要问题,则是电路的输入和输出状态之间的逻辑关系,即电路的逻辑功能。例如,在模拟电路中三极管通常工作在放大状态,研究方法经常利用图解法和微变等效电路法等对电路进行静态和动态的分析,其主要电路单元是放大器;而数字电路中,电路稳定时三极管一般都工作在截止区或饱和区,研究方法是利用逻辑代数,描述电路逻辑功能的主要方法是真值表、逻辑函数表达式等,而主要单元电路则是逻辑门和触发器。

数字电路有如下特点:

(1)数字电路中数字信号是用二进制量表示的,每一位数只有 0 和 1 两种状态,因此，凡具有两个稳定状态的元件都可以用作基本单元电路，故称基本单元电路结构。

(2) 由于数字电路采用二进制，所以能够应用逻辑代数这一工具进行研究。使数字电路除了能够对信号进行算术运算外，还具有一定的逻辑推演和逻辑判断等"逻辑思维"能力。

(3) 由于数字电路结构简单，又允许元件参数有较大的离散性，因此便于集成化。而集成电路又具有使用方便、可靠性高、价格低等优点，因此数字电路得到愈来愈广泛的应用。

2. 数字电路的应用

由于数字电路的一系列特点，使它在通信、自动控制、测量仪表等各个科学技术领域中得到了广泛应用。当代最杰出的科技成果——计算机，就是它最典型的应用例子。

现以数字频率计的原理框图来说明数字电路的应用及包含的基本内容。图 6-2 所示分别为数字频率计的原理框图和波形图。

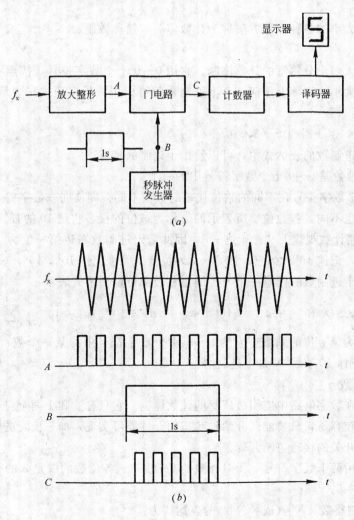

图 6-2 数字频率计框图和波形图

(a)数字频率计原理框图；(b)f_x、A、B、C各点波形数字频率计用来测量周期信号的频率。如图 6-2 所示,设被测信号频率 f_x 为正弦波,首先经过放大和整形电路,将被测信号变换为与 f_x 频率相同的矩形脉冲信号,然后送入门电路。门电路有两个输入端 A、B,用 B 端信号控制 A 端输入信号。现 B 端为由秒信号发生器产生的宽度为 1s 的秒脉冲信号,即此信号将门电路开通 1s 时间,在这段时间内,输入脉冲才能通过门电路进入计数器。计数器是累计信号脉冲个数的装置,现在所累计的脉冲个数即为被测信号在 1s 内通过的脉冲个数。最后由译码器、显示器将频率直接显示出来。

由上述简单例子可以看到,数字电路包含的内容是十分广泛的。它包括信号的放大与整形、脉冲的产生与控制以及计数、译码、显示等典型的数字电路单元。

第二节 数 制 与 码 制

一、数制

表示数值大小的各种计数方法称为计数体制,简称数制。

1. 十进制

十进制是人们十分熟悉的计数体制。它用 0~9 十个数字符号,按照一定的规律排列起来表示数值大小。实际上任何一个十进制数都可以用一外多项式来表示。例如 2888 这个数可以写成:

$$2888 = 2\times10^3 + 8\times10^2 + 8\times10^1 + 8\times10^0$$

从这个十进制数的表达式中,可以看出十进制的特点:

(1) 每一位数是 0~9 十个数字符号中的一个。

(2) 每一个数字符号在不同的数位代表的数值不同。即使同一数字符号在不同的数位上代表的数值也不同。各数位 1 所表示的值称为该位的权,它是 10 的幂。

(3) 十进制计数规律上"逢十进一",因此,十进制数右边第一位为个位,记作 10^0;第二位为十位,记作 10^1;第三、四、…,n 位依次类推记作 10^3,10^3,…10^{n-1}。

所以对于十进制数的任意一个 n 位的正整数都可以用下式表示:

$$[N]_{10} = a_{n-1}\times10^{n-1} + a_{n-2}\times10^{n-2} + \cdots + a_1\times10^1 + a_0\times10^0 = \sum_{i=0}^{n-1}a_i\times10^i \quad (6-1)$$

式中,a_i 为第 i 位的系数,它为 0~9 十个数字符号中的某一个数;10^i 为第 i 位的权;$[N]_{10}$ 中下标 10 表示 N 是十进制/数。

2. 二进制数

二进制是在数字电路中应用最广泛的计数体制。它只有 0 和 1 两个符号。在数字电路中实现起来比较容易,只要能区分两种状态的元件即可实现,如三极管的饱和与截止,灯泡的亮与暗,开关的接通与断开等。

二进制采用两个数字符号,所以计数的基数是 2。各位数的权是 2 的幂,它的计数规律是"逢二进一"。

n 位二进制整数 $[N]_2$(或 $[N]_B$)的表达式为:

$$[N]_2 = a_{n-1}\times2^{n-1} + a_{n-2}\times2^{n-2} + \cdots + a_1\times2^1 + a_0\times2^0 = \sum_{i=0}^{n-1}a_i\times2^i \quad (6-2)$$

式中 $[N]_2$ 表示二进制数；a_i 为第 i 位的数，只能取 0 和 1 的任一个；2^i 为第 i 位的权。

【例 6-1】 一个二进制数 $[N]_2 = 10101000$，试求对应的十进制数。

【解】 $[N]_2 = [10101000]_2 = [1×2^7 + 1×2^5 + 1×2^3]_{10} = [128+32+8]_{10} = [168]_{10}$

即：$[10101000]_2 = [168]_{10}$

由上例可见，十进制数 $[168]_{10}$，用了 8 位二进制数 $[10101000]_2$ 表示。如果十进制数数值再大些，位数就更多，这既不便于书写，也容易出错。因此，在数字电路中，也经常采用八进制数和十六进制。

3. 八进制

在八进制数中，有 0~7 个数字符号，计数基数为 8，计数规律是"逢八进一"，各位数的权是的幂。n 位八进制整数 $[N_8]$（或 $[N]_Q$）表达式为：

$$[N]_8 = a_{n-1}×8^{n-1} + a_{n-2}×8^{n-2} + \cdots + a_1×8^1 + a_0×8^0 = \sum_{i=0}^{n-1} a_i × 8^i \quad (6\text{-}3)$$

【例 6-2】 求八进制数 $[N]_8 = [250]_8$ 所对应的十进制数。

【解】 $[N]_8 = [250]_8 = [2×8^2 + 5×8^1 + 0×8^0]_{10} = [128+40]_{10} = [168]_{10}$

即：$[250]_8 = [168]_{10}$

4. 十六进制

在十六进制中，计数基数为 16，有十六个数字符号：0、1、2、3、4、5、6、7、8、9、A、B、C、D、E、F。计数规律是"逢十六进一"。各位数的权是 16 的幂，n 位十六进制数 $[N]_{16}$（或 $[N]_H$）表达式为：

$$[N]_{16} = a_{n-1}×16^{n-1} + a_{n-2}×16^{n-2} + \cdots + a_1×16^1 + a_0×16^0 = \sum_{i=0}^{n-1} a_i × 16^i \quad (6\text{-}4)$$

【例 6-3】 求十六进制数 $[N]_{16} = [A8]_{16}$ 所对应的十进制数。

【解】 $[N]_{16} = [A8]_{16} = [10×16^1 + 8×16^0]_{10} = [160+8]_{10} = [168]_{10}$

即：$[A8]_{16} = [168]_{10}$

从以上例题可以看出，用八进制数和十六进制数表示同一个数值，要比二进制简单得多。因此，书写计算机程序时，广泛应用八进制和十六进制。

表 6-1 表示几种常用数制对照表。

几种常用数值对照表　　　　　　　　表 6-1

十 进 制	二 进 制								八 进 制	十六进制
0	0	0	0	0	0	0	0	0	0	0
1	0	0	0	0	0	0	0	1	1	1
2	0	0	0	0	0	0	1	0	2	2
3	0	0	0	0	0	0	1	1	3	3
4	0	0	0	0	0	1	0	0	4	4
5	0	0	0	0	0	1	0	1	5	5
6	0	0	0	0	0	1	1	0	6	6
7	0	0	0	0	0	1	1	1	7	7

续表

十进制	二进制								八进制	十六进制
8	0	0	0	0	1	0	0	0	10	8
9	0	0	0	0	1	0	0	1	11	9
10	0	0	0	0	1	0	1	0	12	A
11	0	0	0	0	1	0	1	1	13	B
12	0	0	0	0	1	1	0	0	14	C
13	0	0	0	0	1	1	0	1	15	D
14	0	0	0	0	1	1	1	0	16	E
15	0	0	0	0	1	1	1	1	17	F
16	0	0	0	1	0	0	0	0	20	10
32	0	0	1	0	0	0	0	0	40	20
64	0	1	0	0	0	0	0	0	100	40
100	0	1	1	0	0	1	0	0	144	64
127	0	1	1	1	1	1	1	1	177	7F
255	1	1	1	1	1	1	1	1	377	FF

二、不同进制数之间的相互转换

同一个数可以用不同的进位制表示，例如十进制数 49，表示成二进制是 110001B，表示成八进制是 61Q，表示成十六进制是 31H。一个数从一种进制转换成另一种进制，称为数制转换。

由前面例题可知，只要将二进制、八进制、十六进制数按各位权展开，并把各位的加权系数相加，即得相应的十进制数。下现介绍其他数制之间的转换方法。

1. 十进制数转换成二进制数

将十进制数转换成二进制数采用除非取余法（即商余法），步骤如下：

(1) 把给出的十进制数除以 2，余数为 0 或 1 就是二进制最低位 a_0。

(2) 把第一步得到的商再除以 2，余数即为 a_1。

(3) 以此类推，继续相除，记下余数，直到商为 0，最后余数即为二进制数最高位。

【例 6-4】 将十进制数 $[168]_{10}$ 转换成二进制数。

```
2 | 168     ——0     即：a₀=0  —— 最低位
2 |  84     ——0        a₁=0
2 |  42     ——0        a₂=0
2 |  21     ——1        a₃=1
2 |  10     ——0        a₄=0
2 |   5     ——1        a₅=1
2 |   2     ——0        a₆=0
2 |   1     ——1        a₇=1  —— 最高位
      0
```

【解】 即：$[168]_{10} = [10101000]_2$

2. 二进制与八进制、十六进制的相互转换

(1) 二进制与八进制之间的相互转换

因为三位二进制数正好表示 0~7 八个数字，所以一个二进制数转换成八进制时，只

要从最低位开始，每三位分为一组，每组都对应转换为一位八进制数。若最后不足三位时，可在前面加 0，然后按原来的顺序排列就得到八进制数。注意分组时以小数点为界，小数点后不足三位时在最右面加 0 即可。

【例 6-5】 试将二进制数 $[110101000]_2$ 转换成八进制数。

【解】
$$\begin{array}{ccc} 110 & 101 & 000 \\ \downarrow & \downarrow & \downarrow \\ 6 & 5 & 0 \end{array}$$

即：$[110101000]_2 = [650]_8$

反之，如果八进制数转换成二进制数，只要将每位八进制数写成对应的三位二进制数，按原来的顺序排列起来即可。

【例 6-6】 试将八进制数 $[650]_8$ 转换为二进制数。

【解】
$$\begin{array}{ccc} 6 & 5 & 0 \\ \downarrow & \downarrow & \downarrow \\ 110 & 101 & 000 \end{array}$$

即：$[650]_8 = [110101000]_2$

(2) 二进制数与十六进制数之间的相互转换

因为四位进制数正好可以表示 0~F 十六个数字，所以转换时可以从最低位开始，每四位二进制数分为一组，每组对应转换为一位十六进制数。最后不足四位时可以在前面加 0，然后按原来的顺序排列起来即为十六进制数。注意分组时应以小数点为界，小数点后不足四位的在右面加 0 即可。

【例 6-7】 试将二进制数 $[110101000]_2$ 转换成十六进制数。

【解】
$$\begin{array}{ccc} 0001 & 1010 & 1000 \\ \downarrow & \downarrow & \downarrow \\ 1 & A & 8 \end{array}$$

即：$[110101000]_2 = [1A8]_{16}$

反之，十六进制数转换成二进制数，可将十六进制数的每一位，用对应的四位二进制数来表示。

【例 6-8】 试将十六进制数 $[1A8]_{16}$ 转换为二进制数。

【解】
$$\begin{array}{ccc} 1 & A & 8 \\ \downarrow & \downarrow & \downarrow \\ 0001 & 1010 & 1000 \end{array}$$

即：$[1A8]_{16} = [110101000]_2$

三、二—十进制（BCD）码

BCD 码是用一组四位二进制码来表示一位十进制数的编码方法。四位二进制码有十六种组合，从中任取十种组合代表 0~9 十个数。因此，四位二进制码可编制出多种 BCD 码。

1. 有权码

有权码指这种编码中各位代表固定不变的权。

(1) 8421 码：8421 码是最常用的一种自然加权 BCD 码。其各位的权分别是 8、4、2、1，故称为 8421 码。每个代码的各位之和就是它所表示的十进制数。

(2) 2421、5421 码：它们是从高位到低位各位的权分别是 2、4、2、1 和 5、4、2、

1. 其中 2421 码又分阶段(A)和(B)两种代码。
2. 无权码

(1) 余三码：这种代码所组成的四位二进制数，正好比它代表的十进制数多 3，故称为余三码。

(2) 格雷码：格雷码的特点是相邻两个代码之间仅有一位不同，其余各位均相同。

表 6-2 为几种常用的二—十进制码。

几种常用的二—十进制码　　　　　　　　　　　　表 6-2

	8421	2421（A）	2421（B）	5421	余三码	格雷码
0	0 0 0 0	0 0 0 0	0 0 0 0	0 0 0 0	0 0 1 1	0 0 0 0
1	0 0 0 1	0 0 0 1	0 0 0 1	0 0 0 1	0 1 0 0	0 0 0 1
2	0 0 1 0	0 0 1 0	0 0 1 0	0 0 1 0	0 1 0 1	0 0 1 1
3	0 0 1 1	0 0 1 1	0 0 1 1	0 0 1 1	0 1 1 0	0 0 1 0
4	0 1 0 0	0 1 0 0	0 1 0 0	0 1 0 0	0 1 1 1	0 1 1 0
5	0 1 0 1	0 1 0 1	1 0 1 1	1 0 0 0	1 0 0 0	0 1 1 1
6	0 1 1 0	0 1 1 0	1 1 0 0	1 0 0 1	1 0 0 1	0 1 0 1
7	0 1 1 1	0 1 1 1	1 1 0 1	1 0 1 0	1 0 1 0	0 1 0 0
8	1 0 0 0	1 1 1 0	1 1 1 0	1 0 1 1	1 0 1 1	1 1 0 0
9	1 0 0 1	1 1 1 1	1 1 1 1	1 1 0 0	1 1 0 0	1 0 0 0
	8，4，2，1	2，4，2，1	2，4，2，1	5，4，2，1		

二—十进制是介于二进制和十进制之间的计数方法，转换非常方便。例如将十进制数 369 转换成二—十进制（8421 码）

$$\begin{array}{ccc} 3 & 6 & 9 \\ \downarrow & \downarrow & \downarrow \\ 0011 & 0110 & 1001 \end{array}$$

即：$[369]_{10} = [001101101001]_{8421BCD}$

反之，二—十进制转换成十进制数，也是采用分组的方法，自右向左每四个数码为一组，若最后不足四位可在左边加 0。

第三节　逻辑函数的基本运算

一、逻辑函数与逻辑变量

逻辑是表示事物的前因后果之间所遵循的规律，即反映事物的因果关系。表示这种因果关系的数学形式称之为逻辑函数。例如，二极管的导通和截止、照明电路中开关的闭合与断开，是事物相互对立又互相联系的两个状态。为了描述这两个对立的逻辑状态，采用仅有两个取值的变量来表示，称这种二值变量为逻辑变量。

在逻辑函数中，通常把表示条件的变量称为输入变量，如 A、B、C 而把表示结果的变量称为输出变量，如 Y、Z 等。在二值逻辑中，逻辑变量只有 0 和 1 两种取值，它不是表示数值大小，而是代表逻辑变量的两种对立的状态。如是、非，电位的高与低等，通常称为逻辑 0 和逻辑 1。例如，1 代表二极管导通和开关的闭合，0 代表二极管截止和开关的断开等。

二、基本逻辑运算

二值逻辑的基本逻辑关系只有三种：与逻辑、或逻辑和非逻辑。在逻辑代数中，相应地也有三种基本逻辑运算："与"运算、"或"运算和"非"运算。其他的逻辑运算，都是通过这三种基本运算实现的。

1. 与逻辑

若决定某一事件的所有条件都具备，这件事才会发生，否则这件事就不发生，这样的逻辑关系称为"与逻辑"。

例如，图 6-3(a)中，只有开关 A 和 B(条件)都闭合，灯泡 Y(结果)才会亮，只要有一个或两个断开，灯泡就不会亮，这种逻辑关系，就是与逻辑。其逻辑符号如图 6-3(b)所示。

把 A 和 B 两个逻辑变量的全部可以取值及进行运算的全部可能结果列成表，如表 6-3 所示，这样的表格称为真值表。

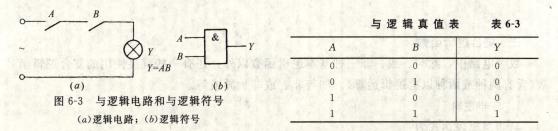

图 6-3 与逻辑电路和与逻辑符号
(a)逻辑电路；(b)逻辑符号

与 逻 辑 真 值 表　　表 6-3

A	B	Y
0	0	0
0	1	0
1	0	0
1	1	1

从真值表可以看出，与逻辑输入与输出的关系为：有 0 出 0，全 1 出 1。其逻辑函数表达式如下：

$$Y=AB \tag{6-5}$$

2. 或逻辑

若决定某一事件结果的几个条件中，只要有一个或一个以上条件具备时，这件事就会发生，否则就不会发生，这种逻辑关系称为"或逻辑"。例如图 6-3 中，如果将 A 和 B 改为并联，开关 A 或 B 只要有一个合上，灯泡 Y 就亮，只有全断开时，灯泡才会不亮，这种逻辑关系就是或逻辑。其逻辑电路和逻辑符号如图 6-4 所示。

或逻辑的真值表如表 6-4 所示，其逻辑函数表达式如下：

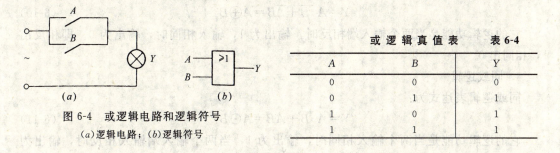

图 6-4 或逻辑电路和逻辑符号
(a)逻辑电路；(b)逻辑符号

或 逻 辑 真 值 表　　表 6-4

A	B	Y
0	0	0
0	1	1
1	0	1
1	1	1

$$Y=A+B \tag{6-6}$$

从真值表可以看出，或逻辑输入与输出关系为：有 1 出 1，全 0 出 0。

3. 非逻辑

如果条件与结果的状态总是相反，则这样的逻辑关系称为"非逻辑"。如开关团合，灯暗，而开关打开则灯亮，其逻辑电路和逻辑符号如图 6-5 所示。

非逻辑的真值表表 6-5 和表达式如下：

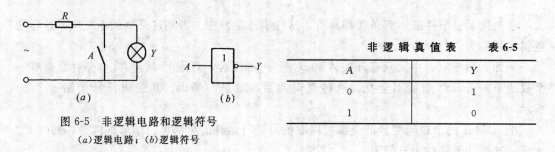

图 6-5 非逻辑电路和逻辑符号
(a)逻辑电路；(b)逻辑符号

非逻辑真值表　　表 6-5

A	Y
0	1
1	0

$$Y=\overline{A} \tag{6-7}$$

三、复合逻辑函数

数字电路中，除与、或、非三种基本逻辑函数以外，还有一些直接使用的复合逻辑函数(含有两种或两种以上逻辑运算)。如与非、或非、异或等。

1. 与非逻辑

与非逻辑表达式为：

$$Y=\overline{AB} \tag{6-8}$$

它的逻辑功能是只有输入全部为 1 时，输出才为 0，即：有 0 出 1，全 1 出 0。其运算顺序是先与后非。

2. 或非逻辑

或非逻辑表达式为：

$$Y=\overline{A+B} \tag{6-9}$$

它的逻辑功能是只有全部输入都是 0，输出才为 1，否则输出为 0，即：有 1 出 0，全 0 出 1。其运算顺序是先或后非。

3. 异或逻辑

异或逻辑表达式为：

$$Y=A\overline{B}+\overline{A}B=A\oplus B \tag{6-10}$$

它的逻辑功能是当两个输入端相反时，输出为 1，输入相同时，输出为 0。即相反出 1，相同出 0。

4. 同或逻辑

同或逻辑表达式为：

$$Y=\overline{A}\,\overline{B}+AB=A\odot B \tag{6-11}$$

它的逻辑功能是当两个输入相同时，输出为 1，当两个输入端输入相反时，输出为 0，即：

相同出 1，相反出 0。

表 6-6 为以上四种常用的复合逻辑函数表。

几种常用复合逻辑函数　　　　表 6-6

功能 \ 函数名称	与 非			或 非			异 或			同 或		
表达式	$Y=\overline{AB}$			$Y=\overline{A+B}$			$Y=A\oplus B$			$Y=A\odot B$		
逻辑符号	(& 门符号)			(≥1 门符号)			(=1 门符号)			(=1 门符号)		
真值表	A	B	Y	A	B	Y	A	B	Y	A	B	Y
	0	0	1	0	0	1	0	0	0	0	0	1
	0	1	1	0	1	0	0	1	1	0	1	0
	1	0	1	1	0	0	1	0	1	1	0	0
	1	1	0	1	1	0	1	1	0	1	1	1

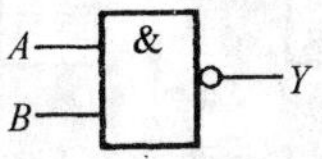

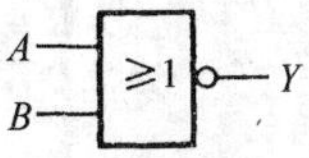

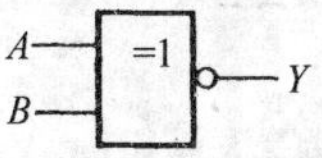

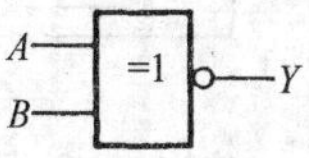

第四节　逻辑函数及基本公式

一、逻辑函数

逻辑变量之间的关系称为逻辑函数。一般的决定其他逻辑变量的逻辑变量（即表示条件的变量）称为自变量，而被决定的逻辑变量（即表示结果的变量）称为函数。例如，在某个逻辑电路中，输入变量 A、B、C，…的取值确定以后，输出变量 Y 的值也就惟一确定了。即称 Y 是 A、B…的逻辑函数，写作

$$Y=f(A,B,C\cdots)$$

二、逻辑函数的表示方法

任何一个逻辑函数都可以用逻辑图、逻辑表达式、逻辑真值表、波形图、语言等方法进行描述。对于同一个逻辑函数，这几种方法可以互相转换。下面用例 6-9 来说明逻辑函数的表示方法及其之间的相互转换。

【例 6-9】　已知逻辑函数两变量 A、B，当 A、B 取值不同时，输出为 1；当其取值相同时，输出 $Y=0$。试求该逻辑函数的真值表、表达式、逻辑图，并根据 A、B 的波形图画出 Y 的波形。

【解】　（1）根据已知条件列出函数 Y 的真值表，见表 6-7。

表 6-7

A	B	Y	A	B	Y
0	0	0	1	0	1
0	1	1	1	1	0

（2）根据真值表中使 $Y=1$ 的输入变量取值组合，即 01、10，并按取值 1 写成对应变量，取值为 0 写成反变量的规则，得到表达式为：

$$Y=A\overline{B}+\overline{A}B=A\oplus B$$

（3）由表达式画出逻辑图如图 6-6 所示。

(4) 根据 A、B 的波形画现 Y 的波形如图 6-7 所示。

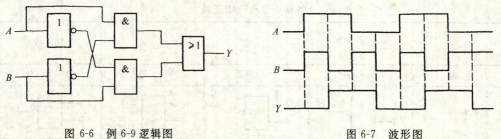

图 6-6　例 6-9 逻辑图　　　　　　　图 6-7　波形图

三、逻辑代数的基本公式和基本定律

如果 Y、Z 都是某 n 个逻辑变量的函数，对于这 n 个变量的 2^n 种组合中的任意一组输入，若 Y、Z 都有相同的输出，我们就称这两个函数相等，记作：

$$Y=(A,B,C,\cdots)=Z(A,B,C,\cdots)。$$

由上述可知，两个逻辑函数相等的实质，是它们的真值表相同。因为真值表反映了所有输入变量全部的组合状态和相对应的输出状态。

(一) 逻辑代数基本公式

1. 变量和常量间的关系：

$$A+0=0 \tag{6-12}$$
$$A+1=1 \tag{6-13}$$
$$A+\overline{A}=1 \tag{6-14}$$
$$A \cdot 0=0 \tag{6-15}$$
$$A \cdot 1=1 \tag{6-16}$$
$$A \cdot \overline{A}=0 \tag{6-17}$$

2. 和普通代数相似的规律

(1) 交换律：
$$A+B=B+A \tag{6-18}$$
$$A \cdot B=B \cdot A \tag{6-19}$$

(2) 结合律：
$$(A+B)+C=A+(B+C) \tag{6-20}$$
$$(A \cdot B) \cdot C=A \cdot (B \cdot C) \tag{6-21}$$

(3) 分配律：
$$A \cdot (B+C)=A \cdot B+A \cdot C \tag{6-22}$$
$$(A \cdot B) \cdot C=A \cdot (B \cdot C) \tag{6-23}$$

3. 逻辑代数的特殊规律

(1) 重叠律：
$$A+A=A \tag{6-24}$$
$$A \cdot A=A \tag{6-25}$$

(2) 反演律（摩根定理）：
$$\overline{AB}=\overline{A}+\overline{B} \tag{6-26}$$
$$\overline{A+B}=\overline{A}\ \overline{B} \tag{6-27}$$

(3) 否定律（还原律）：
$$\overline{\overline{A}}=A \tag{6-28}$$

(二) 逻辑代数三项基本运算规则

逻辑代数中有三个重要规则，即代入规则、反演规则和对偶规则。运用这些规则，可以根据已知的基本公式推导出更多的等式（或公式）。

1. 代入规则

在任何一个逻辑函数中,如果将等式两边所出现的同一变量 A,代之以一个函数 Z,则等式仍然成立。

【例 6-10】 已知 $Z=CD$ 代入等式 $\overline{AB}=\overline{A}+\overline{B}$ 中的 A,证明等式仍然成立。

【解】 左:$\overline{AB}=\overline{(CD)B}=\overline{CD}+\overline{B}=\overline{B}+\overline{C}+\overline{D}$

右:$\overline{A}+\overline{B}=\overline{C}\,\overline{D}+\overline{B}=\overline{B}+\overline{C}+\overline{D}$

等式依然成立,这样就将反演律推广到三个变量,同理可以证明,对于 n 个变量,反演律也是成立的。

2. 反演规则

对于任意一个逻辑表达式 Y,如果将 Y 中所有的"·"换成"+","+"换成"·";1 换成 0,0 换成 1;原变量换成反变量,反变量换成原变量,那么所得的表达式叫的 L 反函数 $\overline{Y}$。这个规则可用以求一个逻辑函数的反函数。

【例 6-11】 求函数 $Y=A+B+C$ 的反函数。

【解】 利用反演规则可得:

$$\overline{Y}=\overline{A}\cdot\overline{B}\cdot\overline{C}$$

若直接求反可得: $\overline{Y}=\overline{A+B+C}=\overline{A+B}\cdot\overline{C}=\overline{A}\cdot\overline{B}\cdot\overline{C}$

此结果与和用反演规则所求是相同的。由此可见,应用反演规则可以非常方便地求出一个函数的反函数。

在运用反演规则时,要特别注意运算符号的先后次序,即先与后或,要掌握好括号的使用规则。另外,不是单独一个变量上的反号要保持不变。

3. 对偶规则

对于任何一个逻辑函数的表达式 Y,如果将其中的"+"换成"·","·"换成"+",1 换成 0,0 换成 1,那么就可以得到一个新的表达式,记作 Y',称 Y' 是 Y 的对偶式。

利用这个规则可以证明恒等式。

【例 6-12】 求 $Y=A+B+C$ 的对偶式。

【解】 $$Y'=A\cdot B\cdot C$$

从这个例题可以看出,如果 Y 的对偶式是 Y',那么 Y' 的对偶式就是 Y,即 $(Y')'=Y$。也就是说 Y 和 Y' 互为对偶式。

在运用对偶规则时,同样要注意运算符号的先与后或顺序,所有的非号均不变动。

(三)逻辑代数常用公式

在逻辑代数运算及函数化简时,除了运用基本定律和规则外,还经常用到下面的公式。

1. $$A+AB=A \tag{6-29}$$

证明: $A+AB=A(1+B)=A\cdot 1=A$

该公式说明:在一逻辑函数的与或表达式中,若某个与项(如 A)是另一与项(如 AB)的部分因子,则包含这个因子的与项(AB)是多余的。

2. $$AB+A\overline{B}=A \tag{6-30}$$

证明: $AB+A\overline{B}=A(B+\overline{B})=A$

该公式说明：在一个逻辑函数的与或表达式中，某两个与项，除了公因子之外，其余因子互为反变量，则这两个与项可以合并为一项，即为公因子，消去互为反变量的因子。

3. $$A+\overline{A}B=A+B \tag{6-31}$$
证明：$A+\overline{A}B=(A+AB)+\overline{A}B=A+B(A+\overline{A})=A+B$

该公式说明：在一逻辑函数的与或表达式中，如果某一与项（例如 A）的反变量（如 $\overline{A}$）是另一与项（如 $\overline{A}B$）的因子，则这个因子（如 $\overline{A}$）是多余的。

4. $$AB+\overline{A}C+BC=AB+\overline{A}C \tag{6-32}$$

证明：
$$\begin{aligned}AB+\overline{A}C+BC&=AB+\overline{A}C+(A+\overline{A})BC\\&=AB+\overline{A}C+ABC+\overline{A}BC\\&=AB(1+C)+\overline{A}C(1+B)\\&=AB+\overline{A}C\end{aligned}$$

该公式说明：在一逻辑函数的与或表达式中，某两个与项中，一个与项包含原变量 A，另一个与项包含反变量 $\overline{A}$，而这两个与项的其余部分构成了第三个与项或其部分因子，则这第三个与项是多余的，称为冗与项。

5. $$\overline{AB+A\overline{B}}=\overline{A}\ B+AB \tag{6-33}$$
证明：$\overline{AB+A\overline{B}}=\overline{AB}\cdot\overline{A\overline{B}}=(\overline{A}+\overline{B})(\overline{A}+B)=\overline{A}\ B+AB \tag{6-34}$

该公式说明：异或非等于同或。

同理：$\overline{\overline{A}\ B+AB}=\overline{A}B+A\overline{B}$

即：同或非等于异或。

第五节　逻辑函数的化简方法

利用逻辑代数的公式、定律和规则可以对逻辑代数进行运算和变换，其目的有两个，一是化简逻辑函数，使与之对应的逻辑图最简单，如果用器件来组成电路，化简后的电路所用器件也较少，门输入端也少，即经济又可提高电路的可靠性；二来进行所需要的变换，以满足实际要求。

一、公式化简法

（一）逻辑函数的标准表达式

一个逻辑函数确定以后，其真值表是惟一的，但其函数表达式却有多种形式。即：与或表达式、或与表达式、与非—与非表达式、或非—或非表达式和与或非表达式。例如：

$$\begin{aligned}Y&=AB+\overline{A}C&&\text{（与或表达式）}\\&=(A+C)(\overline{A}+B)&&\text{（或与表达式）}\\&=\overline{\overline{AB}\cdot\overline{\overline{A}C}}&&\text{（与非—与非表达式）}\\&=\overline{\overline{A+C}+\overline{\overline{A}+B}}&&\text{（或非—或非表达式）}\\&=\overline{\overline{A}\cdot\overline{C}+A\cdot\overline{B}}&&\text{（与或非表达式）}\end{aligned}$$

究竟使用哪种表达式，在看组成逻辑电路时使用什么型式的基本门电路。由于实际应用中，常使用与非门、或非门及或非门复合等复合门电路作为基本单元来组成各种逻辑电路，为此必须把一个已知的逻辑函数的表达式，转换成便于用这些复合门实现的与非—与非、或非—或非、与或非表达式。

【例6-13】 $Y=A\overline{B}+\overline{A}B$,试求这个异或逻辑函数的其他四种表达式。

【解】 (1) 与非—与非表达式:

$$Y=A\overline{B}+\overline{A}B$$
$$=\overline{\overline{A\overline{B}+\overline{A}B}}=\overline{\overline{A\overline{B}}\cdot\overline{\overline{A}B}}$$

(2) 或非—或非表达式:

$$Y=A\overline{B}+\overline{A}B$$
$$=\overline{\overline{(A+B)(\overline{A}+\overline{B})}}=\overline{\overline{(A+B)}+\overline{(\overline{A}+\overline{B})}}$$

(3) 或与表达式:

$$Y=A\overline{B}+\overline{A}B$$
$$Y'=(A+\overline{B})(\overline{A}+B)$$
$$Y=(Y')'=(A+B)(\overline{A}+\overline{B})$$

(4) 与或非表达式:

$$Y=A\overline{B}+\overline{A}B$$
$$=\overline{\overline{A\overline{B}+\overline{A}B}}=\overline{\overline{A\overline{B}}\cdot\overline{\overline{A}B}}=\overline{\overline{(\overline{A}+B)(A+\overline{B})}}=\overline{\overline{A}\,\overline{B}+AB}$$

(二) 公式化简法

1. 并项法

利用 $Y=AB+A\overline{B}=A$,把两项合并为一项,并消去一个变量。

【例6-14】 化简函数 $Y=ABC+AB\overline{C}+\overline{A}B$。

【解】
$$Y=ABC+AB\overline{C}+\overline{A}B$$
$$=AB(C+\overline{C})+\overline{A}B$$
$$=AB+\overline{A}B$$
$$=(A+\overline{A})B=B$$

2. 吸收法

利用 $A+AB=A$,消去多余的与项。

【例6-15】 化简函数 $Y=A\overline{B}+A\overline{B}C$。

【解】 $Y=A\overline{B}+A\overline{B}C=A\overline{B}\ (1+C)\ =A\overline{B}$

3. 消去法

利用 $A+\overline{A}B=A+B$,消去多余因子。

【例6-16】 化简函数 $Y=A\overline{B}+\overline{A}C+BC$。

【解】
$$Y=A\overline{B}+\overline{A}C+BC$$
$$=A\overline{B}+(\overline{A}+B)C$$
$$=A\overline{B}+\overline{\overline{(\overline{A}+B)}}\cdot C$$
$$=A\overline{B}+\overline{A\overline{B}}\cdot C$$
$$=A\overline{B}+C$$

4. 配项法

利用 $A+\overline{A}=1$,可在函数某一项中乘以 $A+\overline{A}$,展开后消去多余的项。

【例6-17】 化简函数 $Y=A\overline{B}+\overline{A}B+B\overline{C}+\overline{B}C$。

【解】
$$Y = A\overline{B} + \overline{A}B + B\overline{C} + \overline{B}C$$
$$= A\overline{B}(C+\overline{C}) + B\overline{C}(A+\overline{A}) + \overline{A}B + \overline{B}C$$
$$= A\overline{B}C + A\overline{B}\overline{C} + AB\overline{C} + \overline{A}B\overline{C} + \overline{A}B + \overline{B}C$$
$$= \overline{A}B(1+\overline{C}) + B\overline{C}(1+A) + A\overline{C}(\overline{B}+B)$$
$$= \overline{A}B + B\overline{C} + A\overline{C}$$

5. 消去冗余项法

利用 $AB + \overline{A}C + BC = AB + \overline{A}C$ 消去冗余项。

【例 6-18】 化简函数 $Y = \overline{A}B + \overline{A}C + B\overline{C} + AB\overline{C}$。

【解】 因为 $B\overline{C}$ 和 $\overline{A}C$ 的冗余项是 $\overline{A}B$ 和 $AB\overline{C}$ 可以利用消去冗余项法消去冗余项，故可得

$$Y = \overline{A}B + \overline{A}C + B\overline{C} + AB\overline{C}$$
$$= B\overline{C} + \overline{A}C$$

6. 综合法

化简函数时，往往是上述方法的综合运用。

【例 6-19】 化简函数 $Y = ABC\overline{D} + ABD + BC\overline{D} + ABC + BD + B\overline{C}$。

【解】
$$Y = ABC\overline{D} + ABD + BC\overline{D} + ABC + BD + B\overline{C}$$
$$= AB + BD + BC\overline{D} + B\overline{C} \quad \text{（吸收法）}$$
$$= AB + B\overline{C} + BD + BC \quad \text{（消去法）}$$
$$= AB + B + BD \quad \text{（并项法）}$$
$$= B \quad \text{（吸收法）}$$

从上述的这些例题可以看出，作公式法化简，需要熟悉许多公式，直观性差，又要有一定的技巧，而且难以看出结果是否为最简。下面介绍另外一种化简方法——卡诺图化简法。

二、卡诺图化简法

（一）逻辑函数的最小项

1. 逻辑函数的最小项

对于 n 个变量的逻辑函数，如果其与或表达式每个乘积项包含了所有变量，而且每个变量都以原变量或反变量的形式作为一个因子出现而且只出现一次，那么这样的乘积项就称为函数的最小项，这样的与或表达式称为最小项表达式。

例如，由三变量 A、B、C 组成的逻辑函数中有八个乘积项：$\overline{A}\overline{B}\overline{C}$、$\overline{A}\,\overline{B}C$、$\overline{A}B\overline{C}$、$\overline{A}BC$、$A\overline{B}\,\overline{C}$、$A\overline{B}C$、$AB\overline{C}$、$ABC$，都符合最小项定义，则它们都是 A、B、C 的最小项。

如果逻辑函数有四个变量，不难分析它的最小项都含有四个因子，且每个因子只有原变量与反变量两种可能，所以一共有 $2^4 = 16$ 个最小项。同理，n 个变量共有 2^n 个最小项。

2. 最小项的性质

最小项表示了变量的一种特定组合，它们具有一些特殊的性质。现以三变量最小项为例，研究最小项的性质，表 6-8 列出了三变量全部最小项的真值表。由表 6-8 可以看出最小项具有下列性质：

三变量全部最小项真值表　　　　　　　　　　表 6-8

变量			m_0	m_1	m_2	m_3	m_4	m_5	m_6	m_7
A	B	C	$\bar{A}\bar{B}\bar{C}$	$\bar{A}\bar{B}C$	$\bar{A}B\bar{C}$	$\bar{A}BC$	$A\bar{B}\bar{C}$	$A\bar{B}C$	$AB\bar{C}$	ABC
0	0	0	1	0	0	0	0	0	0	0
0	0	1	0	1	0	0	0	0	0	0
0	1	0	0	0	1	0	0	0	0	0
0	1	1	0	0	0	1	0	0	0	0
1	0	0	0	0	0	0	1	0	0	0
1	0	1	0	0	0	0	0	1	0	0
1	1	0	0	0	0	0	0	0	1	0
1	1	1	0	0	0	0	0	0	0	1

(1) 对于任意一个最小项，只有一组变量的取值使它的值为 1，而在其他取值时，它的值均为 0。并且最小项不同，使其值为 1 的那一组变量取值也不同。

(2) 任意两个不同的最小项的乘积为 0。

(3) 变量在任意取值条件下，全部最小项之和恒等于 1。

3. 最小项编号

为了表示方便，常把最小项编号。其方法是把使最小项的值为 1 的那一组变量取值的二进制数，将其转换成相应的十进制数，所得到的就是该最小项的编号。例如三变量 A、B、C 的最小项 $\bar{A}\bar{B}\bar{C}$，使它的值为 1 所对应的变量取值为 000，转换成为十进制 0，所以该最小项的编号为 m_0。同理最小项 $\bar{A}\bar{B}C$ 对应的变量取值为 001，它的编号是 1，记作 m_1，依次类推，表 6-8 中标出了各个最小项编号。

4. 最小项表达式

任何逻辑函数都可以表示成最小项之和的形式。而且对于某一个逻辑函数来说，这种表现形式只有一个。

(1) 由真值表求最小项表达式。

【例 6-20】　已知某逻辑函数 Y 的真值表如表 6-9 所示，求其最小项表达式。

表 6-9

A	B	C	Y	A	B	C	Y
0	0	0	0	1	0	0	1
0	0	1	1	1	0	1	0
0	1	0	0	1	1	0	0
0	1	1	0	1	1	1	1

【解】　由表决可知，使函数为 1 的变量取值组合有 $\bar{A}\bar{B}C$、$\bar{A}B\bar{C}$、$A\bar{B}\bar{C}$、ABC、四项，所以最小项表达式为：

$$Y = \bar{A}\bar{B}C + \bar{A}B\bar{C} + A\bar{B}\bar{C} + ABC$$
$$= m_1 + m_2 + m_4 + m_7$$
$$= \Sigma m(1,2,4,7)$$

可见，真值表和最小项之和表达式对一个逻辑函数来说是惟一的。

(2) 配项法

首先将函数展开成与或表达式，然后利用公式 $\bar{A}+A=1$，把与或表达式中那些缺少变量的最小项的乘积项给以配项，直到使每一个乘积项成为包含所有变量为止，最后合并重复出现的最小项，则得到这个函数的最小项表达式。

【**例 6-21**】 将函数 $Y=\overline{(AB+\bar{A}\ \bar{B}+C)\cdot \overline{\overline{\overline{AB}}}}$ 展开成最小项表达。

【**解**】 利用反演规则，一层层脱去"反"号，直到最后得到一个只在单变量上有"反"号的表达式，即：

$$Y=\overline{(AB+\bar{A}\ \bar{B}+C)\cdot \overline{\overline{\overline{AB}}}}$$
$$=\overline{(AB+\bar{A}\ \bar{B}+C)}+\overline{AB}$$
$$=\overline{AB}\cdot \overline{\bar{A}\bar{B}}\cdot \bar{C}+\overline{AB}$$
$$=(\bar{A}+\bar{B})(A+B)\cdot \bar{C}+\overline{AB}$$
$$=(\bar{A}B+A\bar{B})\cdot \bar{C}+\overline{AB}$$
$$=\bar{A}B\bar{C}+A\bar{B}\bar{C}+\overline{AB}(C+\bar{C})$$
$$=\bar{A}B\bar{C}+A\bar{B}\bar{C}+\overline{AB}C+\overline{AB}\bar{C}$$
$$=\bar{A}B\bar{C}+A\bar{B}\bar{C}+\overline{AB}\bar{C}$$
$$=m_2+m_3+m_5$$
$$\sum m(2,3,5)$$

（二）逻辑函数的卡诺图

1. 卡诺图

卡诺图是逻辑函数的图形表示方法，是一种将逻辑函数最小项表达式中的各个最小项，相应地填入一个特定的方格图中，此方格图称为卡诺图。

（1）卡诺图的画法：因为卡诺图是一种与最小项有关的特定方格图，所以 n 个变量就有 2^n 个方格代表其全部最小项，而最小项顺序应按相邻项的规律排列。每个小方格对应一个最小项。所谓相邻项就是相邻两个小方格表示的两个最小项，只有一个变量"互反"，其余变量都相同。

例如，两个变量 A、B 有四个最小项 $\bar{A}\ \bar{B}$、$\bar{A}B$、$A\bar{B}$、AB，分别让作 m_0、m_1、m_2、m_3。卡诺图如图 6-8(a)所示。显然，图中上下、左右之间的最小项都是逻辑相邻项。为了画图方便，一般把变量标注在卡诺图左上角，在上边和左边标注其对应的变量取值，变量的取值与方格中的最小项编号一一对应，如图 6-8(b)所示。

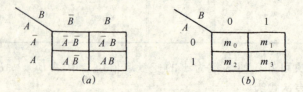

图 6-8 二变量卡诺图

按照同样的方法，可画出三变量至四变量的卡诺图，如图 6-9 所示。图中不仅相邻方格的最小项是逻辑相邻项，而且上下、左右相对称的方格也是逻辑相邻项，如图 6-9(a)中的 m_4 和 m_6，(b)中的 m_1 和 m_9、m_2 和 m_{10} 等。

（2）卡诺图的特点。

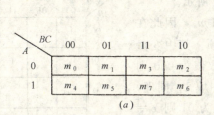

图 6-9 三变量、四变量卡诺图
(a)三变量；(b)四变量

由图 6-8、图 6-9 可以看出，卡诺图的构成有以下特点：

1) n 个变量的卡诺图就有 2^n 个小方格，每个小方格对对应一个最小项；
2) 变量取值按循环码顺序排列；
3) 每个变量的原、反变量把卡诺图等分成两部分，即这两部分的小方格数相同；
4) 卡诺图中每两个相邻的小方格所代表的最小项只有一个变量互补。

2. 逻辑函数的卡诺图表示法

由于卡诺图的每一个小方格表示逻辑函数的一个最小项，因此，可用相应变量的卡诺图表示一个逻辑函数。具体方法是，根据逻辑函数所包含的变量个数，先画出相应的最小项卡诺图，然后将函数式中包含的最小项，在卡诺图对应的方格中填 1，其余方格填 0（或不填），则这样就得到该逻辑函数的卡诺图。

【**例 6-22**】 根据表 6-10 所示函数真值表，画出函数 Y 的卡诺图。

某逻辑函数的真值表　　　　　　　　　　　　表 6-10

A	B	C	Y
0	0	0	0
0	0	1	0
0	1	0	0
0	1	1	1
1	0	0	0
1	0	1	1
1	1	0	1
1	1	1	1

【**解**】 (1) 由逻辑函数的真值表填卡诺图。先画出 A、B、C 三变量的卡诺图，然后将真值表中 $Y=1$ 的最小项在卡诺图对应的小方格中填 1，即为该函数卡诺图，如图 6-10 所示。

(2) 由与或表达式填卡诺图：对于逻辑函数的每一个最小项，其逻辑取值都是使函数值为 1 的最小项，所以填入时，在构成函数的每个最小项相应的小方格中填上 1，就表示该最小项使函数值为 1。

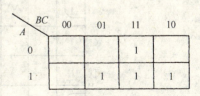

图 6-10 例 6-22 题卡诺图

【**例 6-23**】 已知函数 $Y=A\overline{B}\,\overline{C}\,\overline{D}+ABCD+\overline{A}\,\overline{C}\,\overline{D}+\overline{A}C$ 的卡诺图。

【**解**】 先画出四变量的卡诺图。

对于这个例题，一种方法是先将该函数化成最小项，然后在卡诺图相应的方格内填入 1，如图 6-11 所示。

另外一种方法：函数前两项分别为 m_8 和 m_9，因此在相应空格内填入 1，第三项 $\overline{A}\,\overline{C}\,\overline{D}$ 为非最小项，其中变量 B 没有出现，故与 B 无关，只要 A、C、D 取值为 000 则 $Y=1$，故在对应之 0000 和 0100 两个小方格中填 1；同理，对 $\overline{A}C$ 项与变量 B、D 无关，只要 A、C 取值为 01 则 $Y=1$，故其对应的四小方格 0010、0011、0110、0111 均填 1，填完所有与项后，余下的空格其函数值为 0，可以不填，即得到函数的卡诺图，如图 6-11 所示。

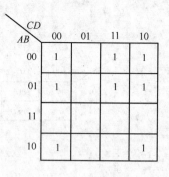

图 6-11 卡诺图

（三）卡诺图化简逻辑函数

1. 卡诺图化简逻辑函数的规律

根据卡诺图的特点，在卡诺图中相邻小方格所对应的最小项具有相邻性，即在两个相邻小方格所代表的最小项只有一个为互补变量。根据常用公式 $AB+A\overline{B}=A$ 可知，两个逻辑相邻项之和可以合并成一项，并消去一个变量。

因为 2^n 个相邻的最小项中正好包含了 n 个变量的全部最小项 2^n 个，根据最小项的性质，n 个变量的全部最小项之和为 1，因此 2^n 个相邻最小项合并后可消去 n 个变量。

依次类推：

四个相邻项合并成一项，可消去 2 个变量；

八个相邻最小项合并成一项，可消去 3 个变量；

十六个相邻最小项合并成一项，可消去 4 个变量。

图 6-12 分别画出了三变量和四变量卡诺图中二个和四个最小项合并的例子。

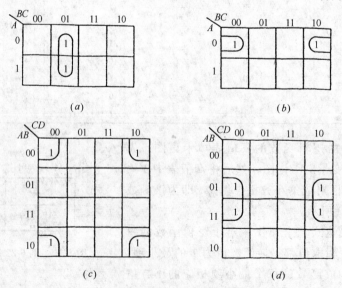

图 6-12 二个和四个最小项的合并

(a) $\overline{A}\,\overline{B}C+A\,\overline{B}C=\overline{B}C$；(b) $\overline{A}\,\overline{B}\,\overline{C}+\overline{A}B\,\overline{C}=\overline{A}\,\overline{C}$；

(c) $\overline{A}\,\overline{B}\,\overline{C}\,\overline{D}+A\overline{B}\,\overline{C}\overline{D}+\overline{A}\,\overline{B}C\overline{D}+A\overline{B}C\overline{D}=\overline{B}\,\overline{D}$；(d) $\overline{A}B\,\overline{C}\,\overline{D}+AB\,\overline{C}\,\overline{D}+\overline{A}BC\overline{D}+ABC\overline{D}=B\overline{D}$

图 6-13 分别画出了四变量中八个最小项合并的例子。

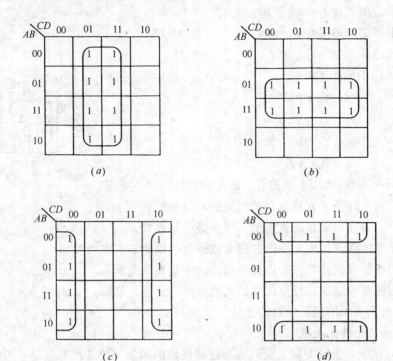

图 6-13 八个最小项的合并

(a)$m_1+m_3+m_5+m_7+m_{13}+m_{15}+m_9+m_{11}=D$；(b)$m_4+m_5+m_6+m_7+m_{12}+m_{13}+m_{14}+m_{15}=B$；
(c)$m_0+m_2+m_4+m_6+m_8+m_{10}+m_{12}+m_{14}=\overline{D}$；(d)$m_0+m_1+m_2+m_3+m_8+m_9+m_{10}+m_{11}=\overline{B}$

2. 卡诺图化简逻辑函数

通常，用卡诺图化简逻辑函数的步骤如下：

(1) 画出逻辑函数卡诺图；

(2) 将逻辑函数填入卡诺图；

(3) 合并最小项，按合并最小项规律，将包含 2^n 个相邻的最小项圈起来；没有相邻项的最小项单独画圈；

(4) 将每个包围圈所得的乘积项相加，即为化简后的逻辑表达式。

【例 6-24】 用卡诺图法化简函数 $Y(A,B,C,D)=\Sigma m(0, 1, 2, 3, 5, 8, 10, 12, 14)$。

【解】 此函数以最小项编码的和式形式给出，是最小项与或式，也称标准与或式。

(1) 画出其卡诺图如 6-14 所示；

(2) 填卡诺图，如 6-14 所示；

(3) 将相邻最小项画圈，如图 6-14 所示；

(4) 写出各圈的表达式，各表达式之和即为化简后的结果。

【例 6-25】 用卡诺图化简法求函数 Y 的反函数，$Y=AB+BC+AC$。

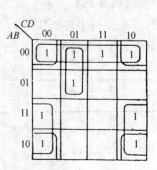

图 6-14 例 6-24 的卡诺图

【**解**】 在函数 Y 的卡诺图中,若合并 0 方格,则可得到 $\overline{Y}$ 的最简与或式。

(1) 画卡诺图,如图 6-15 所示;

(2) 填卡诺图,如图 6-15 所示;

(3) 写表达式。

合并 0 方格的最小项,得

$$Y_1 = m_0 + m_1 = \overline{A}\,\overline{B}$$

$$Y_2 = m_0 + m_2 = \overline{A}\,\overline{C}$$

$$Y_3 = m_0 + m_4 = \overline{B}\,\overline{C}$$

$$\overline{Y} = \overline{A}\,\overline{B} + \overline{A}\,\overline{C} + \overline{B}\,\overline{C}$$

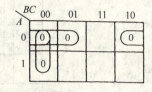

图 6-15 例 6-25 卡诺图

由上述分析可知,在用卡诺图合并最小项应注意以下事项:

(1) 卡诺图中每个 1 方格都要被包围到,以免漏项;

(2) 每个 1 方格可以多次被包围,以求最简与或式;

(3) 每个包围圈至少应有一个方格未被圈过,以免出现多余项;

(4) 包围圈尽可能画大些,以减少化简后乘积项的变量;

(5) 包围圈越少越好,经使化简后或项最少,表达式最简。

(四) 含有无关项的逻辑函数的化简

1. 逻辑函数中的无关项

在实际问题中,有时变量会受到实际逻辑问题的限制,使某些取值是不可能出现或是对结果没有影响,这些变量的取值所对应的最小项就称为无关项或任意项。

无关项或任意项的意义在于,它的值为 1 或 0,具体取什么值,可以根据使函数尽量得到简化而定。

例如用 A、B、C 三个变量分别表示加法、乘法和除法三种操作,因为机器每次只进行三种操作中的一种,所以任何两个变量都不会同时取值为 1。即 A、B、C 三个变量的取值只可能出现 000、001、010、100,而不会出现 011、101、111。即此函数是具有约束的逻辑函数,这种对输入变量码值组合所对应的最小项(如 011、101、111)为约束项,可以写成以下表达式,也称约束条件:

$$\overline{A}BC + A\overline{B}C + ABC = 0$$

或

$$\sum m(3,5,7) = 0$$

2. 具有无关项的逻辑函数的化简

【**例 6-26**】 表 6-11 给出了用 8421BCD 码表示的十进制数 0~9,其中 1010~1111 为无关项。当十进制数为 1,3,5,7,9 时,输出变量 Y 为 1,其余为 0。求实现此逻辑函数的最简与或表达式。

8421BCD 码表示十进制数　　　　　　　　　　表 6-11

十 进 制 数	输 入 变 量				输 出 变 量
X	A	B	C	D	Y
0	0	0	0	0	0
1	0	0	0	1	1
2	0	0	1	0	0
3	0	0	1	1	1
4	0	1	0	0	0

【解】 (1) 不考虑无关项，卡诺图如图 6-16，可得
$$Y = \overline{A}D + \overline{B}\ \overline{C}D$$

(2) 考虑到无关项，并利用无关项化简逻辑函数，由图 6-17 可得

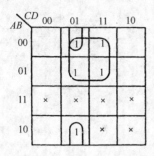

图 6-16 例 6-26 的卡诺图

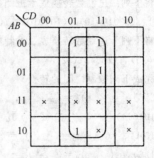

图 6-17 例 6-26 的卡诺图

$$Y = D$$

由上机的分析可知，利用无关项可以使化简结果进一步简化。其正确性可以从二进制特点得以证明，因为二进制数的奇偶性是看最低的一位，若是 0，则为偶数，若是 1，则为奇数。即 $D=1$，$Y=1$ 说明是奇数。另外，在利用无关项简化函数时，无关项是可圈可不圈时，是根据化简的需要来决定的，且无关项可以被多次运用。

本 章 小 结

本章主要介绍了数字电路的计数体制，三种基本逻辑运算以及基本定律、常用公式，逻辑函数的表示方法及化简等内容。

在日常生活中，常采用十进制，除此之外，还有二进制、八进制、十六进制等。数字电路中主要应用二进制。

二进制数基数为 2，只有 0 和 1 两个数字符号，计数规律是"逢二进一"，在数字电路中，它不但可以表示数，而且还可以表示特定的逻辑事件，8421 码是用四位二进制代码代表 0～9 十个十进制数字，它与二进制数本质是不同的。

三种基本逻辑运算与、或、非是逻辑运算的基础，由它们可以组合成一系列复合逻辑运算，如与非、或非、与或非等。

逻辑代数是一种描述客观事物逻辑关系的数学方法，是分析逻辑电路和进行逻辑设计的数学工具。它有一般代数相似的公式及定律，又有自己独特的一面，对于与普通代数不同的公式和定律（如摩根定律、还原律、吸收律等），使用时应注意掌握。

逻辑函数的表示方法有五种，即真值表、表达式、逻辑图、卡诺图和波形图。它们各有各的特点，可以相互转换，可根据具体的逻辑问题具体应用。数字电路的设计思路是由真值表转换成最简表达式，再转换成逻辑图。而其分析思路则是其逆过程。

逻辑函数的化简有两种方法，一是公式化简法，二是卡诺图化简法。公式化简法是运用逻辑代数的基本定律及常用公式消去多余的乘积项或乘积项中多余的因子。化简时没有变量个数的限制，没有规律，能否化到最简式取决于对公式的掌握程度及运算的技巧。

卡诺图化简法比较直观、简便且有规律，也容易掌握，但变量数大于 5 时，卡诺图就变得复杂。卡诺图化简法是利用卡诺图中几何位置相邻的最小项逻辑上也相邻的特点用画

包围圈合并最小项方法，消去多余因子，达到化简的目的。

思 考 题 与 习 题

6-1 将下列二进制数转换成十进制数。
$(1011)_B$；$(10010010)_B$；$(1010101)_B$；$(111000)_B$

6-2 将下列十进制数转换成二进制数。
$(8)_D$；$(25)_D$；$(168)_D$；$(32)_D$

6-3 完成下列数制之间的转换。
(1) $(256)_D=(\quad)_Q=(\quad)_H$；
(2) $(101011)_B=(\quad)_D=(\quad)_Q=(\quad)_H$；
(3) $(15A)_H=(\quad)_B=(\quad)_Q=(\quad)_D$；
(4) $(126)_Q=(\quad)_B=(\quad)_D=(\quad)_H$；
(5) $(258)_D=(\quad)_{8421BCD}$；
(6) $(01010100)_{8421BCD}=(\quad)_D$

6-4 已知逻辑函数 $Y_1=\overline{A}B+A\overline{B}$，$Y_2=\overline{A}\,\overline{B}+AB$，分别列出真值表，并说明 Y_1、Y_2 的逻辑关系。

6-5 写出图 6-18 的逻辑表达式，列出真值表。

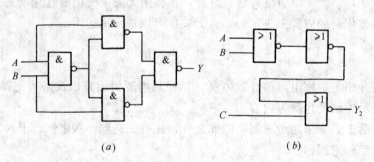

图 6-18

6-6 用与非门画出函数 $Y=\overline{A}\,\overline{B}+AB$ 的逻辑图。

6-7 用公式法化简下列函数。
(1) $Y_1=A(\overline{A}B+AC)+\overline{A}+\overline{C}$；
(2) $Y_2=(A+C)(\overline{A}+B)$；
(3) $Y_3=\overline{\overline{\overline{A}+B}+\overline{A+\overline{\overline{B}}}}+AB$；
(4) $Y_4=\overline{A}D+\overline{B}\,\overline{C}D$；
(5) $Y_5=\overline{A}\,\overline{B}\,\overline{C}+\overline{A}\,\overline{B}\,\overline{D}+A\overline{B}\,\overline{D}+A\overline{B}CD$；
(6) $Y_6=A\overline{B}(C+D)+D+\overline{D}(A+B)(\overline{B}+\overline{C})$。

6-8 将下列函数展开成最小项表达式。
(1) $Y_1=\overline{A}\,\overline{B}+ABC+BD$；
(2) $Y_2=\overline{A\overline{B}+B\overline{C}}$。

6-9 用卡诺图化简下列函数。
(1) $Y_1(A,B,C,D)=\Sigma m(2,3,4,5,6,7,9,10,11,12,13,14,15)$；
(2) $Y_2=\Sigma m(3,4,5,7,9,13,14,15)$；
(3) $Y_3(A,B,C,D)=BC+A\overline{B}\,\overline{C}+BD$；

(4) $\overline{Y}_4 = A \oplus B + AB\overline{C}$。

6-10　已知 $Y = A\overline{B} + \overline{A}BC + \overline{A}B\overline{C}$，约束条件为 $AB=0$，试将其化简成最简的与或表达式。

6-11　用真值表表示函数 $Y = \overline{AC + \overline{A}BC} + \overline{BC} + \overline{A}BC$，并用卡诺图化简成最简与或表达式，用与非门画出逻辑图。

6-12　有开关 S_A、S_B、S_C 控制一个电动机 M。当 S_A 和 S_B 动作，或 S_A 和 S_C 动作而 S_B 不动作时，则电动机被起动。试设计这个控制线路。

6-13　写出图 6-19 所示逻辑图的输出表达式，列出真值表，并化成最简与或式，并说明其逻辑功能。

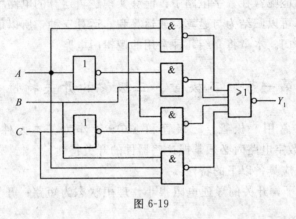

图 6-19

第七章 逻辑门电路

通过前一章的学习,对逻辑代数及其基本运算有了一定的认识。那么,用什么样的电路才能实现其逻辑功能呢?在数字电路中,能够实现逻辑运算的电路就叫逻辑门电路。因为最基本的逻辑运算可以归结为与运算、或运算和非运算三种,所以最基本的逻辑门电路就是与门、或门和非门。本章将介绍几种常用的逻辑门电路。

第一节 二极管、三极管的开关特性

在数字电路中,常用二极管、三极管和 MOS 管作为基本元件,工作在"开"和"关"状态。在分析数字电路时必须掌握这些器件的开关特性。

一个理想的开关应具备以下的特性:

(1) 在静态情况下,开关的导通电阻很小,理想状态为短路;开关断开时电阻很大,理想状态为开路。

(2) 在动态情况下,开关转换速度要快,理想状态下转换时间为零,即开关两种状态之间的转换应在瞬间完成。

理想开关元件是不存在的,如果实际开关元件的特性与理想开关元件的特性愈接近,说明其开关特性愈好,愈接近理想开关。下面我们将分别介绍这些开关元件的特性。

一、二极管的开关特性

二极管加正向电压时导通,加反向电压时截止,因此它相当于受外加电压控制的无触点的开关。所以二极管的这种特性就相当于开关的闭合和断开,但它不是理想开关。下面来分析二极管的开关特性。

1. 静态特性

二极管的伏安特性曲线如图 7-1 所示。

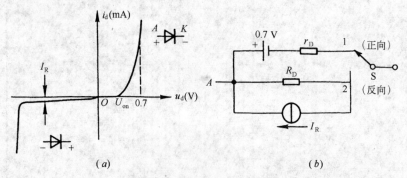

图 7-1 硅二极管的伏安特性曲线
(a)二极管正向特性;(b)等效电路

当输入电压达到 U_{on}(0.5V)时,二极管导通,在输入电压为 0.7V 时,特性曲线很陡,二极管两端电压基本不变;当二极管加反向电压且小于反向击穿电压时,二极管截止,这时存在反向饱和电流 I_R,说明二极管作为开关断开时,绝缘电阻不是无穷大。所以二极管可作开关使用,但不是理想的开关。一般可认为其等效电路如图 7-2、图 7-3 所示。

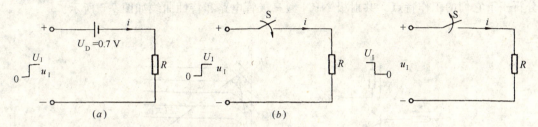

图 7-2　硅二极管导通时的等效电路
(a)近似模型;(b)理想模型

图 7-3　硅二极管截止时的等效电路

2. 二极管的动态特性

工作在开关状态的二极管除了有导通和截止两种稳定状态外,更多地是在导通和截止之间转换。当输入电压波形如图 7-4 所示,由于二极管从导通到截止需要时间,实际的输出电流波形如图 7-4 所示。

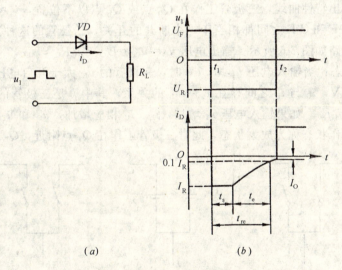

图 7-4　二极管开关的转换过程
(a)电路图;(b)电流波形
t_s—存储时间;t_e—渡越时间;$t_{re}=t_s+t_e$—反向恢复时间

二极管从截止到导通与从导通到截止相比所需的时间很短,一般可以忽略不计,因此下面重点分析二极管从导通到截止的转换过程。

由图 7-4 可见,二极管由导通到截止时,开始在二极管内产生了很大的反向电流 I_R,经过 t_{re} 后,输出电流才接近正常反向电流进入截止状态。t_{re} 是二极管从导通到截止所需时间,称为反向恢复时间。反向恢复时间 t_{re} 对二极管开关的动态特性有很大影响。若二极管两端输入电压的频率过高,以至输入负电压的持续时间小于它的反向恢复时间时,二极管将失去其单向导电性。

二、三极管的开关特性

1. 三极管的工作状态

三极管具有截止、放大和饱和3种工作状态,在数字电路中主要应用三极管的截止和饱和状态,其作用相当于开关的"断开"和"闭合"。下面以 NPN 型三极管为例,简要分析一下它们的工作特点。共射极 NPN 型三极管电路和特性曲线如图 7-5 所示。

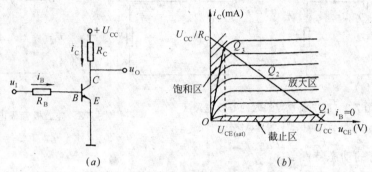

图 7-5　NPN 型硅三极管输出特性曲线
(a)电路;(b)输出特性

(1) 截止状态：当输入电压 $u_I < 0.7V$ 时,三极管的 u_{BE} 小于开启电压,$i_B=0$,B-E 间截止。对应输出特性曲线,三极管工作在 Q_1 点或 Q_1 点以下位置,$i_C \approx 0$,C-E 间也截止。三极管的 B-E 和 C-E 之间都相当于一个断开的开关。三极管的这种工作状态叫截止状态。其等效电路如图 7-6 所示。输出电压 $u_O = u_{CE} = U_{CC} - i_C R_C \approx U_{CC}$。

(2) 放大状态：当输入电压 $u_I \geq 0.7V$ 时,三极管的 u_{BE} 大于开启电压,B-E 间导通,u_{BE} 被钳位在 0.7V,i_C 与 i_B 之间存在 $i_C = \beta i_B$ 的关系,其中 β 是三极管的电流放大系数。$u_O = u_{CE} = U_{CC} - i_C R_C$。如果输入电压 u_I 增加,i_B、i_C 相应增加,u_O 和 u_{CE} 随之相应减小。三极管的这种工作状态称为放大状态,此时三极管工作在 Q_2 点附近,Q_1 和 Q_3 之间。

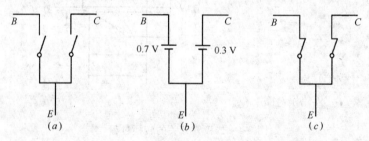

图 7-6　硅三极管导通和截止的等效电路
(a)截止时的等效电路;(b)饱和时的近似等效电路;(c)饱和时的理想等效电路

(3) 饱和状态

随输入电压 u_I 增加,基极电流 i_B 增加,工作点上移,当工作点移至于 Q_3 时,i_C 将不再明显变化,此时三极管 C-E 间的电压称为饱和电压,硅管的饱和压降 $U_{CE(sat)} = 0.3V$,输出 $u_O = u_{CE} = U_{CE(sat)} \approx 0.3V$。三极管的这种工作状态称为饱和状态。其等效电路如图 7-6(b)所示。若忽略 B-E 和 C-E 间压降,理想的等效电路如图 7-6(c)所示。

在大多数数字电路中,通过合理选择电路能数,可以使三极管只工作在饱和状态和截止状态，放大状态只是一个过渡状态。当然，要做到这一点，对输入电压的变化范围是有限制的，否则可能会使三极管工作在放大区。三极管工作在数字电路和模拟电路时的状态分析见图 7-7。

2. 三极管的动态特性

三极管的开关过程与二极管相似。三极和从饱和到截止和从截止到饱和都是需要时间的。三极和从截止到饱和所需的时间称为开通时间，用 t_{on} 表示；三极管从饱和到截止所需要的时间称为关断时间，用 t_{off} 表示。

三极管的动态过程如图 7-7 所示。

当输入电压 u_i 由 $-U_2$ 跳变到 U_1 时，三极管不能立即导通，而是要先经过 t_d 时间，集电极电流 i_C 上升到最大值 i_{Cmax} 的 0.1 倍，再经 t_r 时间，集电极电流上升到最大值 i_{Cmax} 的 0.9 倍，之的集电极电流才接近最大值 i_{Cmax}，三极管进入饱和状态。因此开通时间 $t_{on} = t_d + t_r$。其中 t_d 称为延迟时间，t_r 称为上升时间。

当输入电压 u_1 由 U_1 跳变到 $-U_2$ 时，三极管不能立即截止，而是要经过 t_s 时间，集电极电流 i_c 下降到 $0.9 i_{Cmax}$，再经过 t_f 时间，集电极电流 i_C 下降到 $0.1 i_{Cmax}$，之后集电极电流才接近于 0，三极管进入截止状态。因此，关断时间 $t_{off} = t_s + t_f$。其中 t_s 称为存储时间，t_f 称为下降时间。

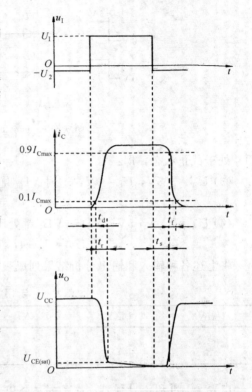

图 7-7 开关三极管的动态特性

三极管的开通时间 t_{on} 和关断时间 t_{off} 一般在纳秒(ns)数量级。通常 $t_{on} u_1 = U_{IL} = 0 < t_{off}$，$t_f < t_s$。因此，$t_s$ 的大小是影响三极管速度的最主要因素。

第二节 基本逻辑门电路

对于数字电路的初学者来说，从分立元件的角度来认识门电路到底是怎样实现与、或、非是非常直观和易于理解的。因此，首先从分立元件构成的逻辑门电路谈起。

一、分立元件门电路

（一）二极管与门

1. 电路及逻辑符号

图 7-8 是二极管与门电路及逻辑符号。图中 A、B 是输入信号，Y 是输出信号。

2. 工作原理

(1) $U_A = U_B = 0V$，VD_1、VD_2 均正向导通，因为 $U_{D1} = U_{D2} = 0.7V$，所以 Y 是被钳位在 0.7V。即：
$$U_Y = U_A + U_{D1} = 0 + 0.7 = 0.7V$$

(2) $U_A = 0$，$U_B = +5V$，VD_1 优先导通，使 $U_Y = 0.7V$，VD_2 承受反向压力，所以

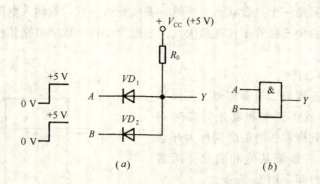

图 7-8 二极管与门电路及逻辑符号

VD_2 处于截止状态，即：$U_Y=0.7V$

(3) $U_A=+5V$，$U_B=0V$，这时 VD_2 优先导通，VD_1 截止，输出为低电平，即：
$$U_Y=0.7V$$

(4) $U_A=U_B=+5V$，VD_1、VD_1 都处于正向导通状态，此时：
$$U_Y=U_A+U_{D1}=5+0.7=5.7V$$

将上述各种输入和输出分析结果列成表格，称为功能表，见表 7-1。

与 门 功 能 表　　　　　　　　　　　　　表 7-1

$U_A(V)$	$U_B(V)$	$U_Y(V)$	$U_A(V)$	$U_B(V)$	$U_Y(V)$
0	0	0.7	+5	0	0.7
0	+5	0.7	+5	+5	5.7

由表 7-1 可知，只有 A、B 之都是高电平时，输出 Y 才是高电平，否则就是低电平。即"有低出低，全高出高"。

3. 真值表、逻辑表达式和波形图

对于表 7-2，若用 0 表示低电平，1 表示高电平，则根据上面输入和输出的电平关系，可得二极管与门的真值表，见表 7-2 所示。

与 门 真 值 表　　　　　　　　　　　　　表 7-2

A	B	Y	A	B	Y
0	0	0	1	0	0
0	1	0	1	1	1

由真值表可知，输出函数 Y 和变量 A、B 之间是与逻辑关系，故称与门。它的输出函数 Y 的逻辑表达式为：
$$Y=AB \qquad (7-1)$$

若已知输入信号 A、B 的波形，可求得输出函数 Y 的波形图，如图 7-9 所示。

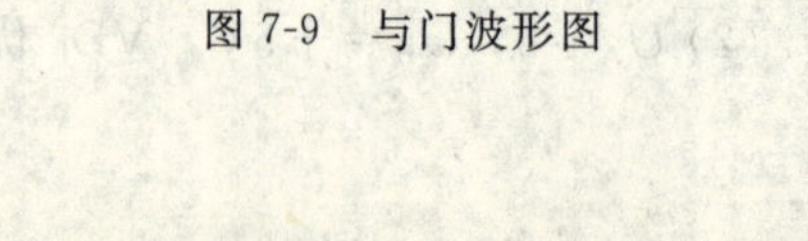

(二) 二极管或门

1. 电路及逻辑符号

图 7-10 为二极管或门电路和逻辑符号。图中

图 7-9 与门波形图

A、B 是输入信号，Y 是输出信号。

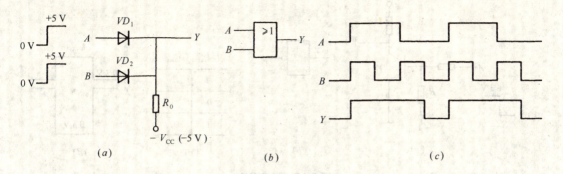

图 7-10 二极管或门电路及逻辑符号、波形图

根据图 7-10 所示电路，根据输入电平不同的取值，可列出表 7-3 所示功能表。

或门功能表　　　　　　　　　　　　　表 7-3

$U_A(V)$	$U_B(V)$	$U_Y(V)$	$U_A(V)$	$U_B(V)$	$U_Y(V)$
0	0	−0.7	+5	0	+4.3
0	+5	+4.3	+5	+5	+4.3

由表 7-3 可知，或门电路具有"有高出高，全低出低"的规律。

2. 真值表、逻辑表达式和波形图

在或门功能表中，有 0 表示低电平，1 表示高电平，根据上面的输入和输出关系，可得或门的真值表，见表 7-4。

或门真值表　　　　　　　　　　　　　表 7-4

A	B	Y	A	B	Y
0	0	0	1	0	1
0	1	1	1	1	1

由真值表可看出，输出函数图 Y 和输入变量 A、B 之间是或逻辑关系。故称或门。其逻辑表达式为：

$$Y = A + B \tag{7-2}$$

（三）非门（反相器）

图 7-11 为典型三极管开关电路。

通过设计合理的参数，使三极管只工作在饱和和截止区。当输入信号 A 为低电平 0.3V 时，三极管截止，输出 Y 为高电平 V_{CC}；当输入信号 A 为高电平 3V 时，三极管饱和导通，输出 Y 为低电平 0.3V。所以输入和输出就是反相关系，称为非门或反相器。

可见该电路可以实现非运算，称为非门。其逻辑表达式为：

$$Y = \overline{A} \tag{7-3}$$

（四）复合门电路

1. 与非门电路

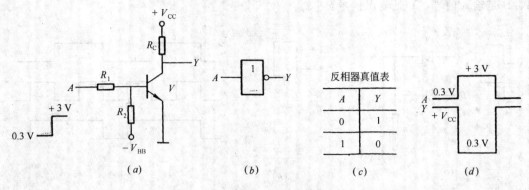

图 7-11 非门电路

在二极管与门输出端接一个反相器，就构成如图 7-12 所示的与非门电路。由前面对与门和非门的分析可知与非门的逻辑功能，即有低出高，全高出低。真值表和逻辑符号如图 7-12 所示。波形图可根据与门和非门波形图自行画出。

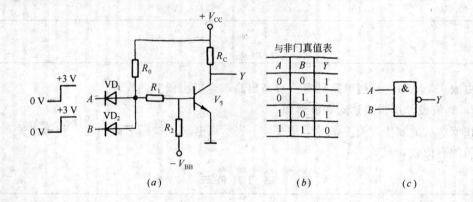

图 7-12 与非门

(a)电路图；(b)真值表；(c)符号

与非门逻辑表达式为：
$$Y=\overline{AB} \tag{7-4}$$

2. 或非门电路

在二极管或门的输出端接一个反相器，就构成如图 7-13 所示的或非门。由前面对或门和非门的分析可知或非门的逻辑功能，即有高出低，全低出高。真值表和逻辑符号如图 7-13 所示。

或非门逻辑表达式为：
$$Y=\overline{A+B} \tag{7-5}$$

二、TTL 门电路

（一）TTL 反相器

1. 电路

图 7-14 为 74LS00 反相器电路。它由三部分组成。

(1) 输入级：由 V_1、R_1 和 VD_5 组成。VD_5 为输入保护二极管，在正常情况下，输入

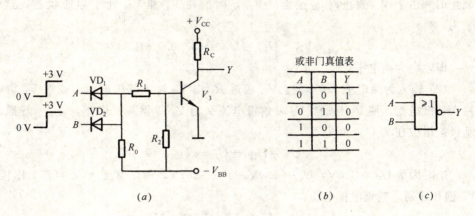

图 7-13 或非门
(a)电路图；(b)真值表；(c)符号

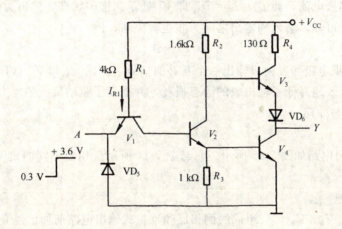

图 7-14 74LS00 系列反相器

电压 u_1 在 0.3~0.6 V 之间变化，VD_5 始终处于反偏状态，相当于开路，对电路正常工作影响；当输入端出现负向干扰电压时，可以起到抑制作用，即保证输入电平低于 -0.7V，防止 V_1 发射极电流过大，从而起到保护作用。

(2) 中间级：由 V_1、R_2、和 R_3 组成倒相级。从 V_2 集电极和平共处发射极输出相反的信号。

(3) 输出级：由 V_3、V_4、VD_6 和组 R_4 成。这种结构的特点是降低输出级静态损耗和提高带负载能力。

2. 工作原理

(1) 输入端 A 为低电平 0.3V。在图 7-14 中，V_1 管发射极为低电平 0.3V 时，发射结正向导通，I_{R1} 较大，V_1 的基极电位被钳位在 1V，而 V_1 集电极回路电阻 R_2 和 V_2、b、c 反相电阻之和，其值非常大，故 I 很小，即处 V_1 于深饱和状态，饱和压降为 $U_{CEN}=0.1V$。此时：

$$U_{C1}=U_1+U_{CE1}=0.3+0.1=0.4V$$

因此，V_2 处于截止状态，则 $i_{C2}=0$，$i_{E2}=0$，V_4 基极电位等于 0V，所以 V_4 截也是

截止的。由于 V_2 截止，u_{C2} 接近 $+V_{CC}$，因而使 V_3 和 V_{D6} 处于导通状态，这时输出电平为：

$$U_{OH}=V_{CC}-U_{BE2}-U_{D6}=(5-0.7-0.7)=3.6\text{V}$$

即输出为高电平。

(2) 输入为高电平 3.6V 时。V_{CC} 通过 R_1 向 V_1 注入基极电流，通过 V_1 集电极向 V_2 注入基极电流，使 V_2 导通。V_2 发射极电流又为 V_4 提供基极电流，使 V_4 导通。这时 V_1 基极被钳位在 2.1V，即：

$$U_{B1}=U_{BC1}+U_{BE2}+U_{BE4}=2.1\text{V}$$

这时因为 $U_{E1}=3.6\text{V}$，$U_{C1}=1.4\text{V}$，$U_{B1}=2.1\text{V}$，所以 V_1、处于倒置工作状态。由于 V_2 饱和导通，其集电极电压：

$$U_{C2}=U_{BE4}+0.3=1\text{V}$$

这个电压不足以使 V_3 和 V_{D6} 管二个 PN 结导通，所以和 V_3、V_{D6} 均截止。因 V_4 由 V_2 送入足够大的基极电流，而 $i_{C4}=i_{E3}=0$，即 V_4 处于深饱和状态，输出为低电平 U_{OL}。

由以上分析可知，输入和输出之间为非逻辑关系，即

$$Y=\overline{A}$$

由于 V_2 的集电极和发射极输出一个互补的信号，所以 V_3 和 V_4 总有一个导通，一个截止，这样就有效地降低了输出级的静态损耗，并提高了驱动负载的能力。

(二) TTL 与非门

1. 电路

TTL 与非门电路如图 7-15 所示。它与图 7-14 所示反相器不同的是 V_1 管采用了多发射极三极管。

2. 工作原理

三极管 V_2、V_3、V_1、V_7 组成的倒相器和推拉式输出电路前面已经介绍过了，这里着重讨论多发射极的工作原理。

多发射极三极管有多个发射极，一个基极，一个集电极，把发射结和集电结等效成二极管，则 V_1 可画成 7-16 所示。不难看出 V_{DA}、V_{DB} 和 R_1 组成与门电路，并通过 V_{C1} 把信号送给 V_1 的基极，所以多发射极三极管实现与逻辑功能。

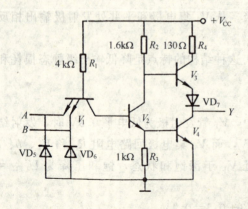

图 7-15　TTL 与非门

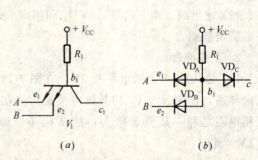

图 7-16　多发射极三极管及其等效电路
(a) 多发射极三极管；(b) 等效电路

由图 7-15 可知，只要 A、B 中有一个接低电平，则 V_1 必有一个发射结导通，并将 V_1 的基极电位钳位在 1V（设 $V_{1L}=0.3V$，$U_{BE}=0.7V$）。这时 V_2、V_4 均截止，输出为高电平 U_{OH}。只有当 A、B 同时为高电平时，V_2 和 V_4 才同时导通，输出为低电平 U_{OL}。即输出 Y 和输入 A、B 之间为与非逻辑关系。

$$Y=\overline{AB}$$

同理，也可以用类似的结构构成 TTL 或门、或非门、与或非门、OC 门等。这里不再一一介绍。集成门电路的符号与分立元件门电路完全相同。一般 TTL 集成电路的结构如图 7-17 所示。

图 7-17　一般 TTL 集成电路结构框图

（三）TTL 电路使用知识

1. 与非门多余端的处理

（1）通过一个大于或等于 $1k\Omega$ 的电阻接到 V_{CC} 上，如图 7-18(a)所示；

（2）和已使用的输入端并联使用，如图 7-18(b)。

2. 或非门多余端的处理

（1）可以直接接地，如图 7-19(a)所示；

（2）和已使用的输入端并联使用，如图 7-19(b)所示。

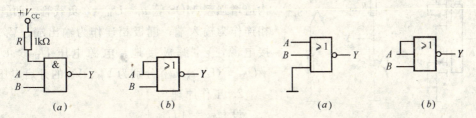

图 7-18　与非门多余输入端的处理　　图 7-19　或非门多余输入端处理

3. 对于 TTL 与门多余端处理和与非门完全相同，而对 TTL 或门多余端输入端处理和或非门完全相同。

4. TTL 电路使用注意事项

（1）电路输入端不能直接与高于 +5V，低于 -0.5V 的低电阻电源连接，否则因为有较大电流流入器件而烧毁器件。

（2）除三态门和 OC 门之外，输出端不允许并联使用，否则会烧坏器件。

（3）防止从电源线引入的干扰信号，一般在每块插板上电源线接耦合电容，以防止动态尖峰电流产生的干扰。

（4）系统连线不宜过长，整个装置应有良好的接地系统，地线要粗、短。

三、MOS 门电路

以 MOS 管作为开关元件的门电路称为 MOS 门电路。MOS 门电路的特点是工艺简单，易于集成，抗干扰能力强，功耗低。因而发展速度迅速，显示出广阔的应用前景。

MOS 门电路按所用的 MOS 管的不同可分为三种：PMOS、NMOS、CMOS。PMOS 电路工作速度低，不易与 TTL 电路联接，已很少使用；NMOS 电路工作速度高，集成度高，可用以制造存储器和微处理器；CMOS 电路功耗低，电源电压范围广，抗干扰能力强，集成度高，且有的系列完全可以和 TTL 电路兼容等特点。

（一）用 NMOS 管制成的非门电路

1. 电路

图 7-20 为 NMOS 反相器，图中 V_{N1} 作为开关管，V_{N2} 作有源负载管。

2. 工作原理

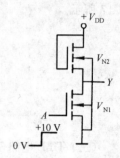

图 7-20 NMOS 反相器

由于 V_{N2} 的漏极和栅极连在一起，$U_{GD2}=0$，所以 V_{N2} 始终工作在饱和区，故该电路又称为饱和型有源负载反相器。

V_{N1}、V_{N2} 两管的开启电压均为 3V。

当 $u_I=U_{IL}=0$ 时，V_{N1} 截止，输出高电平，$u_O=U_{OH}=V_{DD}-U_T=7V$；当 $u_I=U_{IL}=10V$ 时，V_{N1} 导通，输出为低电平，$u_O=U_{OL}=[R_{ON1}/(R_{ON1}+R_{ON2})]\times V_{DD}$，若 R_{ON2} 远远大于 R_{ON1}，则 $u_O\approx 0$。

由以上分析可知：输出和输入反相逻辑关系，即：
$$Y=\overline{A}$$

（二）CMOS 反相器

1. 电路

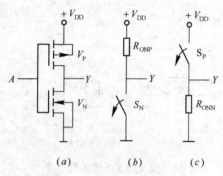

图 7-21 CMOS 反相器

图 7-21 为 CMOS 反相器。由图可知，它是用一个 N 沟道增强型 MOS 管 V_N 作驱动管，一个 P 沟道增强型 MOS 管 $u_I=U_{IL}=0$ 负载管。两管栅极相连作为输入端；漏极相连作为输出端；V_P 源极接电源，V_N 源极接地。电源电压 $U_{DD}>U_{TN}+|U_{TP}|$（U_{TN}、U_{TP} 分别为 V_N、V_P 的开启电压）。

2. 工作原理

设 $U_{TN}=|U_{TP}|$。

当 $u_I=U_{IL}=0V$ 时，$U_{GSN}(=0V)<U_{TN}$，V_N 管截止；$U_{GSP}=0-V_{DD}=-V_{DD}$；V_P 管导通，输出为高电平，$u_O=U_{OH}=V_{DD}$。

当 $u_I=U_{IH}=10V$ 时，$U_{GSN}=10V>U_{TN}$，V_N 导通，而 $U_{GSP}=0V$，V_P 管截止，输出为低电平，$u_O=U_{OL}=0V$。

由以上分析可知：此电路具有反相器功能。
$$Y=\overline{A}$$

（三）CMOS 与非门

1. 电路

基本 CMOS 与非门电路如图 7-22 所示，它是由两个 N 沟道增强型驱动管 V_{N1}、V_{N2} 串联，两个 P 沟道增强型负载管 V_{P1} 和 V_{P2} 并联组成的。

2. 逻辑功能分析

当输入 A、B 中只要有一个为低电平时，两个并联的 V_{P1} 和 V_{P2} 必有一个导通，两个串联的 V_{N1} 和 V_{N2} 必有一个截止，所以输出 Y 为高电平；只有输入 A、B 均为高电平时，V_{N1} 和 V_{N2} 两管均导通，V_{P1} 和 V_{P2} 均截止，输出 Y 为低电平。显然此电路能实现与非的逻辑功能，即：

$$Y=\overline{AB}$$

（四）CMOS 或非门

1. 电路

基本 CMOS 或非门电路如图 7-23 所示。它是由两个 N 沟道增强型的驱动管 V_{N1}、V_{N2} 并联，两个 P 沟道增强型的负载管 V_{P1}、V_{P2} 串联组成的。

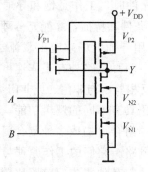
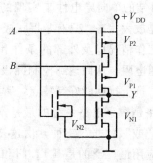

图 7-22 CMOS 与非门　　　　　　图 7-23 CMOS 或非门

2. 逻辑功能分析

当输入 A、B 中只要有一个为高电平时，V_{N1}、V_{N2} 中必有一个导通，而 V_{P1}、V_{P2} 两管中必有一个截止，所以输出 Y 为低电平；只有当输入 A、B 均为低电平时，V_{N1}、V_{N2} 均截止，V_{P1}、V_{P2} 均导通，输出 Y 为高电平。显然此电路能实现逻辑或非功能，即：

$$Y=\overline{A+B}$$

（五）MOS 电路使用知识

MOS 电路的多余输入端绝对不允许处于悬空状态，否则会因受干扰而被破坏逻辑状态。

1. MOS 与非门多余输入端的处理

(1) 直接接电源，如图 7-24(a)所示；

(2) 和使用的输入端并联使用，如图 7-24(b)所示。

2. MOS 或非门多余输入端的处理

(1) 直接接地，如图 7-25(a)所示；

(2) 和使用的输入端并联使用，如图 7-25(b)所示。

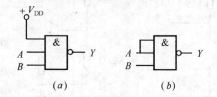
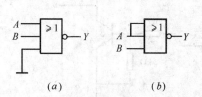

图 7-24　MOS 门电路与非门多余端处理　　　图 7-25　MOS 门电路或非门多余端处理
　　(a)直接接电源；(b)并联使用　　　　　　　　(a)直接接地；(b)并联使用

3. MOS 电路使用注意事项

（1）要防止静电损坏。MOS 器件输入电阻大，输入电容很小，即使感应少量电荷也将产生较高的感应电压（$U_{GS}=Q/C$），可使 MOS 管栅极绝缘层击穿，造成永久性损坏。

（2）操作人员应尽量避免穿着易产生静电荷的化纤物，以免产生静电感应。

（3）焊接 MOS 电路时，一般电烙铁容量应不大于 20W，烙铁要有良好的接地线，焊接时利用断电后余热快速焊接，禁止通电情况下焊接。

本 章 小 结

本章主要介绍了二极管、三极管、TTL 门电路和 MOS 门电路。二极管作为开关元件是利用其 PN 结的单向导电性来实现的；三极管作为开关元件时，工作是饱和导通或截止状态，而不是放大状态。只有掌握三极管的三种工作状态和条件和特征，才能充分理解和领会门电路的工作情况以及外部的条件和范围。MOS 管是利用外加电场感应出载流子的多少，来改变沟道电阻，从而达到控制漏极电流的半导体器件。TTL 电路具有工作速度高、带负载能力强、抗干扰性能好等特点，常用的 TTL 门电路有反相器、与非门、或非门等。

门电路是数字电路系统的最基本单元，不同的门电路具有不同的逻辑功能。最基本的是"与"、"或"、"非"三种，由这三种基本门电路的不同组合可构成多种复合门。

目前应用最广泛的是 TTL 门和 CMOS 门两种集成电路。它们的工作原理与分立元件门电路基本相同，但工作速度、抗干扰能力却大大提高，与其他集成门电路比较，更易高集成度和低功耗。

思 考 题 与 习 题

7-1 二极管、三极管用于数字电路与用于模拟电路有什么不同？

7-2 试举例说明分立元件构成的与门、或门和非门的工作原理。

7-3 如图 7-26 电路所示，试计算当输入端分别接 0V、5V 和悬空时输出电压 u_0 的数值，并指出三极管工作在什么状态？$u_{BE}=0.7V$。

7-4 如图 7-27 电路所示，试分析计算电路中各三极管的工作状态。

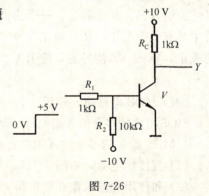

图 7-26

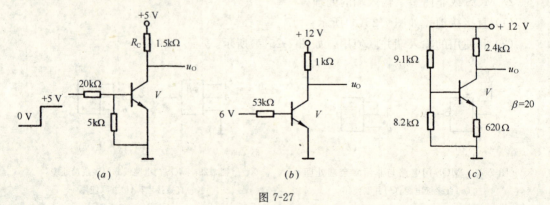

图 7-27

7-5 画出与门、或门、非门、与非门、或非门、异或门和与或非门的逻辑符号，写出真值表及输出表达式。

7-6 若与非门的输入为 A_1、A_2、A_3，当其中的任意一个输入电平确定之后，能否决定其输出？对于或非门，情况又如何？

7-7 如图 7-28(a)、(b)所示，写出 Y_1 和 Y_2 的逻辑表达式。

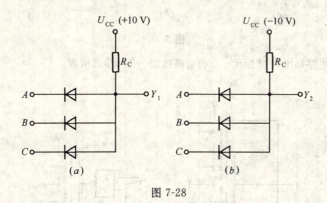

图 7-28

7-8 已知门电路及输入信号的电压波形图如 7-29 所示，试画出 $F_1 \sim F_6$ 的波形。

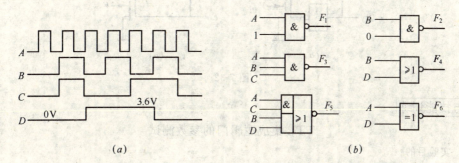

图 7-29

7-9 在图 7-30 所示电路中，选择能实现 $Y=\overline{A}$ 逻辑功能的电路。

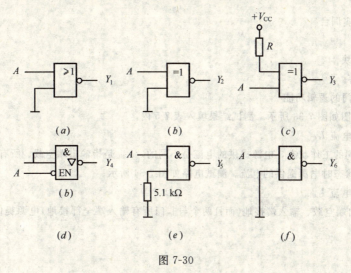

图 7-30

7-10 电路如图 7-31 所示，试在 7-31 中分别写出 TTL 门电路和 CMOS 电路的输出状态。

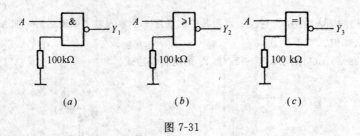

图 7-31

7-11 CMOS 门电路如图 7-32 所示，分析电路功能，并写出真值表。

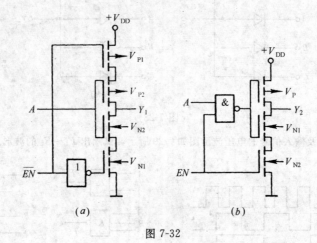

图 7-32

实验与技能训练

TTL 集成逻辑门的参数测试

一、实验目的

1. 掌握 TTL 集成与非门主要参数的测试方法。
2. 测试与非门的电压传输特性。

二、实验器材

1. 电子教学实训台
2. 万用表
3. 74LS20 一块

三、实验内容

1. 测试与非门的逻辑功能

74LS20 引脚图如图 7-33 所示。测试结果填入表 7-5 内。

2. 导通电源电流 I_{CCL}

与非门在不同的工作状态，电源提供的电流是不同的。I_{CCL} 是指输出端空载、所有输入端全部悬空、与非门处于导通状态时电源提供的电流。测试电路如图 7-34 所示。

3. 截止电源电流 I_{CCH}

I_{CCH} 是指输出端空载、输入端接地（而且两个与非门所有输入端全部接地）电源提供的电流。测试电路如图 7-35 所示。

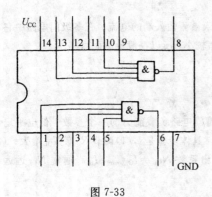

图 7-33

测试结果　　表 7-5

输入			输出
$\overline{ST}$	A_1	A_0	Y
1	×	×	0
0	0	0	D_0
0	0	1	D_1
0	1	0	D_2
0	1	1	D_3

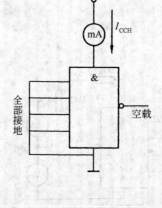

图 7-34　　　　　　　　图 7-35

通常 $I_{CCL} > I_{CCH}$，所以一般手册中给出的功耗是指 P_{CCL}。

导通功耗 $P_{CCL} = I_{CCL} U_{CC}$

截止功耗 $P_{CCH} = I_{CCH} U_{CC}$

4. 输入低电平电流 I_{IL}

I_{IL} 是当被测输入端接地、其余输入端悬空，从被测输入端流出的电流。在多级门电路中它相当于前级门输出低电平时本级向前级灌入的电流。测试电路如图 7-36 所示。

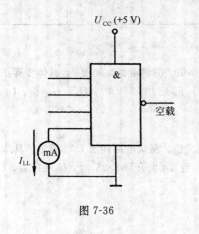
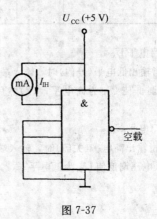

图 7-36　　　　　　　　图 7-37

5. 输入高电平电流 I_{IH}

I_{IH} 是指被测输入端接高电平、其余输入端接地时，流入被测输入端的电流。在多级门电路中它相当于前级门的拉电流负载。测试电路如图 7-37 所示。由于 I_{IH} 较小，所以一般免测此内容。

6. 输出低电平 U_{OL}（0.3V 左右）

7. 输出高电平 U_{OH}（3.3V 左右）

8. 扇出系数 N_0

扇出系数是指门电路能驱动同类门的最大个数，是衡量门电路负载能力的一个参数。低电平扇出系数 N_{OL} 测试电路如图 7-38 所示。此时输出端接灌电流负载。具体步骤是：(1)调节 R_P 使 I_{OL} 增大；(2)当 $U_{OL}=0.3V$ 时，$I_{OL}=I_{OL(max)}$——最大允许灌电流。低电平扇出系数 $N_{OL}=I_{OL(max)}/I_{IL}$，通常 N_{OL} 远远小于 N_{OH}，故一般以 N_{OL} 作为门电路的扇出系数。

9. 电压传输特性

测试电路如图 7-39 所示。采用逐点测试法。调节 R_P 逐点测试 U_1 和 U_0，将对应值填入下表，然后逐点描绘电压传输特性曲线。测试结果填入表 7-6 内。

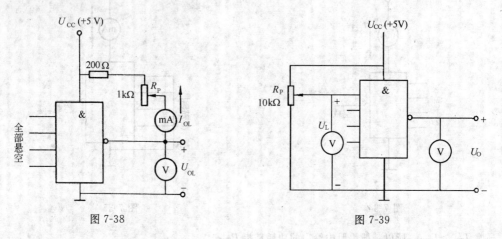

图 7-38   图 7-39

表 7-6

U_1/V	0	0.2	0.4	0.6	0.7	0.75	0.8	0.85	0.9	1.0
U_0/V										
U_1/V	1.1	1.2	1.3	1.4	1.5	1.6	1.7	1.8	1.9	2.0
U_0/V										

10. 开门电平 U_{ON}

U_{ON} 是指输出低电平（开门）时，输入端所加高电平的最小值。测试电路如同图 7。具体步骤：(1)先将输入电压调低使 U_0 为高电平；(2)然后调节 R_P，当 U_0 下降到 0.35V 时，$U_1=U_{ON}$ 值。U_{ON} 越小越好。

11. 关门电平 U_{OFF}

U_{OFF} 是指输出高电平（关门）时，输入端所加低电平的最大值。测试电路同图 7-39 所示。具体步骤：(1)先将输入电压调低使 U_0 为低电平；(2)再慢慢调节 R_P，当 U_0 上升到 3.2V 时，$U_1=U_{OFF}$，U_{OFF} 越大越好。

实验数据小结　　　　　　　　　　表 7-7

参 数 名 称	符 号	规 范 值	单 位	74LS20 测试值
导通电流	I_{CCL}	<14	mA	
截止电流	I_{CCH}	<7	mA	
低电平输入电流	I_{IL}	<1.8	mA	
高电平输入电流	I_{IH}	<50	μA	
输出低电平	U_{OL}	<0.4，通常 0.3	V	
输出高电平	U_{OH}	>2.4，通常 3.3	V	
扇出系数	N_0	>8		
开门电平	U_{ON}	<2	V	
关门电平	U_{OFF}	>0.8	V	

注意：必须 U_{ON}>U_{OFF} 才对。当 U_{ON}=U_{OFF} 时，其开关特性最好。

第八章 组合逻辑电路

数字电路可分为两种类型：一是组合逻辑电路，另一类是时序逻辑电路。

组合逻辑电路任何时刻的输出只与该时刻的输入状态有关，而与先前的输入状态无关。时序逻辑电路则不同，时序逻辑电路在任何时刻的输出不仅与该时刻的输入状态有关，还与先前的输入状态有关。组合逻辑电路的结构是由各种门电路组成，且电路不含有任何具有记忆的单元逻辑电路，一般也不含有反馈电路。

组合逻辑电路可由逻辑表达式、真值表、逻辑图和卡诺图等四种方法中的任何一种表示其逻辑功能。

组合逻辑电路一般来说有多个输入端和多个输出端，如图 8-1 所示。图中 A_1, A_2, $\cdots A_n$ 表示输入变量，Y_1, Y_2, $\cdots Y_n$ 表示输出变量。输入与输出之间的函数关系可表示为：

$$Y_n = f_n(A_1, A_2, \cdots A_n)$$

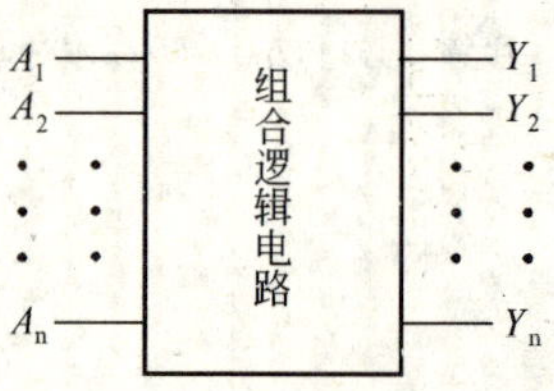

图 8-1 组合逻辑电路框图

在前面所分析的电路都属于组合型逻辑电路。常用的组合型逻辑电路有：全加器、编码器、译码器、比较器、多路选择器等。

第一节 组合逻辑电路的分析与设计

一、组合逻辑电路的分析

组合逻辑电路的分析，就是对给定的组合逻辑电路进行逻辑描述，找出相应的组合逻辑关系表达式，以确定该电路的功能，或检查和评价该电路设计得是否合理、经济等。

对于寻找组合逻辑电路输入、输出关系表达式的过程和方法，就是组合逻辑电路分析的过程和方法，其一般步骤如下：

（1）根据逻辑图写出输出函数的表达式；

（2）对表达式进行化简或变换，求最简表达式；

（3）列出输入和输出变量的真值表；

（4）说明电路的逻辑功能，有时还需对电路设计进行评价。

在实际工作中，也可用实验分析的方法，通过测得输入和输出逻辑状态的对应关系，求出真值表，从而确定电路的逻辑功能。下面举例说明组合逻辑电路的分析步骤。

【例 8-1】 试分析图 8-2 所示电路的逻辑功能。

【解】 （1）写出输出端的逻辑函数表达式：

$$Y_1 = \overline{A \cdot \overline{AB} \cdot B \overline{AB}}$$

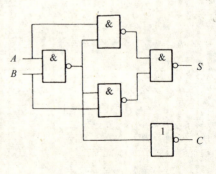

图 8-2

$$Y_2 = \overline{AB}$$

（2）将上式进行化简和变换后得：

$$Y_1 = A\overline{B} + \overline{A}B = A \oplus B$$

$$Y_2 = AB$$

（3）列出函数真值表

真 值 表　　　　　　　　　表 8-1

输入		输出		输入		输出	
A	B	S	C	A	B	S	C
0	0	0	0	1	0	1	0
0	1	1	0	1	1	0	1

（4）分析电路逻辑功能

由真值表可以看出，Y_1 和 A、B 是异或关系，Y_1 相当于两个一位二进制数（A、B）相加所得的本位和数；Y_2 则是 A 和 B 的逻辑与，相当于两数相加的进位数。所以，该电路是两个一位二进制数的加法电路，又称半加器。

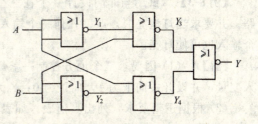

图 8-3　例 8-2 图

【例 8-2】　试分析图 8-3 所示电路的逻辑功能。

【解】　（1）写出输出端的逻辑函数表达式：

$$Y_1 = \overline{A}$$

$$Y_2 = \overline{B}$$

$$Y_3 = \overline{\overline{A} + B}$$

$$Y_4 = \overline{Y_3 + Y_4} = \overline{A\overline{B} + \overline{A}B}$$

（2）对上式进行化简的转换得：

$$Y = \overline{A\overline{B} + \overline{A}B}$$
$$= \overline{A\overline{B}} \cdot \overline{\overline{A}B}$$
$$= (\overline{A} + B)(A + \overline{B})$$
$$= \overline{A}\,\overline{B} + AB$$

（3）列出函数真值表

真 值 表　　　　　　　　　表 8-2

A	B	Y	A	B	Y
0	0	1	1	0	0
0	1	0	1	1	1

（4）分析电路逻辑功能

由输出逻辑函数 Y 的表达式和真值表可知，该电路是一个同或门。

二、组合逻辑电路的设计

所谓组合逻辑电路的设计，即根据给出的实际逻辑问题，求出实现这一逻辑功能的最简单、最经济的逻辑电路。

组合逻辑电路的设计,其一般设计步骤为:

(1) 将给出的实际问题进行逻辑抽象。根据命题要求对逻辑功能进行分析,确定哪些是输入变量,哪些是输出变量,以及它们之间的逻辑关系。并进行逻辑赋值,即确定什么情况下为逻辑 1,什么情况下为逻辑 0。

(2) 根据给定的因果关系列出真值表。

(3) 根据真值表写出相应的与或逻辑表达式,然后进行化简并转换成命题所要求的逻辑函数表达式。

(4) 根据化简或变换后的逻辑函数表达式,画出逻辑电路图。

在实际生产实践中遇到的逻辑问题是很多的,下面举例说明逻辑电路的一般设计方法。

【例 8-3】 试用与非门设计一个在三个地方均可对同一盏灯进行控制的组合逻辑电路。并要求当灯泡亮时,改变任何一个输入可把灯熄灭;相反,若灯不亮时,改变任何一个输入也可使灯亮。

【解】 (1) 因要求三个地方控制一盏灯,所以设 A、B、C 分别为三个开关,作为输入变量,并设开关向上为 1,向下为 0;Y 为输出变量,灯亮为 1,灯灭为 0。

(2) 根据逻辑要求,列出真值表,如表 8-3 所示。

真 值 表　　　　表 8-3

A	B	C	Y	A	B	C	Y
0	0	0	0	1	0	0	1
0	0	1	1	1	0	1	0
0	1	0	1	1	1	0	0
0	1	1	0	1	1	1	1

(3) 写出逻辑函数表达式,并化简成最简与或表达式:

$$Y = \overline{A}\,\overline{B}C + \overline{A}B\overline{C} + A\overline{B}\,\overline{C} + ABC$$

(4) 画出逻辑电路图

将逻辑函数 Y 变换成与非—与非表达式,然后再画出逻辑电路图,如图 8-4 所示。

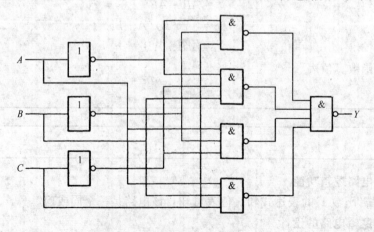

图 8-4

【例 8-4】 半加器的设计。

【解】 所谓半加器是实现两个 1 位二进制数相加的逻辑电路。它具有两个输入端和两个输出端：两个输入端分别为被加数与加数（设为 A 和 B），两个输出端分别为和数与进位（设为 S 和 C）。半加器的真值表如 8-4 所示。

(1) 将设计要求变成真值表，同表 8-4。

真 值 表　　　　　　　　　　　　表 8-4

输	入	输	出
A	B	S	C
0	0	0	0
0	1	1	0
1	0	1	0
1	1	0	1

(2) 由真值表写出逻辑函数的最小项表达式：

$$S = \overline{A}B + A\overline{B} = A \oplus B$$
$$C = AB$$

(3) 容易判断，上面得到的两个表达式已经是最简的与或表达式。所以可以方便地用一个异或门产生和数 S，再用一个与门产生进位位即可构成半加器。

(4) 根据表达式画出逻辑电路如图 8-5 所示。

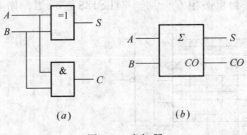

图 8-5　半加器
(a)逻辑图；(b)逻辑符号

第二节　加法器和数值比较器

一、加法器

（一）全加器

在例 8-4 中介绍了半加器的设计，全加运算是指两个多门二进制数相加时，第 i 位的被加数 A_i 和加数 B_i 及来自相邻低位的进位数 C_{i-1} 三者相加，其结果得到本位和数 S_i 及向相邻高位的进位数 C_i。能够实现全加运算的电路称为全加器。

1. 列真值表

根据全加运算的含义和二进制运算法则，可列全加器真值表，如表 8-5 所示。

2. 由真值表写出逻辑表达式

$$S_i = \overline{A}_i\overline{B}_iC_{i-1} + \overline{A}_iB_i\overline{C}_{i-1} + A_i\overline{B}_i\overline{C}_{i-1} + A_iB_iC_{i-1} \tag{8-1}$$

$$C_i = \overline{A}_i B_i C_{i-1} + A_i \overline{B}_i C_{i-1} + A_i B_i \overline{C}_{i-1} + A_i B_i C_{i-1} \tag{8-2}$$

图 8-6 是全加器的卡诺图，采用合并零项，再求反的化简方法，得双全加器 74LS183 逻辑表达式：

全加器真值表　　　　　　　　　　　　　　　表 8-5

输入			输出		输入			输出	
A_i	B_i	C_{i-1}	S_i	C_i	A_i	B_i	C_{i-1}	S_i	C_i
0	0	0	0	0	1	0	0	1	0
0	0	1	1	0	1	0	1	0	1
0	1	0	1	0	1	1	0	0	1
0	1	1	0	1	1	1	1	1	1

$$S_i = \overline{\overline{A}_i \overline{B}_i \overline{C}_{i-1} + \overline{A}_i B_i C_{i-1} + A_i \overline{B}_i C_{i-1} + A_i B_i \overline{C}_{i-1}} \tag{8-3}$$

$$C_i = \overline{\overline{A_i B_i} + \overline{B_i C_{i-1}} + \overline{A_i C_{i-1}}} \tag{8-4}$$

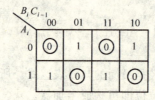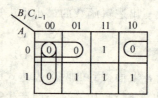

图 8-6　全加器卡诺图

3. 根据式(8-3)、(8-4)可画出双全加器 74LS183 逻辑图，如图 8-7 所示。

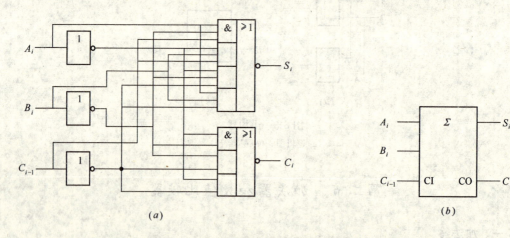

图 8-7　双全加器 74LS183 逻辑图及逻辑符号
(a)逻辑图；(b)逻辑符号

4. 将式(8-1)、(8-2)进行变换，并令 $S'_i = \overline{A}_i B_i + A_i \overline{B}_i$，则

$$S_i = \overline{\overline{S'_i} \cdot \overline{S'_i C_{i-1}} \cdot C_{i-1} \overline{S'_i C_{i-1}}} \tag{8-5}$$

$$C_i = \overline{\overline{S'_i C_{i-1}} \cdot \overline{A_i B_i}} \tag{8-6}$$

根据式(8-5)、(8-6)可画出用与非门构成的全加器逻辑图，如图 8-8 所示。

（二）多位二进制加法器

多位二进制数相加可采用并行相加串行进位的方式来完成的。例如，有两个四位二进

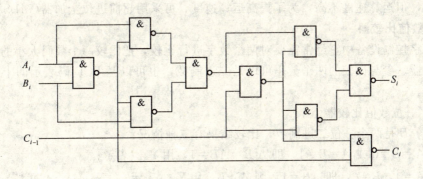

图 8-8 用与非门组成的全加器

制数 $A = A_3A_2A_1A_0$ 和 $B = B_3B_2B_1B_0$ 相加，可能采用一片内有 4 个全加器的集成电路 T692 来完成。其逻辑图如图 8-9(a)所示，图 8-9(b)是它的逻辑符号。图中每个低位全加器的进位输出 CO 是通过关联符 Z_1 把其内部逻辑状态强加到相邻高位的进位输入 CI(通过 CI 前的标识符 I 来确定)。它表明低位全加器的进位输出与高位全加器的进位输入在内部直接相连，而最低位的进位输入 CO 和最高位的进位输出 C_3 可作为 4 位二进制加法器的进位输入和进位输出。

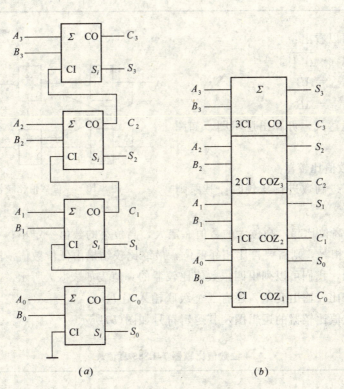

图 8-9 4 位串行进位加法器
(a)逻辑图；(b)逻辑符号

由图可知，每一位的进位信号送给高一位作为输入信号。因此，任意一位的加法运算必须在低一位的运算完成以后才能进行，这种进位方式称为串行进位。这种加法器的电路比较简单，但运算速度不高，为了提高运算速度，可采用超前进位全加器(74LS283)。

二、数值比较器

在数字控制设备中，经常需要对两个数字进行比较，把比较两个数码大小的电路称为数值比较器。参与比较的两个数码可以是二进制数，也可以是 BCD 码表示的十进制数或其他数码。

（一）一位数值比较器

设 A、B 是两个一位二进制数，比较结果有三种情况：

(1) $A=B=0$ 或 $A=B=1$，即 $\overline{A}\,\overline{B}=AB=1$，用 $Y_{A=B}$ 表示；

(2) $A=1$，$B=0$，即 $A\overline{B}=1$，则 $A>B$，用 $Y_{A>B}$ 表示；

(3) $A=0$，$B=1$，即 $\overline{A}B=1$，则 $A>B$，用 $Y_{A<B}$ 表示。

根据以上分析，可列出一位比较器的真值表，如表 8-6 所示。

一位数值比较器真值表　　　　　　　　　　表 8-6

输入		输出			输入		输出		
A	B	$Y_{A>B}$	$Y_{A<B}$	$Y_{A=B}$	A	B	$Y_{A>B}$	$Y_{A<B}$	$Y_{A=B}$
0	0	0	0	1	1	0	1	0	0
0	1	0	1	0	1	1	0	0	1

由真值表可以看出：

$$Y_{A=B}=\overline{A}\,\overline{B}+AB$$

$$Y_{A>B}=A\overline{B}$$

$$Y_{A<B}=\overline{A}B$$

根据逻辑表达式，可画出逻辑图，如图 8-10 所示。

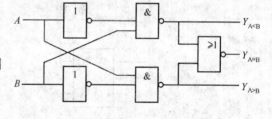

图 8-10　一位数值比较器逻辑图

（二）多位数值比较器

两个多位二进制数进行比较时，其原则如下：

(1) 先从最高位比起，高位大的数值一定大，高位小的数值一定小；

(2) 若高位相等，则需要再比相邻低位，最终比较结果由低位数值情况决定。

按上述原则，我们可以列出四位数值比较器的真值表如表 8-7 所示。表中有八个比较输入变量，三个比较输出变量，还有三个级联输入端 $I_{A>B}$、$I_{A<B}$、$I_{A=B}$。逻辑图 8-11(a) 所示即为四位数值比较器的逻辑图，其逻辑符号如图(b)所示。

4 位数值比较器 74LS85 真值表　　　　　　　　　　表 8-7

输入							输出		
$A_3\,B_3$	$A_2\,B_2$	$A_1\,B_1$	$A_0\,B_0$	$I_{A>B}$	$I_{A<B}$	$I_{A=B}$	$Y_{A>B}$	$Y_{A<B}$	$I_{A=B}$
$A_3>B_3$	×	×	×	×	×	×	1	0	0
$A_3<B_3$	×	×	×	×	×	×	0	1	0
$A_3=B_3$	$A_2>B_2$	×	×	×	×	×	1	0	0

续表

输入							输出		
$A_3\ B_3$	$A_2\ B_2$	$A_1\ B_1$	$A_0\ B_0$	$I_{A>B}$	$I_{A<B}$	$I_{A=B}$	$Y_{A>B}$	$Y_{A<B}$	$I_{A=B}$
$A_3=B_3$	$A_2<B_2$	×	×	×	×	×	0	1	0
$A_3=B_3$	$A_2=B_2$	$A_1>B_1$	×	×	×	×	1	0	0
$A_3=B_3$	$A_2=B_2$	$A_1<B_1$	×	×	×	×	0	1	0
$A_3=B_3$	$A_2=B_2$	$A_1=B_1$	$A_0>B_0$	×	×	×	1	0	0
$A_3=B_3$	$A_2=B_2$	$A_1=B_1$	$A_0<B_0$	×	×	×	0	1	0
$A_3=B_3$	$A_2=B_2$	$A_1=B_1$	$A_0=B_0$	1	0	0	1	0	0
$A_3=B_3$	$A_2=B_2$	$A_1=B_1$	$A_0=B_0$	0	1	0	0	1	0
$A_3=B_3$	$A_2=B_2$	$A_1=B_1$	$A_0=B_0$	1	0	1	0	0	1

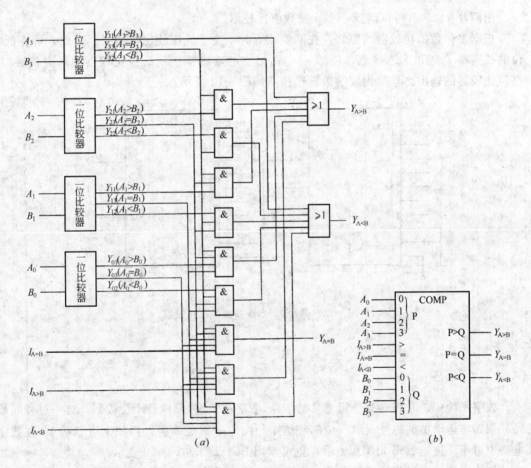

图 8-11　4 位数值比较器 74LS85
(a)逻辑图；(b)逻辑符号

由逻辑图可以看出，4 位数值比较器由 4 个 1 位比较器和若干个逻辑门组成。其逻辑表达式为：

$$Y_{A>B}=Y_{31}+Y_{33}Y_{21}+Y_{33}Y_{23}Y_{11}+Y_{33}Y_{23}Y_{13}Y_{01}+I_{A>B}Y_{33}Y_{23}Y_{13}Y_{03}$$

$$Y_{A<B}=Y_{32}+Y_{33}Y_{22}+Y_{33}Y_{23}Y_{12}+Y_{33}Y_{23}Y_{13}Y_{02}+I_{A<B}Y_{33}Y_{23}Y_{13}Y_{03}$$

$$Y_{A=B} = I_{A=B} Y_{33} Y_{23} Y_{13} Y_{03}$$

上式体现了多位比较器的原理，例如，只要 $A_3 > B_3$，必然 $Y_{31}=1$，不论其他三位大小如何，比较结果 $Y_{A>B}=1$，即 $A>B$；同理，若 $A_3 < B_3$，可得 $Y_{32}=1$，结果 $Y_{A<B}=1$，即为 $A<B$；同理，只有 $A_3=B_3$、$A_2=B_2$、$A_1=B_1$、$A_0=B_0$，则 $Y_{33}=1$，$Y_{23}=1$，$Y_{13}=1$，$Y_{03}=1$，且 $I_{A=B}=1$，比较结果 $Y_{A=B}=1$，即 A、B 两数相等。

（三）数值比较器的使用

1. 单片使用：即只比较两个 4 位数值，则应使级联输入端 $I_{A>B}=1$，$I_{A<B}=I_{A=B}=0$。因为只有这样连接，输出端才能确定本片比较结果。即 $A>B$ 时，$Y_{A>B}=1$，$Y_{A<B}=Y_{A=B}=0$；$A<B$ 时，$Y_{A<B}=1$，$Y_{A>B}=Y_{A=B}=0$；当 $A_3=B_3$、$A_2=B_2$、$A_1=B_1$、$A_0=B_0$ 时，而因为 $I_{A=B}=1$，所以 $Y_{A=B}=1$，$Y_{A>B}=0$，$Y_{A<B}=0$。反映了本片的比较结果。

2. 8 位数值比较器

用两片 74LS85 可以组成一个 8 位数值比较器。

根据多位数值比较器的原则，在高位相等时取决于低位的比较结果。因此，可将低 4 位的扩展端 $I_{A>B}$ 和 $I_{A<B}$ 接地，$I_{A=B}=1$，而将它的输出端接到高位比较器的对应扩展端，高位比较器的输出为总的比较结果。连接图如图 8-12 所示。

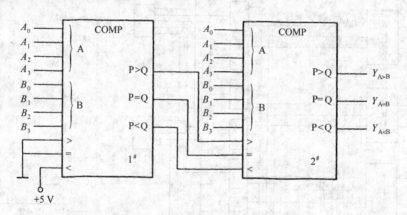

图 8-12　两片 74LS85 接成 8 位比较器

第三节　编　码　器

数字系统中，常将具有特定意义的信息（数字或字符）编成若干位代码，这一过程叫编码。例如对运动员的编号、对单位邮政信箱的编号等就是编码；再如十进制数 12 在数字电路中可用二进制编码 1101B 表示，也可以用 BCD 码 0001 0010 表示。

能够实现编码操作的逻辑电路叫编码器。编码器是一个多输入、多输出的电路，通常输入端多于输出端。例如有四个信息 I_0、I_1、I_2、I_3 可用二位二进制代码 A、B 表示。A、B 为 00、01、10、11 分别代表信息 I_0、I_1、I_2、I_3，而 8 个信息要三位二进制代码 A、B、C 来表示。要表示的信息越多，二进制代码的位数也越多。n 位二进制代码有 2^n 个状态，可以表示 2^n 个信息。

常用的编码器有二进制编码器、二一十进制编码器、优先编码器等。

一、二进制编码器

将信号编为二进制代码的电路称为二进制编码电路。对于 m 位二进制数,可以表示 2^m 个信号。显然 8 线—3 线编码器,由于 $m=3$,可以对 8 个信号进行编码。图 8-13(所示为 8 线—3 线编码电路,其工作原理分析如下:

由电路可以看出,输入、输出之间存在如下逻辑关系:

$$Y_2 = \overline{\overline{A_4}\,\overline{A_5}\,\overline{A_6}\,\overline{A_7}}$$
$$Y_1 = \overline{\overline{A_2}\,\overline{A_3}\,\overline{A_6}\,\overline{A_7}}$$
$$Y_0 = \overline{\overline{A_1}\,\overline{A_3}\,\overline{A_5}\,\overline{A_7}}$$

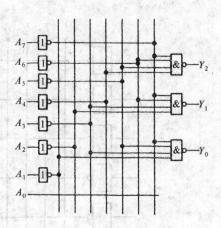

图 8-13 8 线—3 线编码器

根据逻辑关系列出该编码器的真值表,如表 8-8 所示。(高电平表示人信号输入)

8 线—3 线编码器真值表   表 8-8

A_0	A_1	A_2	A_3	A_4	A_5	A_6	A_7	Y_2	Y_1	Y_0
1	0	0	0	0	0	0	0	0	0	0
0	1	0	0	0	0	0	0	0	0	1
0	0	1	0	0	0	0	0	0	1	0
0	0	0	1	0	0	0	0	0	1	1
0	0	0	0	1	0	0	0	1	0	0
0	0	0	0	0	1	0	0	1	0	1
0	0	0	0	0	0	1	0	1	1	0
0	0	0	0	0	0	0	1	1	1	1

在任一时刻,编码器只能对一个输入信号进行编码,即输入的 A_0、A_1、…、A_7 这 8 个输入变量中,其中任一个为 1 时,其他个均应为 0。

二、二—十进制编码器

二—十进制代码简称 BCD 代码,是以二进制数码表示十进制数,它是兼顾考虑了人对十进制计数的习惯和数字逻辑部件易于处理二进制数的特点。图 8-14 所示为 BCD8421 码编码器逻辑电路。

由逻辑电路图可知,当输入端 I_9 有信号时,($I_9=1$),其他输入端无信号(即 $I_1=I_2=I_3=I_4=I_5=I_6=I_7=I_8=0$)时,$Y_3Y_2Y_1Y_0=10901$,完成 I_9 的编码。

同理,当任何一个输入端有信号时,则可得到相应输出状态。如果 $I_0 \sim I_9$ 全为 0,则 $Y_3Y_2Y_1Y_0=0000$,即隐含 I_0 的编码。

根据逻辑图可以看出,输入和输出之间存在如下逻辑关系:

$$Y_3 = I_8 + I_9 = \overline{\overline{I_8} \cdot \overline{I_9}}$$
$$Y_2 = I_4 + I_5 + I_6 + I_7 = \overline{\overline{I_4} \cdot \overline{I_5} \cdot \overline{I_6} \cdot \overline{I_7}}$$
$$Y_1 = I_2 + I_3 + I_6 + I_7 = \overline{\overline{I_2} \cdot \overline{I_3} \cdot \overline{I_6} \cdot \overline{I_7}}$$
$$Y_0 = I_1 + I_3 + I_5 + I_7 = \overline{\overline{I_1} \cdot \overline{I_3} \cdot \overline{I_5} \cdot \overline{I_7}}$$

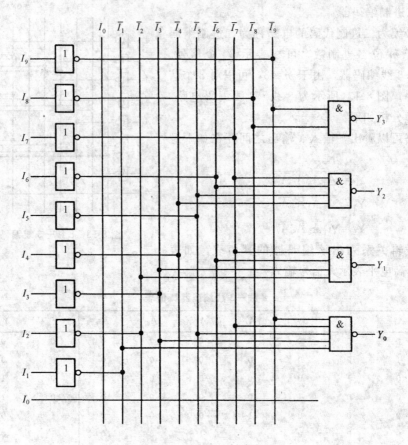

图 8-14 二—十进制编码器

根据逻辑表达式列出二—十进制编码器的真值表,如表 8-9。

8421BCD 码编码器真值表　　　　　　　　　　　　　表 8-9

十进制数	输入变量	8421BCD 码			
		Y_3	Y_2	Y_1	Y_0
0	I_0	0	0	0	0
1	I_1	0	0	0	1
2	I_2	0	0	1	0
3	I_3	0	0	1	1
4	I_4	0	1	0	0
5	I_5	0	1	0	1
6	I_6	0	1	1	0
7	I_7	0	1	1	1
8	I_8	1	0	0	0
9	I_9	1	0	0	1

三、优先编码器

前面讨论的二进制编码二—十进制编码的输入变量是相互排斥的,即某一时刻只允许有一个有效输入信号,若同时有两个或两个以上的输入信号要求编码时,输出端就会出现错误。而在实际数字系统中，这种情况是经常出现的。如计算机有许多输入设备，可能同时多台输入设备向主机发出中断请求，而在同一时刻只能给其中一个设备发出操作指令。因此，必须根据轻重缓急，规定这些设备的先后顺序，即优先级别。能够识别优先级别并进行编码的逻辑部件称为优先编码器。

常用的集成8线—3线优先编码器有74LS148，10线—4线8421BCD优先编码器有74LS147、CC40147等。

下面对74LS148的工作原理及使用方法作简单介绍。

图8-15(a)是74LS148的逻辑图，(b)是逻辑符号。

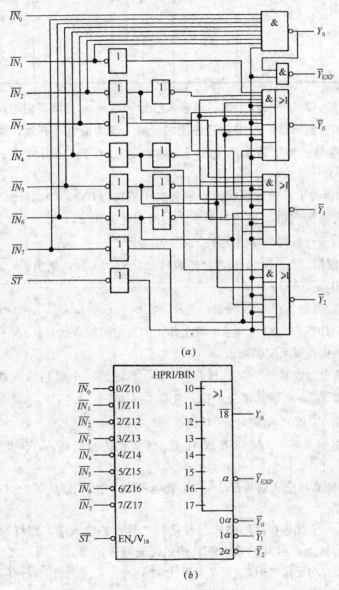

图8-15　74LS148优先编码器
(a)逻辑图；(b)逻辑符号

74LLS148的真值表如表8-10所示。

74LS148 优先编码器真值表　　　　　　　　　　　表 8-10

使能输入 $\overline{ST}$	输入 $\overline{IN_0}$	$\overline{IN_1}$	$\overline{IN_2}$	$\overline{IN_3}$	$\overline{IN_4}$	$\overline{IN_5}$	$\overline{IN_6}$	$\overline{IN_7}$	输出 $\overline{Y_2}$	$\overline{Y_1}$	$\overline{Y_0}$	扩展输出 $\overline{Y}_{EXP}$	选通输出 Y_S
1	×	×	×	×	×	×	×	×	1	1	1	1	1
0	1	1	1	1	1	1	1	1	1	1	1	1	0
0	×	×	×	×	×	×	×	0	0	0	0	0	1
0	×	×	×	×	×	×	0	1	0	0	1	0	1
0	×	×	×	×	×	0	1	1	0	1	0	0	1
0	×	×	×	×	0	1	1	1	0	1	1	0	1
0	×	×	×	0	1	1	1	1	1	0	0	0	1
0	×	×	0	1	1	1	1	1	1	0	1	0	1
0	×	0	1	1	1	1	1	1	1	1	0	0	1
0	0	1	1	1	1	1	1	1	1	1	1	0	1

由表 8-10 可知，$\overline{IN_0} \sim \overline{IN_7}$ 为编码器输入信号，$\overline{Y}_2 \sim \overline{Y}_0$ 为编码器输出端，$\overline{ST}$ 是使能输入端，$\overline{Y}_{EXP}$ 是扩展输出端，Y_S 是选通输出端。输入端为低电平有效，即 $\overline{IN_0} \sim \overline{IN_7}$ 取值为 0 时，表示有信号，为 1 时表示无信号。输出 8421 反码，即 $\overline{IN_7}=0$，$\overline{Y}_2\overline{Y}_1\overline{Y}_0=000$ 等等。

从表 8-10 可以看出，输入端优先级别的次序依次为 $\overline{IN_7}$、$\overline{IN_6}$、…、$\overline{IN_0}$。当 $\overline{IN_7}=0$，无论其他输入端为何值，编码器只对 $\overline{IN_7}$ 编码，输出 $\overline{Y}_2\overline{Y}_1\overline{Y}_0=000$。而当 $\overline{IN_7}=1$，$\overline{IN_6}=0$，则对 $\overline{IN_6}$ 进行编码，输出 $\overline{Y}_2\overline{Y}_1\overline{Y}_0=001$ 等等。

$\overline{ST}$ 为输入使能端。当 $\overline{ST}=0$ 时，允许编码；当 $\overline{ST}=1$ 时，禁编码，此时输入端无论为何种状态，输出端 $\overline{Y}_2\overline{Y}_1\overline{Y}_0=111$。

Y_S 为选取通输出端。它受 $\overline{ST}$ 控制，当 $\overline{ST}=1$ 时，$Y_S=1$；当 $\overline{ST}=0$ 时，有两种情况：当 $\overline{IN_0} \sim \overline{IN_7}$ 有信号时，$Y_S=1$，表示本级工作，但有编码输入信号；$\overline{IN_0} \sim \overline{IN_7}$ 无信号时，$Y_S=0$ 表示本级工作，但无编码输入。

$\overline{Y}_{EXP}$ 为扩展输出端，在 $\overline{ST}=0$，且 $\overline{IN_0} \sim \overline{IN_7}$ 中任何一个编码输入端有信号输入时 $\overline{Y}_{EXP}$ 为低电平。即 $\overline{Y}_{EXP}=0$ 表示本级工作，且有编码输入。

下面举例说明 Y_S 和 $\overline{Y}_{EXP}$ 信号实现功能扩展的方法。

【例 8-5】 试用两片 74LS148 接成 16 线—4 线优先编码器。$\overline{IN_{15}}$ 优先权最高，$\overline{IN_0}$ 优先权最低。

【解】 依据题意将输入信号 $\overline{IN_0} \sim \overline{IN_{15}}$ 低电平输入信号编为 0000～1111 16 个 4 位二进制代码。

将 $\overline{IN_{15}} \sim \overline{IN_8}$ 八个优先权高的输入信号接到 2 号片的输入端，而将 $\overline{IN_7} \sim \overline{IN_0}$ 八个优先权低的输入信号接到 1 号片的输入端。按照优先顺序的要求，两片之间应满足如下要求：只有 $\overline{IN_{15}} \sim \overline{IN_8}$ 均无信号时（这时 2 号片上的 $Y_S=0$），才允许 $\overline{IN_7} \sim \overline{IN_0}$ 的输入信号编码。因此，只要把 2 号片上的 Y_S 信号作为 1 号片的输入信号 $\overline{ST}$ 就可以了。

此外，当 2 号片有编码信号输入时，它的 $\overline{Y}_{EXP}=0$，无编码信号输入时，$\overline{Y}_{EXP}=1$，所以取反后正好作为输出编码的第 4 位，以区分 8 个高优先权输入信号和 8 个低优先权输入信号的编码，编码的低三位应为两片输出 $\overline{Y}_2$、$\overline{Y}_1$、$\overline{Y}_0$ 的逻辑与。

根据以上分析，便可得到图 8-16 连线图。

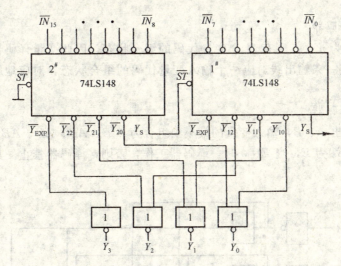

图 8-16　用两片 74LS148 组成 16 线—4 线优先编码器

由逻辑图可见，当 $\overline{IN}_{15} \sim \overline{IN}_8$ 中任一输入端为低电平时，例如 $\overline{IN}_{12}=0$，则 2 号片的 $\overline{Y}_{\text{EXP}}=0$，即 $Y_3=1$，$\overline{Y}_{22}\overline{Y}_{21}\overline{Y}_{11}=011$。由于 2 号片 $Y_S=1$，所以 1 号片被封锁，它的输出 $\overline{Y}_{12}\overline{Y}_{11}\overline{Y}_{10}=111$，因此，$Y_3Y_2Y_1Y_0=1100$，亦即将 $\overline{IN}_{12}=0$ 的信号编成了 1100 二进制代码了。如果 $\overline{IN}_{15} \sim \overline{IN}_8$ 中同时有几个输入端为低电平，则只对其中优先权最高的一个信号编码。

当 $\overline{IN}_{15} \sim \overline{IN}_8$ 全为高电平(无编码信号)时，2 号片的 $Y_S=0$，故 1 号片可以编码。此时 2 号片 $\overline{Y}_{\text{EXP}}=1$，所以 $Y_3=0$，$\overline{Y}_{22}\overline{Y}_{21}\overline{Y}_{20}=111$，假定 1 号片的输入 $\overline{IN}_7=0$，则它的输出 $\overline{Y}_{12}\overline{Y}_{11}\overline{Y}_{10}=000$，与 2 号片的输出相与非后，输出编码 $Y_3Y_2Y_1Y_0=0111$，亦即将 $\overline{IN}_7=0$ 的信号编成了 0111 二进制代码了。若 $\overline{IN}_7 \sim \overline{IN}_0$ 中同时有几个输入端为低电平，则只对其中优先权最高的一个信号编码。

第四节　译　码　器

译码是编码的逆过程。把代码的特定含义"翻译"出来的过程叫做译码，实现译码操作的电路称为译码器。译码器是数字系统和计算机中常用的一种逻辑部件。例如，计算机中需要将指令的操作码"翻译"成各种操作命令，就要使用指令译码器。译码器是多输入、多输出的组合逻辑电路。按功能的不同，可分为三类：

(1) 变量译码器：表示输入状态的译码器。常见的有 2 线—4 线译码器、3 线—8 线译码器、4 线—16 线译码器等，如 74LS139、74LS138、74LS154。

(2) 码制变换译码器：用于同一个数据的不同代码之间的变换。常见的有 BCD—十进制译码器、余三码—十进制译码器、格雷码—十进制译码器等，如 74LS42、CC4028 等型号。

（3）显示译码器：是将数字、文字或符号的代码翻译出它们的原意的逻辑电路，用以驱动各类显示器件，如发光二极管、液晶数码管等。如 4 线—7 段译码器/驱动器 74LS148。

（一）变量译码器

若输入变量为 n 个，则有 2^n 个变量代码的组合状态，因此变量译码器的输出状态就有 2^n 个，每个用一条输出线对应一个输入变量代码的组合状态，对应地等于输入变量的每一个最小项。

1．二变量译码器

设二变量输出 A、B，输入变量的最小项组合为 $\overline{A}\,\overline{B}$、$\overline{A}B$、$A\overline{B}$、$AB$。输出有四条线 $\overline{Y}_0 \sim \overline{Y}_3$，设控制端为 E，当 $E=0$ 时，译码器工作，否则，译码器禁止。其逻辑图如 8-17 所示。

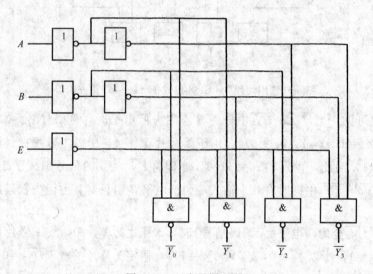

图 8-17 二变量译码器

根据逻辑图可以写出二变量译码器的逻辑表达式为：

$$\overline{Y}_0 = \overline{\overline{E}\overline{A}\,\overline{B}}$$

$$\overline{Y}_1 = \overline{\overline{E}\overline{A}B}$$

$$\overline{Y}_2 = \overline{\overline{E}A\overline{B}}$$

$$\overline{Y}_0 = \overline{\overline{E}AB}$$

由逻辑表达式列真值表，如表 8-11 所示（设输出低电平有效）。

二变量译码器真值表　　　　　　　　　　　　　　　表 8-11

输　入			输　出			
E	A	B	$\overline{Y}_3$	$\overline{Y}_2$	$\overline{Y}_1$	$\overline{Y}_0$
0	0	0	1	1	1	0
0	0	1	1	1	0	1
0	1	0	1	0	1	1
0	1	1	0	1	1	1
1	×	×	1	1	1	1

2. 三变量译码器

现以中规模集成片 74LS138 为例说明译码器的工作原理、特点和功能应用。

74LS138 逻辑图如图 8-18(a)所示，(b)是它的逻辑符号。真值表见表 8-12 所示。

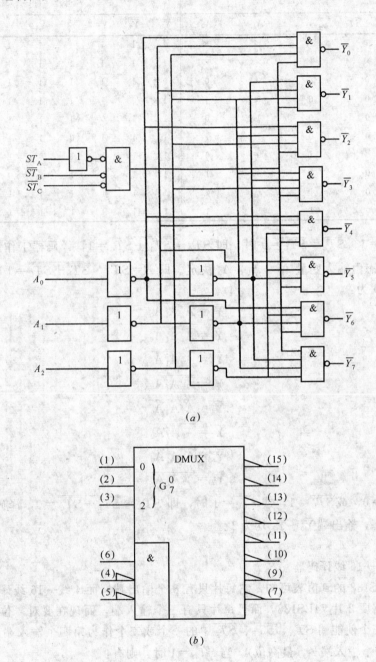

图 8-18　74LS138 译码器
(a)逻辑图；(b)逻辑符号

由逻辑图和真值表可知，74LS138 是一个三位二进制译码器，A_2、A_1、A_0 是三个输入端，$Y_0 \sim Y_7$ 是八个输出端且为低电平有效，"0"表示有信号，"1"表示无信号。另设

211

三个使能端 ST_A、$\overline{ST_B}$、$\overline{ST_C}$，用以控制译码器工作与否以及扩展功能。

74LS138 译码器真值表　　　　　　　　　　　　　　　　　　　表 8-12

输入					输出							
ST_A	$\overline{ST_B}+\overline{ST_C}$	A_2	A_1	A_0	$\overline{Y_0}$	$\overline{Y_1}$	$\overline{Y_2}$	$\overline{Y_3}$	$\overline{Y_4}$	$\overline{Y_5}$	$\overline{Y_6}$	$\overline{Y_7}$
×	1	×	×	×	1	1	1	1	1	1	1	1
0	×	×	×	×	1	1	1	1	1	1	1	1
1	0	0	0	0	0	1	1	1	1	1	1	1
1	0	0	0	1	1	0	1	1	1	1	1	1
1	0	0	1	0	1	1	0	1	1	1	1	1
1	0	0	1	1	1	1	1	0	1	1	1	1
1	0	1	0	0	1	1	1	1	0	1	1	1
1	0	1	0	1	1	1	1	1	1	0	1	1
1	0	1	1	0	1	1	1	1	1	1	0	1
1	0	1	1	1	1	1	1	1	1	1	1	0

当 $ST_A=1$，$\overline{ST_B}=\overline{ST_C}=0$ 时，即 $ST_A \cdot \overline{\overline{ST_B}+\overline{ST_C}}=1$，译码器工作。这时输出端 $Y_0 \sim Y_7$ 的状态由输入变量 A_2、A_1、A_0 决定。即 $E=ST_A \cdot \overline{\overline{ST_B}+\overline{ST_C}}=1$ 时，则可以得到逻辑表达式为：

$$\overline{Y_0}=\overline{\overline{A_2}\,\overline{A_1}\,\overline{A_0}}$$
$$\overline{Y_1}=\overline{\overline{A_2}\,\overline{A_1}\,A_0}$$
$$\overline{Y_2}=\overline{\overline{A_2}\,A_1\,\overline{A_0}}$$
$$\overline{Y_3}=\overline{\overline{A_2}\,A_1\,A_0}$$
$$\overline{Y_4}=\overline{A_2\,\overline{A_1}\,\overline{A_0}}$$
$$\overline{Y_5}=\overline{A_2\,\overline{A_1}\,A_0}$$
$$\overline{Y_6}=\overline{A_2\,A_1\,\overline{A_0}}$$
$$\overline{Y_7}=\overline{A_2\,A_1\,A_0}$$

当 $ST_A=0$，或 $\overline{ST_B}=1$，或 $\overline{ST_C}=1$ 时，即 $ST_A \cdot \overline{\overline{ST_B}+\overline{ST_C}}=0$，译码器处于"禁止"译码状态，输出端 $\overline{Y_0} \sim \overline{Y_7}$ 均为 1。

3. 应用

（1）4 线—16 线译码器

由 74LLS138 的真值表可知，它每片只有 8 个输出端，而 4 线—16 线译码器需 16 根输出端，故需要 2 片 74LS138，而且每片只有三个输入端，而现在要对 4 位二进制译码，所以可利用三个使能端 ST_A、$\overline{ST_B}$、$\overline{ST_C}$ 中的一个或二个作为第四个输入端。若令 $\overline{ST_B}$ 和 $\overline{ST_C}$ 作为第四个输入端 A_3（最高位）。当 $ST_A=1$ 时，则有：

$$\overline{Y_0}=\overline{\overline{A_3}\,\overline{A_2}\,\overline{A_1}\,\overline{A_0}} \qquad \overline{Y_8}=\overline{A_3\,\overline{A_2}\,\overline{A_1}\,\overline{A_0}}$$
$$\overline{Y_1}=\overline{\overline{A_3}\,\overline{A_2}\,\overline{A_1}\,A_0} \qquad \overline{Y_9}=\overline{A_3\,\overline{A_2}\,\overline{A_1}\,A_0}$$
$$\overline{Y_2}=\overline{\overline{A_3}\,\overline{A_2}\,A_1\,\overline{A_0}} \qquad \overline{Y_{10}}=\overline{A_3\,\overline{A_2}\,A_1\,\overline{A_0}}$$
$$\overline{Y_3}=\overline{\overline{A_3}\,\overline{A_2}\,A_1\,A_0} \qquad \overline{Y_{11}}=\overline{A_3\,\overline{A_2}\,A_1\,A_0}$$

$$\overline{Y}_4 = \overline{\overline{A}_3 A_2 \overline{A}_1 \overline{A}_0} \qquad \overline{Y}_{12} = \overline{A_3 A_2 \overline{A}_1 \overline{A}_0}$$

$$\overline{Y}_5 = \overline{\overline{A}_3 A_2 \overline{A}_1 A_0} \qquad \overline{Y}_{13} = \overline{A_3 A_2 \overline{A}_1 A_0}$$

$$\overline{Y}_6 = \overline{\overline{A}_3 A_2 A_1 \overline{A}_0} \qquad \overline{Y}_{14} = \overline{A_3 A_2 A_1 \overline{A}_0}$$

$$\overline{Y}_7 = \overline{\overline{A}_3 A_2 A_1 A_0} \qquad \overline{Y}_{15} = \overline{A_3 A_2 A_1 A_0}$$

由逻辑表达式可知，当 $A_3=0$，第一片 74LS138 输出端 $\overline{Y}_0 \sim \overline{Y}_7$ 状态决定输入端 $A_3 \sim A_0$，而第二片 74LS138 处于禁止，这时将 $A_3 A_2 A_1 A_0$ 的 0000～0111 八个代码译成 $\overline{Y}_0 \sim \overline{Y}_7$ 八个信号。当 $A_3=1$，第二片 74LS138 工作，第一片 74LS138 禁止，将 $A_3 A_2 A_1 A_0$ 的 1000～1111 八个代码译成 $\overline{Y}_8 \sim \overline{Y}_{15}$ 八个信号。用两片 74LS138 译码器扩展成 4 线—16 线译码器。图 8-19 为两片 74LS138 组成 4 线—16 线译码器。

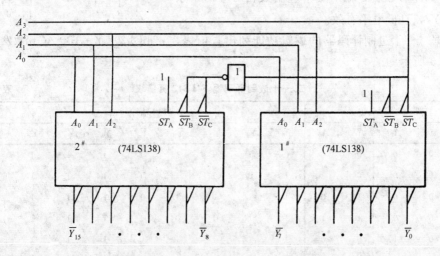

图 8-19　两片 74LS138 组成 4 线—16 线译码器

(2) 作为函数发生器

因为一个二进制译码器可以提供 2^n 个最小项输出，而任何逻辑函数都可用最小项之和表示，因此，可利用译码器产生最小项，再外接门电路取得最小项之和，从而得到某逻辑函数。

【例 8-6】　试用一片 74LS138 译码器实现函数 $Y=AB+AC$。

【解】　设函数的自变量与译码器的输入变量之间的相应关系为：

$$A=A_2, \quad B=A_1, \quad C=A_0$$

将函数化为译码器输入变量的最小项表达式：

$$\begin{aligned}
Y &= AB+AC \\
&= A_2 A_1 + A_2 A_0 \\
&= A_2 A_1 A_0 + A_2 A_1 \overline{A}_0 + A_2 A_1 A_0 + A_2 \overline{A}_1 A_0 \\
&= m_5 + m_6 + m_7
\end{aligned}$$

用译码器的输出表示函数：

74LS138 译码器当 $ST_A=1$，$\overline{ST}_B = \overline{ST}_C = 0$ 时：

$$\overline{Y}_5 = \overline{m_5}$$

$$\overline{Y}_6 = \overline{m_6}$$

$$\overline{Y}_7 = \overline{m_7}$$

可以用与非门实现,即:

$$Y = \overline{\overline{Y}_5 \overline{Y}_6 \overline{Y}_7} = Y_5 + Y_6 + Y_7 = m_5 + m_6 + m_7$$

其逻辑图如 8-20 即为函数发生器。

(二) 码制变换器

所谓 4 线—10 线译码器,就是能把某种二—十进制代码变换为相对应的十进制数的译码器,以 74LS42 为例说明其工作原理。

这种译码器输入是 BCD 码,是 4 位 A_3、A_2、A_1、A_0 的十种组合,输出是十进制数相对应的十条线 $\overline{Y}_0 \sim \overline{Y}_9$,且低电平有效。

根据二一十进制译码器的逻辑功能列出真值表,如表 8-13 所示。

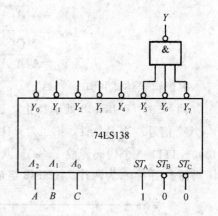

图 8-20 $Y = AB + AC$ 函数发生器

二一十进制译码器 74LS42 真值表　　　　表 8-13

序号	输入				输出									
	A_3	A_2	A_1	A_0	$\overline{Y}_0$	$\overline{Y}_1$	$\overline{Y}_2$	$\overline{Y}_3$	$\overline{Y}_4$	$\overline{Y}_5$	$\overline{Y}_6$	$\overline{Y}_7$	$\overline{Y}_8$	$\overline{Y}_9$
0	0	0	0	0	0	1	1	1	1	1	1	1	1	1
1	0	0	0	1	1	0	1	1	1	1	1	1	1	1
2	0	0	1	0	1	1	0	1	1	1	1	1	1	1
3	0	0	1	1	1	1	1	0	1	1	1	1	1	1
4	0	1	0	0	1	1	1	1	0	1	1	1	1	1
5	0	1	0	1	1	1	1	1	1	0	1	1	1	1
6	0	1	1	0	1	1	1	1	1	1	0	1	1	1
7	0	1	1	1	1	1	1	1	1	1	1	0	1	1
8	1	0	0	0	1	1	1	1	1	1	1	1	0	1
9	1	0	0	1	1	1	1	1	1	1	1	1	1	0
	1	0	1	0	1	1	1	1	1	1	1	1	1	1
	1	0	1	1	1	1	1	1	1	1	1	1	1	1
	1	1	0	0	1	1	1	1	1	1	1	1	1	1
	1	1	0	1	1	1	1	1	1	1	1	1	1	1
	1	1	1	0	1	1	1	1	1	1	1	1	1	1
	1	1	1	1	1	1	1	1	1	1	1	1	1	1

根据真值表可写出 $Y_0 \sim Y_9$ 十个输出逻辑函数表达式:

$$\overline{Y}_0 = \overline{\overline{A}_3 \overline{A}_2 \overline{A}_1 \overline{A}_0} \qquad \overline{Y}_5 = \overline{\overline{A}_3 A_2 \overline{A}_1 A_0}$$

$$\overline{Y}_1 = \overline{\overline{A}_3 \overline{A}_2 \overline{A}_1 A_0} \qquad \overline{Y}_6 = \overline{\overline{A}_3 A_2 A_1 \overline{A}_0}$$

$$\overline{Y}_2 = \overline{\overline{A}_3 \overline{A}_2 A_1 \overline{A}_0} \qquad \overline{Y}_7 = \overline{\overline{A}_3 A_2 A_1 A_0}$$

$$\overline{Y}_3 = \overline{\overline{A}_3 \overline{A}_2 A_1 A_0} \qquad \overline{Y}_8 = \overline{A_3 \overline{A}_2 \overline{A}_1 \overline{A}_0}$$

$$\overline{Y}_4 = \overline{\overline{A}_3 A_2 \overline{A}_1 \overline{A}_0} \qquad \overline{Y}_9 = \overline{A_3 \overline{A}_2 \overline{A}_1 A_0}$$

根据逻辑表达式画出逻辑电路图,如图 8-21(a)所示,(b)为逻辑符号。

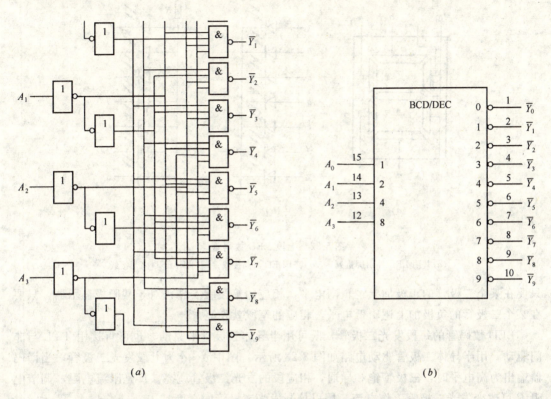

图 8-21 二—十进制译码器 74LS42
(a)逻辑图;(b)逻辑符号

由真值可知,当输入数码为 $A_3 A_2 A_1 A_0 = 0000$ 时,只有 $\overline{Y}_0 = 0$,其余 9 个输出端都为 1,即只有 $\overline{Y}_0$ 输出端有信号,其余 9 个输出端均无信号。当 $A_3 A_2 A_1 A_0 = 1001$ 时,只有 $\overline{Y}_9 = 0$,其余 9 个输出都为 1,等等。

当输入出现 1010~1111 六个无效伪码中任何一个时,$\overline{Y}_0 \sim \overline{Y}_9$ 均为 1,即无信号输出,所以这种电路结构具有拒绝伪码的功能。

若将 $\overline{Y}_8$、$\overline{Y}_9$ 闲置不用,且将输入 A_3 作为使能端 ST_A,则此二—十进制译码器可作为 3 线—8 线二进制译码器使用。

(三) 显示译码器

1. BCD 七段显示译码器

在各种电子仪器和设备中,经常需要用显示器将处理和运算结果显示出来,常用的显示器有 LED 发光二极管显示器、LED 液晶显示器和 CRT 阴极射线显示器。现以 BCD 七段 LED 显示器为例,如图 8-22(a)所示,来说明显示译码器的工作原理。

BCD 七段 LED 显示器由七段笔划组成,每段笔划实际上就是一个用半导体材料做成的发光二极管(LED)。这种显示器电路通常有两种接法:一种是将发光二极管的负极全部一起接地,如图 8-22(b)所示,即所谓"共阴极"显示器;另一种是将发光二极管的正极全部一起接到正电压,如图 8-22(c)所示,即所谓"共阳极"显示器,对于共阴极显示器,

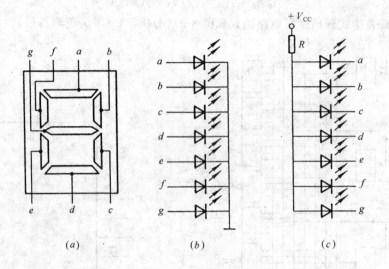

图 8-22 七段 LED 数码管
(a)共阴 LED 外引脚排列；(b)共阴 LED 内部接线；(c)共阳 LED 内部接线

只要在某个二极管的正极加上逻辑高电平，相应的笔段就发亮；对于共阳极显示器，只要在某个二极管的负极加上逻辑低电平，相应的笔段就发亮。

LED 数码管的每段发光二极管，既可用半导体三极管来驱动，也可直接用 TTL 与非门驱动。用半导体二极管驱动电路如图 8-23 所示。图中 $a\sim g$ 为七段发光二极管，当译码器输出为高电平时，三极管饱和导通，相应段的发光二极管就亮。R 是限流电阻，调节电阻 R 可改变发光二极管工作电流，用以控制发光二极管的亮度。

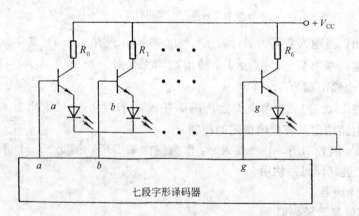

图 8-23 半导体发光二极管驱动电路

如上所述，分段式数码管(如 LED 等)是利用不同发光段组合来显示不同的数字。因此，为了使用数码管能将数码所代表的数显示出来，必须先将数码译出其本意，然后驱动电路"点亮"对应的显示段。例如，对于 8421BCD 码的 0001 状态，对应的十进制数为"1"，则译码驱动器应使图 8-22(a)所示数码管的 b、c 段为高电平，其余各段为低电平。即对应某一组数码，译码器应有确定的几个输出有规定信号输出(高电平或低电平)。这就是分段式数码管显示译码器电路的显示原理。

由图 8-22 可见，由显示器亮段的不同组合便可构成一个显示字形，如图 8-24 所示。就是说，显示器所显示的字符与输入二进制代码（又称码段）即 $abcdefg$ 七位代码之间存在一定的对应关系。根据组合方法，可列出七段 LED 显示译码器的真值表，如表 8-14 所示。

图 8-24　LED 七段显示数字图

共阴极七段 LED 显示字形数码表　　　　　表 8-14

十进制数	A	B	C	D	a	b	c	d	e	f	g
0	0	0	0	0	1	1	1	1	1	1	0
1	0	0	0	1	0	1	1	0	0	0	0
2	0	0	1	0	1	1	0	1	1	0	1
3	0	0	1	1	1	1	1	1	0	0	1
4	0	1	0	0	0	1	1	0	0	1	1
5	0	1	0	1	1	0	1	1	0	1	1
6	0	1	1	0	1	0	1	1	1	1	1
7	0	1	1	1	1	1	1	0	0	0	0
8	1	0	0	0	1	1	1	1	1	1	1
9	1	0	0	1	1	1	1	1	0	1	1

根据真值表可得到逻辑函数的与非表达式（其化简过程略）：

$$\overline{a} = \overline{\overline{\overline{A_3}\,\overline{A_2}\,\overline{A_1}\,A_0} \cdot \overline{A_2\,\overline{A_1}\,\overline{A_0}}}$$

$$\overline{b} = \overline{\overline{A_2\,\overline{A_1}\,A_0} \cdot \overline{A_2\,A_1\,\overline{A_0}}}$$

$$\overline{c} = \overline{\overline{A_2}\,A_1\,\overline{A_0}}$$

$$\overline{d} = \overline{\overline{\overline{A_3}\,\overline{A_2}\,\overline{A_1}\,A_0} \cdot \overline{A_2\,\overline{A_1}\,\overline{A_0}} \cdot \overline{A_2\,A_1\,A_0}}$$

$$\overline{e} = \overline{\overline{A_2\,\overline{A_1}\,\overline{A_0}} \cdot \overline{A_0}}$$

$$\overline{f} = \overline{\overline{\overline{A_3}\,\overline{A_2}\,A_0} \cdot \overline{\overline{A_2}\,A_1\,\overline{A_0}} \cdot \overline{A_2\,A_1\,A_0}}$$

$$\overline{g} = \overline{\overline{\overline{A_3}\,\overline{A_2}\,\overline{A_1}} \cdot \overline{A_2\,A_1\,A_0}}$$

最后根据逻辑表达式画出译码器逻辑图，如图 8-25 所示。

2. 中规模集成译码器 74LS48 简介

中规模集成译码器 74LS48 逻辑图如图 8-26(a) 所示，图(b) 为逻辑符号。

门 $G_1 \sim G_{15}$ 组成译码驱动电路，门 $G_{16} \sim G_{19}$ 组成辅助控制电路。

74LS48 工作原理如下：

(1) 译码/驱动电路

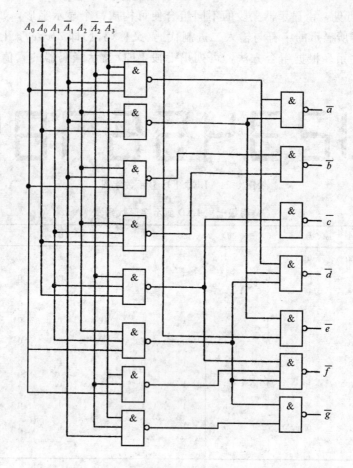

图 8-25 用与非门组成的 BCD 相七段译码器

根据逻辑图可写出各显示段输出信号的逻辑表达式，由于该电路在正常译码工作时，规定控制信号 $\overline{LT}$、$\overline{BI/RBO}$、$\overline{RBI}$ 均为高电平 1，这时各段表达式如下：

$$a=\overline{\overline{A'_2 A'_0 + \overline{A}_3 A'_1 + A'_3 \overline{A}_2 \overline{A}_1 \overline{A}_0}}$$
$$b=\overline{\overline{A'_2 A'_0 + A'_3 \overline{A}_2 A_1 + \overline{A}_3 A'_2 A'_1}}$$
$$c=\overline{\overline{A'_1 A'_0 + \overline{A}_3 \overline{A}_2 A'_1 + A'_3 A'_2 A'_1}}$$
$$d=\overline{\overline{A'_3 \overline{A}_2 A'_1 + \overline{A}_3 \overline{A}_2 A'_1 + A'_3 A'_2 A'_1}}$$
$$e=\overline{\overline{A'_3 + \overline{A}_2 A'_1}}$$
$$f=\overline{\overline{A'_3 A'_2 + A'_2 \overline{A}_1 + A'_3 \overline{A}_1 \overline{A}_0}}$$
$$g=\overline{\overline{A'_3 A'_2 A'_1 + \overline{A}_2 \overline{A}_1 \overline{A}_0 \cdot \overline{LT}}}$$

由于译码工作时，$\overline{BI/RBO}=1$，$G_5 \sim G_8$ 打开，所以有 $A'_3=A_3$、$A'_2=A_2$、$A'_1=A_1$、$A'_0=A_0$。将 A_3、A_2、A_1、A_0 各组变量值分别代入上式中，即可列出 BCD 七段码译码器的真值表，如表 8-15 所示。

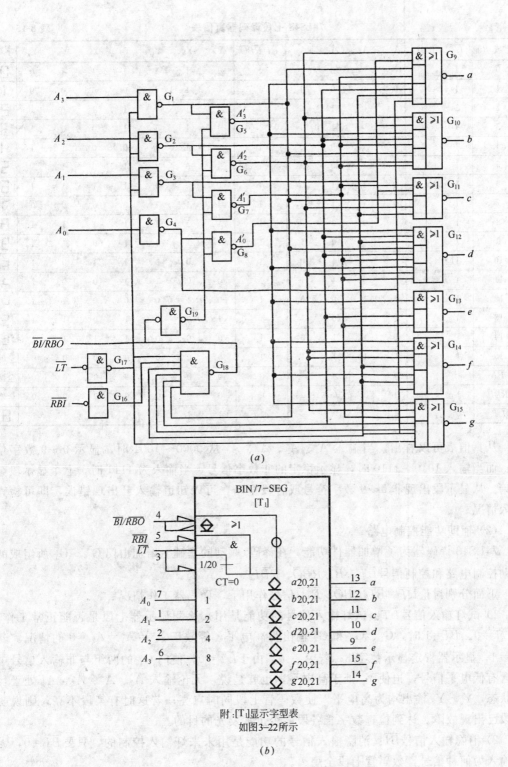

图 8-26 74LS48 BCD 七段译码/驱动器
(a)逻辑图;(b)逻辑符号

74LS48 七段译码器真值表　　　　表 8-15

数字或功能	$\overline{LT}$	$\overline{RBI}$	A_3	A_2	A_1	A_0	$\overline{BI}/\overline{RBO}$	Y_a	Y_b	Y_c	Y_d	Y_e	Y_f	Y_g	字型
0	1	1	0	0	0	0	1	1	1	1	1	1	1	0	0
1	1	×	0	0	0	1	1	0	1	1	0	0	0	0	1
2	1	×	0	0	1	0	1	1	1	0	1	1	0	1	2
3	1	×	0	0	1	1	1	1	1	1	1	0	0	1	3
4	1	×	0	1	0	0	1	0	1	1	0	0	1	1	4
5	1	×	0	1	0	1	1	1	0	1	1	0	1	1	5
6	1	×	0	1	1	0	1	0	0	1	1	1	1	1	6
7	1	×	0	1	1	1	1	1	1	1	0	0	0	0	7
8	1	×	1	0	0	0	1	1	1	1	1	1	1	1	8
9	1	×	1	0	0	1	1	1	1	1	0	0	1	1	9
10	1	×	1	0	1	0	1	0	0	0	1	1	0	1	c
11	1	×	1	0	1	1	1	0	0	1	1	0	0	1	⊐
12	1	×	1	1	0	0	1	0	1	0	0	0	1	1	u
13	1	×	1	1	0	1	1	1	0	0	1	0	1	1	ᴝ
14	1	×	1	1	1	0	1	0	0	0	1	1	1	1	t
15	1	×	1	1	1	1	1	0	0	0	0	0	0	0	全暗
$\overline{BI}$	×	×	×	×	×	×	0	0	0	0	0	0	0	0	全暗
$\overline{RBI}$	1	0	0	0	0	0	0	0	0	0	0	0	0	0	全暗
$\overline{LT}$	0	×	×	×	×	×	1	1	1	1	1	1	1	1	8

从真值表可以看出，当输入 A_3、A_2、A_1、A_0 从 0000～1001 时，显示 0～9 数字信号；而当输入 1010～1110 时，显示稳定的非数字信号；当输入为 1111 时，七个显示段全部暗。从显示段出现非 0～9 数字符号或各段全暗，可以知道输入已出现错误，即可检查输入情况。

(2) 辅助功能控制电路

74LS48 译码器为了增加器件功能，在译码/驱动的基础上增加由门 G_{16}～G_{19} 所组成的辅助控制电路和控制信号 $\overline{LT}$、$\overline{BI}/\overline{RBO}$、$\overline{RBI}$。

下面分别讨论 $\overline{LT}$、$\overline{BI}/\overline{RBO}$、$\overline{RBI}$ 信号作用下，译码器工作情况。

1) 试灯输入信号 $\overline{LT}$：试灯输入信号的功能是用来检测显示器七段是否能正常工作。当 $\overline{LT}=0$、$\overline{BI}=1$ 时，G_1、G_2 和 G_3 输出为高电平，等效于 $A_0=A_1=A_2=0$ 的情况。若 $A_3=1$，显示器肯定显示数字 8；若 $A_3=0$，由于 $\overline{LT}=0$，使门 G_{15} 的两组与非输入信号中均含有低电平信号，迫使 Y_g 处于高电平，也就是说，无论输入 A_0、A_1、A_2、A_3 处于什么状态，Y_a～Y_g 输出均为高电平，使数码管七段同时点亮；若这时有某段不亮，则说明该段已出现故障。达到检查数字管各段能否正常发光的目的。

2) 消隐输入信号 $\overline{BI}$：消隐输入信号的功能是用来来灯输入控制的，只要 $\overline{BI}=0$，无论输入为何种信号，数码管七段全熄灭。

因为当 $\overline{BI}=0$ 时，$A'_0=A'_1=A'_2=A'_3=1$。使 G_9～G_{15} 均有一组与非门输入全为 1，输出 Y_a～Y_g 均为低电平，使数字管各段同时熄灭。

3) 灭零输入信号 $\overline{RBI}$：（$\overline{LT}=1$）来零输入信号的功能是将不希望显示的零熄灭。例如数字显示器件多片连接成多位十进制数字显示系统时,为了清晰,希望整数前的零和小数后的零熄灭。如 6 位数码显示电路显示 12.8 数字时呈现 012.800 字样,若将整数前的 1 个零和小数后的 2 个零熄灭,则结果将更醒目。

若 $A_0=A_1=A_2=A_3=0$ 时,$\overline{A}_0=\overline{A}_1=\overline{A}_2=\overline{A}_3=1$。由于 $\overline{RBI}=0$,门 G_{18}、G_{19} 输出为 0,所以 $A'_0=A'_1=A'_2=A'_3=1$,由于门 $G_9 \sim G_{15}$ 每个与非门中都有一组输入全为 1,所以 $Y_a \sim Y_g$ 各段全为 0,显示器各段均不亮,达到输入零而又不显示的目的。

当输入其他非零数码时,A_0、A_1、A_2、A_3 中至少有一个数码为 1,即 $\overline{A}_0$、$\overline{A}_1$、$\overline{A}_2$、$\overline{A}_3$ 中至少有一个为 0,使门 G_{18}、G_{19} 输出为 1,解除了对门 $G_5 \sim G_8$ 的封锁,输出按照输入数码显示。

4) 灭零输出信号 $\overline{RBO}$:灭零输出信号的作用是用作灭零指示,即该片输入数码为 0 并熄灭时,$\overline{RBO}=0$。

它与 $\overline{RBI}$ 信号配合使用,可消去混合数字中整数前的零和小数后的零。例如,在图 8-27 所示的 6 位数码显示系统中,只要在整数部分将高位的 $\overline{RBO}$ 与低位的 $\overline{RBI}$ 相连,在小数部分将低位的 $\overline{RBO}$ 与高位的 $\overline{RBI}$ 相连,就可以把前后多余的零灭掉。根据这种连接方式,整数部分只有高位是零,且被熄灭掉,低位才有灭零输入信号。同理,小数部分只有在低位是零,且被熄灭时,高位才有灭零输入信号。如果各位全为零,则只有小数点的前一位和后一位的零被显示出来。

例如要显示 020.30 字样,按图 8-27 连接即可显示 20.3 字样。

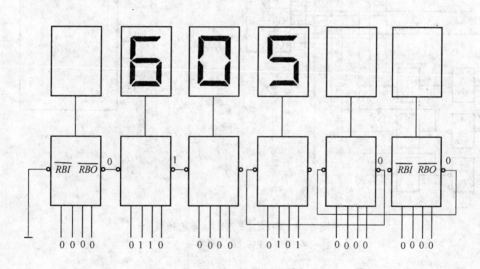

图 8-27 有灭零控制的 6 位数码显示系统

第五节 数据选择器和数据分配器

一、数据选择器

所谓数据选择器,是指根据地址控制信号,从多个数据输入通道中选择其中的某一通道的数据传送至输出端。它的基本功能相当于一个单刀多掷开关,如图 8-28 所示。通过开关的转换，选择输入信号 $D_0 \sim D_3$ 中的某个数据信号传送至输出端。所以又称"多路开关"或"多路调制器"。数据选择器芯片种类很多，常用的有 2 选 1，如 74LS158；4 选 1，如 74LS153；8 选 1，74LS151；16 选 1，如 74LS150 等。

（一）8 选 1 数据选择器 74LS151 简介

图 8-29 选 1 数据选择器 74LS151 的逻辑图，图 (b) 为逻辑符号。

$D_0 \sim D_7$ 为数据输入端，$A_0 \sim A_2$ 为地址输入控制端，$\overline{ST}$ 为使能端，Y、$\overline{Y}$ 为两个互补输出端，其真值表见表 8-16 所示。

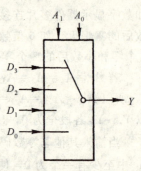

图 8-28 选择器原理示意图

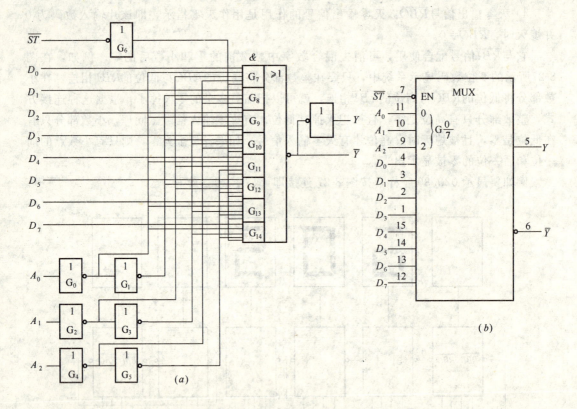

图 8-29 74LS151 选 1 数据选择器
(a) 逻辑图；(b) 逻辑符号

8 选 1 数据选择器 74LS151 真值表　　　　　　　　　　表 8-16

使能端 $\overline{ST}$	地址输入			输出	
	A_2	A_1	A_0	Y	$\overline{Y}$
1	×	×	×	0	1
0	0	0	0	D_0	$\overline{D}_0$
0	0	0	1	D_1	$\overline{D}_1$
0	0	1	0	D_2	$\overline{D}_2$
0	0	1	1	D_3	$\overline{D}_3$

续表

使能端$\overline{ST}$	地址输入			输出	
	A_2	A_1	A_0	Y	$\overline{Y}$
0	1	0	0	D_4	$\overline{D}_4$
0	1	0	1	D_5	$\overline{D}_5$
0	1	1	0	D_6	$\overline{D}_6$
0	1	1	1	D_7	$\overline{D}_7$

当$\overline{ST}=1$时，$Y=0$，选择器不工作(禁止状态)。

当$\overline{ST}=0$时，选择器正常工作，其输出逻辑表达式为：

$Y = (\overline{A}_2\overline{A}_1\overline{A}_0) \cdot D_0 + (\overline{A}_2\overline{A}_1 A_0) \cdot D_1 + (\overline{A}_2 A_1\overline{A}_0) \cdot D_2 + (\overline{A}_2 A_1 A_0) \cdot D_3 +$
$(A_2\overline{A}_1\overline{A}_0) \cdot D_4 + (A_2\overline{A}_1 A_0) \cdot D_5 + (A_2 A_1\overline{A}_0) \cdot D_6 + (A_2 A_1 A_0) \cdot D_7$

$$= \sum_{i=0}^{7}(m_i \cdot D_i)$$

$$= \sum_{i=0}^{2^N-1}(m_i \cdot D_i)$$

对应地址输入端$A_0 \sim A_2$的任何一种组合，门$G_7 \sim G_{14}$中只有一个对应门的输入控制条件全为1，则此门的输入数据被送至输出端。例如$A_2 A_1 A_0 = 000$时，只有门G_7输入端全为1，即门被打开，输入数据D_0被送到输出端，即$Y=D_0$，$\overline{Y}=\overline{D}_0$，而$A_2 A_1 A_0=001$时，门$G_8$被打开，$D_1$被送到输出端，即$Y=D_1$，$\overline{Y}=\overline{D}_1$；等等。

（二）数据选择器的应用

1. 数据传输

将多位数据并行输入转换成串行输出，其连接图如8-30所示。8选1数据选择74LS151，有八位并行输入数据$D_0 \sim D_7$，当地址输入$A_2 \sim A_0$的二进制数码依次由000递增至111，即其最小项由m_0逐次变到m_7时，八个通道的并行数据便依次传送到输出端，转换夸串行数据。

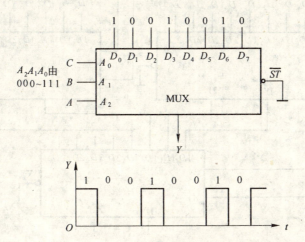

图8-30 数据并行输入转换为串行输出

2. 数据选择器的级联与功能扩展

例如，用 4 选 1 数据选择器扩展成 16 选 1 数据选择器，首先列出真值表，见表 8-17 所示。

16 选 1 真值表　　　　表 8-17

m	输入				输出
	A_3	A_2	A_1	A_0	Y
0	0	0	0	0	D_0
1	0	0	0	1	D_1
2	0	0	1	0	D_2
3	0	0	1	1	D_3
4	0	1	0	0	D_4
5	0	1	0	1	D_5
6	0	1	1	0	D_6
7	0	1	1	1	D_7
8	1	0	0	0	D_8
9	1	0	0	1	D_9
10	1	0	1	0	D_{10}
11	1	0	1	1	D_{11}
12	1	1	0	0	D_{12}
13	1	1	0	1	D_{13}
14	1	1	1	0	D_{14}
15	1	1	1	1	D_{15}

由真值表可以看出，要用五个 4 选 1 选择器二级来构成 16 选 1 数据选择器。其中四个完成 16 个数据端的分组输入，其输出为 Y_0、Y_1、Y_2、Y_3。再用一个 4 选 1 选择器对此四组进行片选，即 Y_0、Y_1、Y_2、Y_3 作为第五个"4 选 1"的数据输入，如图 8-31 所示（可用三片 74LS153 双 4 选 1 选择器构成）。

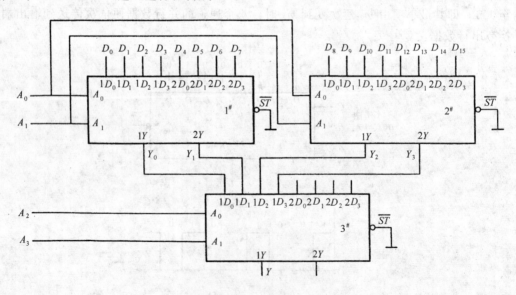

图 8-31　用 4 选 1 组成 16 选 1 电路连线图

由逻辑电路图可以看出：

当 $A_3A_2A_1A_0=0000\sim0011$ 时，因为第二级 $A_3A_2=00$，所以只有 Y_0 被选通，即 $Y=Y_0$，而 A_1A_0 从 00 到 11 变化时，片（1#）的 $1D_0\sim1D_3$ 先后被 Y_0 选中，即数据 $D_0\sim D_3$ 继 A_1A_0 的变化由 Y 输出。

同理：

当 $A_3A_2A_1A_0=0100\sim0111$ 时，$Y=Y_1$，即输出 $D_4\sim D_7$；

当 $A_3A_2A_1A_0=1000\sim1011$ 时，$Y=Y_2$，即输出 $D_8\sim D_{11}$；

当 $A_3A_2A_1A_0=1100\sim1111$ 时，$Y=Y_3$，即输出 $D_{12}\sim D_{15}$。

可见，$A_3A_2A_1A_0$ 从 $0000\sim1111$ 变分时，Y 相应地输出 $D_0\sim D_{15}$ 中的一个数。所以，该电路具有 16 选 1 数据选择功能。

3. 组成函数发生器

从数据选择器的输出表达式 $Y=\sum_{i=1}^{2^N-1}(m_i\cdot D_i)$ 中，可以看出它和逻辑函数最小项的与或表达式是一致的。当 $D_i=1$ 时，与之对应的最小项 m_i 将列入原函数中；$D_i=0$ 时，与之对应的最小项列入反函数中。可见，只要在选择器各数据端 D_i 上加以确定的值，就能在输出端得到某种功能的逻辑函数或其反函数。所以，根据它的最小项表达式借助 MUX 来实现。

【例 8-7】 用 8 选 1 数据选择器实现逻辑函数 $Y_1=AB+\overline{B}C$。

【解】 （1）首先确定逻辑函数 Y_1 中各自变量 A、B、C 与 MUX 中地址输入变量 $A_2\sim A_0$ 的关系。设 $A=A_2$，$B=A_1$，$C=A_0$。

（2）将函数 $Y_1(A,B,C)$ 变为最小项表达式：

$$Y_1=AB+\overline{B}C=AB(C+\overline{C})+\overline{B}C(A+\overline{A})$$
$$=\Sigma m(1,5,6,7)$$

（3）将 8 选 1MUX 的逻辑式也展开成最小项表达式：

$$Y=\sum_{i=0}^{7}(m_i\cdot D_i)$$
$$=m_0D_0+m_1D_1+m_2D_2+m_3D_3+m_4D_4+m_5D_5+m_6D_6+m_7D_7$$

（4）为使 $Y=Y_1(A,B,C)$ 需使各对应项相等，即各对应的最小项的系数相等。其中 $Y_1(A,B,C)$ 中缺少的各最小项，可认为其系数为 0，其余为 1。即：

$$D_0=D_2=D_3=D_4=0$$
$$D_1=D_5=D_6=D_7=1$$

（5）画出连接图，如图 8-32 所示。

当逻辑函数的变量个数与数据选择器地址输入端数目相等，则逻辑函数的全部最小项（包括等于 1 和等于 0 的最小项）和数据选择器的数据输入端的数目一样多，便可直接用数据选择器来实现所要实现的逻辑函数。如例 8-7。

当逻辑函数的变量数目多于数据选择器的

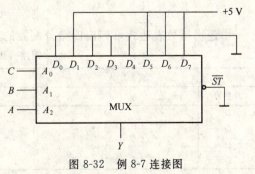

图 8-32 例 8-7 连接图

地址输入端的数目时,应分别出多余的变量,将其余下的变量和地址输入端对应连接,而将分离出来的变量按一定规则接到数据输入端,从数据选择器的输出端便可得到逻辑函数 Y_1。以 4 选 1 数据选择器实现三变量逻辑函数为例来说明,如图 8-33 所示(其分析过程略)。

当逻辑函数的自变量的数目少于数据选择器地址输入端的数目时,可将多出的变量端接"0"。以 8 选 1 数据选择器实现二变量逻辑函数为例来说明,如图 8-34 所示(其分析过程略)。

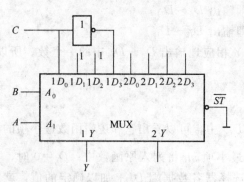

图 8-33　$Y_1 = \overline{A}B + \overline{B}C + \overline{A}C$ 函数发生器

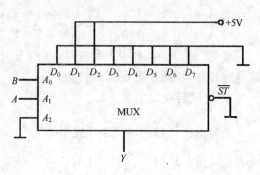

图 8-34　$Y_1 = \overline{A}B + A\overline{B}$ 函数发生器

二、数据分配器

数据分配器是数据选择器操作过程的逆过程。它能根据地址输入信号的不同来控制数据 D 送至所指定的输出端。它有一个数据输入端,n 个地址控制端和 2^n 个输出端。故它可看作有使能端译码器的特例应用。其功能相当于一个波段开关,如图 8-35 所示。

图 8-36(a) 是四路分配器的逻辑图,D 是数据输入端,A_0、A_1 是地址输入控制端,$Y_0 \sim Y_3$ 是数据输出端。

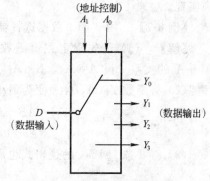

图 8-35　数据分配器原理图

根据图 8-36(a) 可写出各输出端的逻辑函数表达式:

$$Y_0 = \overline{A}_1 \overline{A}_0 \cdot D$$
$$Y_1 = \overline{A}_1 A_0 \cdot D$$
$$Y_2 = A_1 \overline{A}_0 \cdot D$$
$$Y_0 = A_1 A_0 \cdot D$$

由逻辑函数表达式可列出四路分配器的真值表,如表 8-18 所示。

四路分配器真值表　　　　　　　　　　　表 8-18

输入				输出			
(数据)D	(地址)	A_1	A_0	Y_0	Y_1	Y_2	Y_3
D		0	0	D	0	0	0
D		0	1	0	D	0	0
D		1	0	0	0	D	0
D		1	1	0	0	0	D

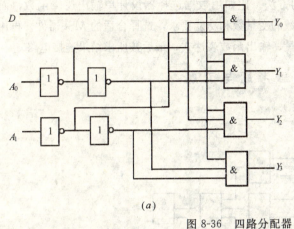

图 8-36 四路分配器
(a)逻辑图；(b)逻辑符号

由真值表可知，当 $A_1A_0=00$ 时，$Y_0=D$；当 $A_1A_0=01$ 时，$Y_1=D$，等等。

具有使能端的二进制译码器 74LS139(1/2) 的使能端 $1\overline{ST}$ 作为数据分配器的数据输入端，而公共译码输入端 A_1A_0 作为地址控制输入端，$1Y_0\sim 1Y_3$ 作为数据输出端，即为一个四路数据分配器，如图 8-37 所示。

当地址控制 $A_1A_0=00$ 时，输出 $1Y_0$ 与输入端 $1\overline{ST}$ 取值相同，相当于 $1\overline{ST}$ 数据接通到 $1Y_0$，而其他输出端 $1Y_1$、$1Y_2$、$1Y_3$ 不管 $1\overline{ST}$ 取值如皆为 1，相当于不接通。同理 $A_1A_0=01$ 时，$1\overline{ST}$ 数据接通 $1Y_1$，等等，完成数据分配器功能。

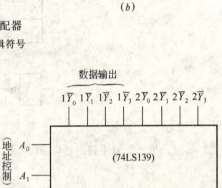

图 8-37 2线—4线译码器用作数据分配器

本 章 小 结

组合逻辑电路在逻辑功能上的特点是：在任何时刻输出仅取决于该时刻的输入，而与电路原来的状态无关；在电路结构上只包含门电路，而没有存贮电路或其他记忆元件。

学习本章的目的，在于通过对常用逻辑部件的研究，掌握组合逻辑电路的特点及分析、设计方法、中规模集成设计组合电路。

分析组合电路目的在于确定它的逻辑功能，即根据给定的逻辑电路，找出输入和输出信号之间的逻辑关系。在分析的步骤中最关键的在于逐级写出表达式，然后进行化简。

组合逻辑电路设计的任务是根据命题的要求，去设计一个符合要求的最佳逻辑电路。在具体步骤中关键的一步是由实际问题列出真值表，然后写出表达式。若问题比较简单，也可直接分析输入和输出之间的逻辑规律，而后写出表达式。

本章着重介绍了具有特定功能常用的一些组合逻辑单元电路，如编码器、全加器、译码器、比较器及数据选择器和数据分配器等组合逻辑电路的工作原理、逻辑功能、特点和相应的集成组件的型号及使用方法。

应学会使用 MSI 设计组合电路的方法。比如用数据选择器设计单输出逻辑函数,而用译码器设计多输出逻辑函数等。根据函数的变量数和功能要求,选择合适的 MSI 器件,再用表达式对照比较的方法,确定器件输入变量、输出函数表达式,最后按所求结果连接电路。

思 考 题 与 习 题

8-1 组合逻辑电路分析与设计的主要步骤?

8-2 试分析图 8-38 电路的逻辑功能。

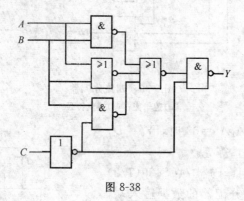

图 8-38

8-3 试分析图 8-39 电路的逻辑功能。

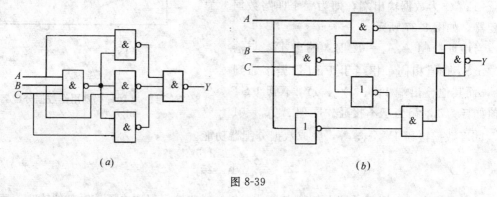

图 8-39

8-4 试设计一个用与非门实现的监测信号灯工作状态的逻辑电路。一组信号由红、黄、绿三盏灯组成,正常工作情况下,任何时刻只能红或绿、红或黄、黄或绿灯亮。其他情况视为故障情况,要求发出故障信号。

8-5 试用与非门分别实现如下逻辑功能。

(1) 四变量的多数表决电路(4 个输入变量中,3 个或 4 个为 1 时,输出为 1);

(2) 三变量的判奇电路(3 个输入变量中,1 的个数为奇数时,输出为 1)。

8-6 试设计 1 个路灯控制电路(1 盏灯),要求在 4 个不同地方都能独立地控制灯的亮灭。

8-7 试用 3 线—8 线译码器 74LS138 和门电路实现如下逻辑功能,并在图 8-40 画出外部连线图。

$$Y = AB\overline{C} + A\overline{B}C + \overline{A}B$$

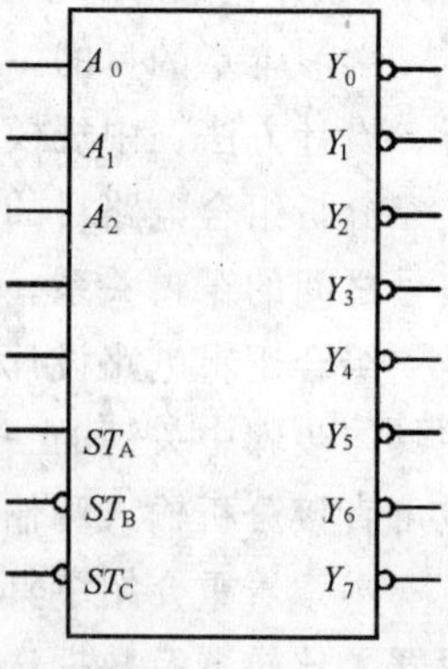

8-8 试用 74LS139 2 线—4 线译码器扩展成 3 线—8 线译码器。

图 8-40

74LS139功能表见表8-19。试画出外部连线图。

表 8-19

输入			输出				输入			输出			
$\overline{ST}$	A_1	A_0	$\overline{Y}_0$	$\overline{Y}_1$	$\overline{Y}_2$	$\overline{Y}_3$	$\overline{ST}$	A_1	A_0	$\overline{Y}_0$	$\overline{Y}_1$	$\overline{Y}_2$	$\overline{Y}_3$
1	×	×	1	1	1	1	0	1	0	1	1	0	1
0	0	0	0	1	1	1	0	1	1	1	1	1	0
0	0	1	1	0	1	1							

8-9 试用4选1数据选择器74LS153和门电路组成8选1数据选择器。74LS153功能表见表8-20。并在图8-41画出外部接线图。

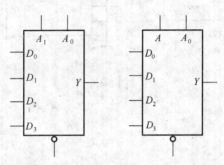

图 8-41

表 8-20

	输入		输出
$\overline{ST}$	A_1	A_0	Y
1	×	×	**0**
0	**0**	**0**	D_0
0	**0**	**1**	D_1
0	**1**	**0**	D_2
0	**1**	**1**	D_3

8-10 试用图8-42所示8选1数据选择器74LS151产生逻辑函数 $Y=A\overline{B}\,\overline{C}+\overline{A}B\,\overline{C}+BC$。并画出外部接线图。

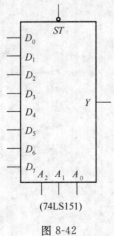

图 8-42

8-11 如图 8-43 所示电路，图中 VD_1、VD_2、VD_3 三个发光二极管哪个发光？

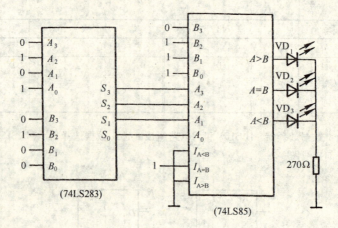

图 8-43

第九章 触 发 器

在数字电路和计算机系统中,需要具有记忆和存储功能的逻辑部件,触发器就是组成这类逻辑部件的基本单元。触发器在某一时刻的输出不仅和当时的输入状态有关,而且还与在此之前的电路状态有关。即当输入信号消失后,触发器的状态被保持(记忆),直到再输入信号后它的状态方可能变化。因而,触发器和基本逻辑电路、组合逻辑电路相比较最大的区别是触发器具有记忆功能,通常应用于将瞬时变化状态转换为恒定状态。

第一节 RS 触发器

一、基本 RS 触发器

（一）电路组成

将两个与非门的输入端与输出端交叉耦合就组成一个基本 RS 触发器,如图 9-1(a)所示,其中 $\overline{R}$、$\overline{S}$ 是它的两个输入端,非号表示低电平触发有效,Q、$\overline{Q}$ 是它的两个输出端,基本 RS 触发器的逻辑符号如图 9-1(b)所示。

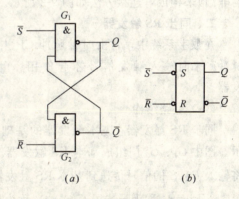

图 9-1 基本 RS 触发器
(a)逻辑电路；(b)逻辑符号

（二）逻辑功能

基本 RS 触发器的两个输出端 Q 和 $\overline{Q}$ 的状态相反,通常规定 Q 端的状态为触发器的状态。Q 端为 1 时,称触发器为 1 态；Q 端为 0 时,称触发器为 0 态。根据 $\overline{R}$、$\overline{S}$ 的不同输入组合,可以得出基本 RS 触发器的逻辑功能。

1. $\overline{R}=1$,$\overline{S}=1$,触发器保持原状态不变

$\overline{R}=1$,$\overline{S}=1$ 时,若触发器处于 0 态,即 $Q=0$、$\overline{Q}=1$,于是门 G_1 的 $\overline{S}$、$\overline{Q}$ 二个输入均为 1,因此门 G_1 的输出 $Q=0$,即触发器保持 0 态不变。同理,若触发器原来处于 1 态,即 $Q=1$、$\overline{Q}=0$ 时,于是门 G_2 的二个输入 Q、$\overline{R}$ 均为 1,因此门 G_2 的输出 $\overline{Q}=0$,致使 G_1 输出为 1,因此触发器保持 1 态不变。

可见,触发器未输入低电平信号时,总是保持原来状态不变,这就是触发器的记忆功能。

2. $\overline{R}=1$,$\overline{S}=0$,触发器被置为 1 态

由于 $\overline{S}=0$,门 G_1 的输出 $Q=1$,因而门 G_2 的二个输入 Q、$\overline{R}$ 全为 1,则 $\overline{Q}=0$,触发器被置为 1 态,故称 $\overline{S}$ 端为置 1 端。

3. $\overline{R}=0$,$\overline{S}=1$,触发器被置为 0 态

由于 $\overline{R}=0$,门 G_1 的输出 $Q=1$,因而门 G_2 的二个输入 $\overline{Q}$、$\overline{S}$ 全为 1,则 $Q=0$,触发

器被置为0态,故 $\overline{R}$ 称端为置0端或称为复位端。

4. $\overline{R}=0$,$\overline{S}=0$,触发器状态不确定

在 $\overline{R}=0$,$\overline{S}=1$ 期间,Q 和 $\overline{Q}$ 同时被迫为1,因而在 $\overline{R}$、$\overline{S}$ 的低电平触发信号同时消失后,Q 和 $\overline{Q}$ 的状态不能确定,这种情况应当避免,否则会出现逻辑混乱或错误。

综上所述,基本RS触发器的逻辑功能如表9-1所示。

基本RS触发器真值表　　　　　　　表9-1

输入信号		输出状态	功能说明
$\overline{R}$	$\overline{S}$	Q	
0	0	不定	禁止
0	1	0	置0
1	0	1	置1
1	1	Q	保持上一状态(记忆)

(三) 应用举例

基本RS触发器可由两个与非门构成,可用74LS00、CD4011集成电路(四个二输入与非门)来构成,连接方法如图9-2所示。

二、同步RS触发器

在数字系统中,常由时钟脉冲CP来控制触发器按一定的节拍同步动作,即在时钟脉冲到来时输入触发信号才起作用。由时钟脉冲控制的RS触发器称为同步RS触发器。

(一) 电路结构

同步RS触发器在基本触发器的基础上增加两个与非门构成的,电路如图9-3(a)所示。图中 G_1、G_2 门组成基本RS触发器。G_3、G_4 构成控制门,在时钟脉冲CP控制下,将输入R、S的信号传送到基本RS触发器。R_D、$\overline{S}_D$ 不受时钟脉冲控制,可以直接置0、置1,所以 $\overline{R}_D$ 称为异步置0端,$\overline{S}_D$ 称为异步置1端。图9-3(b)为逻辑符号。

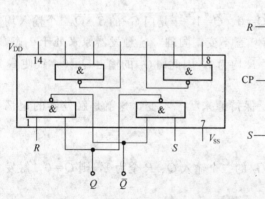

图9-2　集成与非门组成的基本RS触发器

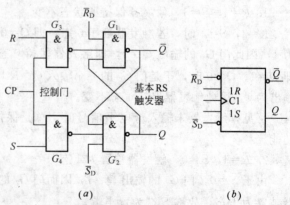

图9-3　同步RS触发器
(a)逻辑电路;(b)逻辑图符号

（二）工作原理

（1）无时钟脉冲作用时（CP=0），与非门 G_3、G_4 均被封锁，R、S 输入信号不起作用，触发器维持原状态。

（2）有时钟脉冲输入时（CP=1），G_3、G_4 门打开，R、S 输入信号才能分别通过 G_3、G_4 门加在基本 RS 触发器的输入端，从而使触发器翻转。

同步 RS 触发器的真值表见表 9-2，表中 Q^n 表示时钟脉冲作用前触发器的状态，称原状态；Q^{n+1} 表示时钟脉冲作用后触发器的状态，称为现状态。表中"X"表示触发器的状态不定。

在表 9-2 中，$R=1$、$S=1$，触发器状态不定，应用时应避免这种状态出现。

同步 RS 触发器真值表　　　　　　　　　　表 9-2

时钟脉冲 CP	输入信号		输出状态 Q^{n+1}	功能说明
	R	S		
0	×	×	Q^n	操持、记忆
1	0	0	Q^n	操持、记忆
1	0	1	1	置1
1	1	0	0	清0
1	1	1	不定	禁止

【例 9-1】 如图 9-4 中的 R 和 S 信号波形，画出同步 RS 触发器 Q 和 $\overline{Q}$ 的波形。

【解】 设 RS 触发器的初态为 0，当时钟脉冲 CP=0 时，触发器不受 R 和 S 信号控制，保持原状态不变。只有在 CP=1 的期间，R 和 S 信号才对触发器起作用。波形如图 9-4。

三、应用举例

图 9-5 为按键式电子开关电路。S_1 为安全开关、S_2 为停止按钮、S_3 为起动按钮。当开关 S_1 不闭合时，CP=0，输出保持不变；只有当开关 S_1 闭合时，按钮 S_2、S_3 才起作用，当按下按钮开关 S_2 时，RS 触发器的 $R=0$，$S=1$，Q 输出为高电平，三极管 V_1 饱和，继电器触点 K 吸合；当释放按钮开关之后，$S=0$，$R=0$，触发器输出保持高电平不变，继电器的触点仍保持吸合；当按下按钮开关 S_3 使之闭合时，RS 触发器的 $S=0$，$R=1$，Q 输出为低电平，三极管 V_1 截止，继电器触点 K 断开。

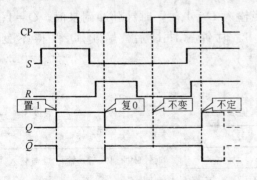

图 9-4　同步 RS 触发器的波形图

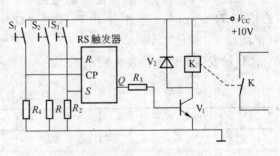

图 9-5　按键式电子开关电路

第二节 触发器逻辑功能概述

前面介绍的 RS 触发器存在不确定状态,为了避免不确定状态,在 RS 触发器的基础上发展了几种不同逻辑功能的触发器,常用的有 JK、D 和 T 触发器。触发方式有电平触发、上升沿触发、下降沿触发三种。

一、D 触发器及芯片

D 触发器只有一个输入端,时钟脉冲未到来时,输入端 D 的信号不起任何作用;只有在 CP 脉冲到来的瞬间,输出端 Q 立即变成与输入端 D 相同的电平,即 $Q^{n+1}=D$。

(一)电路符号及芯片

如图 9-6 所示,74LS74 为双 D 触发器,D 为输入端,Q、$\overline{Q}$ 为输出端,$\overline{S}_{1D}$、$\overline{S}_{2D}$ 为置 1 端(低电平有效),$\overline{R}_{1D}$、$\overline{R}_{2D}$ 为置 0 端(低电平有效),CP_1、CP_2 为时钟触发端(上升沿有效)。其他常用 2D 触发器有 CD4013、4D 触发器有 74LS175、CC4042、CC4058,8D 触发器 74LS273、74LS373、(常用作地址锁存器),双向的 8D 触发器有 74LS245(常用作双向数据传送控制)。

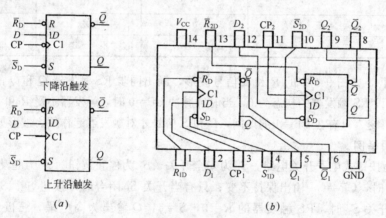

图 9-6 D 触发器逻辑符号及引脚图
(a)D 触发器逻辑符号;(b)D 触发器 74LS74 引脚图

(二)逻辑功能

在图 9-6 所示的 D 触发器逻辑电路中,当输入 $D=1$ 时,时钟脉冲到来时,$Q=1$;当输入 $D=0$ 时,时钟脉冲到来时,$Q=0$。时钟脉冲过后,输出 Q 保持不变(记忆)。

D 触发器真值表如表 9-3 所示。

D 触发器真值表　　　　表 9-3

输入 D	输出 Q^{n+1}	功 能 说 明
1	1	时钟脉冲加入后,输出 Q 与输入 D 相同
0	0	

(三)应用举例

CD4013是双D触发器，由它组成的光控延时电路如图9-7所示。当光线没有照射到光敏三极管3DU3时，置1端S_D为0，D触发器输出Q为0，继电器K不吸合。当光线照射到3DU3时，3DU3导通，S_D为1，使D触发器输出Q为1，晶体管导通，继电器K吸合，起到光电自动控制作用。延迟时间由RC的时间常数决定，Q输出高电平时通过R_2向C充电、当C电压升高使R_D为1，就将D触发器复0。

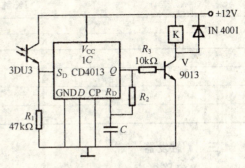

图9-7 D触发器组成的光控延时电路

二、JK触发器及芯片

（一）电路符号及芯片

如图9-8，74LS76为双JK触发器，J、K为输入端，Q、$\overline{Q}$为输出端，$\overline{S}_{1D}$、$\overline{S}_{2D}$为置1端(低电平有效)，$\overline{R}_{1D}$、$\overline{R}_{2D}$为置0端(低电平有效)，CP_1、CP_2为时钟触发端(下降沿有效)。其他JK触发器有：74LS70、74H72、74LS73、74H71、CC4027、CC4095。

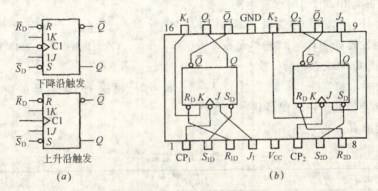

图9-8 JK触发器逻辑符号及引脚图
(a)JK触发器逻辑符号；(b)JK触发器74LS76引脚图

（二）逻辑功能

JK触发器不仅可以避免不确定状态，而且增加了触发器的逻辑功能，其逻辑功能分析出下：

1. $J=0$，$K=0$，$Q^{n+1}=Q$

这时触发器被封锁，CP脉冲到来后，触发器的状态并不翻转，也就是$Q^{n+1}=Q$表示输出保持原态不变。

2. $J=1$，$K=0$，$Q^{n+1}=1$

当时钟脉冲CP到来时，$J=0$，$K=1$使触发器$Q=1$、$\overline{Q}=0$，触发器输出为置1态。

3. $J=0$，$K=1$，$Q^{n+1}=0$

当时钟脉冲CP到来时，$J=0$，$K=1$使触发器$Q=1$、$\overline{Q}=0$，触发器输出为置0态。

4. $J=1$，$K=1$，$Q^{n+1}=\overline{Q^n}$

当时钟脉冲CP到来时，$J=1$，$K=1$使触发器状态发生翻转，每来一个CP脉冲，触发器状态就翻转一次，触发器处于计数状态。触发器的输出相当于对时钟脉冲2分频。

JK触发器的真值表见表9-4。

JK 触发器的真值表　　　　　　　　　　　　　表 9-4

输入		输出（次态）	功能说明
J	K	Q^{n+1}	
0	0	Q^n	保持（记忆）
0	1	0	置 0
1	0	1	置 1
1	1	$\overline{Q^n}$	翻转

三、T 触发器

（一）电路组成

将 JK 触发器的输入端连接在一起，作为输入端 T，就构成了 T 触发器，逻辑电路如图 9-9(a)所示，图 9-9(b)是 T 触发器的逻辑符号。

（二）逻辑功能

当 T＝1 时，相当于 JK 触发器的 J＝1、K＝1，根据 JK 触发器的逻辑功能可知，$Q^{n+1}=\overline{Q^n}$，触发器处于计数状态，每来一个 CP 脉冲，输出 Q 的状态翻转一次。

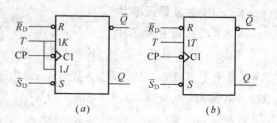

图 9-9　T 触发器
(a) 逻辑电路；(b) 逻辑符号

当 T＝0 时，相当于 JK 触发器的 J＝0、K＝0，根据 JK 触发器的逻辑功能可知，$Q^{n+1}=Q^n$，触发器处于记忆保持状态。

T 触发器的真值表见表 9-5。

T 触发器真值表　　　　　　　　　　　　　表 9-5

输入 T	输出 Q^{n+1}	功能说明
1	$\overline{Q^n}$	计数（对时钟脉冲 2 分频）
0	Q^n	保持（记忆）

第三节　主从触发器

一、主从触发器的组成及工作原理

由 4 个集成门构成的电平触发方式的钟控触发器，在约定电平期间对输入激励信号均敏感，从而造成了在某些输入条件下产生多次翻转（输出不确定）现象。避免多次翻转的方法之一就是采用具有存储功能的触发导引电路。主从结构式的触发器就是这类触发器。

（一）主从触发器的电路组成

图 9-10 所示为主从 RS 触发器原理电

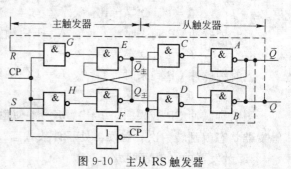

图 9-10　主从 RS 触发器

路。它由两个电位触发方式的钟控触发器构成。其中门 E、F、G、H 构成主触发器，钟控信号为 CP，输出 $Q_主$、$\overline{Q_主}$，输入为 R、S。门 A、B、C、D 构成从触发器，钟控信号 $\overline{CP}$，输入为主触发器的输出 $Q_主$、$\overline{Q_主}$，输出为 Q 和 $\overline{Q}$ 从触发器的输出为整个主从触发器的输出，主触发器的输出为整个主从触发器的输入。

（二）主从触发器的工作原理

由电路组成可见，主从触发器工作分两步进行。第一步，当 CP 由 0 正向跳变至 1 及 CP=1 期间，主触发器接收输入激励信号，状态发生变化；而由于 $\overline{CP}$ 由 1 变为 0，$\overline{CP}=0$ 从触发器被封锁，因此触发器状态保持不变，这一步称为准备阶段。第二步是当 CP 由 1 负向跳变至 0 时及 CP=0 期间，主触发器被封锁，状态保持不变，而从触发器时钟 $\overline{CP}$ 由 0 正向跳变至 1，接收在这一时刻主触发器的状态，触发器输出状态发生变化。由于 CP 由 1 负向跳变至 0 后，在 CP=0 期间，主触发器不再接收输入激励信号，因此也不会引起触发器状态发生两次以上的翻转。这就克服了多次翻转现象。

二、主从 JK 触发器

RS 触发器禁止 R 端、S 端同时为 1，JK 触发器则没有这种约束，允许输入端 J、K 同时为 1，此时每来一次时钟脉冲 CP，输出就变化一次，即原为高电平就变为低电平，原为低电平就变为高电平。主从 JK 触发器如图 9-11 所示，是由两个钟控 RS 触发器组成的，输出 $\overline{Q}$ 反馈至主触发器的 $\overline{S}_D$ 端，输出 Q 反馈至主触发器的 $\overline{R}_D$ 端，并把原输入端重新命名为 J 端和 K 端，以区别原来的主从 RS 触发器。

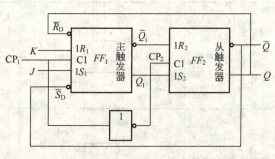

图 9-11 主从 JK 触发器

第四节 触发器逻辑功能的转换

一、触发器逻辑功能的转换

在实际工作中，常将 JK 触发器和 D 触发器通过适当的外部连接或附加电路转换成具有另一种逻辑功能的触发器。

1. JK 触发器转换成 T 触发器

将 J、K 端连在一起称为 T 端，即成 T 触发器。

2. JK 触发器转换成 D 触发器

JK 触发器转换成 D 触发器的逻辑图如图 9-12 所示。

3. D 触发器转换成 T' 触发器

D 触发器转换成 T' 触发器的逻辑电路如图 9-13 所示。T' 触发器具有计数功能，即每来一个 CP 脉冲，触发器状态翻转一次。

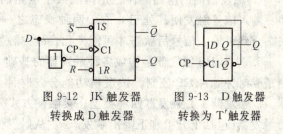

图 9-12 JK 触发器转换成 D 触发器   图 9-13 D 触发器转换为 T' 触发器

二、各类触发器功能和触发方式比较表

各类触发器功能和触发方式比较表　　　　表 9-6

名称	逻辑符号	逻辑功能 输入 R S	逻辑功能 输出 Q	触发方式
基本 RS 触发器	$\bar{S}$—S / $\bar{R}$—R	0　1 1　0 1　1 0　0	0 1 不变 不定	电平触发
同步 RS 触发器	R / S	1　0 0　1 0　0 1　1	0 1 不变 不定	电平触发
上升沿 D 触发器	1D / >C1	D　CP 0　↑ 1　↑	Q 0 1	边沿触发
下降沿 JK 触发器	1J / C1 / 1K	J　K　CP 0　1　↓ 1　0　↓ 1　1　↓ 0　0　↓	Q 置0 置1 计数 不变	边沿触发
主从型 JK 触发器	1J / C1 / 1K	J　K　CP 0　1 1　0 1　1 0　0	Q 置0 置1 计数 不变	电平触发

本 章 小 结

1. 触发器同门电路一样也是构成数字电路的最基本的逻辑单元电路，它的基本特征是：输入信号触发使其处于 0 或 1 两种稳态之一，输入信号去掉后该状态能一直保留下来，直到再输入信号后状态才可能变化，故称触发器是有记忆功能的单元电路。

2. 基本 RS 触发器是构成各种触发器的基础，它不受时钟脉冲 CP 控制。时钟触发器则是受时钟脉冲 CP 控制。按逻辑功能分，时钟触发器可分为同步 RS 触发器、JK 触发器、D 触发器、T 触发器四种类型。接触发方式分，时钟触发器又可分为电平触发器、边沿触发器（包括上升沿和下降沿触发）、主从触发器等。

3. 掌握各类触发器的功能是应用的关键。

(1) RS 触发器具有置 0 置 1、保持的逻辑功能；
(2) JK 触发器具有置 0，置 1、保持、计数的逻辑功能；
(3) D 触发器具有置 0 置 1 的逻辑功能；
(4) T 触发器具有保持、计数的逻辑功能。

思考题与习题

9-1 触发器的记忆功能指的是什么？计数功能指的是什么？

9-2 试分述 RS、JK、D、T 触发器的逻辑功能，列出真值表。

9-3 讨论由或非门构成的基本 RS 触发器功能及动作特点。

9-4 什么叫触发器的输出不确定现象？如何克服这一现象？

9-5 说出题图 9-14 中触发器的名称。

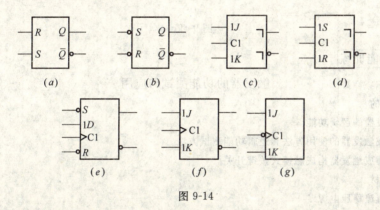

图 9-14

9-6 已知 R、S 端波形如题图 9-15 所示。试画出：
(1) 题图 9-14(a)中，Q、$\overline{Q}$ 端波形；
(2) 题图 9-14(b)中，Q、$\overline{Q}$ 端波形(设初始状态为零)。

9-7 JK 触发器 J、K、CP 波形如题图 9-16 所示。试画出主 JK 触发器 Q、$\overline{Q}$ 波形(设初始状态 $Q=0$)。

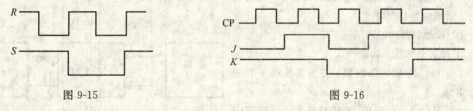

图 9-15　　　　　　　　　　　图 9-16

9-8 已知 J、K、CP 波形如题图 9-17 所示。试分别画出上升沿、下降沿触发器 Q 端波形。

9-9 已知 D、CP、R、S 波形如题图 9-18 所示。测画出 D 触发器 Q 端波形。

9-10 题图 9-19 电路中，设各触发器初始状态为 0，试画出 Q 端波形，并说明各电路逻辑功能。

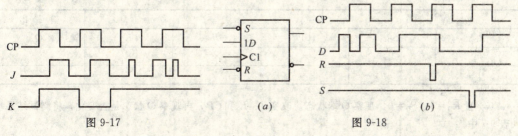

图 9-17　　　　　　　　　(a)　　　　　图 9-18　　　　　(b)

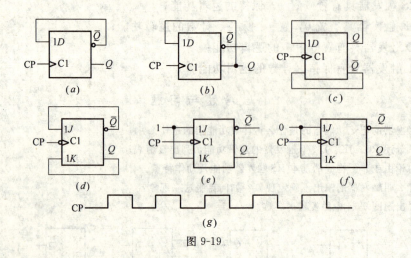

图 9-19

实验与技能训练

触发器的功能测试与应用

一、训练目的

1. 掌握触发器的逻辑功能。
2. 掌握集成触发器的使用方法和逻辑功能测试方法。
3. 学会用集成触发器构成触摸式按键开关。

二、训练器材

(1) +5V 直流稳压电源
(2) 万用表
(3) 逻辑开关
(4) 0—1 按钮
(5) 面包板
(6) 双 JK 触发器 74LS76 及触摸式按键开关套件,如图 9-20 所示。

三、训练内容与步骤

(一) JK 触发器功能测试

1. 直接置 0 和置 1 功能测试

(1) 将 74LS76 插入面包板,并按实验图 9-20 连接测试电路。

(2) 置 $\overline{R}_D=0$,$\overline{S}_D=1$,观察 Q 端状态,改变 J、K 和 CP,观察 Q 状态是否变化,将测试结果填入表 9-7 中。

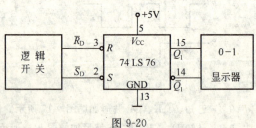

图 9-20

表 9-7

输 入					输 出
$\overline{R}_D$	$\overline{S}_D$	CP	J	K	Q
0	1	×	×	×	
1	0	×	×	×	

(3) 置 $\overline{R}_D=1$,$\overline{S}_D=0$,观察 Q 端状态,改变 J、K 和 CP,再观察 Q 状态是否变化,将测试结果填入表 9-7 中。

2. 逻辑功能测试

(1) 按图 9-21 在面包板上连接测试电路。

(2) 置 $\overline{R}_D=1$，$\overline{S}_D=1$。

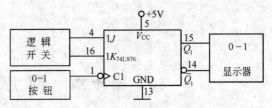

(3) J、K 端的逻辑电平按表 9-8 由逻辑开关提供，CP 脉冲由 0-1 按钮提供，(0-1 表示 CP 脉冲的上升沿，1-0 表示 CP 脉冲的下降沿)，观察 Q 端的状态，并填入该表中。注意每次测量前，触发器应先置零。

图 9-21

表 9-8

输 入			输 出
J	K	CP	Q
0	0	0→1	
0	0	1→0	
0	1	0→1	
0	1	1→0	
1	0	0→1	
1	0	1→0	
1	1	0→1	
1	1	1→0	

(二) T 触发器功能测试

1. 直接置 0 和置 1 功能测试

(1) 将 JK 触发器的 J、K 端连接在一起，构成 T 触发器，测试电路如图 9-22 所示。

(2) $\overline{R}_D=0$，$\overline{S}_D=1$，观察 Q 输状态，将测试结果记录在表 9-9 中。

(3) 置 $\overline{R}_D=1$，$\overline{S}_D=0$，观察 Q 端状态，将测试结果记录在表 9-9 中。

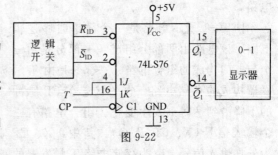

图 9-22

实 验 表 表 9-9

输 入				输 出
$\overline{R}_D$	$\overline{S}_D$	CP	T	Q
0	1	×	×	
1	0	×	×	

2. 逻辑功能测试

(1) 按实验图 9-22 在面包板上连接测试电路。

(2) 置 $\overline{R}_D=1$，$\overline{S}_D=1$。

(3) T 端的逻辑电平按表 9-10 设置，测量 Q 端状态，并填入该表中。

表 9-10

输 入				输 出
$\overline{R}_D$	$\overline{S}_D$	CP	T	Q
1	1	1→0	0	
1	1	1→0	1	

四、思考题

根根表 9-7、表 9-9 归纳 JK、T 触发器的逻辑功能。

第十章 时序逻辑电路

逻辑电路分为两大类，即组合逻辑电路和时序逻辑电路。时序逻辑电路由逻辑门和触发器组成，是一种具有记忆功能的逻辑电路，常用的电路类型有寄存器和计数器。本章重点介绍寄存器、计数器的逻辑功能和典型应用电路。

第一节 时序逻辑电路的特点与基本分析方法

一、时序逻辑电路的特点

我们知道，在组合逻辑电路中，当输入信号发生变化时，输出信号也随之立刻响应。也就是，在任何一个时刻的输出信号仅取决于当时的输入信号。而在时序逻辑电路中，任何时刻的输出信号不仅取决于当时的输入信号，而且还取决于电路原来的工作状态，即与以前的输入信号及输出也有关系。第九章所介绍的触发器就是简单的时序逻辑电路。

图 10-1 所示电路是一个简单时序逻辑电路。该电路由两部分组成：一部分是由三个与非门构成的组合电路；一部分是由 T 触发器构成的存储电路，它的状态在 CP 脉冲的下降沿到达时刻发生变化。组合电路有三个输入信号（X、CP 及 Q），其中，X、CP 为外加输入信号，Q 为存储电路 T 触发器的输出；有两个输出信号（Z 和 T'）其中，Z 为

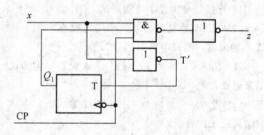

图 10-1 简单时序逻辑电路

电路的输出，T'反馈回来作为 T 触发器的输入，有时称它为内部输出。

由此电路可以看出时序逻辑电路在结构上有两个特点：第一，时序逻辑电路分组合电路、存储电路两部分。由于要记忆以前的输出情况，所以存储电路是不可缺少的。第二，组合电路至少有一个输出反馈到存储电路的输入端，存储电路的状态至少有作为组合电路的输入，并与其他信号共同决定电路的输出。

时序逻辑电路一般有两大类，一类是同步时序逻辑电路；另一类是异步时序逻辑电路。关于同步时序逻辑电路和异步时序逻辑电路的特点将在以后各常用时序电路中介绍。

二、时序逻辑电路的基本分析方法

时序逻辑电路的分析，就是根据给定时序逻辑电路的结构，找出该时序逻辑电路在输入信号以及时钟信号作用下，存储电路状态变化规律及电路的输出，从而了解该时序逻辑电路所完成的逻辑功能。描述时序逻辑电路的功能，一般采用存储电路的状态转移方程；电路的输出函数表达式；或者状态转移表，状态转移图；或者工作波形（时序图）等方法。

第二节 寄 存 器

寄存器主要用来暂存数码和信息。在计算机系统中常常要将二进制数码暂时存放起来，等待处理，这就需要由寄存器存储参加运算的数据。寄存器由触发器和门电路组成，一个触发器能存放一位二进制数码。存放 N 位二进制数码就需要 N 个触发器，从而构成 N 位寄存器。在时钟脉冲 CP 控制下，寄存器接收输入的二进制数码并存储起来。按寄存器的功能可分数据寄存器和移位寄存器。

一、数据寄存器

数据寄存器按接收数码的方式不同可分为单拍接收式和双拍接收式两种。

（一）双拍接收式寄存器

1. 电路组成

图 10-2 所示为 4 位双拍接收式数码寄存器，它由基本触发器和门电路组成。$D_0 \sim D_3$ 是 4 位数码的输入端，$Q_0 \sim Q_3$ 为数据输出端。各 RS 触发器的复位端连接在一起，作为寄存器的总清零端 $/CR$，低电平时清零有效。逻辑电路通常采用四与非门与四 RS 触发器两块集成电路连接而成。

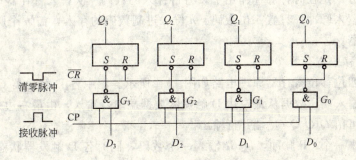

图 10-2　4 位双拍接收式数码寄存器

2. 工作原理

双拍接收寄存器工作时是分两步进行的：

第一步，寄存前先清零。清零脉冲加至各触发器的复位端 R，寄存器消除原来数码，$Q_0 \sim Q_3$ 均为 0 态，其后脉冲恢复高电平，为接收数据做好准备。

第二步，接收脉冲，控制数据寄存。接收脉冲 CP 将与非门 $G_0 \sim G_3$ 打开接收输入数据 D_0、D_1、D_2、D_3。例如，输入数码为 0101，则与非门 G_0、G_1、G_2、G_3 输出为 1010，而各触发器被置成 0101，从而完成接收寄存工作。

该寄存器是同时输入各位数码 $D_0 \sim D_3$，同时输出各位数码 $Q_0 \sim Q_3$，所以属于并行输入、并行输出寄存器。

（二）单拍接收寄存器

1. 电路组成

图 10-3 所示为 4 位单拍接收式数码寄存器，它由 D 触发器组成。$D_0 \sim D_3$ 是 4 位寄存数码的输入端，$Q_0 \sim Q_3$ 为数码输出端。逻辑电路可采用四 D 触发器集成电路 74LS175 连接而成。

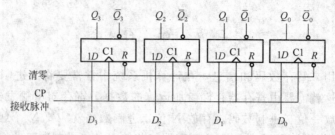

图 10-3 单拍接收式寄存器

2. 工作原理

单拍接收寄存器不需要先清零,当接收脉冲 CP 到来时,即可将数码存入。例如,输入数码 $D_3D_2D_1D_0=0011$,则 $Q_3Q_2Q_1Q_0=0011$,若要清除已存入的数码,只需在置 0 端加入一清零负脉冲即可实现。

二、移位寄存器

移位寄存器是能使数码移位的寄存器。按数码移位情况的不同,移位寄存器分为单向移位和双向移位两类。

按数码的存入或移出方式的不同,移位寄存器有并行输入、输出和串行输入、输出之分。并行输入方式是在时钟脉冲作用下,将待存入的数码一次置入寄存器;串行输入方式则是每来一个读入脉冲,只置一位数码。n 位二进制数码的存入,需 n 个脉冲把 n 位数码依次读入寄存器。

(一) 单向移位寄存器

单向右移四位移位寄存器原理电路如图 10-4 所示。图中各 D 触发器 Q 端送相邻右侧 D 触发器数据输入端,数据从最左边 D 触发器数据端串行输入,由最右边 D 触发器 Q_3 端串行输出;也可由 $Q_0Q_1Q_2Q_3$ 端并行输出。

该电路每来一个 CP 脉冲,D_i 端输入一个数码,同时各 D 触发器状态右移一位。设寄存器原状态为 0000,如果 D_i 端数码输入顺序为:第一个输入数码为 1,第二个为 0,第三个为 0,第四个为 1,那么则在第一个 CP 脉冲作用下,$Q_0Q_1Q_2Q_3=1000$;第二个 CP 脉冲作用下,$Q_0Q_1Q_2Q_3=0100$;第三个 CP 脉冲作用下,$Q_0Q_1Q_2Q_3=0010$;第四个 CP 脉冲作用下,$Q_0Q_1Q_2Q_3=1001$。即在 4 个 CP 脉冲作用下,数码可以全部移入寄存器,并从 $Q_0 \sim Q_3$ 端并行输出。

单向左移寄存器原理图如图 10-5 所示。图中各 D 触发器 Q 端送相邻左侧 D 触发器数据输入端,输入数码从最右边触发器数据端 D_i 串行输入,从最左边触发器 Q_0 端串行输出,从 $Q_0 \sim Q_3$ 并行输出。在 CP 脉冲作用下,各触发器中数码逐次左移。

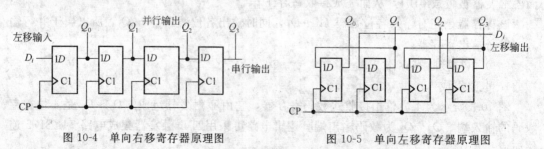

图 10-4 单向右移寄存器原理图   图 10-5 单向左移寄存器原理图

（二）双向移位寄存器

双向移位寄存器原理如图 10-6 所示。

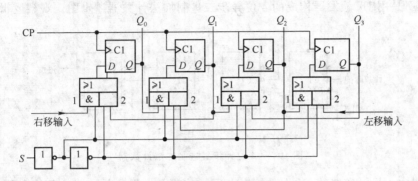

图 10-6　双向移位寄存器原理图
（$S=0$ 右移；$S=1$ 左移）

图中左移、右移的控制由 2 选 1 数据选择器完成。该 2 选 1 数据选择器由与或门构成，S 为选择控制信号。当 $S=0$ 时，为右移。此时与或门中门 1 开门，门 2 关门，数据从左边输入，同时电路内部接成右移方式，因而电路为右移寄存器。当 $S=1$ 时，为左移。这时与或门中门 2 开门，门 1 关门，数据从右边输入，同时电路内部接成左移方式，因而电路为左移寄存器。

常用的 TTL 单向移位寄存器有：74LS195 是 4 位并入并出；74LS199 是 8 位并入并出等。TTL 双向移位寄存器有：74LS194，74LS194 是 4 位并入并出（双向）；74LS198 8 位串入并出等。CMOS 单向移位寄存器有 CC4015 双 4 位串入并出等。CMOS 双向移位寄存器有 CC40194 4 位双向并入并出等。

第三节　计　数　器

能够对输入脉冲进行计数的电路，称为计数器。计数器不仅可以用来计数，也可用来定时、分频和进行数值计算，用途十分广泛，因此几乎任何一个数字系统都少不了计数器。

计数器种类很多，按储存数的增减情况可分为加计数、减计数和可逆计数（可加、可减计数）；按计数进位制不同，可分为二进制计数器，十进制计数器和其他进制计数器；按计数器中触发器翻转次序的一致与否，可分为同步和异步两类。同步计数器计数过程中需要翻转的触发器同步翻转。异步计数器工作时，需要翻转的触发器在翻转时间上不一致，是先低位，后高位。同步计数器的工作速度较异步计数器为快。

一、异步二进制加法计数器

加法计数器在计数脉冲作用下，所储存的数逐次加 1。按二进制加法法则（逢二进一）。前面介绍的 T 触发器（$T=1$ 时）具有计数功能，即每来一个计数脉冲，状态就翻转一次，因而可用来计数。但一只 T 触发器只能计入一个输入脉冲。设触发器原状态为 0，1 个计数脉冲输入，状态翻转为 1；两个计数脉冲输入，状态又翻转成原状态 0。显然要计入两个计数脉冲就必须用两级 T 触发器。采用两级触发器最多可计入 3 个计数脉冲。

采用4级触发器,最多可计入15个计数脉冲。采用 n 级触发器,最多可计入 2^n-1 个计数脉冲。

图 10-7 是用 JK 触发器构成的 4 位异步二进制加法计数器逻辑图。观察逻辑图可见:

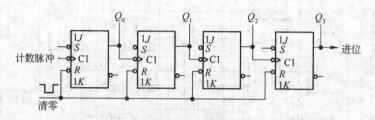

图 10-7 4 位异步二进制加法计数器

（1）图中 4 只触发器的 JK 端都接高电平（在 TTL 电路中输入端空置一般默认为输入高电平），因而都是计数状态，$Q^{n-1}=\overline{Q^n}$；各触发器都是 CP 脉冲下降沿触发的。

（2）各触发器的 CP 脉冲各不相同。计数脉冲从最低位触发器 CP 端输入。相邻两触发器中，低位触发器的 Q 端接高位触发器的 CP 端。这样当低位触发器的 Q 端由 1 变 0 时，即产生负跳变时，就使相邻高位触发器发生翻转，从而实现进位。由于上述电路进位时，是在低一位触发器翻转以后，高一位才翻转的，故称为异步计数器。

设图 10-7 电路初始状态为 0000，即 $Q_3Q_2Q_1Q_0=0000$，按上述分析，可逐一求得在 CP 计数脉冲作用下，第 1 个 CP 脉冲后，Q_0 翻转，状态为 0001；第 2 个 CP 脉冲后，Q_1Q_0 翻转，状态为 0010；第 3 个 CP 脉冲后，Q_0 翻转，状态为 0011；第 4 个 CP 脉冲后，Q_2、Q_1、Q_0 翻转，状态为 0100；……；第 8 个 CP 脉冲过后，Q_3、Q_2、Q_1、Q_0 翻转，状态为 1000；……；第 15 个 CP 脉冲过后，状态为 1111；第 16 个计数脉冲过后，状态为 0000，同时 Q_3 向高位产生一个进位脉冲。由上可见，在计数脉冲作用下，计数器状态按二进制加法规律更新，故为二进制加法计数器。图 10-8 为 4 位二进制加法计数器波形图。

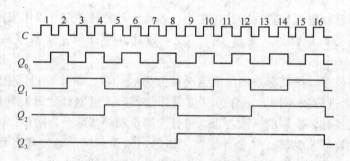

图 10-8 4 位二进制加法计数器波形图

由波形图可见，输出端 Q_0、Q_1、Q_2、Q_3，分别得到二进制（对时钟脉冲二分频）、四进制（对时钟脉冲四分频）、八进制（对时钟俯冲八分频）、十六进制（对时钟脉冲十六分频）的计数器。

二、异步二进制减法计数器

图 10-9 是异步 4 位二进制减法计数器逻辑图。图中 J、K 端省略未画出（J、K 都为

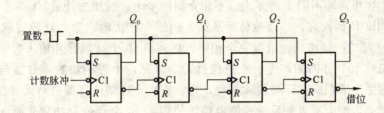

图 10-9　4 位异步二进制减法计数器

1)与图 10-7 对照可见，它们也都是由 JK 触发器构成，并接成计数形式，而且都是下降沿触发。区别在于，加法器是以低位的 Q 端接相邻高位的 CP 端，实现进位；而减法器则是以低位的 $\overline{Q}$ 端接相邻高位和 CP 端，实现借位。按二进制减法法则：$1-1=0$，$10-1=01$，当低位为 1 时输入一个计数脉冲，状态翻转为 0，$\overline{Q}$ 由 0 翻为 1，因为是正跳变，高位触发器的状态保持，从而实现 $1-1=0$；当低位为 0 时，输入一个计数脉冲，低位 Q 由 0 翻为 1，而 $\overline{Q}$ 则由 1 翻为 0，这是负跳变，该负跳变信号使相邻高位触发器状态翻转，从而实现了 $10-1=01$，即实现了借位。

三、同步二进制计数器

图 10-10 是 4 位同步二进制加法计数器逻辑图。

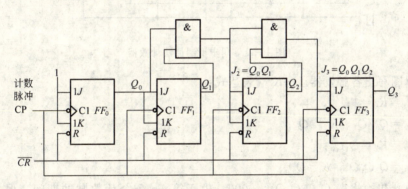

图 10-10　同步二进制计数器

从图中可见，4 个触发器的时钟端都接收同一个时钟脉冲（输入计数脉冲），因此各触发器的翻转动作将同时进行，所以称同步计数器。然而在计数脉冲下降沿时刻，各触发器状态是翻转、保持、置 0、置 1 则取决于各自 J、K 端状态。

四个触发器的翻转有以下规律：

(1) FF_0 每输入一个计数脉冲，状态就翻转一次。

(2) FF_1 是在 $Q_0=1$ 时触发翻转，即 FF_0 原为 1，作加 1 计数时，产生进位使高位触发器 FF_2 翻转。

(3) FF_2 是在 Q_0、Q_1 同时为 1 时触发翻转，即 FF_0、FF_1 原均为 1，作加 1 计数时，产生进位使 FF_2 触发器翻转。

(4) FF_3 是在 Q_0、Q_1、Q_2 同时为 1 时触发翻转，即 FF_0—FF_2 原均为 1，作加 1 计数时，产生进位使 FF_3 翻转为 1。

四、同步十进制计数器

十进制计数器是每输入 10 个计数脉冲，状态就循环一次的计数器。十进制加法计数器也有同步、异步两种不同工作方式。下面介绍同步十进制加法计数器。

对于8421BCD码而言，当计数脉冲从第1到第9依次输入时，计数器状态应从0001变到1001，这与二进制加法计数器完全相同。而当第10个计数脉冲输入时，计数器应恢复到初始状态0000，并向前产生一个进位脉冲。可见，十进制加法计数器与四位二进制加法计数器的主要区别就在于要清除6种多余状态。十进制计数器电路就是在四位二进制计数器的基础上，加上适当的反馈控制电路，使得第10个计数脉冲到来时，计数器跳过多余的状态，返回到初始状态，并产生进位脉冲。

图10-11是8421BCD码同步十进制加法计数器逻辑图。由图可见，计数脉冲同时加到各触发器CP端，因而是同步计数器。

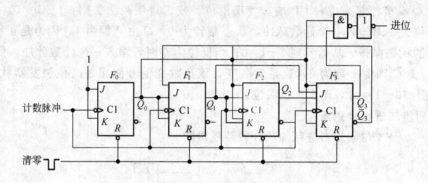

图10-11 同步十制加法计数器

由逻辑图写出各触发器 J、K 端表达式：

F_0：$J_0=K_0=1$；

F_1：$J_1=Q_0/\overline{Q_3}$，$K_1=Q_0$；

F_2：$J_2=K_2=Q_1Q_0$；

F_3：$J_3=Q_2Q_1Q_0$，$K=Q_0$。

设计数器初始状态 $Q_3Q_2Q_1Q_0=0000$，由于第1～7个计数脉冲期间，保持 $Q_3=0$，$\overline{Q_3}=1$，因此，F_0～F_2 各 J、K 表达式与同步二进制计数器相同，因此在第1～7输入计数脉冲作用下，计数器状态依次出现0001，0010，0011，0100，0101，0110，0111。

在 $Q_3Q_2Q_1Q_0=0111$ 状态下，各触发器 J、K 端表达式及动作情况分析如下：

F_0：$J_0=K_0=1$，翻转；

F_1：$J_1=Q_0/\overline{Q_3}=1$，$K_1=Q_0=1$，翻转；

F_2：$J_2=K_2=Q_1Q_0=1$，翻转；

F_3：$J_3=Q_2Q_1Q_0=1$，$K=Q_0=1$，翻转。

分析得新状态为1000，此状态对应着输入第8个计数脉冲。

再以1000为原状态分析新状态可得：

F_0：$J_0=K_0=1$，翻转；

F_1：$J_1=Q_0/\overline{Q_3}=0$，$K_1=Q_0=0$，保持；

F_2：$J_2=K_2=Q_1Q_0=0$，保持；

F_3：$J_3=Q_2Q_1Q_0=0$，$K=Q_0=0$，保持。

分析得新状态为 1001，此状态对应着输入第 9 个计数脉冲。

以 1001 为原状态，分析新状态可得：

F_0：$J_0=K_0=1$，翻转；

F_1：$J_1=Q_0/Q_3=0$，$K_1=Q_0=1$，置 0；

F_2：$J_2=K_2=Q_1Q_0=0$，保持；

F_3：$J_3=Q_2Q_1Q_0=0$，$K=Q_0=1$，置 0。

分析得新状态为 0000，此对应着输入第 10 个计数脉冲。可见输入第 10 个计数脉冲时，状态返回，完成一个计数周期，同时由 C 产生一个进位脉冲。图 10-12 是同步十进制加法计数器波形图。

常用的集成计数器有，74LS160、C180：十进制同步计数器，74LS161、C183：4 位二进制同步计数器，74LS168、CC40192：十进制同步加/减计数器，74LS177：二－八－十六进制计数器(可预置)，74LS290 二－五－十进制计数器。

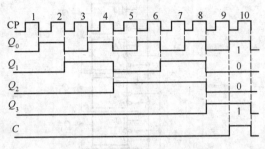

图 10-12　十进制加法计数器波形图

本 章 小 结

1. 时序电路是由逻辑门电路和具有记忆功能的触发器构成，它的任一时刻的输出，不仅与当时的输入信号有关，还与原来的状态有关。本章介绍了常用的时序逻辑电路：寄存器和计数器。

2. 寄存器是用来存储数码和信息的部件，一般寄存器都具有清零、存储和输出的功能。

3. 计数器用来对脉冲进行计数，按计数方式有加法和减法两类，常用的有二进制、十进制计数器，根据触发方式的不同又分为同步和异步两种计数器。目前集成计数器品种多、功能全。价格低廉，得到广泛的应用。

思 考 题 与 习 题

10-1　时序逻辑电路的特点是什么？

10-2　什么是寄存器？如何分类？

10-3　什么是计数器？如何分类？

10-4　图 10-13 为 74LS293 异步二－八－十六进制计数器逻辑图，根据电路回答下列问题：

(1) 如何进行清零操作？

(2) 如何进行计数操作？

(3) 在 CP 脉冲上升沿作用下计数，还是在 CP 脉冲下降沿作用下计数？

(4) 如何获得二、四、八、十六进制计数？

(5) 该电路是异步计数，还是同步计数？

10-5　图 10-14 为 74LS164 八位移位寄存器(串入，并出)逻辑图，图中/CR 端为清零端，低电平有效，根据电路回答下列问题。

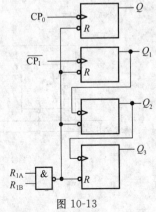

图 10-13

(1) 如何输入数据？如何禁止输入数据？

(2) 在 CP 脉冲上升沿作用下输入数据？还是在 CP 脉冲下降沿作用下输入数据？

10-6　图 10-15 电路中，已知计数脉冲频率为 4000Hz，试求(1)(a)图中 Q_1、Q_2 输出端波形频率各为多少？(2)(b)图中 CP_1、CP_2 频率各为多少？

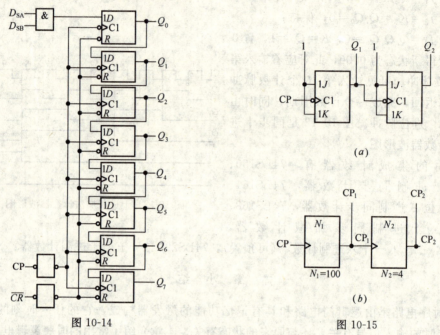

图 10-14

图 10-15

10-7　列出图 10-16 电路状态表，并说明该计数器功能。

10-8　画出图 10-17 电路的工作波形，说明它是各是几进制计数器。

CP	Q_2	Q_1	Q_0
0	1	1	1
1			
2			
3			
4			
5			
6			
7			

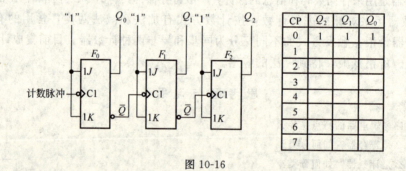

图 10-16

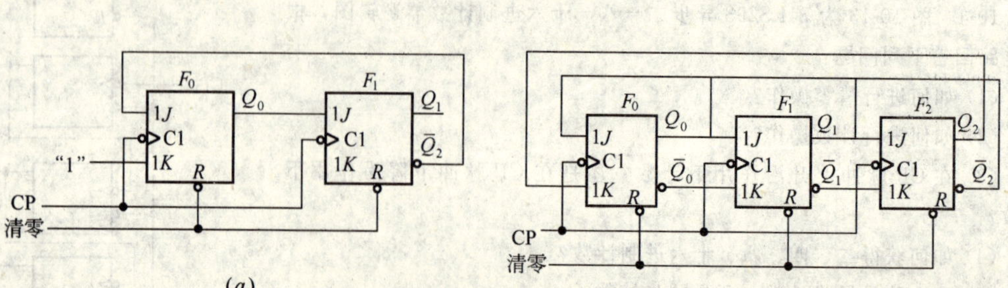

图 10-17

第十一章 A/D、D/A 转换

随着电子技术的迅速发展，尤其是数字电子计算机的日益普及，用数字电路处理模拟信号的情况越来越多。在计算机用于过程的自动控制时，通常对许多参量进行采集、处理和控制。这些参量往往是一些连续变化的物理量，例如温度、压力、速度、位移等，我们通常称为模拟量。这些物理量经检测元件检测后，常常转换为电信号，如电压、电流等。而这些代表被测量大小的电压、电流也是连续变化的，因而也是模拟信号。为了能够用数字系统处理模拟信号，必须把这些模拟信号转换成数字信号，才能为计算机或数字系统所识别和处理。同时，处理结果的数字信号也常常需要转换成模拟信号，才能够直接操纵生产过程中的各种装置，完成自动控制任务。

通常我们把模拟信号到数字信号的转换称为模数转换，简称 A/D 转换（Analog to Digital）；把数字信号到模拟信号的转换称为数模转换，简称 D/A 转换（Digital to Analog）。实现上述功能的电路分别称为 A/D 转换器（简称 ADC）和 D/A 转换器（简称 DAC）。A/D、D/A 转换器是数字系统中不可缺少的部件，是计算机用于工业控制、数字测量中重要的接口电路。图 11-1 是一种典型的数字控制系统框图。

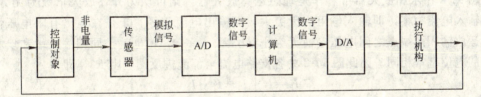

图 11-1 数字控制系统示意框图

第一节 D/A 转 换 器

D/A 转换的作用是把数字量转换成模拟量。数字系统是按二进制表示数字的，二进制数的每一位都具有一定的"权"。为了把数字量转化为模拟量，应把每一位按"权"的大小转换成相应的模拟量，然后将各位的模拟量相加，所得的总和就是与数字量呈正比的模拟量。

一、权电阻 D/A 转换器

1. 电路构成及各部分作用

图 11-2 是 4 位权电阻 D/A 转换器的原理图，它由权网络、模拟开关、基准电压和运算放大器四部分组成。输入数字量 D，输出模拟量 u_o。

(1) 四个双向电子模拟开关 $S_0 \sim S_3$。它们由晶体管或场效应管构成，每个模拟开关 S_i 受输入数字量对应位 d_i 的控制。d_i 为 1 时，对应电阻通过模拟开关与基准电压源 V_{REF} 相接，d_i 为 0 时，对应电阻通过开关接地。

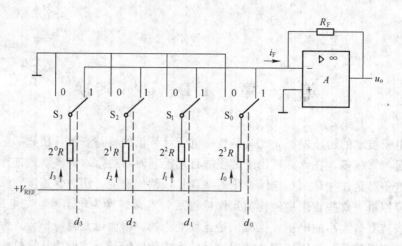

图 11-2 4 位权电阻 D/A 转换器原理图

(2) 权电阻网络 2^0R、2^1R、2^2R、2^3R。电阻网络上四个电阻的阻值分别为 2^0R、2^1R、2^2R、2^3R。容易看出电阻值与二进制数各位的权有关,故称为权电阻网络。

(3) 基准电压 V_{REF} 是一个稳定性较高的恒压源。

(4) 运算放大器。运算放大器和权电阻网络构成一个求和放大电路,从而得到输出电压 u_o。

2. 工作原理

图 11-2 中求和放大器可看作是理想运算放大器,则可认为开环放大倍数为无穷大,因此输入电流为零,即输入电阻为无穷大,而输出电阻为零。于是在输出有限电压情况下,运放输入两端点之间电压趋向无穷小($U_2=U_0/A\to0$),也就是同相输入端和反相输入端的电位基本相同。因此图 11-2 中各支路电流全部流进反馈电阻 R_F,即:

$$I_F = I_3 + I_2 + I_1 + I_0 \tag{11-1}$$

其中:$I_3=(V_{REF}/2^0R)\times d_3$

$I_2=(V_{REF}/2^1R)\times d_2$

$I_1=(V_{REF}/2^2R)\times d_1$

$I_0=(V_{REF}/2^3R)\times d_0$

则:$I_F = I_3 + I_2 + I_1 + I_0$

$= (V_{REF}/2^0R)\times d_3+(V_{REF}/2^1R)\times d_2+(V_{REF}/2^2R)\times d_1+(V_{REF}/2^3R)\times d_0$

$= (V_{REF}/2^3R)(2^3\times d_3+2^2\times d_2+2^1\times d_1+2^0\times d_0)$

$$= (V_{REF}/2^3R)\times D \tag{11-2}$$

其中:$D=2^3\times d_3+2^2\times d_2+2^1\times d_1+2^0\times d_0$

当运放开环增益足够大时,则输出电压:

$$u_0 = -I_F R_F = -(V_{REF}/2^3R)\cdot D\cdot R_F$$

若取 $R_F=(1/2)R$,则:

$$u_O = -(V_{REF}/2^4)\cdot D \tag{11-3}$$

式 11-3 说明,输出模拟电压 u_O 正比于输入数字量 D,从而实现了数定量的转换。

对于 n 位的权电阻译码网络的 D/A 转换器,当反馈电阻 $R_F=(1/2)R$ 时,则输出电压计算式可写成：

$$u_O = -V_{REF}/2^n(d_{n-1} \times 2^{n-1} + d_{n-2} \times 2^{n-2} + \cdots + d_1 \times 2^1 + d_0 \times 2^0)$$
$$= -(V_{REF}/2^n) \cdot D_n$$

其中：$D_n = d_{n-1} \times 2^{n-1} + d_{n-2} \times 2^{n-2} + \cdots + d_1 \times 2^1 + d_0 \times 2^0$

【例 11-1】 有一 D/A 转换器，$V_{REF}=+10kΩ$，$R=2kΩ$，$R_F=1KΩ$。若输入 4 位二进制数 $D=d_3d_2d_1d_0=1111$ 或 0001 时，求输出模拟电压 u_O。

【解】 当输入 4 位二进制数 $D=d_3d_2d_1d_0=1111$ 时

$$u_O = u_{Omax} = (-V_{REF}/2^n)D_n$$
$$= (-10/2^4)(2^3 \times 1 + 2^2 \times 1 + 2^1 \times 1 + 2^0 \times 1)$$
$$= -9.37V$$

u_{Omax} 叫做转换器的满刻度电压，转换器的位数越多，该电压越接近参考电压。

同理，当二进制数 $D=d_3d_2d_1d_0=0001$ 时，只有 $S_0=1$，其余为 0

$$u_O = u_{Omin} = -(V_{REF}/2^n)D_n$$
$$= -(10/2^4) \cdot 2^0 = -0.06V$$

u_{Omax} 是转换器最小输出电压，转换位数越多，该电压越小。

二、倒 T 型电阻网络 D/A 转换器

1. 电路组成

四位二进制倒 T 型电阻网络 D/A 转换器如图 11-3 所示。

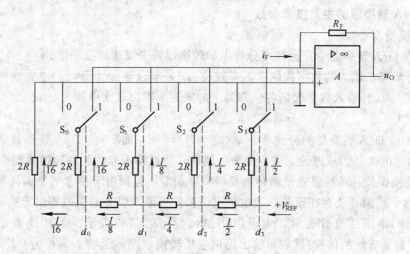

图 11-3 4 位倒 T 型电阻网络 D/A 转换器

此电路具有如下特点：

第一，这种电阻网络只有 R 和 $2R$ 两种电阻；

第二，倒 T 型电阻网络 D/A 转换器当输入数字量的任何一个 d_i 为 1 时，对应的开关将 $2R$ 电阻支路接到运算放大器的反相端；当 d_i 为 0 时，对应开关将 $2R$ 电阻支路接地。因此，无论输入数字信号每一位是 1 还是 0，$2R$ 电阻要么接地，要么虚地，所以流过 $2R$ 电阻内的电流与模拟开关的位置无关。其中流过的电流 $I=V_{REF}/R$ 保持恒定。此电流每经过一个节点，就会被分为相等的两路流出，故流过 $2R$ 电阻的电流从高位到低位依次为

$I/2$、$I/4$、$I/8$、$I/16$；

第三，从每一节点向左看的等效电阻都是 R。

2. 工作原理

由电路所具有特点可知，流入运放虚地点的总电流 I_F 为

$$I_F = \frac{I}{2} \times d_3 + \frac{I}{4} \times d_2 + \frac{I}{8} \times d_1 + \frac{I}{16} d_0$$

$$= \frac{1}{2^1} V_{REF} \times d_3 + \frac{1}{2^2} V_{REF} \times d_2 + \frac{1}{2^3} V_{REF} \times d_1 + \frac{1}{2^4} V_{REF} \times d_0$$

$$= \frac{V_{REF}}{2^4 R} (2^3 \times d_3 + 2^2 \times d_2 + 2^1 \times d_1 + 2^0 \times d_0)$$

$$= \frac{V_{REF}}{2^4 R} \times D$$

其中 $\quad D = 2^3 \times d_3 + 2^2 \times d_2 + 2^1 \times d_1 + 2^0 \times d_0$

若 $R_F = R$，则 $\quad u_O = -(V_{REF}/2^4) D \quad$ (11-4)

对于 n 位输入的倒 T 型电阻网络 D/A 转换器，当 $R_F = R$，输出模拟电压 u_O 为

$$u_O = -(V_{REF}/2^n)(d_{n-1} \times 2^{n-1} + d_{n-1} \times 2^{n-2} + \cdots + d_1 \times 2^1 + d_0 \times 2^0)$$

$$= -(V_{REF}/2^n) D_n \quad (11-5)$$

其中 $D_n = d_{n-1} \times 2^{n-1} + d_{n-2} \times 2^{n-2} + \cdots + d_1 \times 2^1 + d_0 \times 2^0$

由以上分析可知，与权电阻 D/A 转换器相同，输出模拟电压与输入的数字量成正比。

三、D/A 转换器的主要技术参数

1. 转换精度

在集成 D/A 转换器中，通常用分辨率和转换误差来描述转换精度。

(1) 分辨率：输入的数字代码最低有效位为 1，其余各位为 0 时，电路所能分辨的输出最小电压 u_{Omin} 与输入数字代码各位都为 1 的满刻度输出最大电压 u_{Omax} 之比，即：

$$\text{分辨率} = u_{Omin}/u_{Omax} = 1/(2^n - 1)$$

例如 4 位 D/A 转换器的分辨率 $= 1/(2^4 - 1) = 7\%$，而 12 位 D/A 转换器的分辨率 $= 1/(2^{12} - 1) = 0.02\%$。从理论上讲，分辨率越高，转换器可以达到的转换精度也越高。

(2) 转换误差：转换误差是指转换器的实际误差，包括由于参考电压偏离标准值、运放零点漂移、模拟开关存在压降以及电阻阻值偏差等原因引起的误差等。转换误差可以用满刻度(FSR)电压百分数表示，也可以用最低数字的倍数表示。如转换误差为 LSB/2 (LSB 表示最低有效的倍数)就表示输出模拟电压转换误差等于输入高位为 0、最低位为 1 时输出电压的 1/2；转换误差为 0.2%FSR(FSR 表示输出电压满刻度)则表示转换误差与满刻度电压之比为 0.2%。

2. 转换速度

一般用建立时间 t_s 来定量描述 D/A 转换器的转换速度。

转换速度是指从送入数字信号计起，到输出电压或电流达到脉冲稳定值相差 $\pm(1/2)$ LSB 时所需的时间，因此，也称建立时间。一般产品手册给出的是输入从全 0 变到全 1 (或反之，即输入变化为满度值)时起，到输出电压或电流达到与稳定值相差 $\pm$LSB/2 所需的时间。对于倒 T 型电阻网络 D/A 转换，t_s 大约为几百纳秒。5G7520 的转换时间小于等于 500ns。

D/A 转换器的技术指标还有线性度、输入高（低）电平值、温度系数、输出范围、功率消耗等。读者可参阅有关资料。

四、集成 D/A 转换器简介

集成 D/A 转换器通常将电阻网络和受数码控制的电子开关等集成在一块芯片上，形成具有各种特性和功能的 D/A 集成转换器芯片。目前，D/A 集成转换器芯片型号很多，有 8 位、10 位、12 位、16 位等。型号及主要指标如表 11-1 所示。

常用 D/A 芯片主要技术指标　　　　　　　　表 11-1

型　号	位　数	精度（%FRS）	转换时间	电源电压（V）	封　装
DAC0808	8	0.39	150ns	±5～±15	16 脚 DIP
DAC0832	8	0.2	1μs	+5～+15	20 脚 DIP
MP7522JN	10	0.2	500ns	+5～+15	28 脚 DIP
AD7530	10	0.05	500ns	+5～+15	16 脚 DIP
DAC1210	12	0.05	1μs	+4.75～+16	24 脚 DIP
DAC1209	12	0.024	1μs	+4.75～+16	24 脚 DIP
AD7546	16	±0.012	10μs	±5	40 脚 DIP
DAC1136	16	±0.0008	6μs	+5；±15	模　块
DAC1138	18	±0.0006	175μs	±15	模　块

下面简要介绍转换器芯片 DAC0832。

图 11-4 为 DAC0832 芯片原理框图。它是采用 CMOS 工艺制成的双列直插式 8 位 D/A 转换器。转换器可直接与 8080、8082 和 Z80 等微机系统连接。

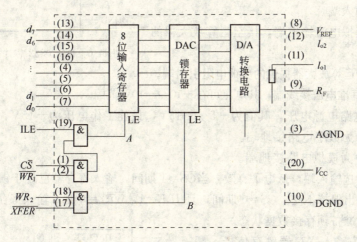

图 11-4　DAC0832 原理框图

DAC0832 芯片内部有两个 8 位寄存器。一个倒 T 型电阻网络和 3 个控制逻辑门。输入寄存器接收输入信号，其输出送到 DAC 寄存器。D/A 转换电路对从 DAC 寄存器中送来的数字信号进行转换。当 LE=1 时，两个寄存器中的输出随输入变化，而当 LE=0 时，数据被锁存在寄存器中。采用两级寄存器，可使 D/A 转换电路在进行 D/A 转换和输出的同时，采集下一个数据，从而提高了转换速度。

DAC0832 芯片中的 D/A 转换电路如图 11-5 所示。该电路采用倒 T 型电阻网络，输入的 8 位数字信号 $d_7 \sim d_0$ 控制对应的 $S_7 \sim S_0$ 8 个电子开关。芯片中无运算放大器，使用时需外接运算放大器。输出是模拟电流 I_{01}、I_{02}，分别接至运放的反相输入端和同相输入端。芯片中已设置反馈电阻 R_F，使用时将 R_F 输出端接运算放大器的输出端。运算放大器增益不够时，仍需外接电阻。

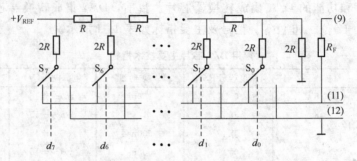

图 11-5　DAC0832 中的 D/A 转换电路

管脚使用说明：

图 11-6 为 DAC0832 芯片的外引线排列图，各引线端功能说明如下：

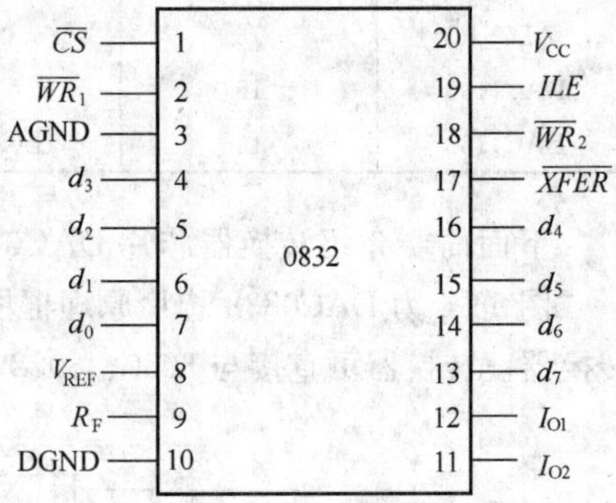

(1) $d_7 \sim d_0$ 为数据输入端，d_7 为最高位，d_0 为最低位。

(2) I_{01} 为模拟电流输出端，当 DAC 寄存器全为 1 时，I_{01} 最大；全为 0 时，I_{01} 最小。接至运算放大器的反相输入端。

(3) I_{02} 为模拟电流输出端，接至运算放大器的同相输入端。

图 11-6　DAC0832 芯片外引线排列

(4) R_F 外接运算放大器提供的反馈电阻引出端。

(5) V_{REF} 为基准电压接线端，其电压可在 $+10 \sim -10V$ 范围。

(6) V_{cc} 为电路电源电压，其值为 $+5 \sim +15V$，最佳工作电压为 $+15V$。

(7) DGND 为数字电路接地端。

(8) AGND 为模拟电路接地端。

(9) $\overline{CS}$ 为片选输入端，低电平有效。当 $\overline{CS}=1$ 期间，输入寄存器已处于锁存状态，这时不接收信号，输出保持不变。$\overline{CS}=0$ 期间，且 $ILE=1$，$\overline{WR_1}=0$ 时，输入寄存器才被打开，输入寄存器是处于准备锁存接数据状态。

(10) ILE 为输入寄存器锁存信号，高电平有效。

(11) $\overline{WR_1}$ 为写输入信号(1)。低电平有效。只有当 $ILE=1$，$\overline{CS}=0$，$\overline{WR_1}=0$ 时，输入寄存器允许数据输入；而当 $\overline{WR_1}=1$ 时输入数据 $d_7 \sim d_0$ 被用 DAC0832 芯片构成 D/A 转换器的典型接线图如图 11-7 所示。

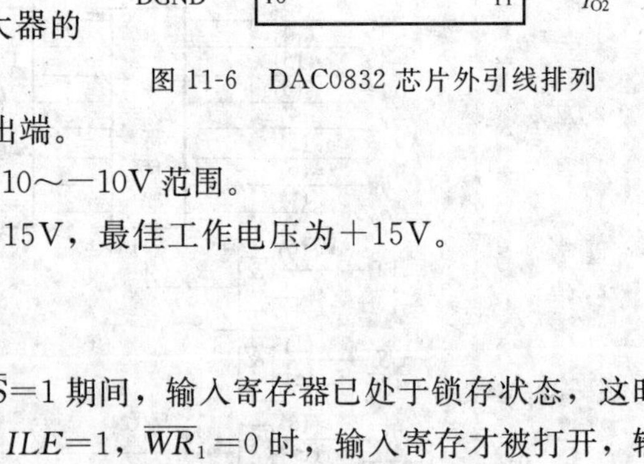

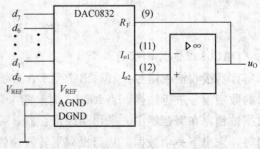

图 11-7　DAC0832 典型接线图

第二节 A/D 转换器

数字计算机及一切数字设备只能对数字信号进行运算和处理。但是在过程控制及信息处理中遇到的变量，如声音、温度、压力、速度等，都是连续变化的模拟量。它们在时间上和数值上都是连续变化的，所以，需要先把这些物理量经传感器变换成电压或电流的模拟量，再经 A/D 变换器变成数字量，才能送入数字设备进行处理。

一、A/D 转换器工作原理

A/D 转换器相当于一个编码器，能将模拟信号转换成数字信号。例如，数字电压表就是一种电压-数字转换器。

在 A/D 转换器中，输入的模拟量在时间上和数值上都是连续变化的模拟信号，而输出的则是在时间、幅值上都是离散的数字信号。所以要将模拟信号转换成数字信号，首先要按一定的时间间隔抽取模拟信号，即采样。将采样的模拟信号保持一段时间，以便进行转换。一般采样和保持用一个电路实现，称采样保持电路。将采样值转换成数字量的过程称为量化。而把量化的结果用代码的形式表示出来的过程称为编码。这些代码就是 A/D 转换器的输出量。因此，一般 A/D 转换都是经过采样、保持、量化和编码四个过程实现的。

1. 采样与保持

采样就是对连续变化的模拟信号作周期性的采取样值，对模拟信号作周期性的测量。通过采样，将时间上连续变化的模拟信号变换为时间上离散的采样信号。模拟信号的采样过程如图 11-8 所示。$u_I(t)$ 为输入模拟信号，S 为电子模拟开关，$u_s(t)$ 为采样脉冲，$u_O(t)$ 为采样输出信号。

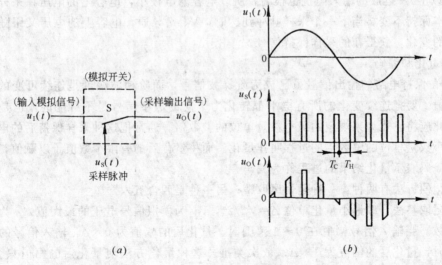

模拟信号的采样

图 11-8 模拟信号的采样

(a)采样示意图；(b)采样过程

在图 11-8(a)中,模拟开关 S 在采样脉冲 $u_s(t)$ 的控制下作周期性通断。在 $u_s(t)$ 为高电平时,模拟开关 S 闭合,输出 $u_O=u_i$;当 $u_s(t)$ 为低电平时,模拟开关 S 断开,输出 $u_O=0$。因此在输出端得到一个脉冲式的采样信号 $u_O(t)$。当采样脉冲 $u_s(t)$ 频率较高时,$u_O(t)$ 的包络线就是 $u_I(t)$。各点波形见图 11-8(b)。

为了保证采样信号 $u_s(t)$ 能正确无误地表示模拟信号 $u_I(t)$,对于一个频率有限的模拟信号,可以由采样定理确定采样频率,理论上只要满足:

$$f_S > 2f_{max}$$

式中,f_S 为采样频率;f_{max} 为输入信号中所含最高次谐波分量的频率。由于电路元件不可能达到理想要求等原因,通常 f_S 需 $(5\sim 10)f_{max}$,才能保证还原后信号不失真。

对采样信号进行数字化处理需要一定的时间,而采样信号的宽度 T_C 很小,量化装置来不及反应。因此,为了进行数字化处理,每个采样信号值要保持一个采样周期,直到下次采样为止。通常采样和保持操作用采样保持电路一次完成。采样保持电路原理图如图 11-9 所示。图中运放 A_1 和 A_2 接成电压跟随形式,利用其阻抗转换特性作为隔离线,V_N 作

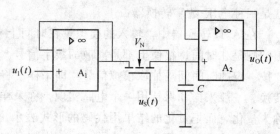

图 11-9 采样保持电路

为采样模拟开关,C 为存储电容。当采样脉冲 $u_s(t)$ 到来时,场效应管 V_N 导通,相当于开关合上,输入模拟信号 $u_I(t)$ 经 V_N 向电容 C 充电。电容的充电时间常数被设置为远小于采样脉冲宽度,于是,在采样脉冲宽度内,电容电压跟随输入模拟信号变化,运放 A_2 的输出电压 $u_O(t)$ 也将跟踪电容电压。当采样脉冲过后,V_N 截止,因其截止阻抗很高($10^{10}\Omega$ 以上),运放的输入阻抗也很高,所以电容漏电极小,电容上的电压在采样停止期间可基本保持不变。当下一个采样脉冲到达时,V_N 又导通,电容上的电压又跟随输入模拟信号的变化,获得新的采样保持信号。

2. 量化和编码

采样-保持电路的输出信号虽已成为阶梯波信号,而阶梯波幅度是连续可变的,有无限多个值。要把连续变化的所有电平都转化为不同的数字信号是不可能的,也是不必要的。为此应将它化为某规定的最小数量单位的整数倍。通常把这种采样保持后的电压幅值化为最小数量单位的整数倍的过程叫作量化。而将量化后的有限个数值予以赋值,用一个二进制代码表示量化结果的过程称为编码。

量化的方法有两种:一种是舍尾取整;另一种是四舍五入。

舍尾取整法:取最小量化单位 $\Delta=V_m/2^n$,V_m 为模拟信号电压的最大值,n 为数字代码的位数。当输入信号幅值在 $0\sim\Delta$ 范围时,量化后的幅值为 $0\times\Delta$,输入信号的幅值在 $\Delta\sim 2\Delta$ 时,量化后的幅值为 $1\times\Delta$;依次类推。这种量化方法使量化后的幅值只舍不入,其产生的最大误差为 Δ。

四舍五入法:是以量化级的中间值作为基准的量化方法。取 $\Delta=2V_m/(2^{n+1}-1)$,当输入信号幅值为 $0\sim\Delta/2$ 范围时,量化幅值为 $0\times\Delta$,输入信号的幅值在 $\Delta/2\sim\Delta$ 范围时,量化后的幅值为 $1\times\Delta$;依次类推。可见这种量化方法量化后的幅值有舍有入,其量

化误差为 $\Delta/2$。

在整个信号动态范围内，量化级数分得越多，量化误差越小，但代表模拟量的数字信号所需位数也越多，从而使编码电路复杂，在实际应用中应视具体情况而定。

图 11-10 为量化电平划分线。

图 11-10　量化电平划分线
(a)舍尾取整法；(b)四舍五入法

二、逐次比较型 A/D 转换器

1. 逐次比较型 A/D 转换器的组成

逐次比较型 A/D 转换器的工作原理可用方框图 11-11 表示。各部分的功能如下：

(1) D/A 转换器：它将数据寄存器中的数字量转换成相应的模拟电压去与被测电压比较。

(2) 数据寄存器：转换开始后，从最高位开始对数据寄存器置1，其他位置0，将该数据经 D/A 转换器转换为模拟量，

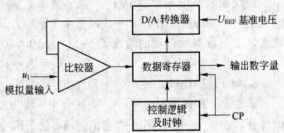

图 11-11　逐次比较型 A/D 转换器的工作原理

在比较器中与输入量比较，根据比较结果决定最高位是留下，还是清除，然后置次高位为1，转换、比较……，所有位比较完毕后统一输出。

(3) 电压比较器：将数据寄存器中数据对应的电压与输入电压比较，输出结果用于修改数据寄存器中的数据。

(4) 控制逻辑及时钟：用于实现整机的逻辑控制。

2. 工作过程

下面结合图 11-12 所示的位逐次比较型转换电路，说明其工作过程。

$FF_8 \sim FF_1$ 组成8位数据寄存器，10个 D 触发器接成环形移位寄存器。转换开始前环形移位寄存器的输出 $W_8 \sim W$ 的输出为 0000000001。$Q_8 \sim Q_1$ 均为 0。D/A 转换器输出

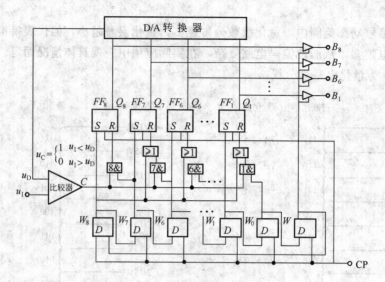

图 11-12 8 位逐次比较型转换电路

电压：

$$u_D = \frac{U_{REF}}{2^8-1}N = \frac{U_{REF}}{255}N$$

为分析问题方便，假定 $U_{REF}=255V$，于是有：

$$u_D = N$$

若输入电压 u_I 大于 D/A 转换器的输出 u_D，比较器输出 $u_C=0$；若输入电压 u_I 小于 D/A 转换器的输出 u_D，则 $u_C=1$。

假设输入电压 $u_I=149V$：

第一个 CP 到来时，$W_8=1$，其余 W_i 均为 0，FF_8 被置 1，其余数据寄存器处于保持状态，于是数据寄存器的输出 $Q_8 \sim Q_1$ 为 10000000，该数据经 D/A 转换器后输出电压：

$$u_D = N = 128V$$

u_I 与 128V 比较，$u_C=0$。

第二个 CP 到来时，$W_7=1$，其余 W_i 均为 0。$W_8=0$ 使 FF_8 的 $S=0$；$W_7=1$，门 8 被打开，由于 $u_C=0$，门 8 的输出是 0，使 FF_8 的 $R=0$，FF_8 处于保持状态（留下），输出 $Q_8=1$。由于 $W_7=1$，FF_7 置 1。数据寄存器的状态为 11000000，该数据使 $u_D=192V$。

u_I 与 192V 继续比较，使 $u_C=1$。

第三个 CP 到来时，$W_6=1$，其余 W_i 均为 0。$W_7=0$ 使 FF_7 的 $S=0$；$W_6=1$，门 7 被打开，由于 $u_C=1$，门 7 的输出是 1，于是 FF_7 的 $R=1$，$S=0$，FF_7 置 0（清除）。由于 $W_6=1$，FF_6 置 1。于是数据寄存器的状态为 10100000，该数据使 $u_D=160V$。

u_I 与 160V 继续比较，使 $u_C=1$……。

如此逐次比较下去，便可以从高位到低位依次确定数据寄存器各位的状态是 10010101，这就是 149V 时相应的二进制编码。

整个逐位比较、逐位取舍的渐进过程可用图 11-13 表示。

三、双积分型 A/D 转换器

双积分型又称双斜率 A/D 转换器。它的基本原理是对输入模拟电压和基准电压进行两次积分：先将输入模拟电压 u_I 转换成与之大小相对应的时间间隔 T_C，再在此时间间隔内用固定频率的计数器计数，计数器所计的数字量就正比于输入模拟电压；同样也对参考电压进行相同的处理。

由于要两次积分，因此双积分型 A/D 转换器的速度较低，但转换数字量位数 n 增加时，电路复杂程度增加不大，易于提高分辨率，其通常有在对速度要求不高的场合，如数字万用表等。

1. 电路组成

双积分型 A/D 转换器的原理如图 11-14 所示。

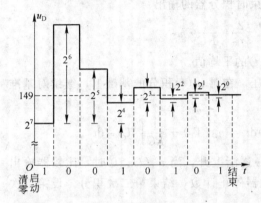
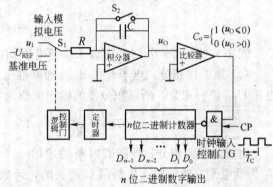

图 11-13　8 位逐次比较型转换器电路转换过程　　图 11-14　双积分型 A/D 转换原理图

图 11-14 所示的双积分型 A/D 转换器由基准电压源、积分器、比较器、时钟输入控制门、n 位二进制计数器、定时器和逻辑控制门等组成。

开关 S_1 控制将模拟电压或基准电压送到积分器输入端。

开关 S_2 控制积分器是否处于积分工作状态。

比较器对积分器输出模拟电压的极性查行判断：$u_O \leqslant 0$ 时，比较器输出 $C_0 = 1$（高电平）；$u_O > 0$，比较器输出 $C_0 = 0$（低电平）。

时钟输入控制门是由比较器的输出 C_0 进行控制：当 $C_0 = 1$ 时，允许时钟脉冲输入至计数器；当 $C_0 = 0$ 时，时钟脉冲禁止输入。

计数器对输入时钟脉冲个数进行计数。

定时器在计数器计数计满时（即溢出）就置 1。

逻辑控制门控制开关 S_1 的动作，以选择输入模拟信号或基准电压。

2. 工作过程

在双积分变换前，控制电路使计数器清零 S_2 闭合使电容 C 放电，放电结束后，S_2 再断开。

(1) 第一次积分：开关 S_1 在控制逻辑门作用下，接通模拟电压输入端，积分器开始对输入模拟电压 u_I 积分，其输出电压为：

$$u_O(t) = -\frac{1}{RC}\int_0^{t_1} u_I(t)\,dt$$

由上式可以看出，$u_O(t)$ 与 $u_I(t)$ 的符号相反，但随着时间的增加，$u_O(t)$ 电压绝对值越来越大。当 $u_O(t)$ 为负电压时，比较器输出 C_0 为高电平，使时钟输入控制门 C 打开，

频率 f_C 的时钟脉冲 CP 通过 G 门送至 n 位二进制加法计数器计数。积分器一直工作到 n 位二进制计数器溢出为止。此时定时器置 1，逻辑控制门使 S_1 电子开关接通基准电压输入端。

第一阶段积分时间 T_1 由下式确定：$T_1 = \dfrac{N_1}{f_C} = \dfrac{2^n}{f_C}$

其中，T_1 是 n 位二进制数计数器由 0 计数到溢出所需时间；
N_1 是 n 位二进制计数器的最大十进制数；
f_C 为时钟脉冲 CP 的频率。

由于 N_1 和 f_C 为固定值，所以第一阶段结束时积分器的输出：

$$u_O(T_1) = -\frac{T_1}{RC}u_I = -\frac{2^n}{f_C} \cdot \frac{1}{RC} \cdot u_I$$

式中 u_I 为 0 到 T_1 时间内输入模拟电压 $u_I(t)$ 的平均值。

(2) 第二次积分：电子开关 S_1 接通基准电压。在对 $u_I(t)$ 积分的基础上，继续对基准电压 U_{REF} 进行积分，所以积分器的输出电压为：

$$u_O(t) = u_O(T_1) - \frac{1}{RC}\int_0^{t_2}(-U_{REF})dt = u_O(T_1) + \frac{1}{RC}\int_0^{t_2}U_{REF}dt$$

由于是反向积分，即随着时间的增加 $u_O(t)$ 逐渐上升，当 $u_O(t) > 0$ 时，比较器输出 C_0 为低电平，时钟输入控制门 G 被关闭，计数器停止计数，结束第二次积分。设第二次积分时间为 T_2，由于：

$$u_O(T_2) = u_O(T_1) + \frac{1}{RC}\int_0^{T_2}U_{REF}dt = u_O(T_1) + \frac{T_2}{RC}U_{REF} = 0$$

所以

$$T_2 = -\frac{RC}{U_{REF}}u_O(T_1)$$
$$= \left(-\frac{RC}{U_{REF}}\right) \cdot \left(-\frac{2^n}{f_C}\frac{1}{RC}u_I\right) = \frac{2^n}{U_{REF} \cdot f_C}u_I$$

若第二次积分阶段计数器计数值为 N_2，则：

$$N_2 = T_2 f_C = \frac{2^n}{U_{REF}}u_I$$

二次积分后，得到的计数值 N_2 在控制逻辑作用下，并行输出。在下次转换前，控制逻辑计数器清零，并使电容 C 放电，重复上述二次积分过程。

积分器的输入、输出与计数器脉冲的关系如图 11-15 所示。

由图 11-15 可以看出，u_I 越大，第一次积分后的绝对值越大。第二次积分因 U_{REF} 值恒定，因此 $u_O(t)$ 的上升斜率不变。$|U_O(T_1)|$ 越大，T_2 就越大，N_2 也就越大。

由上述分析可看出，输入电压 u_I 为正，则基

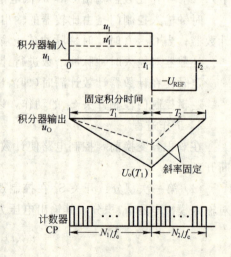

图 11-15 积分器输入、输出与计数器脉冲的关系

准电压 U_{REF} 为负。若输入电压为负，则基准电压必须为正，以保证在两个积分阶段内，$u_O(t)$ 有相反斜率，并且输入模拟电压平均值 u_I 的绝对值必须小于基准电压的绝对值，否则第二次积分时，计数器会溢出，破坏了 A/D 转换功能。

逐次比较型和双积分型 A/D 转换都属于并行输出编码的 A/D 转换器，逐次比较型 A/D 转换器是将输入电压与已经编了码的一组已知电压比较，属于多次比较。双积分型是将输入电压和基准电压转换成时间间隔（计数脉冲）进行比较。逐次比较型比双积分型快，双积分型抗工频干扰能力强，对器件的稳定性要求不高，输出二进制数的位数易做得高，因此分辨率及精度较高。

四、A/D 转换器的主要技术指标

1. 分辨率

以输出二进制数的位数 n 表示。位数越多，量化差越小。量化误差等于量化单位 Δ 或量化单位的 $1/2$，而量化单位 Δ 的大小与输入信号的范围和输出位数有关。

例如输入模拟电压为 $0 \sim 5V$，输出 8 位的 ADC，可分辨的最小输入电压变化量为 $5V \times \dfrac{1}{2^8-1} \approx 20mV$；若输出为 10 位，可分辨的最小输入电压变化量为 $5V \times \dfrac{1}{2^{10}-1} \approx 5mV$。

2. 转换精度

实际输出与理论输出的偏离程度。

3. 转换速度

完成一次转换所需要的时间。具体地说就是从接到转换控制信号到输出端得到稳定数字输出的时间。

4. 输入模拟电压范围

通常单极性输入时为 $0 \sim 5V$，双极性输入时为 $-5 \sim +5V$。

五、集成 A/D 转换芯片 ADC0809 及其应用

ADC0809 是 CMOS 工艺，8 位逐次比较型 A/D 转换芯片，28 脚双开直插封装。它具有 8 个通道的模拟量输入，可在程序控制下对任意通道分时进行 A/D 转换。

1. ADC0809 的主要技术指标

    工作电压： $5 \sim 15V$
    分辨率：   8 位
    时钟频率：   640kHz
    转换时间：   100ms
    未经调整误差：   1/2LSB 和 1LSB
    模拟量输入范围： $0 \sim 5V$
    功耗：   15mW

2. ADC0809 的结构

ADC0809 由位 A/D 转换电路、8 路模拟开关、地址锁存与译码电路及三态输出锁存器组成。其引脚及内部结构见图 11-16。

ADC0809 的 8 路模拟量输入通过 IN_0、IN_1、……，IN_7 输入。

内部地址译码器对输入地址码 C、B、A 进行译码，以决定对哪一路输入进行转换。地址译码器真值表如表 11-2。例如地址码 $CBA=000$，8 路模拟开关采入 IN_0 通道的模拟

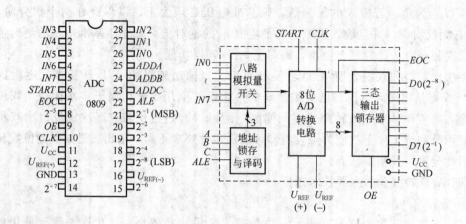

图 11-16 ADC0809 原理图及接线图
(a) ADC0809 引脚；(b) ADC0809 内部结构

电压，送入 A/D 转换电路进行转换。

地址译码器真值表　　　　　　　　表 11-2

地址选择线			模拟通道	地址选择线			模拟通道
A	B	C	IN	A	B	C	IN
0	0	0	IN_0	1	0	0	IN_4
0	0	1	IN_1	1	0	1	IN_5
0	1	0	IN_2	1	1	0	IN_6
0	1	1	IN_3	1	1	1	IN_7

A/D 转换电路采用逐次比较法，转换结果通过三态输出锁存器从 $D_0(2^{-8}) \sim D_7(2^{-1})$ 输出。

3. 引脚功能

$IN_0 \sim IN_7$：8 位模拟量输入端；

$D_0(2^{-8}) \sim D_7(2^{-1})$：8 位数字量输出端；

C, B, A：地址输入信号。用以决定对哪一通道输入进行转换；

ALE：地址锁存信号输入。高电平时将地址信号 CBA 送入地址锁存器译码，采用相应通道的模拟量，低电平时锁存地址；

START：启动信号，输入。上升沿使 ADC0809 复位，下降沿启动 A/D 转换器开始转换；

CLK：时钟输入端。最高允许值为 640kHz；

$U_{REF}(+), U_{REF}(-)$：参考电压，输入；

EOC：转换完成信号输出。当 START 信号启动 A/D 转换后，EOC 变低，转换结束时，EOC 变高。它反映了 A/D 转换器的状态，其他设备可以通过查询 EOC 确定 A/D 转换器的状态，进而决定以后的处理；也可以用 EOC 作为中断请求信号，当转换完成时请求其他设备对转换结果进行处理；

OE：输出允许信号输入。OE=1 时，转换结果通过三态输出锁存器输出到 $2^{-1} \sim$

2^{-8}；$OE=0$ 时，输出高电阻；

U_{CC}：工作电源。$+5\sim+15\mathrm{V}$；

GND：地。

4. ADC0809 的应用

ADC0809 很容易与微处理器 Intel 8080、8086 或 8031 等接口，也可以单独使用。如图 11-17 是只有一路模拟量输入的 ADC0809 测量电路。

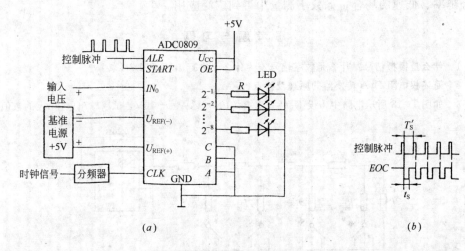

图 11-17　ADC0809 应用

输入模拟量 u_I 接 IN_0，因为只有一路输入，地址控制信号 CBA 接地，即 $CBA=000$。

8 个数字量输出端各接了一个发光二极管，对输出进行二进制指示。当然，如果希望十进制指示，也可以接七段显示译码器和显示器或其他显示器件。

输入时钟信号经分频器分频，获得 ADC0809 所需 640kHz 时钟信号。

控制脉冲接 ALE 和 $START$，每来一个脉冲，上升沿复位 ADC0809，选通 IN_0 将 u_I 采入；下降沿启动 A/D，进行一次转换。为保证转换正常进行，控制脉冲的宽度 T'_s 应大于 ADC0809 的转换时间 t_s。

输出允许端 OE 接高电平。

输入模拟电压的地和参考电压的地是模拟地，接在一起；其余地为数字地，接在一起。

本 章 小 结

D/A 和 A/D 转换器在现代数字系统中得到广泛应用，它是沟通数字量和模拟量之间的桥梁，也是模拟电路和数字电路的综合应用。D/A 和 A/D 转换器种类很多，我们仅讨论几种常见的 D/A 和 A/D 转换器，着重讲解了它们转换的基本思路，共同性问题。为了便于使用器件，本章还简单地介绍了几种 D/A 和 A/D 转换器集成部件的特性的使用方法。

D/A 转换器重点讨论权电阻 D/A 转换器中倒 T 型电阻网络 D/A 转换器，由于其他电阻网络只有两种阻值的电阻，最适合于集成工艺。集成 D/A 转换器普遍采用了这种电路结构。

A/D 转换器是将模拟量转换成数字量的逻辑部件。本章介绍了逐次比较型和双积分两种 A/D 转换器。其中逐次比较型 A/D 转换器转换速度虽然不及并联比较型，但所用器件比并联比较型少。而双积分型 D/A 转换器则是一种间接 A/D 转换器，其转换精度高，且具有很强的抗工频干扰能力。使用时应注意发挥器件的特点，做到既经济又合理。如逐次比较型 A/D 转换器多用于速度较高、中等分辨率的场合，而双积分 A/D 转换器则常用于高分辨率、低速的场合，如数字测量中得到广泛应用。

思考题与习题

11-1 什么是模拟信号？什么是数字信号？为什么要进行 A/D 和 D/A 转换？

11-2 简述权电阻 D/A 转换器的原理及特点。

11-3 如图 11-18 所示电路中，设 $D_3D_2D_1D_0=0101$，$V_{REF}=-10V$，试求输出电压 u_O 的数值。

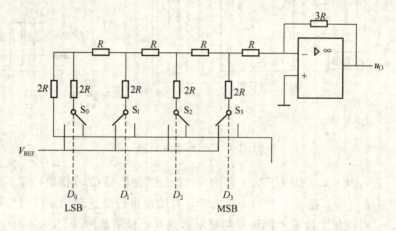

图 11-18

11-4 图 11-19 所示为倒 T 型权电阻网络 DAC 转换器。根据表 11-3 写出与已知数字量相对应的模拟量 u_O。

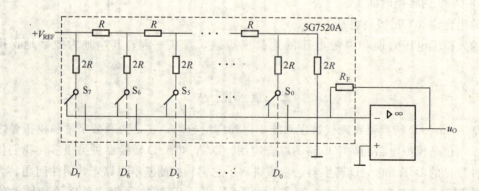

图 11-19

表 11-3

数字量								模拟量
D_7	D_6	D_5	D_4	D_3	D_2	D_1	D_0	u_O
1	1	1	1	1	1	1	1	
1	0	0	0	0	0	0	0	
1	0	0	0	0	0	0	1	
0	1	1	1	0	1	1	1	
0	0	0	0	0	0	0	0	

11-5 如图 11-20 所示为用 DAC 832 接成的 DAC 转换器，要求：

(1) 写出下列各个控制端的名称及有效电平：

$\overline{CS}$ 是 _____、_____ 有效；

ILE 是 _____、_____ 有效；

$\overline{WR_1}$ 是 _____、_____ 有效；

$\overline{WR_2}$ 是 _____、_____ 有效；

$\overline{XFFR}$ 是 _____、_____ 有效。

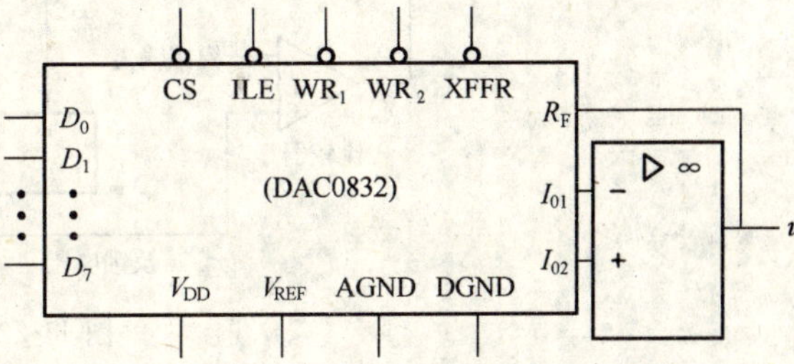

(2) 当 $\overline{CS}$、ILE、$\overline{WR_1}$、$\overline{WR_2}$、$\overline{XFFR}$ 各为何种状态时，可以将数码 10101010 转换成模拟量输出？并求其相应的输出电压 u_o。(设 $V_{DD}=15V$，$V_{REF}=10V$)。

图 11-20

11-6 简述逐次比较型 A/D 转换器的原理及特点。

11-7 简述双积分型 A/D 转换器的原理及特点。

11-8 D/A 和 A/D 转换器的技术指标有哪些？各有何意义？

11-9 什么是采样及采样定理？如何保证采样后信号不失真？

11-10 某数字电压表采用双积分型 ADC，其原理示意图如 11-21 图，电压表显示数字位数为 4 位，计数器由 4 位二——十进制计数器组成，最大容量为 9999，若时钟频率为 100kHz，预定计数到 10000 个脉冲时，采样阶段结束。试说明其工作过程，并确定采样时间。

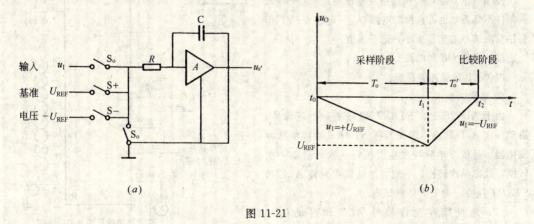

图 11-21

11-11 一个逐次比较型 ADC，电路方框图如 11-22 所示，其满刻度输入电压为 +10.0V，现在输入

端加了 +9.0V 电压。试读图说明为得到相应的数字输出，该转换器所经历的步骤，并计算所得结果的量化误差。

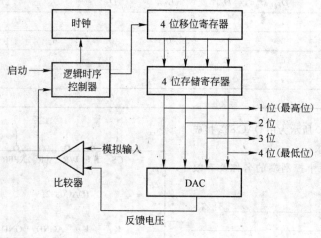

图 11-22

实验与技能训练

实验 11-1　ADC0809 转换器的认识与使用

一、实验目的

1. 了解 A/D 转换器的基本结构与性能。
2. 熟悉 A/D 转换器的使用方法。

二、实验内容

1. 熟悉 ADC0809 引脚定义。
2. 按图 11-23 连接。

其中模拟量输入由 IN_0 接入。

由于只有一路模拟量输入，地址信号 CBA 都接地。

输出接发光二极管，用以表示输入电平的高低。

基准电压 $U_{REF}(+)$ 接高精度基准电压源（+5V）。若条件不具备，也可直接与电源 U_{CC} 一起接 +5V，但要注意测试 U_{REF} 电压大小，记下该值。

输出允许 OE 和电源 U_{CC} 接 +5V。

时钟 CP 接脉冲振荡源。

3. 单次转换

由于 ADC0809 的 START 端每来一个正脉冲，启动一次 A/D 转换。因此若将 START 端接单脉冲发生器，每按下单脉冲发生器按钮一次，启动一次转换，故称单次转换。一般将地址锁存允许 ALE 和 START 接在一起。具体测试方法：

（1）地址锁存允许信号 ALE 和启动信号 START 接单脉冲发生器。

（2）输入端 IN_0 接地。

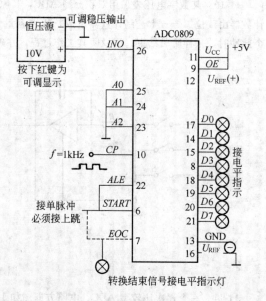

图 11-23

(3) 按下单脉冲发生器按钮,启动一次 A/D 转换,测试输出,检验输出是否为 00000000。

(4) IN_0 接可调电压源,调节可调电压源输出电压为+5V。

(5) 按下单脉冲发生器按钮,再次启动 A/D 转换,测试输出,检验输出是否 11111111。

(6) 调节可调电压源输出电压大小,重复(5)。测试输出数字量大小。检验输出数字量 D 与输入电压 u_1 是否符合 $\dfrac{U_{REF}}{255}=\dfrac{u_1}{D}$ 规律。

4. 自动转换方式

若将 START 和 ALE 端与转换完成信号 EOC 接在一起,由于 ADC0809 每完成一次转换,EOC 输出一个正脉冲,这样 0809 就可以工作在连续转换状态,随输入模拟量的变化,输出数字量相应变化。

重复调节输入模拟量的大小,测试输出,检验是否符合特性规律。

实验 11-2 DAC0832 的认识与使用

一、实验目的

1. 了解 D/A 转换器的基本结构与性能。
2. 熟悉 D/A 转换器的典型应用。

二、实验内容

1. 熟悉 DAC0832 引脚定义。
2. 按图 11-24 连接。

0832 的基准电压 U_{REF}(+)接高精度基准电源(+5V)。若条件不具备,也可直接与电源 U_{CC} 一起接+5V,但要注意测试 U_{REF} 电压大小,记下该值。

集成运放可采用 CA3140 或 μA741。引脚定义见图 11-25。

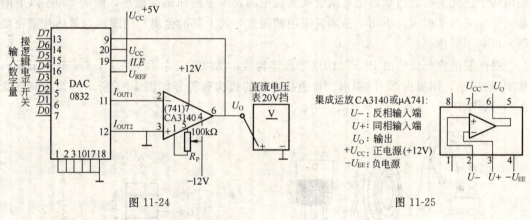

图 11-24　　　　　　　　　　图 11-25

3. 调零:

令输入数字量为 $D_7D_6D_5D_4D_3D_2D_1D_0=00000000$,调节 R_P,使 $U_O=0V$。

4. 调量程:

令输入数字量为 $D_7D_6D_5D_4D_3D_2D_1D_0=11111111$,由于 $\dfrac{U_{REF}}{255}=\dfrac{U_O}{D}$,调节 R_P,使 U_O 等于基准电压 U_{REF},若达不到,则应在 0832 的 9 脚 R_{fb} 与运放的输出端 6 脚间串一个 100~200Ω 的电位器,这相当于增大了内部反馈电阻 R_f。

5. 改变数字量的大小,测试模拟量输出电压的大小,验证是否符合规律 $\dfrac{U_{REF}}{255}=\dfrac{U_O}{D}$。

第十二章 电力电子技术

电力电子技术研究的是以晶闸管(全称晶体闸流管)为主体的一系列功率半导体器件的应用技术。晶闸管自问世以来,由于它具有容量大、效率高、控制性能好、使用寿命长、体积较小等优点,获得迅速发展,并得到广泛应用。按照晶闸管的变换功能来分,晶闸管的应用大致可以分为可控整流、逆变与变频、交流调压、直流斩波调压、无触点开关等方面。本章从晶闸管的基本结构和工作原理开始,重点讲述可控整流电路、晶闸管触发电路以及逆变电路的内容。

第一节 晶闸管的组成及工作原理

一、晶闸管的基本结构

晶闸管的外形如图 12-1 所示。它有三个引出极:阳极 A、阴极 K 和门极 G(又称控制极)。螺旋式晶闸管中,螺栓是阳极 A 的引出端,并利用它与散热器紧固。平板式晶闸管则由两个彼此绝缘的散热器把晶闸管夹紧在中间,由于两面都能散热,因而 200A 以上的晶闸管常采用平板式。小功率晶闸管采用塑封式,其上部的金属片用螺栓与散热片紧密接触,以利于散热。

晶闸管的内部机构由 PNPN 四层半导体构成,所以有三个 PN 结 J_1, J_2, J_3。阳极 A 从 P_1 层引出,阴极由 N_2 层引出。普通晶闸管的机构和符号如图 12-2 所示。普通晶闸管的型号是 KP 型。

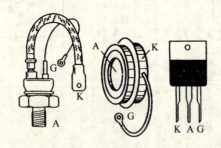

图 12-1 晶闸管的外形
(a)螺旋式;(b)平板式;(c)压膜塑封式

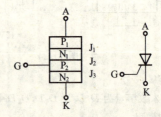

图 12-2 晶闸管的内部结构和符号

二、晶闸管的工作原理

晶闸管的工作原理可通过图 12-3 所示电路进行晶闸管的导通关断实验来说明。主电路的 U_{AK} 通过双刀双掷开关 S_1 与灯泡串联,接到晶闸管阳、阴极上,形成主电路。晶闸管阳、阴两极间的电压称阳极电压,流过晶闸管阳极的电流称为阳极电流。门极电源 U_{GK} 经双刀双掷开关 S_2 加到门极与阴极之间,形成触发电路(控制电路),门极与阴极间的电压称为门极电压,流过门极的电流称为门极电流。实验结果如下:

(1) 晶闸管在反向阳极电压作用下，无论门极为何种电压，它都处于关断状态；
(2) 晶闸管同时在正向阳极电压与正向门极电压作用下，才能导通；
(3) 已经导通的晶闸管在正向阳极电压作用下，门极将失去控制作用；
(4) 晶闸管在导通状态下，当阳极电流减小接近于零时，晶闸管关断。

以上结论说明，晶闸管像二极管一样，具有单向导电性。晶闸管电流只能从阳极流向阴极。若加反向阳极电压，晶闸管处于反向阻断状态，只有很小的反向电流。但晶闸管与二极管不同，它还具有正向导通的可控性。当仅加上正向阳极电压时，元件还不能导通，这时处于正向阻断状态。只有同时还加上正向门极电压并形成足够的门极电流时，晶闸管才能正向导通。而且一旦导通后，撤去门极电压，导通状态仍然维持。

晶闸管之所以具有上述特性，是由其内部结构决定的。晶闸管可以等效看成由 NPN 型和 PNP 型两只晶体管组成的。如图 12-4 所示。每只管子的基极都与另一只管子的集电极相连。

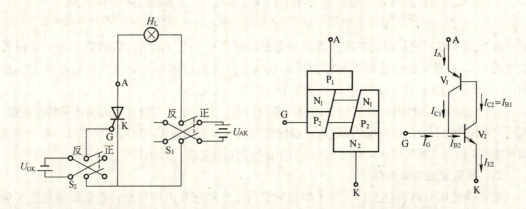

图 12-3　晶闸管导通关断实验　　　　图 12-4　晶闸管等效电路

当晶闸管加上正向阳极电压时，一旦有门极电流注入，将形成强烈的正反馈，反馈过程如下：

$$I_g \uparrow \rightarrow I_{B2} \uparrow \rightarrow I_{C2} \uparrow (=\beta_2 I_{B2}) \uparrow = I_{B1} \uparrow \rightarrow I_{C1} \uparrow (=\beta_1 I_{B1}) \uparrow$$

这样，两管迅速饱和导通。晶闸管导通后，$U_{AK}=0.6\sim1.2\text{V}$。

晶闸管导通后，即使控制极与外电路断开，因三极管 V_2 的基极电流 $I_{B2}=I_{C1}\approx I_A$，所以晶闸管仍能维持导通。但是，若在导通过程中，将阳极电流 I_A 减小到一定数值以下时，晶闸管的导通状态无法维持，管子将迅速截止。晶闸管维持导通所必须的最小电流称为维持电流 I_H。

三、晶闸管的伏安特性

晶闸管的伏安特性是指阳极与阴极之间电压和电流的关系，如图 12-5 所示。下面对曲线进行分析。

(1) 正向伏安特性曲线如图 12-5 的第一象限所示，当 $I_g=0$，晶闸管若施加正向阳极电压 U_a，当 U_a 较小时，阳极电流较小，此时的电流称为阳极漏电流，管子处于正向阻断状态。继续加大 U_a 至 U_{BO}（正向转折电压）时，管子突然由阻断状态变为导通状态。导通后的晶闸管正向伏安特性与二极管正向伏安特性相似。$I_g=0$ 这条特性曲线称为自然伏安特性曲线。通常不允许正向电压增加到正向转折电压而使晶闸管导通。因为用这种方法使

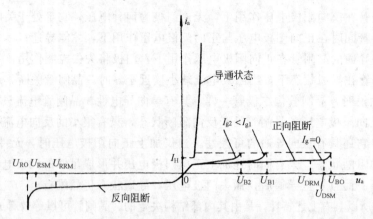

图 12-5 晶闸管的阳极伏安特性

U_{RO}—反向击穿电压；U_{RSM}—断态反向不重复峰值电压；U_{RRM}—断态反向重复峰值电压；
U_{BO}—正向转折电压；U_{DSM}—断态正向不重复峰值电压；U_{DRM}—断态正向重复峰值电压

管子导通是不可控的，而且多次这样导通会损坏晶闸管。当 $I_g>0$，晶闸管若施加正向阳极电压 U_a，一般是给门极输入足够的触发电流，使转折电压明显降低来导通晶闸管。如图 12-5 所示，由于 $I_g<I_{g1}<I_{g2}$，相应的 $U_{B2}<U_{B1}<U_{BO}$。

(2) 反向伏安特性曲线如图 12-5 的第三象限所示，它与整流二极管的反向伏安特性相似。若反向电压增大到反向击穿电压 U_{RO} 时，晶闸管将造成永久性损坏，使用晶闸管时，晶闸管两端可能承受的最大峰值电压，都必须小于管子的反向击穿电压，否则管子将被损坏。

四、晶闸管的主要参数

要正确使用晶闸管，不仅需要了解晶闸管的工作原理及工作特性，更重要的是要了解晶闸管的主要参数含义，现就经常提到的阳极主要参数介绍如下（见表 12-1）。

晶闸管的主要参数　　　　　　表 12-1

通态平均电流 $I_{T(AV)}$	断态正反向重复峰值电压 U_{DRM} U_{RRM}	断态正反向重复峰值电流 I_{DRM} I_{RRM}	维持电流 I_H	通态峰值电压 U_{Tm}	工作结温 T_j	断态电压临界上升率 du/dt	通态电流临界上升率 di/dt	浪涌电流 I_{Tm}	
A	V	mA	mA	V	℃	V/μs	A/μs	kA	
								L 级	H 级
1	50～1600	≤3	≤10	≤2.0				0.12	0.20
3			≤30					0.036	0.056
5	100～2000	≤8	≤60	≤2.2	－40～＋100	25～800	25～50	0.064	0.09
10		≤10	≤100					0.12	0.19
20								0.24	0.38
30	100～2400	≤20	≤150	≤2.4		50～1000		0.36	0.56
50								0.64	0.94
100			≤200			25～100		1.3	1.9
200		≤40				50～200		2.5	3.8
300								3.8	5.6
400	100～3000	≤50	≤300	≤2.6	－40～＋125	100～1000		5.0	7.5
500							50～300	6.3	9.4
600								7.6	11
800							50～500	10	15
1000								13	18

（一）额定电压 U_{Tn}

从图 12-5 中元件的自然阳极伏安特性曲线可见，当门极断开，元件处在额定结温时，所测定的正向不重复峰值电压 U_{DSM}、反向不重复峰值电压 U_{RSM} 各乘 0.9 所得的数值，分别称为元件的正向阻断重复峰值电压 U_{DRM} 和反向阻断重复峰值电压 U_{RRM}。至于正反向不重复峰值电压和相应的转折电压 U_{BO}、击穿电压 U_{RO} 的差值，一般由晶闸管生产厂家自定。

所谓元件的额定电压 U_{Tn}，是指 U_{DRM} 和 U_{RRM} 中的较小值，再取相应于标准电压等级表 12-2 中偏小的电压值。例如，晶闸管实测 $U_{DRM}=736V$，$U_{RRM}=820V$，取两者其中小的数值 736V，按表 12-2 只能取 700V，作为晶闸管的额定电压，700V 即 7 级。

由于晶闸管的额定电压的瞬时值，若超过反向击穿电压，就会造成元件永久性损坏。若超过正向转折电压，元件就会误导通。同时元件的耐压还会随着结温升高或散热条件恶化而下降，因此，在选择晶闸管的额定电压时应为元件在工作电路中可能承受到的最大瞬时值电压的 2～3 倍较安全，即

$$U_{Tn}=(2\sim3)U_{TM}$$

取表 12-2 相应电压标准等级。

晶闸管的断态正反向重复峰值电压标准等级 表 12-2

级别	断态正反向重复峰值电压(V)	级别	断态正反向重复峰值电压(V)	级别	断态正反向重复峰值电压(V)
1	100	8	800	20	2000
2	200	9	900	22	2200
3	300	10	1000	24	2400
4	400	12	1200	26	2600
5	500	14	1400	28	2800
6	600	16	1600	30	3000
7	700	18	1800		

（二）额定电流 $I_{T(AV)}$

在室温为 40℃ 和规定的冷却条件下，元件在电阻性负载的单相工频正弦半波、导通角不小于 170°的电路中，当结温不超过额定结温且稳定时，所允许的最大通态平均电流，称为额定通态平均电流 $I_{T(AV)}$。将此电流按晶闸管标准系列取相应的电流等级（见表 12-1），称为元件的额定电流。

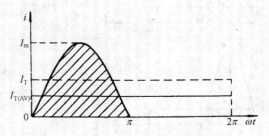

图 12-6 晶闸管的通态平均电流、有效值及最大值三者间的关系

按上述 $I_{T(AV)}$ 的定义，由图 12-6 可分别求得正弦半波电流平均值 $I_{T(AV)}$、电流有效值 I_T 和电流最大值 I_m 三者的关系

$$I_{T(AV)}=\frac{1}{2\pi}\int_0^\pi I_m\sin\omega t\,d(\omega t)=\frac{I_m}{\pi} \tag{12-1}$$

$$I_T=\sqrt{\frac{1}{2\pi}\int_0^\pi (I_m\sin\omega t)^2\,d(\omega t)}=\frac{I_m}{2} \tag{12-2}$$

各种有直分量的电流波形，其电流波形有效值 I 与平均值 I_d 之比，称为这个电流的

波形系数，用 K_f 表示为

$$K_f = \frac{I}{I_d} \tag{12-3}$$

因此，在正弦半波情况下，电流波形系数为

$$K_f = \frac{I_T}{I_{T(AV)}} = \frac{\pi}{2} = 1.57 \tag{12-4}$$

例如，对于一只额定电流 $I_{T(AV)}=100A$ 的晶闸管，按式(12-4)可知其允许的电流有效值应为157A。

晶闸管允许通过电流的大小主要取决于元件的结温，在规定的室温和冷却条件下，结温的高低仅与发热有关，造成元件发热的主要因素是流过元件的电流有效值和元件导通后管芯的内阻，一般认为内阻不变，则发热取决于电流的有效值。因此，在实际应用中选择晶闸管额定电流 $I_{T(AV)}$ 应按以下原则：所选择的晶闸管额定电流有效值 I_{Tn} 大于元件在电路中可能流过的最大电流有效值 I_{Tm}。考虑到元件的过载能力比一般电器产品小得多，因此，选择时考虑1.5～2倍的安全余量是必要的，即

$$I_{Tn} = 1.57 I_{T(AV)} = (1.5 \sim 2) I_{Tm}$$

$$I_{T(AV)} = (1.5 \sim 2) \frac{I_{Tm}}{1.57} \tag{12-5}$$

取表12-1相应标准系列。

可见，在实际使用中，不论元件流过的电流波形如何，导通角有多大，只要遵循式(12-5)来选择管子的额定电流，管子的发热就不会超过允许范围，典型例子如表12-3所示。

四种电流波形平均值均为100A，晶闸管的通态额定平均电流（暂不考虑余量） 表12-3

流过晶闸管电流波形	平均值 I_{dT} 与有效值 I_T	波形系数 $K_1 = \frac{I_T}{I_{dT}}$	通态额定平均电流 $I_{T(AV)} \geq \frac{I_T}{1.57}$
正弦半波（0~π）	$I_{dT} = \frac{1}{2\pi}\int_0^\pi I_{m1}\sin\omega t\, d(\omega t) = \frac{I_{m1}}{\pi}$ $I_T = \sqrt{\frac{1}{2\pi}\int_0^\pi (I_{m1}\sin\omega t)^2 d(\omega t)} = \frac{I_{m1}}{2}$	1.57	$I_{T(AV)} \geq \frac{1.57 \times 100A}{1.57}$ $=100A$ 选100A
正弦半波（π/2~π）	$I_{dT} = \frac{1}{2\pi}\int_{\pi/2}^\pi I_{m2}\sin\omega t\, d(\omega t) = \frac{I_{m2}}{2\pi}$ $I_T = \sqrt{\frac{1}{2\pi}\int_{\pi/2}^\pi (I_{m2}\sin\omega t)^2 d(\omega t)} = \frac{I_{m2}}{2\sqrt{2}}$	2.22	$I_{T(AV)} \geq \frac{2.22 \times 100A}{1.57}$ $=141A$ 选200A
矩形波（0~π）	$I_{dT} = \frac{1}{2\pi}\int_0^\pi I_{m3}\, d(\omega t) = \frac{I_{m3}}{2}$ $I_T = \sqrt{\frac{1}{2\pi}\int_0^\pi I_{m3}^2 d(\omega t)} = \frac{I_{m3}}{\sqrt{2}}$	1.41	$I_{T(AV)} \geq \frac{1.41 \times 100A}{1.57}$ $=89.7A$ 选100A
矩形波（0~2π/3）	$I_{dT} = \frac{1}{2\pi}\int_0^{2\pi/3} I_{m4}\, d(\omega t) = \frac{I_{m4}}{3}$ $I_T = \sqrt{\frac{1}{2\pi}\int_0^{2\pi/3} I_{m4}^2 d(\omega t)} = \frac{I_{m4}}{\sqrt{3}}$	1.73	$I_{T(AV)} \geq \frac{1.73 \times 100A}{1.57}$ $=110A$ 选200A

在使用当中,当散热条件不符合规定要求时,如室温超过40℃、强迫风冷的出口风速不足5m/s等,则元件的额定电流应立即降低使用,否则元件会由于结温超过允许值而损坏。例如,按规定应采用水冷的元件而采用风冷时,则电流的额定值应降低到原有值的30%~40%,反之如果风冷元件采用水冷时,则电流的额定值可以增大30%~40%。

(三) 通态平均电压(管压降)$U_{T(AV)}$

当元件流过正弦半波的额定电流平均值和稳定的额定结温时,元件阳极与阴极之间电压降的一周平均值称为管压降$U_{T(AV)}$。其标准值分别列于表12-4中。

晶闸管正向通态平均电压的组别　　　　　表12-4

正向通态平均电压	$U_{T(AV)}$ ≤0.4V	0.4V <$U_{T(AV)}$ ≤0.5V	0.5V <$U_{T(AV)}$ ≤0.6V	0.6V <$U_{T(AV)}$ ≤0.7V	0.7V <$U_{T(AV)}$ ≤0.8V	0.8V <$U_{T(AV)}$ ≤0.9V	0.9V <$U_{T(AV)}$ ≤1.0V	1.0V <$U_{T(AV)}$ ≤1.1V	1.1V <$U_{T(AV)}$ ≤1.2V
组别代号	A	B	C	D	E	F	G	H	I

管压降越小,表明元件耗散功率越小,管子质量越好。

以上三个阳极主要参数是选购晶闸管的主要技术数据。按标准,普通晶闸管型号命名含义如下:

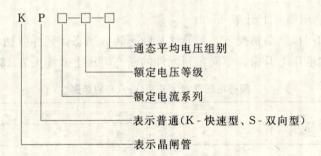

例如,KP200-5E,它表示该元件额定电流200A,额定电压500V,管压降为0.7~0.8V的普通晶闸管。

(四) 其他参数

1. 维持电流I_H

在室温与门极断开时,元件从较大的通态电流降至刚好能保持元件导通所必须的最小通态电流称维持电流I_H。

维持电流与元件容量、结温等因素有关,元件的额定电流越大,维持电流也越大。结温越低,维持电流就越大。维持电流大的管子,容易关断。由于元件的离散性,同一型号的不同管子维持电流也不相同。

2. 擎住电流I_L

晶闸管加上触发电压就导通,去除触发电压,要使管子仍然维持导通,所需要的最小阳极电流称为擎住电流I_L。对同一个管子来说,通常擎住电流I_L比维持电流I_H大数倍。

3. 通态电流临界上升率 di/dt

在规定条件下,元件在门极开通时能承受而不导致损坏的通态电流的最大上升率称为通态电流临界上升率。不同系列元件的通态电流临界上升率的级别见表12-5。

额定通态电流临界上升率(di/dt)　　　　　表 12-5

di/dt(A·μs^{-1})	25	50	100	150	200	300	500
级　别	A	B	C	D	E	F	G

限制元件通态电流上升率的原因：当门极输入触发电流，先在门极 J_2 结附近逐渐形成导通区，如图 12-7(a)所示。随着时间的增长，J_2 结导通区逐渐扩大，如果阳极电流上升率过快，就会造成 J_2 结局部过热而出现"烧焦点"。使用一段时间以后，元件将造成永久性损坏。限制电流上升率的有效办法是串接空芯电感。

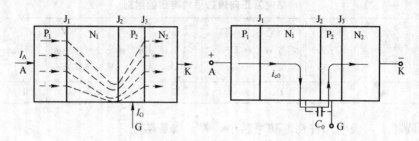

图 12-7
(a) J_2 结开通过程电流分布情况；(b) du/dt 过大引起晶闸管误导通

4. 断态正向电压临界上升率 du/dt

在额定结温和门极断路情况下，使元件从断态转入通态，元件所加的最小正向电压上升率称为断态正向电压上升率。不同系列元件的断态电压上升率见表 12-6 所示。

断态电压临界上升率(du/dt)的级别　　　　　表 12-6

du/dt(V·μs^{-1})	25	50	100	200	500	800	1000
级　别	A	B	C	D	E	F	G

限制元件正向电压上升率的原因：晶闸管在正向阳极电压下，能阻断是靠 J_2 结，而这个结在阻断状态下相当于一个电容 C_0，如图 12-7 所示。如果阳极正向电压突然增大，便会有一充电电流 i_{c0} 流过 C_0，这个充电电流经 J_3 而起触发电流的作用。阳极电压变化率越大，充电电流也越大，有可能使元件误导通。为了限制断态电压上升率，可以与元件并联一个阻容之路，利用电容两端电压不能突变的特点来限制电压上升率。另外利用门极的反向偏置也会达到同样的效果。

第二节　单相可控整流电路

可控整流技术是变流技术的基础，它在工业生产上应用极广，如调压调速直流电源、电解及电镀用的直流电源等。

把交流电变换成大小可调的单一方向直流电的过程称为可控整流。图 12-8 是晶闸管可控整流装置的原理框图。整流器的输入端一般接在交流电网上。为了适应负载对电源电压大小的要求，或者为了提高可控整流装置的功率因数，一般可在输入端加接整流变压器(Rectifier Transformer)，把一次电压 U_1，变成二次电压 U_2。由晶闸管等组成的可控整

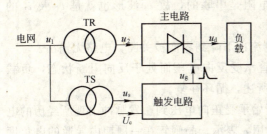

图 12-8 可控整流装置原理框图
TR—整流变压器；TS—同步变压器

流主电路，是输出端的负载，可以是电阻性负载（如电炉、电热器、电焊机和白炽灯等）、大电感性的负载（如直流电动机的励磁绕组、滑差电动机的电枢线圈等）以及反电动势负载（如直流电动机的电枢反电动势、充电状态下的蓄电池等）。以上负载往往要求整流能输出在一定范围内变化的直流电压。为此，只要改变触发电路所提供的触发脉冲送出的早晚，就能改变晶闸管在交流电压 u_2 一周期内导通的时间，这样负载上直流平均值就可以得到控制。

一般 4kW 以下容量的可控整流装置多采用单相可控整流电路，因其具有电路简单、投资少和调试维修方便等优点。其中单相半波，是单相可控整流电路的基础。正确地掌握电路分析、波形画法以及各电量计算是研究可控整流电路的共性，是本章介绍的主要内容。

触发电路种类繁多，其中单结晶体管组成的触发电路，在单相可控整流装置中，被广泛采用，因而它是本章介绍的主要内容。

一、单相半波可控整流电路

（一）电阻性负载（Resistive Load）

电炉、电焊及白炽灯等均属于电阻性负载。阻性负载特点是：负载两端电压波形和流过的电流波形相似，其电流、电压均允许突变。

图 12-9(a) 为单相半波电阻性负载可控整流电路，由晶闸管 VT、负载电阻 R_d 及单相整流变压器 TR 组成。后者用来变换电压，使不合适的一次电网电压 U_1，变成合适的二次电压 U_2。u_2 为二次正弦电压瞬时值；u_d、i_d 分别为整流输出电压瞬时值和负载电流瞬时值；u_T、i_T 分别为晶闸管两端电压瞬时值和电流的瞬时值；i_1、i_2 分别为流过整流变压器一次绕组和二次绕组电流的瞬时值。

交流电压 u_2，通过 R_d 施加到晶闸管的阳极和阴极两端，在 $0\sim\pi$ 区间的 ωt_1 之前，晶闸管虽然承受正向电压，但因触发电路尚未向门极送出触发脉冲，所以晶闸管仍保持阻断状态，无直流电压输出。

在 ωt_1 时刻，触发电路向门极送出触发脉冲 u_g，晶闸管被导通。若管压降忽略不计，则负载电阻 R_d 两端的电压波形 u_d 就是变压器二次电压 u_2 的波形，流过负载的电流 i_d 波形

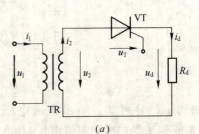

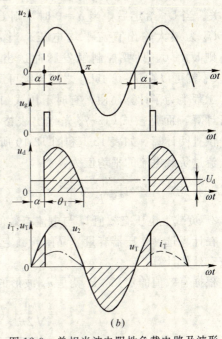

图 12-9 单相半波电阻性负载电路及波形
(a) 电路；(b) 波形

与 u_d 相似。由于二次绕组、晶闸管以及负载电阻是串联的，故 i_d 波形也就是 i_T 及 i_2 的波形，如图 12-9(b) 所示。

在 $\omega t = \pi$ 时，u_2 下降到零，晶闸管阳极电流也下降到零而被关断，电路无输出。

在 u_2 的负半周即 $\pi \sim 2\pi$ 区间，由于晶闸管承受反向电压而处于反向阻断状态，负载两端电压 u_d 为零。u_2 的下一个周期情况同上所述，循环往复。

在单相半波可控整流电路中，从晶闸管开始承受正向电压到触发脉冲出现所经历的电角度称为控制角(亦称移相角)(Snift Angle)，用 α 表示。晶闸管在一周期内导通的电角度称为导通角(Conduction Angle)用 θ_T 表示，如图 12-9(b) 所示，

在单相半波可控整流电路电阻性负载中 α 的控制范围为 $0 \sim \pi$，对应的 θ_T 导通范围是 $\pi \sim 0$，两者关系为 $\alpha + \theta_T = \pi$。从图 12-9(b) 波形可知，改变移相角 α，输出整流电压 u_d 波形和输出直流电压平均值 U_d 大小也随之改变，α 减小，U_d 就增大，反之，U_d 就减小。

各电量计算公式如下：

1. 负载上直流平均电压 U_d 与平均电流 I_d

要求平均值定义，u_d 波形的平均值 U_d 为：

$$U_d = \frac{1}{2\pi}\int_\alpha^\pi \sqrt{2}U_2 \sin\omega t \, d(\omega t) = \frac{\sqrt{2}U_2}{2\pi}[-\cos\omega t]_\alpha^\pi$$

$$= \frac{\sqrt{2}U_2}{2\pi}(1+\cos\alpha) = 0.45 U_2 \frac{1+\cos\alpha}{2} \tag{12-6}$$

$$\frac{U_d}{U_2} = 0.45 \frac{1+\cos\alpha}{2} \tag{12-7}$$

由式(12-6)可知，输出直流电压平均值 U_d 与整流变压器二次侧交流电压 U_2 和控制角 α 有关。当 U_2 给定后，当 $\alpha = 0$ 时，则 $U_{d0} = 0.45 U_2$ 为最大输出直流平均电压。当 $\alpha = \pi$ 时，则 $U_d = 0$。只要控制触发脉冲送出的时刻，U_d 就可以在 $0 \sim 0.45 U_2$ 之间连续可调。

工程上为了计算简便，有时不用式(12-6)进行计算，而是按式(12-7)先作出表格和曲线。供查阅计算，如表 12-1 和图 12-10 所示。

流过负载电流的平均值为：

$$I_d = \frac{U_d}{R_d} \tag{12-8}$$

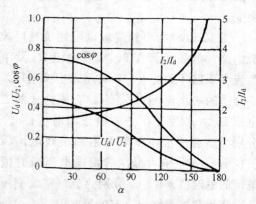

图 12-10 单相半波可控整流电压、电流及功率因数与控制角的关系

2. 负载上电压有效值 U 与电流有效值 I

在计算选择变压器容量，晶闸管额定电流、熔断器以及负载电阻的有功功率等时，均须按有效值计算。

根据有效值的定义，U 就是 u_d 波形的均方根值即：

$$U = \sqrt{\frac{1}{2\pi}\int_\alpha^\pi (\sqrt{2}U_2\sin\omega t)^2 d(\omega t)}$$

$$= \sqrt{\frac{U_2^2}{\pi}\left[\frac{\omega t}{2} - \frac{1}{4}\sin 2\omega t\right]_\alpha^\pi}$$

$$=U_2\sqrt{\frac{\pi-\alpha}{2\pi}+\frac{\sin2\alpha}{4\pi}} \qquad (12\text{-}9)$$

而有效值电流为：

$$I=U/R_d \qquad (12\text{-}10)$$

3. 晶闸管电流有效值 I_T 与管子两端可能承受的最大正反向电压 U_{TM}

在单相半波可控整流电路中，晶闸管与负载串联，所以负载电流的有效值也就是通过晶闸管电流的有效值，其关系为：

$$I_T=I=U/R_d \qquad (12\text{-}11)$$

由图 12-9(b)中 u_r 波形可知，晶闸管可能承受的正反向峰值电压为：

$$U_{TM}=\sqrt{2}U_2 \qquad (12\text{-}12)$$

由式(12-8)与式(12-11)可得：

$$\frac{I_T}{I_d}=\frac{I}{I_d}=\frac{I_2}{I_d}=\frac{\sqrt{\pi\sin2\alpha+2\pi(\pi-\alpha)}}{\sqrt{2}(1+\cos\alpha)} \qquad (12\text{-}13)$$

根据式(12-13)也可先作出表格与曲线(见表和图 12-10)，这样便于工程查算，例如，知道了 I_d，就可按设定的控制角 α 查表或曲线，求得 I_T、I 等值。

4. 功率因数 $\cos\varphi$

$$\cos\varphi=\frac{P}{S}=\frac{UI}{U_2I}=\sqrt{\frac{1}{4\pi}\sin2\alpha+\frac{\pi-\alpha}{2\pi}} \qquad (12\text{-}14)$$

从式(12-14)看出，$\cos\varphi$ 是 α 的函数，$\alpha=0$ 时 $\cos\varphi$ 最大为 0.707，可见单相半波可控整流电路，尽管是电阻性负载，但由于存在谐波电流，变压器最大利用率也仅有 70%，α 愈大，$\cos\varphi$ 愈小，说明设备利用率就愈差。

$\cos\varphi$ 与 α 的关系也可用表格与曲线表示，见图 12-10。

以上单相半波可控整流电路阻性负载各个计算式的推导方法同样适用于其他单相可控整流电路。

【例 12-1】 单相半波可控整流电路，阻性负载。要求输出的直流平均电压为 50～92V 之间连续可调，最大输出直流平均电流为 30A，直接由交流电网 220V 供电，试求：
(1) 控制角 α 应有的可调范围。
(2) 负载电阻的最大有功功率及最大功率因数。
(3) 选择晶闸管型号规格(安全余量取 2 倍)。

【解】 (1) 由式(12-6)或由图 12-10 的 U_d/U_2 曲线求得：
当 $U_d=50$V 时，

$$\cos\varphi=\frac{2\times50}{0.45\times220}-1\approx0$$

$$\alpha=30°$$

当 $U_d/U_2=50/220=0.227$ 时，$\alpha\approx30°$。

(2) $\alpha=30°$时，输出直流电压平均值最大为 92V，这时负载消耗的有功功率也最大，由式(12-8)或查表可求得：

$$I=1.66\times I_d=1.66\times30\text{A}=50\text{A}$$

$$\cos\varphi\approx0.693$$

$$p = I^2 R_d = \left(50^2 \times \frac{92}{30}\right) \text{W} = 7667 \text{W}$$

(3) 选择晶闸管,因 $\alpha = 30°$ 时,流过晶闸管的电流有效值最大为 50A

$$I_{T(AV)} = 2 \times \frac{I_{TM}}{1.57} = 2 \times \frac{50}{1.57} \text{A} = 64\text{A} \quad \text{取 100A}$$

晶闸管的额定电压为:

$$U_{Tn} = 2U_{TM} = 2 \times \sqrt{2} \times 220 \text{V} = 624 \text{V} \quad \text{取 700V}$$

故选择 KP100-7。

(二) 电感性负载(Inductance Load)及续流二极管(Free Wheeling Diode)的作用属于此类负载的,工业上如电动机的励磁线圈、滑差电动机电磁离合器的励磁线圈以及输出串接平波电抗器(Filter Reacter)的负载等。电感性负载不同于电阻性负载,为了便于分析,通常电阻与电感分开,如图 12-11 所示。

电感线圈是储能元件,当电流 i_d 流过线圈时,该线圈就储存有磁场能量,i_d 愈大,线圈储存的磁场能量也愈大,当 i_d 减小时,电感线圈就要将所储存的磁场能量释放出来。电感本身是不消耗能量的。众所周知,能量的存放是不能突变的,可见当流过电感线圈的电流增大时,L_d 两端就要产生感应电动势,其方向应阻止 i_d 的增大,如图 12-11(a)所示。反之,i_d 要减小时,L_d 两端感应的电动势方向应阻碍 i_d 的减小,如图 12-11(b)所示。

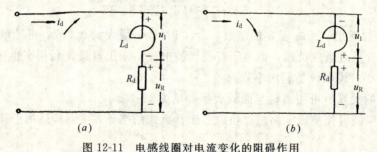

图 12-11 电感线圈对电流变化的阻碍作用
(a)表示当电流 i_d 增大时,L_d 两端感应的电动势方向,并储存磁场能量;
(b)表示当电流 i_d 减小时,L_d 两端感应的电动势方向,并释放磁场能量

电感线圈不仅是储能元件,而且又是电流的滤波元件,如图 12-12 所示。如果输入为脉动直流电压 u_d,它可分解成直流分量电压 U_d 与交流分量电压 u_d,分别产生的直流分量电流 I_d 和交流分量电流 i_d。由于电感线圈的感抗 $X = 2\pi f L_d$,它与频率成正比,故电感对直流分量电压 U_d 无阻流能力,直流分量的电流 I_d 大小,只能由 R_d 来决定,即 $I_d = U_d/$

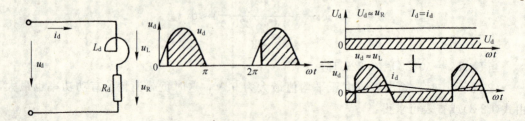

图 12-12 电感线圈是电流的滤波元件

R_d。电感对交流分量电压 u_d 有很大的限流能力,只要 $X \gg R_d$,交流分量电压所产生的交流分量电流就非常小,在工程计算中可忽略不计,即 $i_d \approx I_d$。

单相半波可控整流电感性负载如图 12-13 所示。

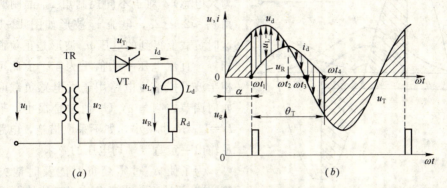

图 12-13 单相半波可控整流电感性负载
(a)电路;(b)波形

在 $0 \leqslant \omega t < \omega t_1$ 区间,u_2 虽然为正,但晶闸管无触发脉冲不导通,负载上的电压 u_d、电流 i_d 均为零。晶闸管承受着电源电压 u_2,其波形如图 12-13(b)所示。

当 $\omega t = \omega t_1 = \alpha$ 时,晶闸管被触发导通,电源电压 u_2 突加在负载上,由于电感性负载电流不能突变,电路须经一段过渡过程,此时电路电压瞬时值方程如下:

$$u_2 = L_d \frac{di_d}{dt} + i_d R_d = u_L + u_R$$

在 $\omega t_1 < \omega t \leqslant \omega t_2$ 区间,晶闸管被触发导通后,由于 L_d 作用,电流 i_d 只能从零逐渐增大。到 ωt_2 时,i_d 已上升到最大值,$di_d/dt = 0$,所以 $u_L = 0$,$u_2 = i_d R_d = u_R$。这期间电源 u_2 不仅要向负载 R_d 供给有功功率,而且还要向电感线圈 L_d 供给磁场能量的无功功率。

在 $\omega t_2 < \omega t \leqslant \omega t_3$ 区间,由于 u_2 继续在减小,i_d 也逐渐减小,在电感线圈 L_d 作用下,i_d 的减小总是要滞后于 u_2 的减小。这期间 L_d 两端感生的电动势方向是阻碍 i_d 的减小,如图 12-13(b)所示。负载 R_d 所消耗的能量,除电源电压 u_2 供给外,还有部分是由电感线圈 L_d 所释放的能量供给。这区间的电路电压瞬时值方程如下

$$u_2 + L_d \frac{di_d}{dt} = i_d R_d$$

在 $\omega t_3 < \omega t \leqslant \omega t_4$ 区间,u_2 过零开始变负,对晶闸管是反向电压,但是另一方面由于 i_d 的减小在 L_d 两端所感生的电压 u_L 极性对晶闸管是正向电压,故只要 u_L 略大于 u_2,晶闸管仍然承受着正向电压而继续导通,直到 i_d 减到零,才被关断,如图 12-13(b)所示。在这区间 L_d 不断释放出磁场能量,除部分继续向负载电阻 R_d 提供消耗能量外,其余就回馈给交流电网 u_2。此区间电路电压瞬时值方程如下:

$$u_L = L_d \frac{di_t}{dt} = u_2 + i_d R_d$$

当 $\omega t = \omega t_4$ 时,$i_d = 0$,即 L_d 磁场能量已释放完毕,晶闸管被关断。下个周期又周而复始。

如图 12-13(b)可见,由于电感的存在,使负载电压 u_d 波形出现部分负值,其结果负

载直流电压平均值 U_d 减小。电感愈大，u_d 波形的负值部分占的比例愈大，使 U_d 减少愈多。当电感 L_d 很大时（一般 $X_L \geqslant 10R_d$ 时，就认为大电感），对于不同控制角 α，晶闸管的导通角 $\theta_T \approx 2\pi - 2\alpha$，电流 i_d 波形如图 12-14 所示。这时负载上得到的电压 u_d 波形是正负面积接近相等，直流电压平均值乎为零。由此可见，单相半波可控整流电路用于大电感负载时，不管如何调节控制角 α，U_d 值总是很小，平均电流 $I_d = U_d/R_d$ 也很小，如不采取措施，电路无法满足输出一定直流平均电压的要求。

为了使 u_2 过零变负时能及时地关断晶闸管，使 u_d 波形不出现负值，又能给电感线圈 L_d 提供续流的旁路，可以在整流输出端并联二极管如图 12-15(a) 所示。由于该二极管是为电感

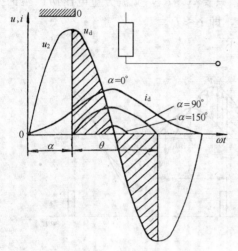

图 12-14 大电感时，不同 α 负载电压和电流的波形

负载在晶闸管关断时，提供续流回路，故将此二极管简称续流管，用 VD 表示。

在接有续流管的电感性负载单相半波可控整流电路中，当 u_2 过零变负时，此时续流管承受正向电压而导通，晶闸管因承受反向电压而关断。i_d 就改经续流管而继续流动。续流期间的 u_d 波形为续流管的压降，可忽略不计。所以 u_d 波形与电阻性负载相同。但是 i_d 的波形就大不相同，因为对大电感，流过负载的电流 i_d 不但连续而且基本上是波动很小的直线，电感愈大，i_d 波形愈接近于一条水平线，其值为 $I_d = U_d/R_d$，如图 12-15 所示。I_d 电流由晶闸管和续流二极管分担：在晶闸管导通期间，从晶闸管流过。晶闸管关断，续流管导通，就从续流管流过。可见流过晶闸管电流 i_T 与续流管电流 i_D 的波形均为方波如图 12-15 所示，方波电流的平均值和有效值分别为

$$I_{dT} = \frac{1}{2\pi}\int_\alpha^\pi i_T d(\omega t) = \frac{I_d}{2\pi}[\omega t]_\alpha^\pi = \frac{\pi - \alpha}{2\pi}I_d$$
(12-15)

$$I_T = \sqrt{\frac{1}{2\pi}\int_\alpha^\pi i_T^2 d(\omega t)} = I_d\sqrt{\frac{1}{2\pi}[\omega t]_\alpha^\pi} = \sqrt{\frac{\pi-\alpha}{2\pi}}I_d$$
(12-16)

$$I_{dD} = \frac{1}{2\pi}\int_\pi^{2\pi+\alpha} i_D d(\omega t) = \frac{\pi+\alpha}{2\pi}I_d \quad (12\text{-}17)$$

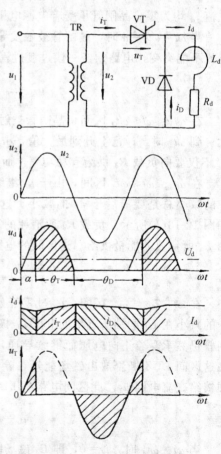

图 12-15 有续流管的单相半波可控整流电路及波形
(a) 电路；(b) 波形

$$I_D = \sqrt{\frac{1}{2\pi}\int_\pi^{2\pi+\alpha} i_D^2 d(\omega t)} = \sqrt{\frac{\pi+\alpha}{2\pi}} I_d \qquad (12\text{-}18)$$

式中 $I_d = U_d/R_d$,而 $U_d = 0.45U_2(1+\cos\alpha)/2$

晶闸管和续流管可能承受的最大正反向电压为 $\sqrt{2}U_2$,移相范围与电阻性负载相同为 $0\sim\pi$。

由于电感性负载电流不能突变,当晶闸管触发导通后,阳极电流上升较缓慢,故要求触发脉冲宽度要宽些(约 $20°$),以免阳极电流尚未升到晶闸管擎住电流时,触发脉冲已消失,晶闸管无法导通。

【**例 12-2**】 图 12-16 是中、小型发电机采用的单相半波自励稳压可控整流电路。当发电机满负荷运行时,相电压为 220V,要求的励磁电压为 40V,已知:励磁线圈的电阻为 2Ω,电感量为 0.1H。试求:晶闸管及续流管的电流平均值和有效值各是多少,晶闸管与续流管可能承受的最大电压各是多少,并选择晶闸管与续流管的型号。

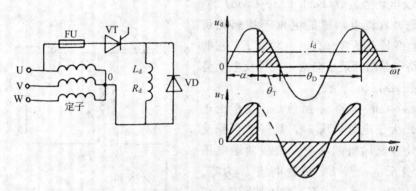

图 12-16 中小型发电机采用晶闸管自励稳压电路及解题波形

【**解**】 先求控制角 α

$$U_d = 0.45U_2 \frac{1+\cos\alpha}{2}$$

$$\cos\alpha = \frac{2}{0.45} \times \frac{40}{220} - 1 = -0.192$$

$$\alpha \approx 101°$$

则:
$$\theta_T = \pi - \alpha = 180° - 101° = 79°$$
$$\theta_D = \pi + \alpha = 180° + 101° = 281°$$

由于 $\omega L_d = 2\pi f L_d = (2\times 3.14\times 50\times 0.1)\Omega = 31.4\Omega \gg R_d = 2\Omega$,所以为大电感负载,各电量分别计算如下:

$$I_d = U_d/R_d = (40/2)\text{A} = 20\text{A}$$

$$I_{dT} = \frac{180°-\alpha}{360°}\times I_d = \frac{180°-101°}{360°}\times 20\text{A} = 4.4\text{A}$$

$$I_T = \sqrt{\frac{180°-\alpha}{360°}}\times I_d = \sqrt{\frac{180°-101°}{360°}}\times 20\text{A} = 9.4\text{A}$$

$$I_{dD} = \frac{180°+\alpha}{360°}\times I_d = \frac{180°+101°}{360°}\times 20\text{A} = 15.6\text{A}$$

$$I_D = \sqrt{\frac{180°+\alpha}{360°}}\times I_d = \sqrt{\frac{180°+101°}{360°}}\times 20\text{A} = 17.6\text{A}$$

$$U_{TM} = \sqrt{2}U_2 = 1.42 \times 220\text{V} = 312\text{V}$$
$$U_{DM} = \sqrt{2}U_2 = 1.42 \times 220\text{V} = 312\text{V}$$

根据以上计算选择晶闸管及续流管型号为：
$$U_{Tn} = (2\sim3)U_{TM} = (2\sim3)\times 312\text{V} = 624\sim 936\text{V}，取 700\text{V}$$
$$I_{T(AV)} = (1.5\sim2)\frac{I_T}{1.57} = (1.5\sim2)\frac{9.4\text{A}}{1.57} = 9\sim 12\text{A}，取 10\text{A}$$

故选晶闸管型号为 KP10-7。
$$U_{Dn} = (2\sim3)U_{DM} = (2\sim3)\times 312\text{V} = 624\sim 936\text{V}，取 700\text{V}$$
$$I_{D(AV)} = (1.5\sim2)\frac{I_D}{1.57} = (1.5\sim2)\frac{17.6}{1.57}\text{A} = 16.8\sim 22\text{A}，取 20\text{A}$$

故续流管应选 ZP20-7。

(三) 反电动势负载 (Back EMF Load)

蓄电池、直流电动机的电枢等均属此负载，这类负载特点是含有直流电动势 E，它的极性对电路中晶闸管是反向电压故称反电动势负载，如图 12-17(a) 所示。

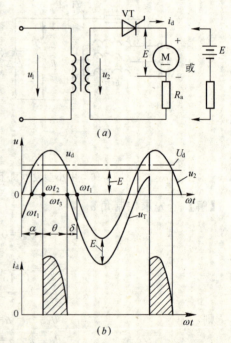

图 12-17 单相半波反电势负载电路及波形
(a) 电路；(b) 波形

在 $0 \leqslant \omega t < \omega t_1$ 区间 u_2 虽然是正向但由于反电动势 E 大于电源电压 u_2，晶闸管仍受反向电压而处在反向阻断状态。负载两端电压 u_d 等于本身反电动势 E，负载电流 i_d 为零。晶闸管两端电压 $u_T = u_2 - E$，波形如图 12-17(b) 所示。

在 $\omega t_1 \leqslant \omega t < \omega t_2$ 区间，u_2 正向电压已大于反电动势 E，晶闸管开始承受正向电压，但尚未被触发，故仍处于在正向阻断状态，u_d 仍等于 E，i_d 为零。$u_T = u_2 - E$ 的正向电压波形如图 12-17(b) 所示。

当 $\omega t = \omega t_2 = \alpha$ 时，晶闸管被触发导通，电源电压 u_2 突加在负载两端，所以 u_d 波形为 u_2，流过负载电流 $i_d = (u_2 - E)/R_a$。由于元件本身导通，所以 $u_T = 0$。

在 $\omega t_2 < \omega t < \omega t_3$ 区间，由于 $u_2 > E$，晶闸管导通，负载电流 i_d 仍按 $i_d = (u_2 - E)/R_a$ 规律变化。由于反电动势内阻 R_a 很小，所以 i_d 呈脉冲波形，具有底部窄，脉动大的特点。u_d 仍为 u_2 波形，如图 12-17(b) 所示。

当 $\omega t = \omega t_3$ 时，由于 $u_2 = E$，i_d 降到零，晶闸管被关断。

在 $\omega t_3 < \omega t \leqslant \omega t_4$ 区间，虽然 u_2 还是正向，但其数值比反电动势 E 小，晶闸管受反压被阻断。当 u_2 由零变负时，晶闸管承受着更大的反向电压，其最大反向电压为 $\sqrt{2}u_2 + E$。应该注意，这区间晶闸管已关断，输出电压 u_d 不是零而是等于 E，其负载电流 i_d 为零。所以波形如图 12-17(b) 所示。

综上所述，反电动势负载特点是：电流呈脉冲波形，底部窄，脉动大。如要供出一定的平均电流，其波形幅值必然很大，有效值亦大，这就要增加可控整流装置和直流电动机的容量。另外，换向电流大，容易产生火花，电动机振动厉害。尤其是断续电流会使电动机机械特性变软。为了克服这些缺点，常在负载回路，人为地串联一个所谓平波电抗器 L_d，来减小电流的脉动和延长晶闸管导通的时间。

反电动势负载，串接平波电抗器后，整流电路的工作情况与大电感性负载相似。电路与波形如图 12-18(a)、(b)所示。只要所串入的平波电抗器的电感量足够大，使整流输出电压 u_d 中所包含的交流分量全部降落在电抗器上，则负载两端的电压基本平整，输出电流波形也就平直，这样就大大改善了整流装置和电动机的工作条件。电路的各电量与电感性负载相同，仅是 I_d 值应按下式求得：

$$I_d = \frac{U_d - E}{R_a} \tag{12-19}$$

图 12-18(c)为串接的平波电抗器 L_d 的电感量不够大或电动机轻载时的波形。i_d 波形仍出现断续，断续期间 $u_d = E$，波形出现台阶，但电流脉动情况比不串 L_d 时有很大改善。对小容量直流电动机，因对电源影响较小，且电动机电枢本身的电感量较大，故有时也可以不串入平波电抗器。

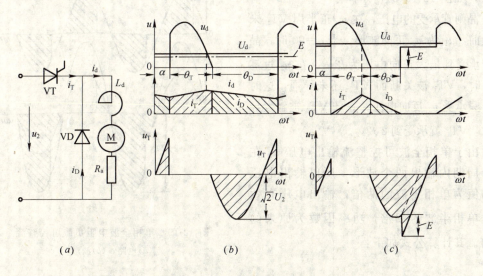

图 12-18　单相半波反电动势串接平波电抗器后的电路与波形
(a)电路；(b)i_d 连续时波形；(c)i_d 断续时波形

二、单相全波和全控桥可控整流电路

单相半波可控整流电路，虽具有线路简单、投资小及调试方便等优点，但因整流输出具有直流电压脉动大，设备利用率不高等缺点，所以一般仅适用于对整流指标要求不高，小容量的可控整流装置。存在以上缺点的原因是：交流电源 u_2 在一个周期中，最多只能半个周期能向负载供电。为了使交流电源 u_2 的另一半周期也能向负载输出同方向的直流电压，既减少了输出电压 u_d 波形的脉动，又能提高输出直流电压平均值，需采用本节要介绍的单相全波可控整流电路与单相全控桥整流电路。

(一) 单相全波可控整流电路

1. 电阻性负载

如图 12-19(a) 所示,从电路形式上看,它相当于由两个电源电压相位错开 180° 的两组单相半波可控整流电路并联而成,所以又称单相双半波可控整流电路。

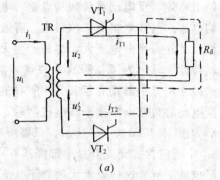

电路中晶闸管 VT_1 与 VT_2 是轮流工作的。在电源电压 u_2 正半周 α 时刻,触发电路虽然同时向两管的门极送出触发脉冲,但由于 VT_2 承受反压不能导通,而 VT_1 承受正向电压而导通。负载电流方向如图上实线所示。电源电压 u_2 过零变负时,VT_1 关断。在电源电压 u_2 负半周同样 α 时刻,VT_2 被触发导通。负载电流方向如图上虚线所示。这样,负载两端可控整流电压 u_d 波形是单相半波可控整流电压波形相同的两块,如图 12-19(b) 所示。

晶闸管承受的电压,在 u_2 正半周 VT_1 未导通前,u_{T1} 为 u_2 正向波形。当 $\alpha=90°$ 时,晶闸管承受到最大正向电压为 $\sqrt{2}u_2$。在 u_2 过零变负时,VT_1 被关断而 VT_2 还未导通,这时 VT_1 只承受 u_2 反向电压。一旦 VT_2 被触发导通时,VT_1 就承受到 $2\sqrt{2}u_2$。

由于单相全波可控整流输出电压 u_d 在一个周期内输出两个波形,所以输出电压平均值为单相半波的两倍,输出电压有效值是单相半波的 $\sqrt{2}$ 倍,功率因数为原来的 $\sqrt{2}$ 倍。其计算公式如下:

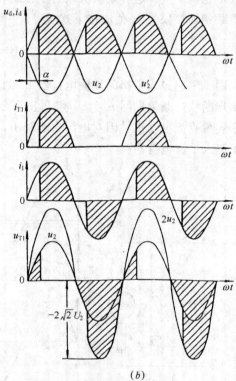

图 12-19 单相全波电阻负载可控整流
(a) 电路;(b) 波形

$$U_d = 2 \times 0.45 U_2 \frac{1+\cos\alpha}{2}$$

$$= 0.9 U_2 \frac{1+\cos\alpha}{2} \tag{12-20}$$

$$U = \sqrt{2} U_2 \sqrt{\frac{1}{4\pi}\sin 2\alpha + \frac{\pi-\alpha}{2\pi}}$$

$$= U_2 \sqrt{\frac{1}{2\pi}\sin 2\alpha + \frac{\pi-\alpha}{\pi}} \tag{12-21}$$

$$\cos\varphi = \sqrt{\frac{1}{2\pi}\sin 2\alpha + \frac{\pi-\alpha}{\pi}} \tag{12-22}$$

晶闸管电流有效值及可能承受到最大正反向电压分别为：

$$I_T = \frac{I}{\sqrt{2}} = \frac{1}{\sqrt{2}}\frac{U}{R_d} = \frac{U_2}{R_d}\sqrt{\frac{1}{4\pi}\sin 2\alpha + \frac{\pi-\alpha}{2\pi}}$$

$$U_{TM} = +\sqrt{2}U_2 \sim -2\sqrt{2}U_2$$

电路要求的移相范围为 $0 \sim \pi$，与单相半波相同。而触发脉冲间隔为 π，不同于单相半波。

2. 大电感负载

在单相半波可控整流带大电感负载，如果不并接续流二极管，无论如何调节移向角 α，输出整流电压 u_d 波形的正负面积仍几乎相等，负载直流平均电压 U_d 均接近于零。单相全波可控整流带大电感负载情况就截然不同，如图 12-20(a) 可看出：在 $0 \leqslant \pi < 90°$ 范围

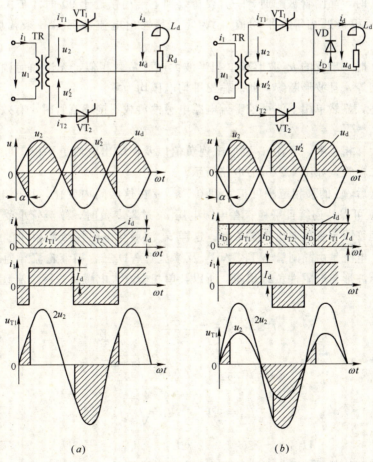

图 12-20 单相全波大电感负载电路与波形
(a) 不接续流管；(b) 接续流管

内,虽然 u_d 波形也会出现负面积,但正面积总是大于负面积,当 $\alpha=0$ 时,u_d 波形不出现负面积,为单相不可控全波整流输出电压波形,其平均值为 $0.9U_2$。显然,在这区间输出电压平均值 U_d 与控制角 α 的关系为:

$$U_d = \frac{1}{2\pi}\int_\alpha^{\pi+\alpha} \sqrt{2}U_2\sin\omega t\, d(\omega t) = 0.9U_2\cos\alpha \tag{12-23}$$

输出电流 i_d 为脉动很小的直流,其算式为:

$$i_d \approx I_d = \frac{U_d}{R_d}$$

晶闸管的电流平均值、有效值以及管子可能承受到的最大电压分别为:

$$I_{dT} = \frac{1}{2}I_d$$

$$I_T = \frac{1}{\sqrt{2}}I_d$$

$$U_{TM} = \pm 2\sqrt{2}U_2$$

在 $\alpha=90°$ 时,晶闸管被触通,一直要持续到下半周接近于 $90°$ 时才被关断,负载两端 u_d 波形正负面积接近相等,平均值 u_d 为零,其输出电流波形是一条幅度很小的脉动直流。

在 $\alpha>90°$ 时,出现的 u_d 波形和单相半波大电感负载相似,无论如何调节 α。u_d 波形正负面积都相等,且波形断续,此时输出平均电压均为零。

综上所述,显然单相全波可控整流电路电感性负载不接续流管时,有效移相范围只能是 $0\sim\pi/2$。

为了扩大移相范围,不让 u_d 波形出现负值以及使输出电流更平稳,可在电路负载两端并接续流二极管,如图 12-20(b) 电路所示。

接续流管后,α 的移相范围可扩大到 $0\sim\pi$。α 在这区间内变化,只要电感量足够大,输出电流 i_d 就可保持连续且平稳。在电源电压 u_2 过零变负时,续流管承受正向电压而导通,此时晶闸管因承受反向电压被关断。这样 u_d 波形与电阻性负载相同,如图 12-20(b) 波形所示。i_d 电流是由晶闸管 VT_1、VT_2 及续流管 VD 三者相继轮流导通而形成的。晶闸管两端电压波形与电阻性负载相同。所以,单相全波大电感负载接续流管的电路各电量计算式如下:

$$U_d = 0.9U_2\frac{1+\cos\alpha}{2} \qquad I_d = \frac{U_d}{R_d}$$

$$I_{dT} = \frac{\pi-\alpha}{2\pi}I_d \qquad I_T = \sqrt{\frac{\pi-\alpha}{2\pi}}I_d$$

$$I_{dD} = \frac{\alpha}{\pi}I_d \qquad I_D = \sqrt{\frac{\alpha}{\pi}}I_d$$

$$U_{TM} = +\sqrt{2}U_2 \sim -2\sqrt{2}U_2 \qquad U_{DM} = -\sqrt{2}U_2$$

单相全波可控整流电路,具有输出电压脉动小、平均电压大以及整流变压器没有直流磁化等优点。但该电路一定要配备有中心抽头的整流变压器,且变压器二次侧抽头的上下绕组利用率仍然很低，最多只能工作半个周期，变压器设置容量仍未充分利用，其次晶闸管承受电压高，可达 $2\sqrt{2}U_2$，元件价格昂贵。为克服以上缺点，可采用单相全控桥式电路。

（二）单相全控桥式整流电路

不同性质负载的电路及波形，分别如图 12-21(a)、(b)所示。电路仅用四只晶闸管，分别接在四个桥臂上。

电路分析与计算同单相全波可控整流电路。桥臂上晶闸管 VT_1 和 VT_3；VT_2 与 VT_4 分别等效于单相全波中的晶闸管 VT_1 与 VT_2，见图 12-19。所不同处，单相全控桥触发电路必须有 3~4 个二次绕组的脉冲变压器，同时向 VT_1~VT_4 的门极输送触发脉冲。其次晶闸管承受的电压波形也不同，如电阻性负载，当电源电压 u_2 为正半周，VT_1、VT_3 未导通，因两管相串联，如果两管的阳极伏安特性相似，则 VT_1 与 VT_3 就各承受 u_2 电压的一半。当 VT_1 与 VT_3 导通，其两端电压为零。同理，在电源电压 u_2 负半周，VT_2 与 VT_4 又未导通时，VT_1 与 VT_3 两端各承受一半 u_2 的反向电压波形，一旦 VT_2 与 VT_4 导通，VT_1 与 VT_3 就要承受 u_2 的全部反向电压波形，如图 12-21(a) u_{T1} 波形所示。

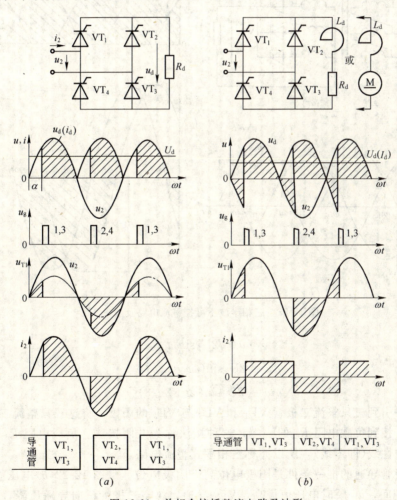

图 12-21 单相全控桥整流电路及波形

(a)电阻性负载；(b)大电感负载

第三节 三相可控整流电路

一般整流装置容量大于 4kW，要求直流电压脉动较小，选用三相整流较为合适。三相可控整流电路形式很多，有三相半波、三相桥式、三相双反星形等，其中三相半波可控整流电路是最基本电路，其他均由三相半波电路以不同方式串联或并联组合而成。常见的三相触发电路有正弦波同步的触发电路、锯齿波同步的触发电路等，后者应用比较广泛。

一、三相半波可控整流电路

（一）三相半波不可控整流电路

三相半波不可控整流电路，如图 12-22(a)所示。电源由三相整流变压器供电，也可直接由三相四线制交流电网供电。二次相电压有效值为 U_2（或 $U_{2\phi}$），而三相电压波形如图 12-22(b)所示，其表达式为：

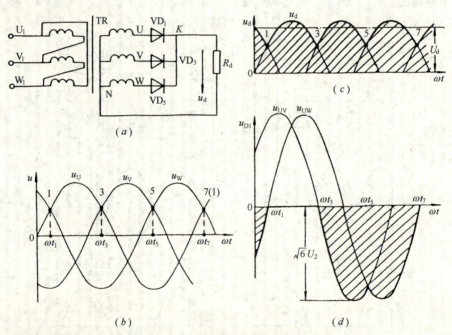

图 12-22 三相半波不可控整流电路及波形

U 相：$\quad u_U = \sqrt{2} U_2 \sin\omega t$

V 相：$\quad u_V = \sqrt{2} U_2 \sin(\omega t - 2\pi/3)$

W 相：$\quad u_W = \sqrt{2} U_2 \sin(\omega t + 2\pi/3)$

将它们各引到三只整流二极管 VD_1 和 VD_3 与 VD_5 的阳极，将这三只整流二极管的阴极接在一起，接到负载电阻 R_d 的一端，这种接法称为共阴接法。负载电阻 R_d 的另一端接到变压器中性线（即零线），所以亦称三相零式整流电路。

整流二极管导通的惟一条件是阳极电位高于阴极电位。从图 12-22(b) 电压波形可知，在 $\omega t_1 \sim \omega t_3$ 期间，u_U 瞬时电压值最高，VD_1 导通，忽略二极管正向导通压降，U 点与 K 点为同电位，即 K 点电压为 u_U，使 VD_3、VD_5 承受反向电压而截止，这期间整流输出电

压 u_d 波形就等于 u_U 波形，如图 12-1(c) 所示。同理，在 $\omega t_3 \sim \omega t_5$ 期间，只能 VD_3 导通，u_d 波形等于 u_V。$\omega t_5 \sim \omega t_7$ 期间，只能 VD_5 导通，u_d 波形等于 u_W。可见，三相共阴接法半波整流电路，任何时刻只有阳极电压最高的这相二极管导通，并按电源的相序，每个管轮流导通 120°。显然，电源相电压正半波的相邻交点，即图(b)中 1、3、5 交点分别是 VD_1、VD_3、VD_5 轮流导通的始末点。每过其中一个交点，负载电流就从前相二极管交换到后相二极管。这种换相轮流工作是靠三相电源电压变化自然循环进行的，所以将 1、3、5 交点称为自然换相点。u_d 波形就是三相电源电压波形的正向包络线，如图 12-22(c) 所示。输出直流平均电压为：

$$U_d = \frac{3}{2\pi}\int_{\pi/6}^{5\pi/6}\sqrt{2}U_2\sin\omega t\,\mathrm{d}(\omega t) = \frac{3\sqrt{6}}{2\pi}U_2 = 1.17U_2$$

整流二极管两端电压 u_{D1} 波形，如图 12-22(d) 所示。$\omega t_1 \sim \omega t_3$ 期间，由于 VD_3 导通，所以 VD_1 管阳极将承受 u_{UV} 的线电压波形（u_{UV} 线电压波形应超前 u_U 相电压波形 30°）；同理，在 $\omega t_5 \sim \omega t_7$ 期间，VD_5 导通，u_{D1} 等于 u_{UW} 波形。由波形可见，整流二极管承受的最大反向电压为电源线电压的峰值，即

$$U_{DM} = -\sqrt{6}U_2$$

分析整流输出电压 u_d 和整流管、晶闸管阳极承受的电压波形，在调试与维修时很有用，根据这些波形可判断电路、管子工作是否正常，以及故障发生在何处。

（二）三相半波可控整流电路

将图 12-22(a) 二极管分别换成晶闸管 VT_1、VT_3 与 VT_5 即为三相半波可控整流电路。由于共阴极接法触发脉冲有共用线，使用调试方便，所以共阴极接法三相半波电路常被采用。现按三种不同性质负载的工作情况分析如下：

1. 电阻性负载

三相半波可控整流电路采用的变流器件是晶闸管，晶闸管的导通条件，除阳极必须承受正向电压外，还得同时给门极触发脉冲，这就要求三相触发脉冲的相位间隔应与三相电源相电压的相位差一致，即均为 120°。如果在图 12-22(b) 所示波形 1、3、5 三个自然换相点，分别向 VT_1、VT_3 与 VT_5 送出 u_{g1}、u_{g3} 与 u_{g5} 触发脉冲。此时输出直流平均电压为最大，即 $U_{do} = 1.17U_2$。所以，不可控整流电压波形的自然换相点 1、3、5 就是三相半波可控整流各相晶闸管移相控制角 α 的起始点，即 $\alpha = 0°$ 点。由于自然换相点距相电压原点为 30°，所以，触发脉冲距对应相电压的原点为 $30° + \alpha$。

(1) 不同控制角 α 波形分析。

图 12-23(a) 为 $\alpha = 15°$ 的波形。设电路已在工作，W 相 VT_5 已导通，经过 1 交点时，虽然 U 相 VT_1 开始承受正向电压，可是触发脉冲尚未送到，故 VT_1 无法导通，于是 VT_5 管仍承受 u_W 正向电压继续导通。当过 U 相自然换相点 1 点 15°，触发电路送出 u_{g1}，VT_1 被触发导通，而 VT_5 承受到 u_{UW} 反压而关断，输出电压 u_d 波形由 u_W 波形换成 u_U 波形，如图 12-23(a) 所示。其他两相也依次轮流导通与关断，阻性负载 i_d 波形与 u_d 波形相似，而流过 VT_1 管的电流 i_{T1} 波形仅是 i_d 波形的 1/3 区间，如图 12-23(a) i_{T1} 波形所示。晶闸管阳极承受的电压 u_{T1} 波形，可分成三部分：VT_1 本身导通时 $u_{T1} \approx 0$；VT_3 导通时，$u_{T1} = u_{UV}$；VT_5 导通时，$u_{T1} = u_{UW}$。其他两相晶闸管阳极电压波形与 u_{T1} 相似，但相位依次相差 120°。

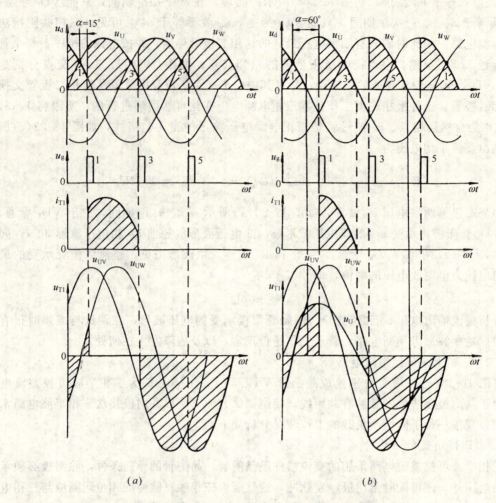

图 12-23 三相半波可控整流电阻负载的波形

图 12-23(b) 为 $\alpha=60°$ 的波形。u_d 与 i_d 波形均出现 30° 的断续,晶闸管关断点均在各自相电压过零处。u_{T1} 波形除上述三部分组成外,当三只晶闸管均不导通时,VT_1 将承受本相 u_U 的波形,即 $u_{T1}=u_U$。

显然,当触发脉冲后移到 $\alpha=150°$ 时,由于晶闸管已不再承受正向电压,无法导通,所以,触发脉冲移相控制范围为 $0°\sim150°$。

(2) 各电量计算。

1) 输出电压平均值 U_d 与负载平均电流 I_d

根据电路工作原理,U_d 在 $0°\leqslant\alpha\leqslant30°$ 范围变化总是连续,而在 $30°<\alpha\leqslant150°$ 范围变化 u_d 波形出现断续。U_d 值分别为:

a. $0°\leqslant\alpha\leqslant30°$ 时(如图 12-23a 所示)

$$U_d = \frac{3}{2\pi}\int_{\pi/6+\alpha}^{\pi/6+\alpha+2\pi/3}\sqrt{2}U_2\sin\omega t\,\mathrm{d}(\omega t)$$

$$= \frac{3\sqrt{6}}{2\pi}U_2\cos\alpha = 1.17U_2\cos\alpha \tag{12-24}$$

b. $30°<\alpha\leqslant 150°$ 时（如图 12-23b 所示）

$$U_d = \frac{3}{2\pi}\int_{\pi/6+\alpha}^{\pi}\sqrt{2}U_2\sin\omega t\,d(\omega t)$$
$$= 0.675U_2[1+\cos(\pi/6+\alpha)] \qquad (12\text{-}25)$$

当 u_d 波形断续时，一个周期里有三块相同波形，α 的起始点是过相电压波形原点 $30°$，这时可直接套用单相半波可控整流计算式(12-6)求 U_d。

$$U_d = 3\times 0.45U_2\frac{1+\cos(\pi/6+\alpha)}{2}$$

由于 i_d 波形与 u_d 波形相似，仅差 R_d 比例系数，故 I_d 计算式为：

$$I_d = U_d/R_d$$

2) 晶闸管平均电流 I_{dT} 与承受的最大电压 U_{TM}：

$$I_{dT} = \frac{1}{3}I_d \qquad U_{TM} = \sqrt{6}U_2$$

2. 大电感负载

全控整流电路，大电感负载不接续流管与接续流管均能正常工作，现分别分析如下：

(1) 不接续流管情况：电路及其波形如图 12-24 所示。当 $\alpha\leqslant 30°$ 时，与电阻性负载一样，不过 i_d 波形为平稳的一条直线。当 $\alpha>30°$（图中 $\alpha=60°$）时，VT_1 管导通到 ωt_1 时，其阳极电源电压 u_U 已过零开始变负，于是流过大电感的负载电流 i_d 在减小，产生感应电动势，使 VT_1 管阳极仍承受到正向电压维持着导通，直到 ωt_2 时刻，u_{g3} 触发 VT_3 导通，VT_1 才承受反压被关断。所以，尽管 $\alpha>30°$，u_d 波形出现有部分负压，但只要 u_d 波形的平均值 U_d 不等于零，电路均能正常工作，i_d 波形仍可连续平稳，工程计算时，均视为一条直线。显然，当 $\alpha=90°$ 时，u_d 波形正压部分与负压部分近似相等，输出电压平均值 U_d 为零。所以，有效移相范围为 $\alpha=0°\sim 90°$。u_T 波形与电阻性负载分析方法相同。电路各物理量计算式为：

$$U_d = \frac{3}{2\pi}\int_{\pi/6+\alpha}^{5\pi/6+\alpha}\sqrt{2}U_2\sin\omega t\,d(\omega t) \qquad I_d = U_d/R_d$$
$$= 1.17U_2\cos\alpha$$

$$I_{dT} = \frac{1}{3}I_d \qquad I_T = \sqrt{\frac{1}{3}}I_d \qquad U_{TM} = \sqrt{6}U_2$$

(2) 接续流管情况：为了扩大移相范围并使负载电流 i_d 更平稳，可在大电感负载两端并接续流管 VD，电路及其波形如图 12-25 所示。当 $\alpha\leqslant 30°$ 时，u_d 波形与电阻性负载时的 u_d 相同，且连续均为正压，续流管 VD 不起作用，各电量计算与不接续流管情况相同。当 $\alpha>30°$ 时，续流管能在电源电压过零变负时刻及时性导通续流，u_d 波形不出现负压，但已出现断续，u_d 波形与移相范围均同电阻性负载，而负载电流 i_d 波形是更加平稳的直流电流。所以，电路各物理量计算式为：

$$U_d = \begin{cases} 1.17U_2\cos\alpha & \text{适用在} \quad \alpha\leqslant 30° \\ 0.675U_2[1+\cos(\pi/6+\alpha)] & \text{适用在} \quad 30°\leqslant\alpha\leqslant 150° \end{cases}$$

$$I_d = U_d/R_d$$

$$I_{dT} = \begin{cases} \dfrac{1}{3}I_d & \text{适用在} \quad \alpha\leqslant 30° \\[2mm] \dfrac{150°-\alpha}{360°}I_d & \text{适用在} \quad 30°\leqslant\alpha\leqslant 150° \end{cases}$$

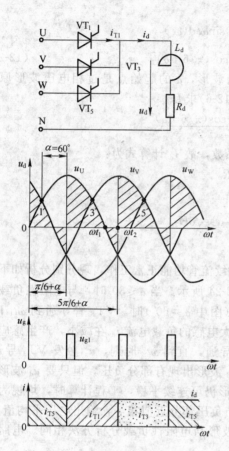

图 12-24 三相半波大电感负载不接
续流管时的电路与波形

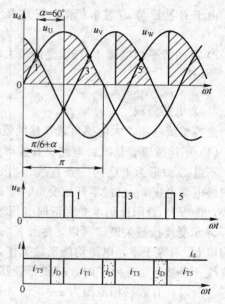

图 12-25 三相半波大电感负载接
续流管时的电路与波形

$$I_T = \begin{cases} \sqrt{1/3}\, I_d & \text{适用在} \quad \alpha \leqslant 30° \\ \sqrt{\dfrac{150°-\alpha}{360°}}\, I_d & \text{适用在} \quad 30° \leqslant \alpha \leqslant 150° \end{cases}$$

$$U_{TM} = \sqrt{6}\, U_2$$

$$I_{dD} = \dfrac{\alpha - 30°}{120°} I_d \quad \text{适用在} \; 30° \leqslant \alpha \leqslant 150°$$

$$I_D = \sqrt{\dfrac{\alpha - 30°}{120°}}\, I_d \quad \text{适用在} \; 30° \leqslant \alpha \leqslant 150°$$

【例 12-3】 已知三相半波可控整流电路大电感负载，电感内阻为 2Ω，直接由 220V 交流电源供电，试求当 $\alpha = 60°$ 时，不接续流管与接续流管两种情况时的 u_d、i_{T1}、u_{T1} 与 i_D 波形，并计算晶闸管、续流管电流的平均值与有效值。

【解】 由于大电感负载 i_d 视为平稳的直流，故其波形如图 12-26 所示。两种情况求解如下：

不接续流管时：
$U_d = 1.17 U_2 \cos\alpha$

接续流管时：
$U_d = 0.675 U_2 [1 + \cos(\pi/6 + \alpha)]$

$$= (1.17 \times 220 \times \cos 60°)\text{V}$$
$$= 128.7\text{V}$$
$$I_d = U_d/R_d = (128.7/2)\text{A} \approx 64.4\text{A}$$
$$I_{dT} = \frac{1}{3}I_d = \frac{1}{3} \times 64.4\text{A} \approx 21\text{A}$$
$$I_T = \sqrt{\frac{1}{3}} \times I_d$$
$$= \sqrt{\frac{1}{3}} \times 64.4\text{A}$$
$$= 37\text{A}$$

$$= 0.675 \times 220[1+\cos(30°+60°)]\text{V}$$
$$= 148.5\text{V}$$
$$I_d = U_d/R_d = (148.5/2)\text{A} \approx 74.3\text{A}$$
$$I_{dT} = \frac{150°-60°}{360°} \times 74.3\text{A} \approx 18.6\text{A}$$
$$I_T = \sqrt{\frac{150°-60°}{360°}} \times 74.3\text{A} \approx 37\text{A}$$
$$I_{dD} = \frac{60°-30°}{120°} \times 74.3\text{A} \approx 18.5\text{A}$$
$$I_D = \sqrt{\frac{60°-30°}{120°}} \times 74.3\text{A} \approx 37\text{A}$$

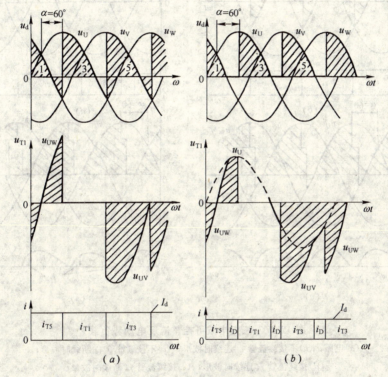

图 12-26 例 12-3 题求解波形
(a) 不接续流管时；(b) 接续流管时

3. 含有反电动势的大电感负载

电路如图 12-27(a) 所示，它与单相可控整流反电动势负载类似。为了能使电枢电流 i_d 连续平稳，在电枢回路串入电感量足够的平波电抗器 L_d，这样电路就成为含有反电动势的大电感负载。电路分析方法及波形与大电感负载相同，如图 12-27(b) 所示。电路各电量计算式除 I_d 应按下式外，其余均相同。

$$I_d = \frac{U_d - E}{R_a}$$

式中　E——电枢反电动势；
　　　R_a——电枢电阻。

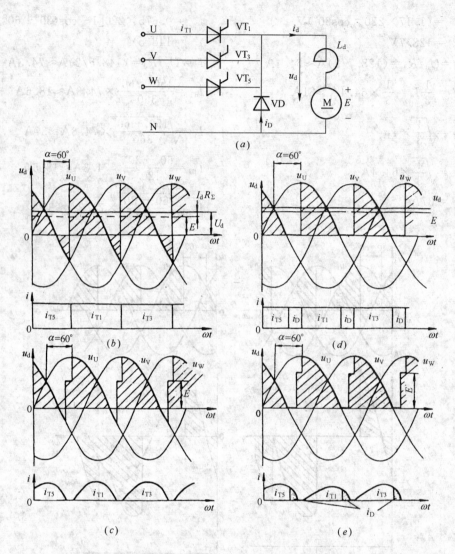

图 12-27 三相半波可控整流反电动势负载
(a)电路;(b)不接续流管 i_d 连续时波形;(c)不接续流管 i_d 断续时波形;
(d)接续流管 i_d 连续时波形;(e)接续流管 i_d 断续时波形

同样,对大电感反电动势负载,为扩大移相范围、使 i_d 波形更加平稳,可在输出端并联续流管 VD,如图 12-27(a)电路中 VD 所示。电路分析方法、波形以及各物理量计算式,与接续流管的三相半波大电感负载相同,波形如图 12-27(d)所示。

如果串入的平波电抗器 L_d 电感量不够,在电动机空载或轻载下,就有可能使 i_d 波形出现断续,如图 12-27(c)与图 12-27(e)所示。u_d 波形就出现带有反电动势阶梯的波形,u_d 值显然增大,电动机转速明显升高,使电动机机械特性变软,应尽量避免出现这种状况。

(三) 共阳极三相半波可控整流电路

三相半波可控整流电路除了上面介绍的共阴极接法外,另一种是将三只晶闸管的阳极连接在一起,而三个阴极分别接到三相交流电源,如图 12-28(a)所示。这种接法就称为共阳极接法。由于三个阳极连接在一起同电位,故三个晶闸管阳极可固定在同一块大散热器上,散热效果好,安装方便。缺点是三块触发电路输出没有公用线,给调试和使用带来不便。

由于共阳极接法,三只晶闸管 VT_2、VT_4 与 VT_6 的阴极分别接在三相交流电源 u_W、u_U 与 u_V 上,因此只能在电源相电压负半周时工作。显然,共阳极接法的三只晶闸管 VT_2、VT_4 与 VT_6 的 α 零点(即自然换相点)应在电源相电压负半周相邻两相波形的交点处,分别 2、4、6,如图 12-28(b) 所示。图中为 $\alpha=30°$ 时的波形,在 ωt_1 时刻触发 W 相 VT_2 导通,输出电压 $u_d = u_W$(为负半周波形),直到 ωt_2 时刻触发 U 相 VT_4,由于 U 相电压更负,所以当 VT_1 导通后,VT_2 承受反压关断,输出电压 u_d 从等于 u_W 换成 u_U 波形,同理 ωt_3 时刻 V 相 VT_6 触发导通,VT_4 承受反压关断。如此循环输出电压 u_d 波形与共阴极接法相

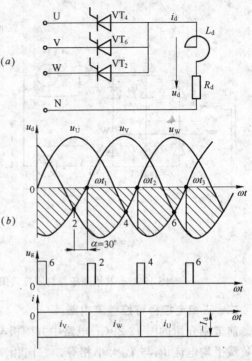

图 12-28 三相共阳极半波可控整流电路及波形

同,仅是输出整流电压极性变为上负下正(中线为正)恰好相反,所以大电感负载共阳极接法三相半波可控整流输出电压平均值为:

$$U_d = -1.17 U_2 \cos\alpha$$

式中负号表示与图中假定的 U_d 正方向相反。其他各物理量与共阴极接法相同。

(四)共用变压器共阴极共阳极三相半波可控整流电路的分析

三相半波可控整流电路只用三只晶闸管,与单相比较,具有输出电压脉动小、三相负载平衡、而且对于额定电压为 220V 的直流电动机负载可省去整流变压器,由 380V 三相四线制交流电网直接供电等优点。但不论是共阴极还是共阳极接法的三相半波电路,若各自单独使用,都存在弊病:如负载电流一定要流过中线才构成回路,势必影响其他负载正常工作;其次,变压器二次绕组每周最多只工作 1/3 周期,变压器利用率很低;另外,由于流过变压器二次电流是单方向的,故铁心严重被直流磁化,易饱和影响利用率。

为了克服上述缺点,可利用共阴极与共阳极接法共用一台整流变压器,利用两组作用相反的特点,组成如图 12-29(a) 所示的共阴极共阳极三相半波可控整流电路。

如果两台直流电动机额定参数一样,两组要求调速所移的控制角 α 均相等,则两组电压与电流波形如图 12-29(b) 所示。显然,两组电路虽然各自独立工作,但由于两组流过公用中性线的负载电流方向相反,大小又相等,所以中线就不存在电流,两组互成回路。流过整流变压器 U 相绕组电流分别由共阴极组的 i_{T1} 与共阳极组的 i_{T4} 构成,两者大小相等而方向相反,这样,整流变压器就不存在直流磁化,且变压器利用率也提高了一倍。

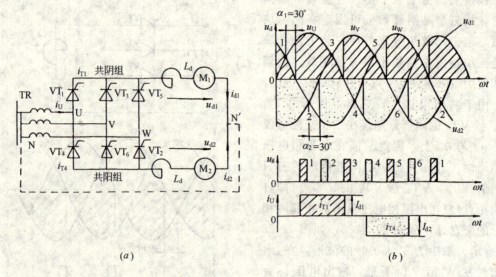

(a)   (b)

图 12-29 共用变压器共阴极共阳极三相半波可控整流电路与波形

二、三相全控桥可控整流电路

前节刚介绍的图 12-29(a) 电路中共阴极与共阳极组当负载和控制角 α 完全相同时,两组负载平均电流 I_{d1} 与 I_{d2} 大小相等,方向相反,流过 N-N′ 联结的中线电流为零。因此将中线取消不影响工作,再将两个负载合并为一,就成为工业上广泛被采用的三相全控桥整流电路,如图 12-30 所示。所以三相全控桥整流电路实质上是由一组共阴极组与另一组共阳极组的三相半波可控整流电路相串联构成的,可用三相半波可控整流电路基本原理来分析。

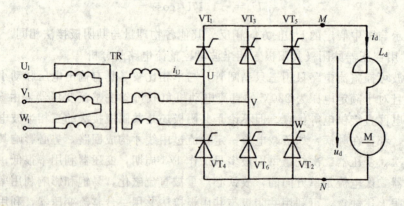

图 12-30 三相全控桥整流电路

(一) 工作原理

图 12-31 所示,为三相全控桥整流电路在 $\alpha=0°$、直流电动机串平波电抗器负载时的电压电流波形。电路要求 6 块触发电路先后向各自所控制的 6 只晶闸管的门极在自然换相点送出触发脉冲,即共阴极组在三相电源相电压正半波的 1、3、5 交点处向 VT_1、VT_3 与 VT_5 输出触发脉冲;而共阳极组在三相电源相电压负半波的 2、4、6 交点处向 VT_2、

VT$_4$ 与 VT$_6$ 输出触发脉冲。共阴极组输出直流电压 u_{d1} 为三相电源相电压正半波的包络线，共阳极组输出直流电压 u_{d2} 为三相电源相电压负半波的包络线，如图 12-31(a) 所示。三相全控桥整流电路输出整流电压 $u_d = u_{MN} = u_{d1} - u_{d2}$，为三相电源 6 个线电压正半波的包络线，如图 12-31(b) 所示。各线电压正半波的交点 1~6 就是三相全控桥电路 6 只晶闸管 VT$_1$~VT$_6$ 的 $\alpha = 0°$ 的点，详细分析如下：

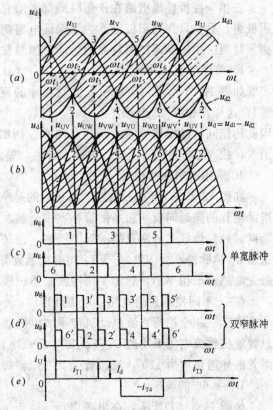

在 $\omega t_1 \sim \omega t_3$ 区间，U 相电压仍然最高，VT$_1$ 继续导通，W 相电压最低，在 VT$_2$ 管 $\alpha = 0°$ 的 2 交点时刻被触发导通，VT$_2$ 管的导通使 VT$_6$ 承受 u_{WV} 的反压关断。这区间负载电流仍然从电源 U 相流出经 VT$_1$、负载回到电源 W 相，于是这区间三相全控桥整流输出电压 u_d 为：

$$u_d = u_U - u_W = u_{UW}$$

经过 60°，进入 $\omega t_3 \sim \omega t_4$ 区间，这时 V 相电压最高，在 VT$_3$ 管 $\alpha = 0°$ 的 3 交点处被触发导通。VT$_1$ 由于 VT$_3$、负载、VT$_2$ 回到电源 W 相，于是这区间三相全控桥输出电压 u_d 为：

图 12-31 三相全控桥整流 $\alpha = 0°$ 的波形

$$u_d = u_V - u_W = u_{VW}$$

其他区间，依此类推，电路中 6 只晶闸管导通的顺序及输出电压如图 12-32 所示。

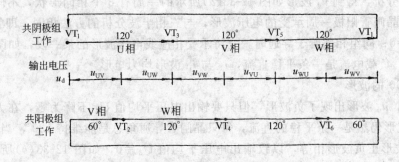

图 12-32 三相全控桥晶闸管导通顺序与输出电压

由上述可见，三相全控桥输出电压 u_d 是由三相电源 6 个线电压 u_{UV}、u_{UW}、u_{VW}、u_{VU}、u_{WU} 和 u_{WV} 的轮流输出所组成的。各线电压正半波的交点 1~6 分别为 VT$_1$~VT$_6$ 的 $\alpha = 0°$ 点。因此在分析三相全控桥整流电路不同 α 角的 u_d 波形时，只要用线电压波形图直接分析画 u_d 波形即可。

（二）对触发脉冲的要求

三相全控桥整流电路在任何时刻都必须有两只晶闸管同时导通,而且其中一只是在共阴极组,另一只在共阳极组。为了保证电路能起动工作,或在电流断续后再次导通工作,必须对两组中应导通的两只晶闸管同时加触发脉冲,为此可采用以下两种触发方式:

1. 采用单宽脉冲触发

如图 12-31 所示,使每一个触发脉冲的宽度大于 $60°$ 而小于 $120°$(一般取 $80°\sim 90°$ 为宜),这样在相隔 $60°$ 要触发换相时,当后一个触发脉冲出现时刻,前一个脉冲还未消失,因此均能同时触发该导通的两只晶闸管。例如,在送出 u_{g3} 触发 VT_3 的同时由于 u_{g2} 还未消失,故 VT_3 与 VT_2 便同时被触发导通,整流输出电压 u_d 为 u_{VW}。

2. 采用双窄脉冲触发

如图 12-31(d) 所示,触发电路送出的是窄的矩形脉冲(宽度一般为 $20°$)。在送出某一组晶闸管的同时向前一相晶闸管补发一个触发脉冲(称为辅助脉冲,简称辅脉冲),因此均能同时触发该导通的两只晶闸管。例如,在送出 u_{g3} 触发 VT_3 的同时,触发电路也向 VT_2 送出 u'_{g2} 辅脉冲,故 VT_3 与 VT_2 同时被触发导通,输出电压 u_d 为 u_{VW}。由于双窄脉冲的触发电路输出功率小,脉冲变压器铁心体积较小,所以这种触发方式被广泛采用。

(三) 不同控制角的电压、电流波形

由于三相全控桥直流电动机带平波电抗器负载属于内含反电动势的大电感性质,所以只要输出整流电压平均值 U_d 不为零,负载电流 i_d 波形均认为是一条平稳的直流,每只晶闸管的导通角均为 $120°$,流过管子、变压器绕组的电流波形均为矩形。

1. $\alpha=60°$ 的波形

如图 12-33(a) 所示,在电源电压 u_{WV} 与 u_{UV} 相交点 1(该点为自然换相点也就是 VT_1 管 α 角起算点),过该点往右 $60°$,触发电路同时向 VT_1 和 VT_6 送出 u_{g1} 与 u'_{g6} 双窄触发脉冲,于是 VT_1 和 VT_6 同时被触发导通,输出电压 u_d 为 u_{UV}。经过 $60°$,u_{UV} 波形已降到零,但此时触发电路又同时送出 u_{g2} 与 u'_{g1},于是 VT_2 与 VT_1 同时被触发导通。VT_2 的导通,使 VT_6 承受反压而关断。输出电压 u_d 改为 u_{UW},负载电流从 VT_6 换到 VT_2,其余各段依次类推分析,得到 u_d 波形如图 12-33(a) 所示的一周有 6 个相同形状,不同线电压组成的波形。晶闸管阳极一周承受的电压波形,与三相半波分析的方法相同,即管子本身导通期间 $u_T=0$;同组相邻管子导通时,它将承受相应线电压波形的某一段,如图 12-33(a) 中 u_{T1} 所示。负载电流是一条平稳直流,i_T 与 i_U 波形均为矩形。

2. $\alpha>60°$ 的波形

$\alpha>60°$,u_d 波形出现了负波形,但只要输出电压平均值 U_d 不降为零,在大电感作用下,其 i_d 波形仍然是一条平稳的直流,每只晶闸管导通角总是能维持 $120°$,当 $\alpha\geqslant 90°$ 时,出现了 u_d 波形正负波形相等,以致输出电压平均值 $U_d=0$,如图 12-33(b) 所示。所以,三相全控桥大电感负载移相控制角范围为 $0°\sim 90°$。

(四) 各物理量的计算

1. 直流平均电压 U_d

由于是大电感负载,在 $0°\leqslant\alpha\leqslant 90°$ 范围,负载电流是连续的,晶闸管导通均为 $120°$,输出整流电压 u_d 波形均是连续的,所以 u_d 波形的直流平均电压 U_d 为:

$$U_d = \frac{6}{2\pi}\int_{\pi/3+\alpha}^{2\pi/3+\alpha}\sqrt{6}U_2\sin\omega t\,d(\omega t) = \frac{3\sqrt{6}}{\pi}U_2\cos\alpha$$

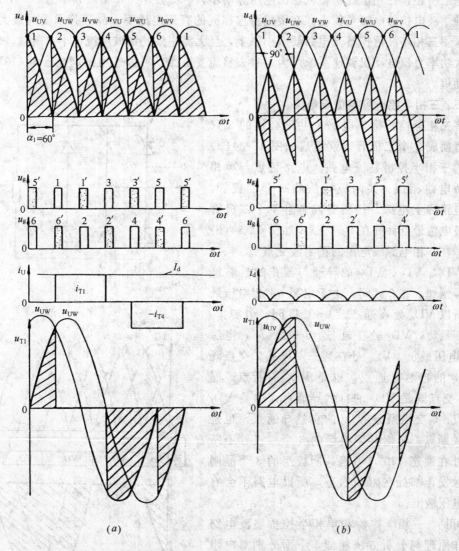

图 12-33 三相全控桥大电感负载不同 α 时的电压与电流波形
(a) α=60°波形；(b) α=90°波形

$$\approx 2.34 U_2 \cos\alpha$$

式中 U_2——电源相电压有效值。

2. 直流平均电流 I_d

由于负载是属于含有反电动势 E 的大电感，所以 I_d 为：

$$I_2 = \sqrt{\frac{2}{3}} I_d = 0.817 I_d$$

3. 晶闸管电流平均值 I_{dT}、有效值 I_T 和承受的最大电压 U_{TM}

$$I_{dT} = \frac{1}{3} I_d \qquad I_T = \sqrt{1/3}\, I_d = 0.577 I_d \qquad U_{TM} = \sqrt{6}\, U_2$$

综上所述，三相全控桥整流输出电压脉动小，脉动频率高，基波频率为300Hz，所以串入的平波电抗器电感量较小。在负载要求相同的直流电压下，晶闸管承受的最大电压，将比采用三相半波可控整流电路要减小一半，且无需中线，谐波电流也小。所以，广泛应用于大功率直流电动机调速系统。为了省去整流变压器，可以选用额定电压为440V的直流电动机。

三、三相半控桥可控整流电路

将三相全控桥整流电路中共阳极组的3只晶闸管换成3个二极管，就组成如图12-34(a)所示的三相半控桥整流电路。电路特点与单相半控桥电路相似。共阳极接法的3个二极管，只要电路通上电源，任何时候总有1个二极管的阴极电位最低而处在"通态"，如图12-34(b)所示。在三相电源线电压的正半波交点2、4、6就是VD_2、VD_4、VD_6的导通与截止的自然换相点。例如，在2区间，由于电源u_W相电压最负，所以VD_2处在通态。4～6区间，电源u_U相电压最负，VD_4处在通态。6～2区间，电源u_V相电压最负，VD_6处在通态。可见2交点既是VD_2的自然导通点，也是VD_6关断点。同理，4交点既是VD_4的自然导通点，也是VD_2关断点；6交点既是VD_6的自然导通点，也是VD_4关断点。虽然共阳极组的3个二极管不断轮流处在通态120°，但因共阴极组的3个晶闸管未触发，都处在阻断状态，所以电路不会有整流电压输出。

可见，三相半控桥和单相半控桥整流电路的工作原理与分析方法相似，下面分别对电阻性负载和大电感负载的工作原理、波形及各物理量计算进行分析。

（一）电阻性负载

图12-35为$\alpha=30°$的波形。经过VT_1管α角起算点1往右30°的ωt_1时刻，u_{g1}触发VT_1导通，在这区间VD_6已处在通态，于是电源电压

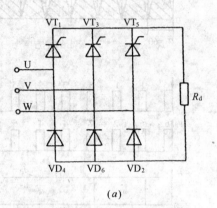

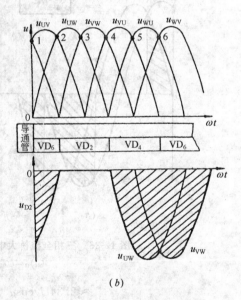

图12-34 三相半控桥电路
3个二极管工作情况
(a)电路；(b)二极管波形

u_{UV}，经VT_1与VD_6加到负载电阻R_d两端、输出整流电压$u_d=u_{UV}$，当$\omega t=\omega t_2$时刻（即2交点），二极管VD_6关断，VD_2导通，晶闸管VT_1仍然导通，于是输出电压u_d从u_{UV}自然换成u_{UW}波形。到了ωt_3时刻，虽然VT_3已承受正向电压，但触发脉冲u_{g3}送出时间还未到无法导通，VT_1就继续导通到ωt_4时刻，触发电路送出u_{g3}，u_d波形由u_{UW}上跳到u_{VW}波形。依次类推，3个晶闸管与3个二极管分别轮流导通，负载得到的整流电压u_d波形为3块相似的波形如图12-35所示。

可见，$0°\leqslant\alpha\leqslant 60°$ 移相范围，u_d 波形总是连续的，每个管子导通角均为 $120°$。u_T 波形分析方法与大电感不接续流管三相半波可控整流电路相同。这移相区间输出整流电压平均值 U_d 可按图 12-36 积分取样求得：

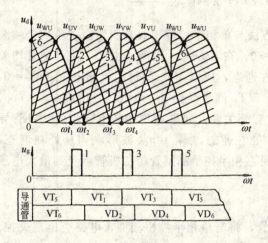
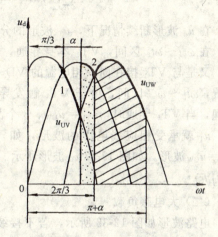

图 12-35 $\alpha=30°$ 三相半控桥阻性负载波形　　图 12-36 $0°\leqslant\alpha\leqslant 60°$ 区间求 U_d 的积分取样波形

$$U_d = \frac{3}{2\pi}\int_{\pi/3+\alpha}^{2\pi/3}\sqrt{6}U_2\sin\omega t\,\mathrm{d}(\omega t) + \frac{3}{2\pi}\int_{2\pi/3}^{\pi+\alpha}\sqrt{6}U_2\sin(\omega t - \pi/3)\mathrm{d}(\omega t)$$

$$= \frac{3\sqrt{6}}{2\pi}U_2(1+\cos\alpha) = 2.34U_2\frac{1+\cos\alpha}{2} \tag{12-26}$$

$60°\leqslant\alpha\leqslant 180°$ 移相区间的 u_d 波形（例如 $\alpha=90°$ 的 u_d 波形）如图 12-37 所示。在 VT_1 的 α 起算点的交点 1 往右 $90°$ 即 ωt_1 时刻，u_{g1} 触发 VT_1 导通，与已处在通态的 VD_2 配合，输出电压 u_d 为 u_{UW} 波形。当 $\omega t=\omega t_1$ 时刻，由于 $u_{UW}=0$，$i_{T1}=0$，VT_1 自然关断，$u_d=0$。在 $\omega t_2\sim\omega t_3$ 区间虽然 VD_4 已处在通态，VT_3 也承受正向电压，但因触发脉冲 u_{g3} 尚未送

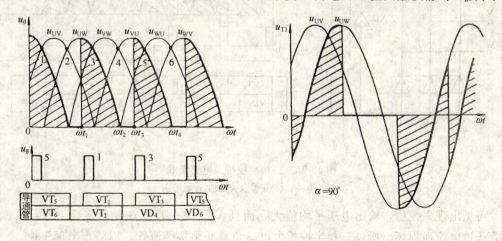

图 12-37 $\alpha=90°$ 三相半控桥阻性负载波形

出，VT_3 仍处在正向阻断状态，故电路无输出，u_d 波形出现了断续。等待到 ωt_3 时刻，VT_3 管才被 u_{g3} 触发导通，u_d 波形从零上跳到 u_{VU} 波形。依次类推，输出电压 u_d 波形为一组断续波形，其平均值为：

$$U_d = \frac{3}{2\pi}\int_\alpha^\pi \sqrt{6}U_2 \sin\omega t\, d(\omega t) = 2.34 U_2 \frac{1+\cos\alpha}{2}$$

在 u_d 波形断续情况下，u_T 波形的分析方法与单相半控桥相似。例如，$\alpha=90°$，u_{T1} 波形：在 $\omega t_1 \sim \omega t_2$ 区间，VT_1 本身导通，$u_{T1} \approx 0$；在 $\omega t_2 \sim \omega t_3$ 区间，由于 3 个晶闸管均关断，又是与 VT_1 接在同一相电源的 VD_2 处在通态，所以 VT_1 阳极阴极同电位，$u_{T1}=0$，接着，$\omega t_3 \sim \omega t_4$ 区间，由于 VT_3 触发导通，VT_1 就承受到 u_{UV} 线电压，所以 $u_{T1}=u_{UV}$。同理，当 VT_5 导通时，$u_{T1}=u_{UW}$。3 个晶闸管都关断，如果遇到的是不同相的二极管导通，u_T 就承受相应线电压的波形，如 VD_6 处在通态，$u_{T1}=u_{UV}$ 波形，VD_2 处在通态，$u_{T1}=u_{UW}$ 波形，如图 12-37 u_{T1} 波形所示。可见三相半控桥晶闸管与二极管承受到最大电压均为 $\sqrt{6}U_2$。

（二）大电感负载

电路波形如图 12-38 所示，若不接续流管，将与单相半控桥相似，电路会出现失控。例如，正当 VT_3 导通时，突然切断触发电路或将移相角 α 很快调到 $180°$ 位置，由于共阳极组 3 个二极管轮流导通各 $120°$，这样正在导通的 VT_3 与 VD_2 或 VD_4 配合，电路就处在整流状态，输出电压为 u_{VW} 或 u_{VU} 波形。VT_3 与 VT_6 配合，就构成内部续流。如此循环，负载两端的电压 u_d 波形如图 12-38(b) 所示。失控时输出电压平均值 U_d 为：

$$U_d = 2 \times 0.45\sqrt{3}U_2 \frac{1+\cos 60°}{2} = 1.17 U_2$$

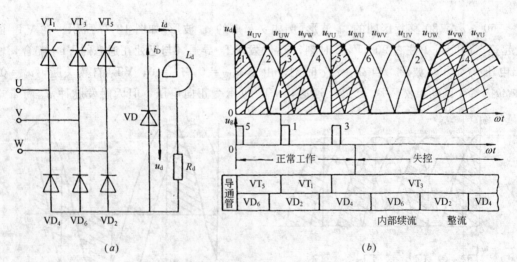

图 12-38　三相半控桥大电感负载
(a)电路；(b)正常及失控的 u_d 波形

可见出现失控后，输出电压平均值大，而且 VT_3 又一直处在导通连续工作，可能引起管子过电流而损坏。所以三相半控桥大电感负载必须接续流管，以防止出现失控。

接续流管的三相半控桥大电感负载，输出电压 u_d 波形，u_T 波形与电阻性负载完全相同，U_d 计算式也相同。所不同的是，由于大电感负载，i_d 波形是一条平稳的直流，i_T 与 i_D 波形均为方波，所以电路各物理量计算如下：

1. 输出电压平均值 U_d：

$$U_d = 2.34 U_2 \frac{1+\cos\alpha}{2}$$

2. 负载电流 I_d
(1) 大电感负载：

$$I_d = U_d / I_d$$

(2) 含反电动势的大电感负载：

$$I_d = \frac{U_d - E}{R_2}$$

3. 晶闸管与续流管的电流平均值与有效值
(1) $0° \leqslant \alpha \leqslant 60°$

$$I_{dT} = \frac{1}{3} I_d \qquad I_T = \sqrt{1/3}\, I_d$$

(2) $60° \leqslant \alpha \leqslant 180°$

$$I_{dT} = \frac{\pi - \alpha}{2\pi} I_d \qquad I_T = \sqrt{\frac{\pi - \alpha}{2\pi}}\, I_d$$

$$I_{dD} = \frac{\pi - 60°}{120°} I_d \qquad I_D = \sqrt{\frac{\alpha - 60°}{120°}}\, I_d$$

此外，晶闸管与续流管承受到的最大电压均为 $\sqrt{6}U_2$。

四、三相半控桥与三相全控桥整流电路的比较

(一) 电路结构和触发方式不同

半控桥只有共阴极组是晶闸管，触发电路只需给共阴极组 3 个晶闸管送出相隔 120°的单窄触发脉冲，而全控桥要向 6 个晶闸管送出相隔 60°的双窄触发脉冲。半控桥电路较简单，投资省。

(二) 输出电压的脉动、平波电抗器的电感量不同

在移相控制角 α 较大时，半控桥输出电压脉动较大，脉动频率也低(为 150Hz)。全控桥脉动小，脉动频率也高(为 300Hz)。半控桥要求的平波电抗器电感量较大。

(三) 控制滞后时间及用途不同

半控桥触发脉冲间隔在 120°(为 6.6ms)，全控桥触发脉冲间隔仅 60°(为 3.3ms)，全控桥动态响应快，系统调整及时。全控桥电路又可以实现有源逆变(在第五章中介绍)，因此三相全控桥广泛用在大功率直流电动机可逆或不可逆调速系统，以及对整流各项指标要求较高的整流装置。三相半控桥一般只能用在直流电动机不可逆调速系统，以及一般要求的调流装置中。

第四节 晶闸管触发电路

一、对触发电路的要求

晶闸管由阻断转入导通，除阳极要承受正向电压外，同时门极还要加上适当的触发电

压。改变触发脉冲输出的时间,即可改变控制角 α 大小,达到改变输出直流平均电压的目的。能为门极提供以上基本要求的电路称为触发电路。

为使晶闸管变流器准确无误地工作,对触发电路还必须提出如下要求:

(一) 触发电路送出的触发信号应有足够大的电压和功率

由于同型号晶闸管的参数分散性很大,在元件系列参数中,晶闸管门极触发电压 U_G 和触发电流 I_G,不仅指容许值,而且指该系列所有晶闸管,都能被触发导通所需的最小门极触发电压和最小门极触发电流。为此,所设置的触发电路的触发电压和触发功率都必须大于晶闸管参数表中的规定值,才能可靠触发导通。此外,参数表中所给的 U_G 和 I_G 均为直流,而实际触发电路送出的触发信号通常是脉冲式的。因此触发电压和触发电流的幅值允许比参数表中大得多,脉冲愈窄,允许的幅值就愈大,但只要触发功率不超过规定值即可。

(二) 门极正向偏压愈小愈好

有些触发电路在晶闸管触发之前,会有正的门极偏压如图 12-39 所示。为了避免晶闸管误触发,要求这正向偏压愈小愈好,最大不得超过晶闸管的不触发电压值 U_{GD}。

(三) 触发脉冲的前沿要陡,宽度应满足要求

触发脉冲前沿陡,就能更精确地控制晶闸管的导通,如图 12-40 所示。由于晶闸管门极特性的不同,同系列的晶闸管其触发电压不尽相同,如果触发脉冲不陡,就会造成不能同时被触发导通,使整流输出电压 u_d 波形不匀称。所以要求触发脉冲前沿要陡,一般要小于 $10\mu s$。

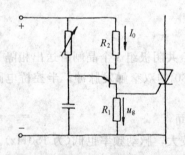

图 12-39 触发前门极所加的正偏压

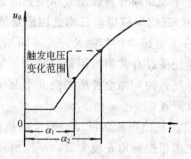

图 12-40 前沿不陡引起的控制不准

触发脉冲的宽度,应该大过被触发晶闸管的阳极电流达到擎住电流所需要的时间。否则,当触发脉冲一消失,晶闸管就关断了。显然,不同容量的晶闸管和不同负载,所需要的这段时间也不同。表 12-7 中列出了不同可控整流电路、不同性质负载常采用的触发脉冲宽度。

触发脉冲宽度与可控整流电路形式的关系   表 12-7

可控整流电路形式	单相可控整流电路		三相半波和三相半控桥		三相全控桥及双反星形	
	电阻负载	感性负载	电阻负载	感性负载	单宽脉冲	双窄脉冲
触发脉冲宽度 B	>1.8° (10μs)	10°~20° (50~10μs)	>1.8° (10μs)	10°~20° (50~100μs)	70°~80° (350~400μs)	10°~20° (50~100μs)

注:表中均以 50Hz 电角度计,例如 180° 为 10ms=10000μs。

(四) 满足主电路移相范围的要求

单相可控整流电路负载与大电感负载接有续流二极管的电路其移相范围均为 $180°$，全控大电感负载不接续流管的移相范围为 $90°$。

(五) 触发脉冲必须与晶闸管的阳极电压取得同步

所谓同步，即在移相控制电压不变时，触发电路都能在每周期相同的移相角 α 时刻送出触发脉冲，并触发相应的晶闸管，在负载两端得到稳定不变的输出整流电压。

此外，要求触发电路还应具有较强的抗干扰能力，并且要求电路投资省、调试简便等，做到电路简单化、标准化和规格化。

常见的触发电压波形如图 12-41 所示。

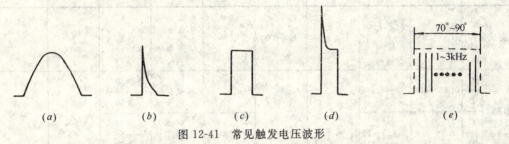

图 12-41 常见触发电压波形

(a)正弦波；(b)尖脉冲；(c)方脉冲；(d)强触发脉冲；(e)脉冲列

二、单结晶体管触发电路

由单结晶体管组成的触发电路送出的是尖脉冲，它具有前沿陡、抗干扰强和温补性能好等特点，同时电路简单、调试维修方便。所以在单相可控整流装置中得到广泛的采用。

(一) 单结晶体管 (Unijunction Transistor) 简介

单结晶体管的原理结构如图 12-42(a) 所示。图中 e 为发射极，b_1 为第一基极，b_2 为第二基极。整个元件装置在陶瓷的基板上 (因为陶瓷的膨胀系数与硅相同)，基极的两面镀金，在镀金面上横跨焊接了一块高电阻率的 N 型半导体薄片，把这两个欧姆接触部分引出，分别作为 b_1 与 b_2。硅片本身电阻约为 $3\sim10\text{k}\Omega$，在硅片靠近 b_2 极用合金或扩散法掺入 P 型杂质，形成 PN 结，由 P 引出，作为 e 极。

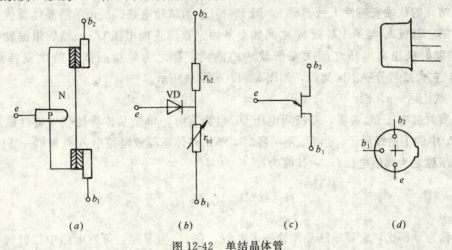

图 12-42 单结晶体管

(a)示意结构；(b)等效电路；(c)图形符号；(d)外形管脚排列

图 12-42(b)、(c)，分别为单结晶体管的等效电路和规定的图形符号。因为它仅有一个 PN 结和两个基极，所以通常也称为"单结管"或"双基极管"。

触发电路常用的单结晶体型号有 BT33 和 BT35 两种，其外形与管脚排列如图 12-42(d) 所示，其中 B 表示半导体，T 表示特种管，数字 3 表示 300mW，5 表示 500 mW。单结晶体管主要参数如表 12-8 所示。

单结晶体管主要参数　　　　　　　　　　　表 12-8

参数名称		分压比 η	基极电阻 r_{bb}(kΩ)	峰点电流 $I_p(\mu A)$	谷点电流 I_V(mA)	谷点电压 U_V(V)	饱和电压 U_{es}(V)	最大反压 U_{b2e}(V)	发射极反漏电流 $I_{eo}(\mu A)$	耗散功率 P_{max}(mW)
测试条件		$U_{bb}=20V$ $I_e=0$	$U_{bb}=3V$	$U_{bb}=0$	$U_{bb}=0$	$U_{bb}=0$	$U_{bb}=0$ I_e 为 max	U_{b2e} 为 max		
BT33	A	0.45~0.9	2~4.5	<4	>1.5	<3.5	<4	≥30	<2	300
	B							≥60		
	C	0.3~0.9	>4.5~12			<4	<4.5	≥30		
	D							≥60		
BT35	A	0.45~0.9	2~4.5			<3.5	<4	≥30		500
	B					>3.5		≥60		
	C	0.3~0.9	>4.5~12			<4	<4.5	≥30		
	D							≥60		

注：作为触发电路，η 选大些，U_V 小些，I_V 大些，这样有利提高脉冲幅度和扩大移相范围。

单结晶体管 b_1 与 b_2 极之间正反电阻相等，约为 3~10kΩ，而 e 和 b_2 之间的正向电阻小于反向电阻，一般 $r_{b1}>r_{b2}$，使用万用表 R×1k 档来判别单结晶体管的发射极 e 是很容易的。只要发射极判别对了，即使 b_1 与 b_2 接相反了，也不会烧坏管子，只是没有脉冲输出或输出的脉冲幅度很小，这时只要 b_1 与 b_2 调换即可。

单结管的伏发安特性 $I_e=f(U_e)$，图 12-43(a) 为试验电路。所谓单结晶体管伏安特性是指在第二基极 b_2 与第一基极 b_1 之间加上某固定直流正向电压 U_{bb}，然后根据发射极电流 I_e 与发射极正向电压之间关系所绘成的曲线，称之为单结晶体管的伏安特性 $I_e=f(U_e)$，它大致可分三个区间段，如图 12-43(b) 曲线所示。

1. 截止区—aP 段

当发射极电压 U_e 为零，基极间电压 U_{bb} 也为零时，单结晶体管的伏安特性曲线如图 12-43(b) 中的①曲线所示。当 U_{bb} 不等零时，单结晶体管等效电路中 A 点和第一基极 b_1 之间的电压称之为阈值电压 U_A，其值为：

$$U_A = \frac{r_{b1}}{r_{b1}+r_{b2}}U_{bb} = \eta U_{bb}$$

式中 η 称为分压比，它是单结晶体管技术参数。在 U_e 为零时，等效电路中二极管 VD 承受着 U_A 的反向电压，这时相当将原来二极管伏安特性曲线①向右平移了 U_A 值距离，即

图 12-43(b)中的②曲线。此时发射极流过的是反向漏电流,其值很小为微安级。随着 U_e 的增大,反向漏电流则逐渐减小。当 $U_e=U_A$ 时,由于等效电路二极管的电压为零,所以 $I_e=0$,电路此时工作在特性曲线与横坐标相交的 b 点处。再进一步增大 U_e 值,PN 结开始承受正向电压,这时发射极流过的是正向漏电流,单结晶体管仍然不导通,当 $U_e = U_P = U_A + U_D$ 时(U_D 为 PN 结导通结电压,一般是 0.7V),等效二极管 VD 才导通,此时单结晶体管将由截止状态转变为导通状态。曲线上单结晶体管从截止转入导通的 P 点称为峰点,P 点所对应的电压和电流分别称为峰值电压 U_P 和峰值电流 I_P。

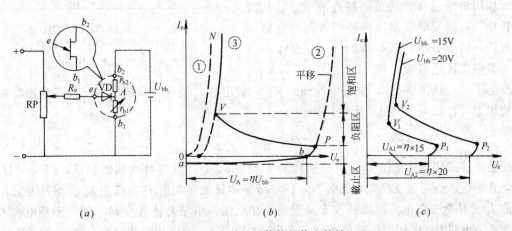

图 12-43 单结晶体管的伏安特性
(a)试验电路;(b)特性曲线;(c)特性曲线族

2. 负阻区—PV 段

当发射极电压 U_e 增大到峰值电压 U_P 时,等效二极管导通,这时发射极电流 I_e 开始剧增。发射极向 $e-b_1$ 区间注入大量空穴载流子,使该区间导电率增大,r_{b1} 值变小,于是等效电路 A 点的阈值电压因 r_{b1} 减小而变小,又促使发射极电流更进一步增大,这意味着注入了 $e-b_1$ 区间的空穴载流子数更多,因而 r_{b1} 就变得更小,如此连锁反应在元件内部形成一个强烈的正反馈,直至 r_{b1} 减至最小值,其值为导体固有电阻约 5~20Ω。阈值电压 U_A 也随之减到最小值。所以这区间的特性曲线相当图 12-43(b)中曲线②不断往返平移,将不断平移的动态工作点连接起来,所形成的线段即 PV 线段。动态平移一旦 r_{b1} 已减到不可再小时(一般 r_{b1} 最小为 5~20Ω)停止平移,如图 12-43(b)曲线③所示。由于这区间的 PV 线段动态电阻 $\Delta R_{eb1} = \Delta U_e / \Delta U_e$ 为负值,故又称负阻区,曲线上的 V 点称之为谷点,V 点对应的电压和电流分别称为谷点电压 U_v 和谷点电流 I_v。

3. 饱和区—VN 段

当 r_{b1} 减小到最小值,电路此时工作在特性曲线 V 点处,如还要再增大发射极电流,需将发射极电压 U_e 缓慢增大,动态电阻恢复到正值、单结晶体管已处在饱和导通状态下工作。可见,谷点电压是维持单结晶体管导通的最小发射极电压,一旦发射极电压小于谷点电压,单结晶体又恢复到截止状态。

综上所述,单结晶体管伏安特性的三个区间段,是由于等效二极管的阴极有一个阈值电压 U_A,当 $U_e < U_A$ 时,二极管受反偏,单结晶体管处于截止状态。一旦 $U_e \geq (U_A + 0.7V)$ 时,二极管导通即单结晶体管导通,而且阈值电压 U_A 又随着 PN 结开通过程而迅

速降低至最小值，单结晶体管就由负阻区极快地进入饱和区，此时单结晶体的伏安特性接近二极管正向伏安特性。

改变 U_{bb} 时，阈值电压 U_A 也随之改变，曲线的峰点电压 U_p 也随之改变。从而可获得一族单结晶体伏安特性曲线，如图 12-43(c) 所示。

(二) 单结晶体管组成的自励振荡电路

利用单结晶体管的负阻特性和 RC 的充放电特性，可组成单结晶体管频率可调的自励振荡电路，如图 12-44 所示，其工作原理是：

假定在接通直流电源 U_{bb} 之前，电容 C 上没有电压，一旦接通 U_{bb}，电源立即通过 r、R 对电容 C 充电，C 两端电压按指数函数曲线规律上升，如图 12-45(b) 所示，即：

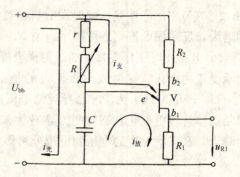

U_{bb} 20V；　C 0.22~0.47μF；　R 47kΩ；
R_1 50~100Ω；　R_2 300~500Ω；　r 1~2kΩ

图 12-44　单结晶体管自振电路

$$u_c = U_{bb}(1 - e^{-t/(r+R)c}) \tag{12-27}$$

单结晶体管工作点就从图 12-45(a) 曲线的 a 点随 u_c 上升沿着特性曲线移动，当 $u_c = U_P$ 时，管子进入负阻区正反馈雪崩过程，使单结晶体管工作点由 P 点跃变到 N 点，发射极电流 I_e 由几微安漏电流剧增到几十毫安的工作电流，单结晶体管立即导通，于是电容 C 就向输出电阻 R_1 放电，由于 R_1 很小（通常 50Ω 以下），所以放电非常快，在输出电阻 R_1 上形成尖脉冲电压，如图 12-45(b) 中 u_{R1} 波形所示。电容 C 两端电压 u_c，随着放电而迅速减小，单结晶体管的工作点从 N 点沿着饱和曲线段迅速往下移，如图 12-45(a) 曲线所示。当 u_c 下降到谷点电压 U_v 后，如果再降，单结晶体管流过的电流小于谷点电流，无法维持导通而关断，工作点由 V 点突降到 Q 点，发射极电流 I_e 突降到几乎为零，输出尖脉冲停止。电源电压 U_{bb} 第二次又经 r、R 对 C 充电，u_c 充到 U_p，单结晶体管又导通，电容 C 又一次迅速向 R_1 放电，输出第二个尖脉冲。如此周而复始，在电容 C 两端就形成了类似锯齿的波形称锯齿波，而在输出端 R_1 上形成了一系列的尖脉冲，如图 12-45(b) 所示。

上述单结晶体管组成的自励振荡工作原理与"自动冲水"装置相似，现将两个装置功能列表对照，如表 12-9 所示。

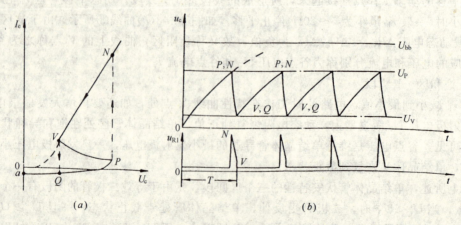

图 12-45

单结晶体管自振电路与自动冲水装置的比较　　　　表 12-9

单结晶体管自振电路	自动冲水装置	单结晶体管自振电路	自动冲水装置
单 结 晶 体 管	浮 球 杠 杆	移 相 电 阻	进水管调节阀
充 放 电 电 容	储 放 水 水 箱	放 电 电 阻	放 水 管

单结晶体管组成的自励振荡周期，由于放电时间很短，与充电时间相比可以忽略不计，所以振荡周期 T 近似等于电容 C 充电到峰值电压 U_P 所需要的时间，现推算如下

$$U_c = U_{bb}(1-e^{-T/\tau})$$

$$U_P = U_{bb}(1-e^{-T/\tau}) = \eta U_{bb}$$

$$e^{-T/\tau} = 1-\eta$$

$$-\frac{T}{\tau} = \ln(1-\eta)$$

$$T = \tau \ln \frac{1}{1-\eta} = (r+R)C \ln \frac{1}{1-\eta} \tag{12-28}$$

由式(12-28)可知，调节移相可变电阻 R，即可改变振荡周期。固定电阻 r 是为防止当 R 调节到零值，单结晶体管第一次导通，由电源 U_{bb} 经 r，单结晶体管的发射极 e 到 b_1 的这支路电流已超过单结晶体管的谷点电流(见图 12-44 中 $i_支$)，而造成单结晶体管直导通导无法关断而停振。其次，$(r+R)$ 值不能选太大，因为 $(R+r)$ 值太大时，电容 C 就无法充到峰值电压 U_P，单结晶体管永远被关断，电路也无法振荡。所以为保证电路能自励振荡，固定电阻 r 值和可变电阻 R 值的选择应满足下式：

$$r > \frac{U_{bb}-U_v}{I_v} \tag{12-29}$$

$$R < \frac{U_{bb}-U_p}{I_p} - r \tag{12-30}$$

（三）具有同步的单结晶体管触发电路

如果采用上述的单结晶体自振电路来触发单相半波可控整流电路，如图 12-46(a)所

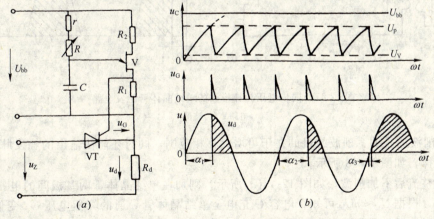

图 12-46　触发电路与主电路不同步时输出的 u_d 波形

示。根据晶闸管导通和关断条件，则可画出 u_d 波形，如图 12-46(b) 所示。由图看出，晶闸管每个周期导通时间是不断变化的，使输出电压 u_d 波形无规则，这是由于触发电路与主电路不同步的结果。从图中还看到造成不同步的原因是：由于锯齿每个周期的起始时间和主电路交流电压 u_2 每个周期的起始时间不一致，二者各按自己的规律变化，步调不一致。为此，就要设法让它们能够通过一定的方式联系，使步调一致起来。这种联系方式称为触发电路与主电路取得同步。

图 12-47(a) 电路就是具有同步的单结晶体管触发电路。它由梯形同步电压形成环节、阻容移相环节和触发脉冲形成输出环节所组成。

1. 梯形波同步电压形成环节（电路中①区间）

(1) 同步的原因：图 12-47(a) 与图 12-46(a) 相比，不同处就在于单结晶体管与电容 C 充电电源改为由主电路同一电源的同步变压器 TS 二次电压 u_s，经单相半波整流后，再经稳压管 V_1 削波而得到的梯形波电压 U_{v1} 来供电的。这样在梯形波过零点（即 $U_{bb}=0$）时，不管电容 C 此时有多少电荷都势必使单结晶体管导通而放完，就保证了电容 C 都能在主电路晶闸管开始承受正向电压从零开始充电。每周期产生的第一个有用的触发尖脉冲的时间都一样（即移相角 α 一样），触发电路与主电路取得了同步，致使 u_d 波形有规则地调节变化。

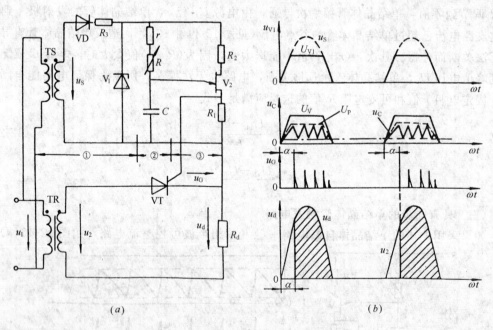

图 12-47　同步电压为梯形波的单结晶体管触发电路
(a) 电路；(b) 波形

(2) 削波的目的：削波的目的在于可增大移相范围，同时还能使输出的触发脉冲的幅度基本一样，如图 12-48 所示。

如果整流后不加削波，如图 12-48(a) 所示，则加在单结晶体管两基极间的电压 U_{bb} 为正弦半波，根据 $U_p \approx \eta U_{bb}$ 可知，电容 C 充电至单结晶体管导通的峰值电压 U_p 变化轨迹，也是正弦半波。设晶闸管触发电压 U_G 为某定值，而送出的触发脉冲幅度又决定于 U_p 值，由图 12-48(a)可看出，能触发导通晶闸管的移相范围很小，而且触发脉冲幅度也不一样。若要增大移相范围，只有提高正弦半波 u_s 的幅值，如图 12-48(b)所示。但 u_s 幅值的加大，又会带来电路器件耐压承受不了，以及输出脉冲幅度过大（特别在 $\alpha=90°$ 附近）而超过门极允许值的危险，显然，这种方法是不可取的。但若在整流后面设置稳压管削波环节，则只要稳压值低于电路器件的耐压值（通常选 20V 左右），就可提高同步变压器二次电压 u_s 的幅值。经削波后，单结晶体管两基极之间的电压波形为梯形波，单结晶体管峰值电压 U_P 变化轨迹也呈梯形波，如图 12-48(b)所示。可见，削波后扩大了移相范围，而且输出的触发脉冲幅值基本不变。考虑到既要达到扩大移相范围，又不致使削波电阻 R_3（见图 12-47a）的损耗太大，同步变压器二次电压有效值通常取 50～60V 为宜。有稳压削波还能减少电网电压波动时对移相角 α 的影响。

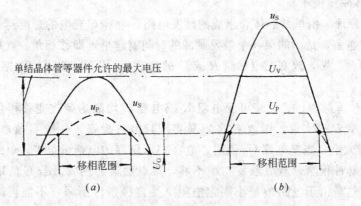

图 12-48 削波的作用
(a)不加削波；(b)有削波

从上所述，在单结晶体管触发电路中，单结晶体管两基极之间的电压波形可以是正弦波、梯形波和方波等，其中以方波为最佳。而电容 C 充电电源的电压波形通常是梯形波或直流电压，其中以直流电压为最佳。

(3) 同步电压取法的其他形式：如图 12-49(a)所示，其同步电压，来自被触发的晶闸

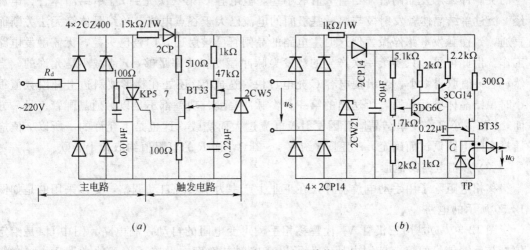

图 12-49 同步电压取法的其他形式

管两端电压经整流、削波后作为触发电路的工作电压。电容 C 充电到 U_p 值,单结晶体管导通,送出触发脉冲触发晶闸管,由于晶闸管导通后,管压降接近于零,所以触发器电路停止工作,直到主电路电源电压过零,晶闸管关断,第二半周晶闸管两端又开始承受正向电压,触发电路又一次工作。如此周而复始。该电路由于省去同步变压器,所以简单、造价低。可用家庭的台灯调光、电熨斗及电炉等家用电器的调温。

另一种同步电压取法,如图 12-49(a) 所示。单结晶体管两基极间所加的电压其波形仍然是与主电路取得同步的梯形波,但三极管、电容的充电电源等均由电解电容 50μF 两端的直流电压来供电,由于电容 C 充电电源电压是固定的直流,所以电容 C 充电所形成的两端锯齿波电压线性较好。此电路工作可靠,控制较精确,所以在小容量晶闸管直流调速系统中常被采用。

2. 触发脉冲移相环节

(1) 移相原理。由单结晶体管组成的触发电路,电容 C 充电的速度越快,其两端所形成的锯齿波就越密,送出的第一个触发脉冲的时间就越早,即移相角 α 就越小。反之,移相角变大。由此可见,改变充电回路 R 或 C 的参数(见图 12-47 原理电路)均可改变移相角 α。

(2) 参数估算与调试。改变可变电阻 R 或电容 C 均能达到改变移相角的作用,但一般总是通过改变 R 来实现,因改变 R 容易实现且节省投资。一般 C 值取 $0.1\sim0.47\mu F$,如果 C 值取得太小,当充电到 U_p 值时,电容 C 所储存的电荷量很少,单结晶体管导通所形成的触发尖脉冲很窄,造成触发功率不够,难以触通晶闸管。若 C 值取得太大,将缩小移相范围,这是由于电路中最小固定电阻 r 受自振条件所限,不能再减小,C 值的变大,充电的最小时间常数即 rC 就增大,移相角 α 的最小值也增大,从而就缩小了移相范围。通常可选取通过试验,在保证能触通晶闸管的前提下,C 值可取得小些,这有利于移相范围扩大。C 值确定后再估算移相电阻。

移相电阻是由固定电阻 r 和可变电阻 R 两部分组成的。阻值选择已在自振电路条件中叙述,但作为晶闸管的触发电路,为了尽可能扩大移相范围,固定电阻 r 值可以适当再取小些,不必受单结晶体管直导通的限制,因为单结晶体管触发电路是靠第一个锯齿波产生的尖脉冲来触发晶闸管,尽管 r 值取小些,但电容 C 第一次充到 U_p 单结晶体管,电源经 r 流过单结晶体管发射极与第一基极间的电流已大于谷点电流,单结晶体管无法关断而直通,致使触发电路停振。但这时主电路的晶闸管已被触通,门极已失控,无需触发电路工作。由此可见,只要第一次产生的触发尖脉冲幅度和功率足够,r 值减小是允许的。当然,若 r 值取得太小,会出现电容 C 充电过快,造成 U_p 还处在梯形波斜边上升段数值很小时单结晶体管就导通,所送出的第一个尖脉冲幅度、功率都不足以触通晶闸管。另一方面,r 值太小又将使单结晶体管因发射极电流过大而烧毁,这也是不允许的。所以 r 值应通过实际电路调试而确定。r 值通常约取 $1\sim2k\Omega$,而 R 的电阻值约取几十千欧。

(3) 移相电路其他形式

移相电阻除了用手动电位器外,在工业生产中为了实现自动调整,更多采用的是如图 12-50 所示的电路。

图 12-50(a) 是用三极管 V_2 代替移相手动可变电阻的自动控制电路。图中 U_c 是给定信号与反馈信号的综合控制电压。为了提高控制灵敏度,设置了前置放大器 V_1。这样,

U_c 的变化经放大引起 V_2 管的集电极电流变化(即 V_2 管的内阻变化),从而改变了电容 C 充电的速度,达到调整主电路输出直流平均电压 U_d 大小的目的,实现了自动控制。

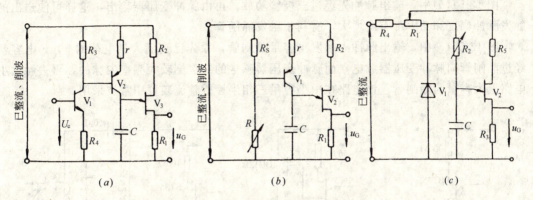

图 12-50　具有自动反馈调整的移相电路

图 12-50(b)是实现自动控制的另一种电路形式,电路采用电阻 R_s^* 实现反馈自动控制,R_s^* 可以是温敏电阻、压敏电阻以及光敏电阻等。手动电阻器,其作用是建立所要求的给定工作电压。如果负载是电热设备,且要求恒温自控,则当温度发生变化时,就会引起 R_s^* 值的变化,R_s^* 值的变化又引起 V_1 管内阻发生变化,致使电容充电速度发生变化,送出的第一个触发脉冲的时间发生变化,及时地调整了主电路输出的功率,使温度又恢复到给定值,从而实现了自动恒温控制。如果检测电阻 R_s^* 的阻值随着负载的功率增加而增加时,只要 R_s^* 和 R 互换位置,电路仍可完成自动调整作用。

若负载要求提供稳定的整流平均电压,采用图 12-50(c)的电路,即可满足这类负载的要求。该电路由于稳压管两端电压保持不变,当电网电压升高时,使 R_1 两端电压也相应地升高,因此单结晶体管双基极间所加的电压随着升高,峰值电压 U_p 也成比例地升高,因此电容 C 充电到 U_p 的时间也延长了,从而推迟了第一个触发送出的时间,及时调整移相角 α,使 U_d 稳定不变,反之亦然。一般 R_1 的阻值约占 R_4 的 10% 或更小一些。

3. 触发脉冲形成及输出环节

这环节是由单结晶体管、温补电阻 R_2 和输出负载电阻 R_1 等组成。

(1) 单结晶体管和输出电阻 R_1 的选择:触发电路选用的单结晶体管的型号一般为 BT33 和 BT35,分压比通常选 0.5~0.8。为了扩大移相范围,单结晶体管的谷点电压要选小些,而谷点电流要尽可能选大些。

输出电阻 R_1 一般取 50~100Ω 为宜。R_1 值太小,则放电太快,触发脉冲就太窄且幅度也太小,不利于触发晶闸管;但 R_1 值也不能太大,R_1 太大,将有可能发生在单结晶体管尚未导通时,而流过单结晶体管的漏电流在 R_1 上产生的"残压"太大,导致晶闸管的误触发导通。

(2) 输出电路其他形式:输出触发脉冲从 R_1 电阻直接取得,这种形式最简单,但这种直接输出,对触发电路是弱电与主电路强电之间电气上的直接联接,是不安全的,这在某些情况下是不允许的。工业生产上更多的是采用脉冲变压器的输出形式。

图 12-51(a)是将输出电阻 R_1 换成脉冲变压器(Pulse Transformer)输出,这样可使触发电路与主电在电气上隔离,而且脉冲变压器二次绕组可以是数个,能同时触发两个以上

晶闸管。电路中的二极管是为了抑制脉冲以及避免负脉冲加到晶闸管的门极，从而达到保护元件的目的。

图 12-51(b)中，输出脉冲先经过三极管功放，再由脉冲变压器输出，这样可使送出的触发脉冲幅度和功率都有所增大，有利于触发晶闸管。

图 12-51(c)中，输出脉冲先触发小容量晶闸管，原先已充满大量电荷的 50μF 电容就经过晶闸管向脉冲变压器放电，而脉冲变压器感生的二次侧较大频率尖脉冲，再去触发主电路上大容量的晶闸管。该电路在中小容量三相半控桥整流装置中常被采用。

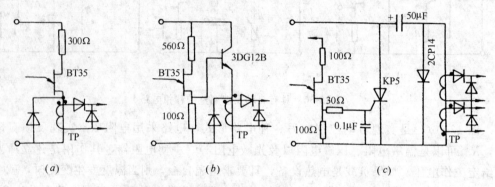

图 12-51　触发脉冲输出电路的其他形式

（3）温补电阻的作用。因为 $U_p = \eta U_{bb} + U_D$，式中 U_D 为单结晶体等效电路中二极管正向开通结电压，因为随着温度升高而降低，使 U_p 值不稳，影响控制角 α。另方面单结晶体管的 N 区电阻 r_{bb} 是随着温度升高而增大，可利用这一特性，在单结晶体管的第二基极串入不受温度影响的固定电阻 R_2，当温度升高时，U_D 值虽然下降，而 r_{bb} 值却增大，R_2 不变，因此 U_{bb} 增大，以 ηU_{bb} 的增加来补偿 U_D 的减少，从而维持 U_p 不变，使触发电路工作稳定。R_2 值通常选取 300～500Ω 为宜。

单结晶体管触发电路，具有电路简单、调试方便、脉冲前沿陡以及抗干扰能力强等优点，但存在着脉冲较窄、触发功率小及移相范围小等缺点。所以，它多用于 50A 以下晶闸管中小容量单相可控整流电路。

三、简单触发电路

用电阻、电容、二极管以及光耦合器等器件组成各种简单实用的简易触发电路，在生产及各种家电中广为采用。简单触发电路大致有下面分析的五种类型。

（一）交流静态无触头开关电路

如果将晶闸管在交流接触器状态使用，晶闸管就相当交流接触器的一个主触头，由门极控制它导通，电流自动过零控制它关断。这种无触头开关，具有无声、无火花、动作快以及寿命长的优点，因此得到广泛应用。

图 12-52(a)为使用较广的交流开关，当 Q 合上，交流电源正半周开始，通过负载电阻 R_L、二极管 VD_1、开关 Q 经 VT_1 的门极与阴极构成触发电流，由于毫安级的触发电流即可触发使 VT_1 导通，因此几乎就在交流电源电压 u_2 负半周时，VD_2 与 VT_2 导通，负载电阻 R_L 就得到正弦的负半波电压。

电路中开关 Q，可以是手动的微型开关，也可以是自动控制的继电器触头。

（二）用光耦合器（Photon Coupler）组成的触发电路

光耦合器是一种电信号转为光信号，又将光信号转换为电信号的半导体器件。它是将发光和受光的元件密封在同一管壳里，以光为媒介传递信号的。光耦合器的发光源通常选砷化镓和镓铝砷发光二极管，而受光部分采用硅光电二极管及光电三极管，其图形符号，如图 12-53 所示。常用的 GD-10 光耦合器主要参数列于表 12-10 中。

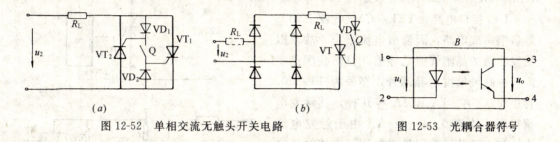

图 12-52　单相交流无触头开关电路　　　　图 12-53　光耦合器符号

GD-10 光耦合器的主要参数　　　　表 12-10

名　称	符　号	单　位	参　数　值	测　试　条　件
输入正向电压	U_F	V	$\leqslant 1.3$	$I_F = 100\text{mA}$
输入反向击穿电压	U_R	V	$\geqslant 6$	$I_R = 100\text{mA}$
输入正向最大电流	I_{FM}	mA	50	—
输入端饱和压降	U_{CE}	V	$\leqslant 0.3$	$I_F = 20\text{mA}$
暗　电　流	I_d	μA	$\leqslant 0.1$	$U_{CE} = 10\text{V}$
最高工作电压	BU_{CED}	V	$\geqslant 30$	
电 流 传 输 比	CTR	—	$20\% \sim 60\%$	$U_{CE} = 10\text{V}$ $I_F = 20\text{mA}$
输入输出耐压	U_{ISO}	V	$\geqslant 100$	DC
上升下降时间	$t_r + t_q$	μs	$\leqslant 10$	$U_{CE} = 10\text{V}$ $R_1 = 50\Omega$
耗 散 功 率	P_c	mW	100	输入＋输出

光耦合器由于具有可实现电的隔离、输入和输出间绝缘性能好、抗干扰能力强等突出的优点，故常用来组成触发电路，使得微处理机控制强电自控系统更加可靠和简便。

图 12-54(a) 是触发单相半波可控主电路的光耦合器组成的触发电路。R_1 用来限制晶闸管 VT 门极触发电流；二极管 VD 是为阻止反向电流通过门极；稳压管 V 用来限制光

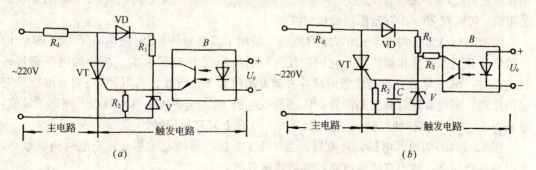

图 12-54　光耦合器触发电路
(a) 稳压管给光耦合器供电；(b) 稳压管、电容给光耦合器供电

敏三极管的工作电压，一般限制在 30V 以下。电路在晶闸管阳极承受正向电压时，光耦合器输入控制电压 U_c，触发 VT 导通。

图 12-54(b) 是利用电容 C 在电源正半周充电所储存的电能，作为光敏三极管的工作电压，并在晶闸管可移相范围内能保持稳定的工作电压。这样，本电路移相范围可扩大到约为 180°。

（三）用数字集成块组成的触发电路
(Integrated Circuit) 用 IC 表示

I/O 接口电路、TTL、CMOS 及 PMOS 等数字集成电路，因输出电流很小，故难以触发普通的晶闸管使之导通。目前我国已生产一种高灵敏度的晶闸管，型号为 TF-320，容量有 0.5A、1A 和 3A 等几种，其触发电流很小，约为 0.04~2mA。由于触发电流小，故上述几种数字集成电路可直接触通这种高灵敏度的晶闸管，触发电路如图 12-55 所示。

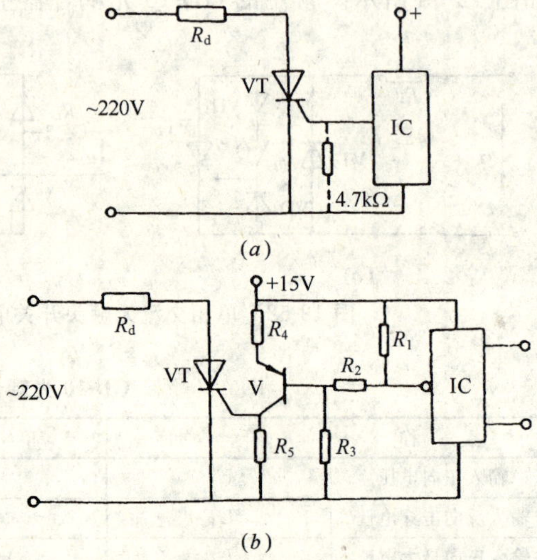

图 12-55(b) 电路是数字集成块输出低电平时来触发导通晶闸管的电路形式。当 IC 输出低电平时，三极管 V 导通，为晶闸管门极提供了足够触发电流，这时，即使是普通晶闸管也能被触发导通。

图 12-55 数字集成块触发电路
(a) IC 输出高电平直接触发；
(b) IC 输出低电平经放大触发

（四）简易移相触发电路

图 12-56 为 5 种简易移相触发实用电路。图 12-56(a) 为调光或调温电路，当 Q 闭合时晶闸管门极被短路，VT 不导通，电路不工作。当 Q 打开时，交流电源 u_2 经可变电位器与负载（负载电阻远小于 510kΩ）加到门极，触发电流 $I_g \approx U_2/510\text{k}\Omega$，波形为正弦半波如图中所示。当 I_g 上升到等于晶闸管触发电流 I_G 时，管子 VT 被触发导通。改变电位器的阻值即可改变 I_g 上升到 I_G 值的时间，达到改变控制角 α 的目的，本电路最大控制为 $α_{\max}=90°$，输出电压 U_d 上，可调节范围 $U_d=0.225\sim0.45U_2$。

图 12-56(b) 为调压电路，当电源电压 u_2 负半周时，通过 VD_2 对电容充电，由于时间常数很小，这时电容电压 U_C 近似等于 u_2 波形。当 u_2 过了负的最大值，电容经 u_2、100kΩ 电位器及 R_d 放电，然后反充电，当 U_C 上升到 U_G 值，晶闸管触发导通。改变 100kΩ 电位器的阻值，可实现 20°~180°范围内的移相控制。

图 12-56(c) 为能实现 1~10^4s 定时电路，采用了新型器件 SUS（硅单向开关）。SUS 的外特性与普通晶闸管相似，只是它的正反向转折电压仅为 10V 左右。当外加电压超过转折电压时，SUS 导通并输出较强的脉冲去触发晶闸管 VT 导通。利用 RC 电路对电容 C 充电的原理，来调节延时触发晶闸管，接通负载电阻 R_L。选择 Q_1、Q_2 对应不同的 RC 值，可获得 1~10^4s 的延时时间。Q 为控制开关，Q 合上时开始记时。

图 12-56(d) 为枪式电钻调速电路。当 10kΩ 电位器滑动点左移时，充电时间常数小，所以移相角 α 小，输出直流电压高，电钻转速升高。

图 12-56(e) 为路灯自动控制电路。当天亮时，光强度变大，光电三极管 V_1 阻值变

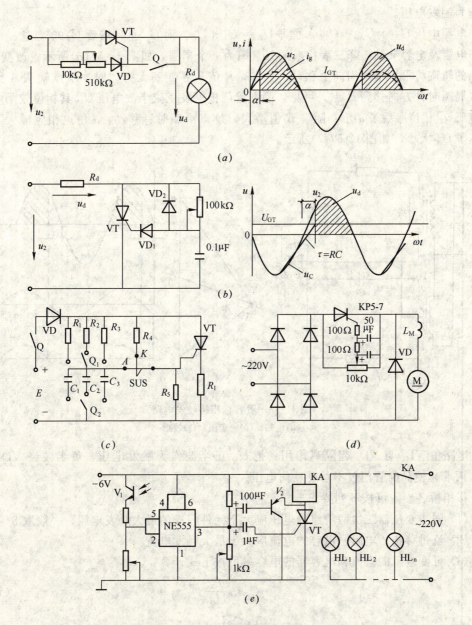

图 12-56 简易移相触发实用电路

小,调整电位器使 V_1 的端电压低于 2V,此时接成比较器形式的集成块 NE555 定时电路的输出电压,由高变低,V_2 管瞬间饱和导通,迫使 VT 管电流小于维持电流而关断,路灯自动熄灭。当傍晚光强度减弱时,V_1 端电压高于 4V 时,NE555 输出电压由低变高,通过 $1\mu F$ 电容送出触发脉冲使 VT 导通,继电器 KA 得电,路灯自动接通。

(五) 阻容移相桥触发电路

利用阻容移相桥组成的移相触发电路,如图 12-57(a) 所示。电路中带有中心抽头的同步变压器 TS 的二级绕组 A0 与 0B 为移相桥的两臂,可变电阻 R 与电容 C 为桥的另外两臂,其输出端由 D0 引出经门极限流电阻 R_1 与二极管 VD_1 接到晶闸管门极,输出端电压作为触发电压。

电源电压 $U_{AB}=U_{AD}+U_{DB}$,也即 $U_{AB}=U_R+U_C$。而 U_C 总是滞后 U_R 90°,这样电源电压与电阻及电容上的压降三者构成的矢量图为一个半圆,如图12-57(b)所示。改变 R 值,D 点的轨迹将沿着半圆周向上移动。例如,R 值从零变到无穷大时,D 点就从 A 点沿着半圆周顺时针方向移到 B 点。可见,晶闸管门极触发正弦半波电压 U_{D0} 其相位较晶闸管阳极电压 u_2 相位滞后了 α 角。随着 R 值增大,D 点沿顺时针移动,α 角也相应增大,从而改变了 U_d 大小,如图12-57(c)所示。

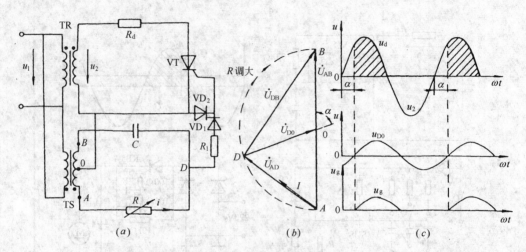

图12-57 阻容移相桥触发电路
(a)电路;(b)矢量图;(c)波形

电路中 VD_1 与 VD_2 起隔离作用:把 U_{D0} 正半波作为触发电压,负半波经 VD_2 引向 VD_1 两端,使晶闸管门极不承受反向电压。

移相桥各参数可按下列要求选择:

(1) 同步变压器二次两绕组的电压应大于元件门极的最大触发电压,一般取 8~10V。

(2) 流过移相桥电阻、电容的电流应大于最大触发电流。

(3) 可变电阻的阻值和电容器的电容量可按下式计算:

$$C \geqslant 3 \frac{I_{D0}}{U_{D0}} \tag{12-31}$$

$$R \geqslant k \frac{U_{D0}}{I_{D0}} \tag{12-32}$$

式中 U_{D0}——移相桥输出交流电压的有效值,单位为V;
　　　I_{D0}——移相桥输出交流电流的有效值,单位为mA;
　　　k——电阻计算系数(经验数据),可由表12-11查得。

电阻计算系数 k　　　　表12-11

输出电压调节倍数	2	4	15
移 相 范 围	0°~90°	0°~120°	0°~150°
电阻计算系数 k	1	2	4

图 12-58 为单相半控桥手动调温移相桥触发电路。移相桥输出的电压，经 VD_1 与 VD_2 整流隔离，把正负半周产生的触发电压分别加到晶闸管 VT_1 与 VT_2 的门极。手动调节可变电阻便可平滑地调节加热炉的温度，以达到控制调温的要求。

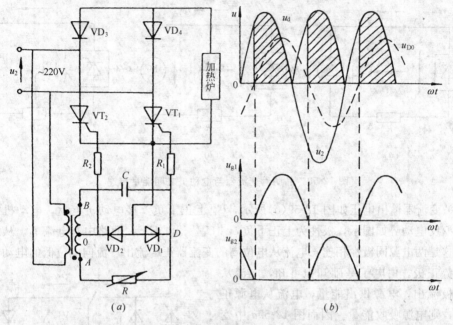

图 12-58　单相半控桥手动调温移相桥触发电路

阻容移相桥触发电路虽然具有简单可靠及调试方便等优点，但因触发电压是正弦波，前沿不陡，又易受电网电压波动的影响，而且移相范围也很小，所以它仅用在要求不高的小容量可控整流装置中。

第五节　有源逆变电路

在实际应用中，有些场合需要将交流电变为直流电，这就是前面研究的可控整流电路，即：交流电→整流器→直流电→用电器。这种将交流电变成直流电的过程称为整流。而有些场合则需要将直流电变成交流电，这就是我们下面要研究的逆变电路。逆变电路又分为有源逆变电路和无源逆变电路。有源逆变过程为：直流电→逆变器→交流电→交流电网。这种将直流电变成和电网同频的交流电反送到交流电网去的过程称为有源逆变。无源逆变过程为：直流电→逆变器→交流电(频率可调)→用电器。这种将直流电逆变为某一频率或可变频率的交流电直接供给负载应用的过程称为无源逆变。上述整流器和逆变器如果是用晶闸管组成的则称为晶闸管整流器或晶闸管逆变器。在一定条件下，一套晶闸管电路既可作整流又可作逆变，通常把这样一套电路称为变流电路。根据这样一套电路生产的装置则称为晶闸管变流器或称为晶闸管变流装置。

有源逆变在生产实际中应用很多，如直流电动机的可逆调速，绕线转子异步电动机的串级调速，高压直流输电等。本章主要研究晶闸管有源逆变电路，无源逆变将在后面有关章节中研究。

一、有源逆变的基本工作原理

(一) 两电源间的能量传递

图 12-59 是晶闸管变流器接直流电动机电枢系统。

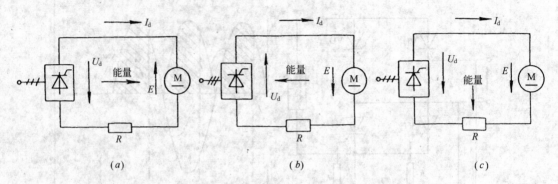

图 12-59 晶闸管变流器与电动机之间能量传递

(1) 变流器输出电压如图 12-59(a)所示，U_d 上正下负，接电动机电枢，电动机得电运转，电枢反电动势如图示，极性为上正下负，$|U_d| > |E|$，回路中有电流 I_d。从接线方式看，这是两电源同极性相连，电流从电位高的变流器正端流出，流向电位低的电动机电枢反电动势正极。由电工基础知识可知，电流从电源正极流出，电源供出能量，电流从电源正极流入，则电源吸收能量。因而图 12-59a 中变流器把电网交流能量变成直流能量供给电动机和电阻 R 消耗，电动机运行在电动状态。

(2) 电动机的电动势 E 的极性如图 12-59(b)所示，下正上负，晶闸管在 E 的作用下，在电源的负半波导通，变流器输出电压为下正上负，$|E| > |U_d|$。由于晶闸管的单向导电性，仍有如图示方向的电流，此时电动机供出能量，变流器将电动机供出的直流能量的一部分变换为与电网同频率的交流能量送回电网，电阻消耗一部分能量，电动机运行在发电制动状态。

(3) 电动机的电动势 E 如图 12-59(c)所示，下正上负，变流器输出电压上正下负，这种情况是两电源反极性相连，电流仍如图所示。很明显，电流都是从两电源正极流出，两电源都是供出能量，消耗在回路电阻上，由于回路电阻很小，将有很大的电流，相当于短路，故在实际工作中这是不允许的。

(二) 有源逆变的工作原理

图 12-60 中有两组桥式整流电路，假设首

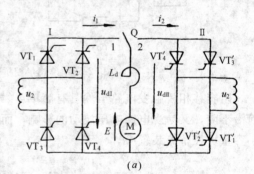

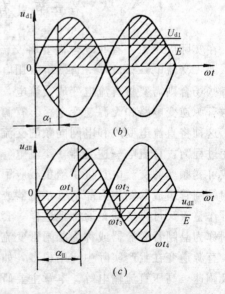

图 12-60 有源逆变原理示意图

先将 Q 掷向 1 位置，Ⅰ组晶闸管的控制角 $\alpha_1 < 90°$，如图 12-60(b) 所示，输出电压 $U_{dⅠ}$ 上正下负，电动机作电动运行，流过电枢的电流为 i_1，电动机反电势为 E。Ⅰ组晶闸管工作在整流状态，供出能量，电动机工作在电动状态，吸收能量，这与图 12-59(a) 所示的情况相一致。

如果给Ⅱ组晶闸管加触发脉冲，而且 $\alpha_2 > 90°$，Ⅱ组晶闸管输出电压 $U_{dⅡ} = U_{d0}\cos\alpha_Ⅱ$，而且有 $|U_{dⅠ}| < |E|$，极性为上正下负，如图 12-60(c) 所示。开关 Q 快速掷向 2 位置，由于机械惯性，电动机的转速暂时不变，因而 E 也不变，Ⅱ组晶闸管在 E 和 u_2 的作用下导通，产生电流 i_2，方向如图 12-60(a) 所示。此时电动机供出能量，运行在发电制动状态，Ⅱ组晶闸管吸收能量送回交流电源，这就是有源逆变，与图 12-59(b) 讲的情况相一致。

如果给Ⅱ组晶闸管加触发脉冲 $\alpha_Ⅱ < 90°$，Q 掷向 2 时，由于 $U_{dⅡ}$ 下正上负，E 上正下负，两电源反极性相连，电动机和Ⅱ组晶闸管都供出能量，消耗在回路电阻上。因回路电阻很小，将有很大电流，相当于短路，故很容易造成事故。这就是图 12-59(c) 所示的短路事故状态。

在图 12-59(c) 所示的情况下，假定 E 不变，在平均电压 $|U_d| < |E|$ 时，电路工作在有源逆变状态，这是指的整个工作过程。实际上在每一瞬间电路不一定都工作在有源逆变状态。如在 $\omega t_1 \sim \omega t_2$ 这段时间内，u_2 为正半周，输出电压瞬时值 u_d 的极性下正上负和 E 反极性相连，两电源均供出能量，Ⅱ组晶闸管工作在整流状态，只是这段时间比较短。同时由于回路中有比较大的电感，电流不会上升到很大。$\omega t_2 \sim \omega t_3$ 这段时间，u_2 负半周，输出电压瞬时值上正下负，Ⅱ组晶闸管作为电源来讲是电流从正极流入，吸收能量送回电网，Ⅱ组晶闸管工作在有源逆变状态，$\omega t_3 \sim \omega t_4$ 这段时间内，$|u_2| > E$ 时，如果回路中无足够大的电感，晶闸管因承受反向电压将关断，不能继续进行有源逆变。如果回路中有足够大的电感，在 ωt_3 时刻后，由于电流减小，电感中的感应电势将和 E 的方向一致，维持电流连续，晶闸管导通（图中 VT_1'、VT_4'），直至 ωt_4 时另一桥臂晶闸管 VT_2'、VT_3' 触发导通，使 VT_1'、VT_4' 承受反压而关断，开始下一个周期的工作。由此可见，要保证有源逆变连续进行，回路中要串有足够大的电感。

在 $\omega t_1 \sim \omega t_4$ 这一期间内，电路工作在有源逆变状态的时间要大于工作在整流状态的时间。因为 $\alpha > 90°$，因而也就保证了整流时间（电源正半波）小于有源逆变时间（电源负半波），从一周期平均值来看，电路工作在有源逆变状态。

从上述分析中可以总结出实现有源逆变的条件为：

(1) 控制角 $\alpha > 90°$，保证晶闸管大部分时间在电压负半波导通。

(2) 直流侧要有直流电源 E，其大小要大于由 α 决定的直流输出电压 U_d，即，其方向要使晶闸管承受正向电压。

(3) 上述两条是实现有源逆变的必要条件。为了保证在逆变过程中电流连续，使有源逆变连续进行，回路中要有足够大的电感 L_d，这是保证有源逆变正常进行的充分条件。

由于半控桥式晶闸管电路或接有续流二极管的电路不可能输出负电压，而且也不允许在直流侧接上反极性的直流电源，因而这些电路不能实现有源逆变。

(三) 逆变角 β

当变流器运行于逆变状态时，控制角 $\alpha > 90°$，整流电压的平均值 U_d 为负值，当 $\alpha >$

90°时，计算 cosα 很不方便。如果令 $α=π-β$，则 $\cos α = \cos(π-β) = -\cos β$，于是整流电压可以写成 $U_d = U_{d0}\cos α = -U_{d0}\cos β$，这样求 U_d 就方便了。因为 $β$ 多用于逆变状态，所以称为逆变角。下面以三相半波整流电路为例介绍 $β$ 角的基本概念。

图12-61(a)画出了四种不同的控制角 $α$，在 $ωt_1$ 时刻触发晶闸管时，$α_1 = 60°$。如果分别在 $ωt_2$、$ωt_3$、$ωt_4$ 时刻触发晶闸管时，对应的 $α_2 = 90°$、$α_3 = 120°$、$α_4 = 180°$。根据前面讲的，$α=π-β$，即 $β=π-α$，因此和 $α_1$、$α_2$、$α_3$、$α_4$ 对应的 $β_1 = 120°$、$β_2 = 90°$、$β_3 = 60°$、$β_4 = 0°$。在波形图中把 $α=180°$ 处作为计算 $β$ 的起点(图12-61a 中的 B 点 $β=0°$)，然后顺着电位上升的电压波形(如 u_U)向左计算，算出 $β$ 的大小。例如在 $ωt_1$ 处触发晶闸管 VT_1，这时 $α_1 = 60°$，同时也相当于 $β_1 = 120°$。而在 $ωt_3$ 处触发 VT_1 的时候，$α_3 = 120°$，而此时 $β_3 = 60°$。从上述讨论可知，$α$ 和 $β$ 是从两个方向表示晶闸管 VT 的触发时刻，从图12-61(a)中的 A 点算到 $ωt_1$ 的角度是 $α_1$，从 B 点算到 $ωt_1$ 的角度就是 $β_1$。不论是用是 $α_1$ 表示还是用 $β_1$ 表示，触发晶闸管的时刻是相同的。图12-61(b)画出了单相电路中 $α_1 = 60°$，$α_2 = 120°$、$α_3 = 180°$ 与 $β_1 = 120°$、$β_2 = 60°$、$β_3 = 0°$ 的一一对应关系。

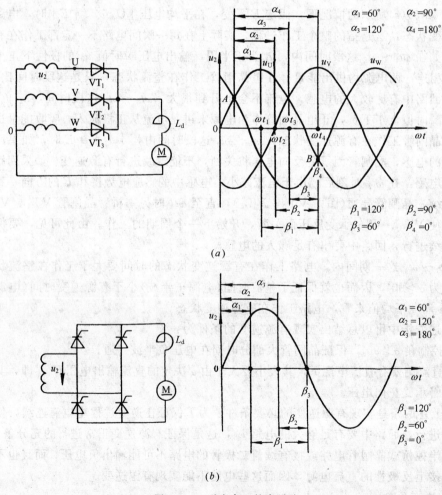

图 12-61 逆变角 $β$ 的表示法

二、三相有源逆变电路

在生产中最常见的有源逆变电路有三相半波和三相桥式有源逆变电路,下面分别介绍。

(一) 三相半波有源逆变电路

图 12-62(a)为三相半波有源逆变主电路图。根据上节讲的实现有源逆变的条件,晶闸管 VT_1、VT_2、VT_3 的控制角必须 $\alpha > 90°$,即 $\beta < 90°$。输出的整流电压 $U_d = U_{d0}\cos\beta$,U_d 在图 12-62 中的实现方向为下正上负。电动机反电动势 E 方向为下正上负,大小为 $|E| > |U_d|$。同时电路中接有大电感 L_d。变压器二次电压 u_U、u_V、u_W 即为有源逆变的交流电源。因而图 12-62(a)所示电路具备了实现有源逆变的条件。下面以 $\beta = 30°$ 为例分析其工作过程。

当 $\beta = 30°$ 时,给 VT_1 触发脉冲,如图 12-62(b)所示,此时 U 相电压 $u_U = 0$,但是在整个电路中,VT_1 晶闸管承受正向电压 E,晶闸管 VT_1,同时有 $u_d = u_U$ 的电压波形输出。由于有相互间隔 $120°$ 的脉冲轮流触发相应的各晶闸管,因此就得到图 12-62(b)中有阴影部分的 u_d 电压波形,其直流平均电压 U_d 为负值。由于接有大电感 L_d,因而 i_d 为一平直连续的直流电流 I_d,如图 12-62(d)所示。

在整流电路中晶闸管的关断是靠承受反压或电压过零来实现的。在逆变电路中晶闸管是怎样关断换相的呢?图 12-62(b)中当 $\alpha = 150°$,即 $\beta = 30°$ 时触发 VT_1,因此时 VT_3 已导通,VT_1 承受 u_{UW} 正向电压,故晶闸管具备了导通条

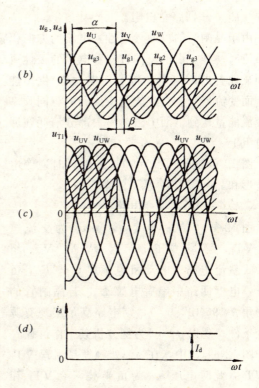

图 12-62 三相半波有源逆变电路

件。一旦 VT_1 导通后,若不考虑换相重叠角影响,则 VT_3 承受反向电压 u_{WU} 而被迫关断,完成了由 VT_3 向 VT_1 的换相过程。其他晶闸管的换相同上所述。总的换相规律同整流时情况一样,依照一定的换相顺序,相对于中点 0 而言,使阳极处于高电位的晶闸管导通,形成反向电压去关断处于低电位的晶闸管。

逆变时晶闸管两端电压波形的画法与整流时一样。图 12-62(c)画出了 $\beta = 30°$ 时 VT_1 管承受的电压 u_{T1} 的波形,在一周期内导通 $120°$,紧接着后面的 $120°$ 内 VT_2 导通,VT_1 关断,VT_2 承受 u_{UV} 电压,最后 $120°$ 内 VT_3 管导通,VT_1 管承受 u_{UW} 电压。和整流时比

较，管子承受的电压波形整流时总是负面积大于正面积；$\alpha=\beta$ 时，正负面积相等。逆变时总是正面积大于负面积，当 $\beta=0°$ 时正面积最大，当 $\alpha=\beta$ 时，整流与逆变管子的电压波形形状完全一样。管子承受的最大正反向电压为 $\sqrt{6}U_2$。

三相半波有源逆变电路，直流侧电压平均值计算公式为：

$$U_d = U_{do}\cos\alpha = -U_{do}\cos\beta$$
$$= -1.17U_2\cos\beta$$

和工作在整流状态时的差别多了"—"号，这说明电压的极性反过来了。整流时电压上正下负，而逆变时则下正上负。输出直流电流平均值的计算公式为：

$$I_d = \frac{E - U_d}{R_\Sigma}$$

式中 R_Σ——回路总电阻。

由于晶闸管的单向导电性，电流的方向仍和整流时一样。由电流的方向和电源的极性可以明显地看出，E（电动机的反电动势）供出能量，而变流器吸收直流能量变成和电源同频率的交流能量送到电网中去，另一部分消耗在回路电阻上。

图 12-63 画出了 $\beta=90°$，$\beta=60°$ 时逆变电压波形和晶闸管 VT_1 承受的电压波形。

(二) 三相桥式逆变电路

图 12-64(a) 中，u_U、u_V、u_W 为交流电源，VT_1、VT_2、VT_3、VT_4、VT_5、VT_6 组成桥式整流电路。电动机电枢电动势 E 上负下正，电枢回路中串有电感 L_d，若晶闸管的逆变角 $\beta<90°(\alpha>90°)$，则电路满足实现有源逆变条件。现以 $\beta=30°$ 为例分析其工作过程。

图 12-64(c) 中，在 ωt_1 处触发晶闸管 VT_1 和 VT_6，此时电压 u_{UV} 为负半波，给 VT_1 和 VT_6 以反压。但是 $|E|>|u_{UV}|$，而 E 给 VT_1、VT_6 以正向电压，因而 VT_1、VT_6 两管导通，有电流 i_d 流过回路，如图 12-64(b)。列出此时的回路方程式为：

$$E - u_{UV} - L\frac{di_d}{dt} - i_d R_\Sigma = 0$$

由于 VT_1、VT_6 导通，所以 ωt_1 以后的期间 $u_d = u_{UV}$，如图 12-64(c) 所示。显然是电压 u_{UV} 负半波，经 $60°$，到达 ωt_2 时刻，若触发脉

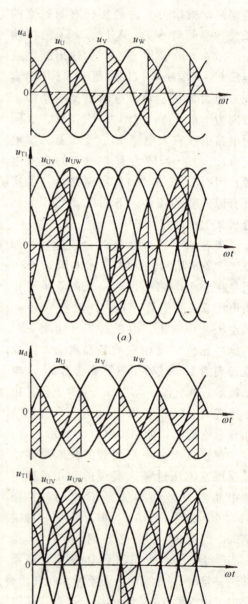

图 12-63 三相半波有源逆变电路电压波形图
(a) $\beta=90°$；(b) $\beta=60°$

冲为双窄脉冲，VT_1 仍然处于导通状态。VT_2 在触发之前，由于 VT_6 导通而承受正向电压 u_{VW}，所以一旦触发，即可以导通。若不考虑换相重叠角，当 VT_2 导通后，VT_6 因承受反向电压 u_{VW} 而关断，完成了由 VT_6 到 VT_2 的换相。在 ωt_2 以后到 ωt_3 期间，$u_d = u_{UW}$，由 ωt_2 经 $60°$ 到 ωt_3 处，触发 VT_2、VT_3，VT_2 仍旧导通，而 VT_1 此时却因承受反向电压 u_{UV} 而关断，又进行了一次由 VT_1 到 VT_3 的换相。按照 VT_1—VT_6 换相顺序不断循环下去，晶闸管 VT_1、VT_2、VT_3、VT_4、VT_5、VT_6 依次导通，每瞬时保持两元件导通，电动机直流能量经三相桥式逆变电路转换成交流能量送到电网中去了，从而实现了有源逆变。

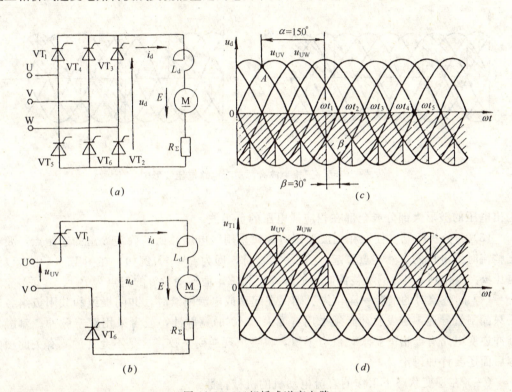

图 12-64 三相桥式逆变电路

三相桥式电路在逆变工作状态下的数量关系如下：

直流平均电压：
$$U_d = -2.34 U_2 \cos\beta$$

直流平均电流：
$$I_d = \frac{E - U_d}{R_\Sigma}$$

式中　R_Σ——回路总电阻。

晶闸管承受的电压波形示于图 12-64(d) 中，和三相半波一样，承受正向电压的时间多于反向电压的时间，最大值为 $\sqrt{6} U_2$。

图 12-65 画出了 $\beta = 60°$、$\beta = 90°$ 时输出电压和晶闸管承受的电压波形图。

由以上分析可见，三相桥式有源逆变电路有如下特点：

(1) 电动机负载的反电动势的极性与整流时应相反，而且保证 $|E| > |U_d|$。电动机输出能量经变流器变成交流能量送给电网。

(2) 工作在有源逆变状态时，β 必须在 $0° \sim 90°$ 范围内（β 具体的大小后面将要讨论）。

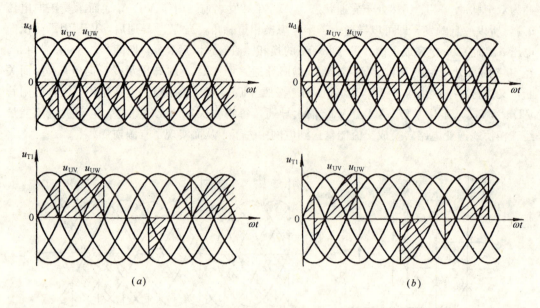

图 12-65 三相半波有源逆变电路电压波形图
(a)$\beta=60°$；(b)$\beta=90°$

输出电压的波形大部分或全部在相应线电压的负半波。

(3) 为分析问题方便，在画波形图时往往采用线电压。如何确定 β 角的起始点，要根据整流时线电压的自然相点算起，当 $\alpha=180°$ 时，即为 $\beta=0°$。例如，在图 12-64 中，以线电压 u_{WV} 换相到 u_{UV} 为例，整流时 α 的起算点为 A，而逆变时 β 的起点为 B 点。

(4) 同整流时的情况一样，为了确保在起动或电流断续时，共阴极组和共阳极组各有一只晶闸管导通，触发脉冲必须采用宽度大于 60° 的宽脉冲，或者采用双窄脉冲。对触发脉冲逆变电路有严格的要求，倘有不慎，将会出现逆变失败，这是不允许的。有关此项内容后面还要详加讨论。

（三）在逆变状态下工作的直流电动机的机械特性

由前面的讨论知，在逆变状态下工作的直流电动机，实际上电动机是工作在发电制动状态，这种状态的典型，就是电动机带有位能负载。下面以电动机带动位能负载为例，介绍从电动到制动的大体情况，然后分析其在制动状态下的机械特性。

如图 12-66 所示，电动机用来提升和下放重物。图 a 中，$\alpha_1<90°$，变流器工作在整流

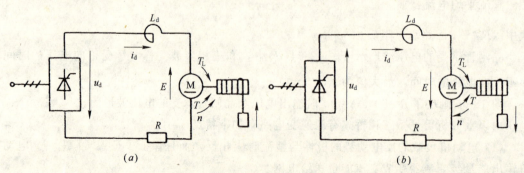

图 12-66 整流到逆变的工作状态

状态，输出电压平均值 $U_{d1}=U_{do}\cos\alpha_1$ 为上正下负，电动机正转，作提升重物的运动，假设重物形成的阻力矩为 T_L，电动机运行在图 12-67 中的 a 点，以速度 n_a 做匀速上升运行。

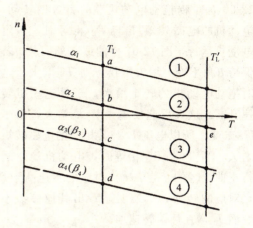

图 12-67 整流到逆变对应的机械特性

现将 α_1 增大到 α_2，$\alpha_2<90°$，则 $U_{d2}=U_{do}\cos\alpha_2$，$|U_{d2}|<|U_{d2}|$，通过电枢的电流 $I_d=(U_{d2}-E)/R_\Sigma$ 又增大，电磁转矩 T 也增大，到 $T=T_L$，电机又在比以前更为低的转速 n_b 下稳定运行，如图 12-67 中的 b 点。上述两种情况电动机都运行在电动状态做提升重物的运行，这和前面讲的变流器工作在整流状态直流电动机的机械特性一样，得到曲线①、②在第一象限。如果继续增大 α 到 $\alpha=\alpha_3$，$\alpha_3>90°$，从而 U_d 变为负值，上负下正，电枢电流 I_d 很快减小，转速很快下降，电磁转矩小于负载转矩，反电动势 E 也很快下降。当 n 下降到零后，电磁转矩仍然小于负载转矩，电动机将在重物的作用下反转，E 也反向，变成图 12-66(b)所示下正上负，E 成为晶闸管的正向导通电压。由于晶闸管的单向导电性，I_d 方向未变，产生的电磁转矩方向仍未变，随着 n（下放重物）的增加，E 也增大，I_d 也增大，电磁转矩 T 也增大，到 $T=T_L$ 时，电机做匀速下放重物的运动，以 n_c 的速度运行于图 12-67 中的 c 点。重物的位能变成直流电动机的直流能量由晶闸管变流器送回电网，因而此时变流器运行在有源逆变状态。由于 n 改变了方向而 I_d 方向未变即电磁转矩方向未变，因而曲线在第四象限。如果再增大 α，到 $\alpha=\alpha_4$，则电机将运行在曲线④的 d 点，对应的速度为 n_d。

上述分析只考虑控制角 α 变化引起输出电压 U_d 的大小和方向的变化，从而引起电枢电流 i_d 的大小的变化，使电磁转矩也随 i_d 的变化而变化，因而产生了重物提升和下放的运行，变流器也相应地工作在整流态和逆变态。如此相对应的电机的机械特性也在第一象限或在第四象限内。图 12-67 仅定性地画出了不同 α 角的机械特性曲线，在实际工作中和整流一样，在逆变时也存在电流连续和断续两种情况。下面对在电流连续和断续两种情况下，工作在逆变状态的电动机机械特性进行分析。

1. 电流连续时机械特性

(1) 机械特性的数学表达式。与工作在整流状态时一样，工作在逆变状态时，直流电动机的机械特性也是电动机的转速和转矩的关系，通过数学运算推导可得三相半波逆变电路有如下关系式：

$$n=\frac{1}{C_e\Phi}\left[U_{do}\cos\beta+\left(\frac{3X_T}{2\pi}+R\right)I_d+\Delta U_T\right] \tag{12-33}$$

上式中，保持电动机的励磁 Φ 和控制角 β 不变，给定不同的 I_d 就可以求出相应的 n。从而就可以得出电动机在逆变状态下工作的机械特性曲线 $n=f(I_d)$，如图 12-68 实线所示。

(2) 机械特性的物理概念。由式(12-33)可见，电路工作在有源逆变状态时，电流 I_d 增加，转速 n 增加。由以前学过的知识知，当电动机运行在电动状态时，电枢电压不变，I_d 增大，转速下降。为何产生这种差异？这可根据图 12-66 和图 12-67 加以说明。在图

12-66(b)重物拖动电动机顺时针方向转动，电动机的电磁转矩 T 与 T_L 相等时，假定电动机运行于图 12-67 中曲线③的 c 点，若保持 β 角不变，增大重物，则 T_L 增大，这时拖动电动机的转矩增大，于是电动机转速升高。这又引起反电动势 E 增大，由于 U_d 未变，所以电流 I_d 与其相应的电磁转矩增大。当 T 与 T'_L 相等时，电动机稳定运行于曲线③的 f 点，f 点对应的转速高于 c 点对应的转速，这就明显看出其他参数不变而 I_d 增在后，转速增高。

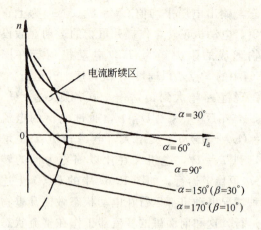

图 12-68　电动机的机械特性

在重物一定的情况下，也可通过改变 β 来改变下放的速度。如图 12-67 所示，假设原来控制角为 β_3，变流器输出电压 $U_{d3}>U_{do}\cos\beta_4$，$|U_{d4}|>|U_{d3}|$，于是 $I_d=(E-U_d)/R_\Sigma$，I_d 和 T 减小，而 T_L 未变，因而导致 n 升高，最后稳定在转速较高的 d 点。由此可见，只要改变逆变角 β，就可改变电动机的转速 n。

2. 电流断续时的机械特性

(1) 机械特性数学方程式。与电流不连续时电机的机械特性方程式一样，也找不到一个 $n=f(I_d)$ 的直接数学表达式，用 $\alpha=\pi-\beta$ 代入相应的公式得到

$$I_d=\frac{3}{2\pi}\frac{\sqrt{2}U_2}{\omega L}\left[\cos\left(\frac{7\pi}{6}-\beta+\frac{\theta}{2}\right)\left(\theta\cos\frac{\theta}{2}-2\sin\frac{\theta}{2}\right)\right] \tag{12-34}$$

$$n=\frac{\sqrt{2}U_2}{C_c\Phi\theta}\left[2\sin\left(\frac{7\pi}{6}-\beta+\frac{\theta}{2}\right)\sin\frac{\theta}{2}\right] \tag{12-35}$$

在上述两式中，U_2、ωL、$C_c\Phi$ 保持不变，I_d 和 n 都是 β 和 θ 的函数。若给定一 β，由不同的 θ 值，即可求出对应的 I_d 和 n 的数值，从而就可以得到某 β 值时的一条机械特性曲线。图 12-69 为 $\beta=30°$ 时做出的一条机械特性曲线。图中，虚线部分为电流连续时的机械特性曲线。电流不连续时的机械特性明显变软，其原因和电动机运行在电动状态时相同，在此不再赘述。另一个特点是，电流断续时理想空载转速 n_0 较电流连续时变小。

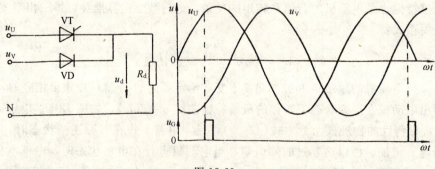

图 12-69

(2) 理想空载转速 n_0。理想空载转速 n_0 就是某 β 角电流 $I_d=0$ 时的转速,可以利用数学的方法推导出来。为了简化数学运算推导,我们通过物理概念的分析得出理想空载转速的表达式。

由于 n_0 是电流为零的转速,那么只要知道在逆变状态下电流何时为零就能求出 n_0。电流 I_d 为零,电动机的电磁转矩为零,此时只有电动机的负载转矩 T_L 为零才能有理想空载转速。

图 12-70 为三相半波电路电压波形,现分析一下 β 角时的理想空载转速应为多少。由于电动机负载为零,晶闸管只要有电流,速度就会上升,也就是 β 所对应的瞬时电压值必须和 E 相等才能没有电流。若在 β_1 触发晶闸管,$|u_U|=|E_1|$,则 $I_d=0$,因而当控制角为 β 时:

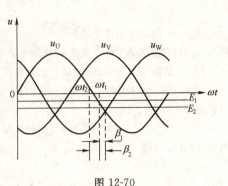

图 12-70

$$u_U = -\sqrt{2}U_2\sin\left(\frac{\pi}{6}-\beta\right) = \sqrt{2}U_2\sin\left(\phi-\frac{\pi}{6}\right)$$

$$n_0 = \frac{1}{C_e\Phi}\sqrt{2}U_2\sin\left(\beta-\frac{\pi}{6}\right) \tag{12-36}$$

由此可见,在电流不连续时,n_0 的数值完全由加触发脉冲时 u_2 的瞬时值所决定。由上述分析和式(12-36)可看出,当 $\beta=30°$ 时,$n_0=0$。当 $\beta>30°$ 时,加触发脉冲的瞬时,u_2 为正(图 12-70 ωt_2 时刻),则 n_0 为正。$\beta<30°$ 时,则 n_0 为负(图 12-70 ωt_1 时刻)。因而变流器工作在逆变状态,只要求出 β 角对应的刚能触发晶闸管导通时的 u_2 值就可求得 n_0。图 12-69 中,$\beta=30°$ 时,$n_0=0$。

(3) 电流连续与断续的临界值 I_{dK}。在三相半波电路中,三只晶闸管轮流导通,每只晶闸管导通 $2\pi/3$。若导通角 $\theta<2\pi/3$,则电流就不连续。因而将 $\theta=2\pi/3$,代入式(12-34),就可求得电流连续与断续的临界值。

$$I_{dK} = 1.46\frac{U_2}{L_d}\sin\beta \tag{12-37}$$

图 12-68 中画出了变流器从整流状态到逆变状态,即电动机从电动到制动状态,临界电流 I_{dK} 与 α 或 β 的关系。图中虚线包围的部分为电流不连续区。

本 章 小 结

1. 掌握晶闸管的基本结构、工作原理、伏安特性和主要参数,为全面掌握各种整流电路打下坚实的基础。

2. 单相整流电路分析,包括单相半波整流电路和单相桥式整流电路的电路组成、工作原理分析。

3. 三相桥式整流电路分析,包括三相半波可控整流电路、三相全控桥整流电路和三相半控桥整流电路的电路组成、工作原理分析。

4. 晶闸管触发电路分析,包括整流电路对触发电路的要求、单结晶体管触发电路的组成和工作原理、简单的触发电路的工作原理。

5. 逆变电路的组成及工作原理分析，包括有源逆变电路的组成和工作原理、三相有源逆变电路组成及工作原理分析。

思 考 题 与 习 题

12-1 晶闸管的正常导通条件是什么？导通后流过晶闸管的电流大小取决于什么？负载上电压平均值与什么因素有关？晶闸管关断的条件是什么？如何实现？关断后阳极电压又取决于什么？

12-2 如图 12-69 所示，试画出负载电阻 R_d 两端的电压波形（不考虑管子压降与维持电流）

12-3 型号为 KP100-3、维持电流为 4mA 的晶闸管，在如图 12-70 所示的三个电路中使用是否合理？为什么？

12-4 图 12-71 中阴影部分表示流过晶闸管的电流波形，其最大值为 I_m，试求各波形电流平均值及电流有效值，并计算波形系数 K_f 值。

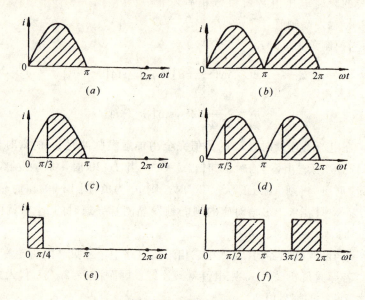

图 12-71 题 12-4 图

12-5 在可控整流电路中，若负载是纯电阻，试问电阻上的电压平均值与电流平均值的乘积是否等于负载消耗的功率，为什么？

12-6 某电阻负载要求 0～24V 直流电压，最大电流 I_d=30A，如使用 220V 交流直接供电或者用整流降压变压器 U_2=60V 供电，都采用单相半波可控整流电路，是否都能满足负载要求？试比较两种供电方案的晶闸管导通角、额定电压、额定电流、电源与变压器二次侧的功率因数以及对电源容量的要求。

12-7 试画出单相半波可控整流电路，α=60°时如下三种情况时的 u_d、i_T 和 u_T 波形。
(1) 电阻性负载；
(2) 大电感负载不接续流管；
(3) 大电感负载接续流管。

12-8 输出端接一个晶闸管的单相半控桥电路如图 12-72 所示，试画出 α=60°时，u_d、i_T、i_D、u_T 波形，如果 u_2=220V，大电感内阻为 5Ω。计算并选择晶闸管与二极管的型号。

12-9 两个晶闸管串联式单相半控桥整流电路，如图 12-73 所示，负载为大电感，其内阻为 5Ω，电源电压 220V。试画出 α=60°时的 u_d、i_T、i_D 波形，并计算 U_d、I_{dT}、U_d、I_{dD} 及 I_D 值。

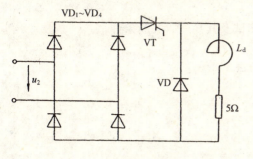

图 12-72 题 12-8 图

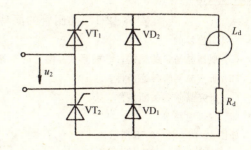

图 12-73 题 12-9 图

12-10 对三相半波可控整流电阻性负载的电路，如果触发脉冲出现在自然换向点以前15°处，试画出触发脉冲宽度分别为10°和20°时，输出电压 u_d 的波形，并判断电路是否正常工作。

12-11 对三相半波可控整流电阻性负载电路，如果只用一块触发电路送出触发脉冲，同时触发三个晶闸管，触发脉冲间隔为120°，试解答输出电压 u_d 是否连续可调？正常移相范围是多少？

12-12 三相半波大电感负载可控整流电路（不接续流管），电感内阻为10Ω，$U_2=220V$。求 $\alpha=45°$ 时，U_d、I_{dT}、I_T 值，并画出 u_d、i_{T3} 和 u_{T3} 波形。

12-13 三相全控桥整流电路大电感负载，已知：$U_2=120V$，电感内阻10Ω。求 $\alpha=45°$ 时，U_d、I_d、I_{dT} 和 I_T 的值，并画出 u_d、i_{T1}、u_{T1} 的波形。

12-14 三相半控桥整流电路大电感负载，方式失控负载两端并接续流管。已知：$U_2=100V$、电感内阻10Ω。求 $\alpha=120°$ 时的 U_d、I_{dT}、I_T、I_{dD} 及 I_D 值，并画出 u_d、i_{T1}、u_{T1} 的波形。

12-15 不用同步变压器的单结晶体管触发单相半波可控整流电路，如图12-74所示，试画出 $\alpha=90°$ 时，图中所标的①～③点及负载两端电压的波形。

12-16 图12-75为单结晶体管分压比测量电路，测量步骤为：按下SB，调节50kΩ可变电阻，使电表读数为100μA，放开按钮SB，电表读数与100μA之比即为被测管子的分压比。试分析其道理。

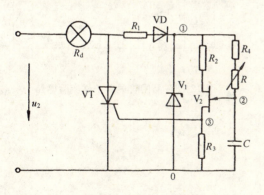

图 12-74 题 12-15 图

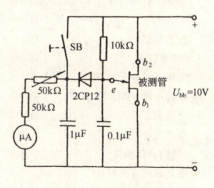

图 12-75 题 12-16 图

12-17 区别下列概念
1）整流与待整流
2）逆变与待逆变
3）有源逆变与无源逆变

12-18 什么是有源逆变？逆变时 α 角至少多少度？为什么？

12-19 为什么有源逆变工作时，变流器直流侧会出现负的直流电压，而电阻负载或大电感负载不能（电感负载指正常工作时）？

实验与技能训练

实验12-1 晶闸管的简易测试及其导通、关断条件

一、实验目的

(1) 观察晶闸管的结构,掌握测试晶闸管的正确方法。

(2) 研究晶闸管导通条件。

(3) 研究晶闸管关断条件。

二、实验电路

如图12-76～图12-78所示。

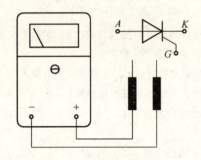

图12-76 测试晶闸管

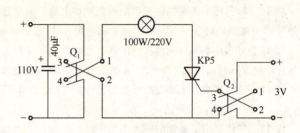

图12-77 晶闸管导通条件实验电路

三、实验设备

(1) 直流电源110V

(2) 电容器40μF/300V　　　1只

(3) 电容器1μF/300V　　　　1只

(4) 灯泡220V100W　　　　　1只

(5) 干电池2×1.5V　　　　　1组

(6) 晶闸管KP5-5(好、坏)　各1只

(7) 单刀开关　　　　　　　　2只

(8) 双刀双抛开关　　　　　　2只

(9) 常闭单按钮　　　　　　　1只

(10) 电阻20～30kΩ5W　　　　1只

(11) 滑线电阻285Ω2.5 A　　　1只

(12) 万用表　　　　　　　　　1块

(13) 直流电流表0～50mA　　　1块

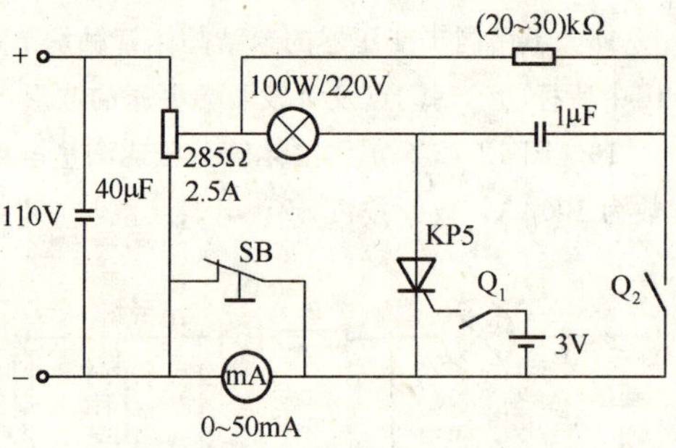

图12-78 晶闸管关断条件实验电路

四、实验内容及步骤

(一) 鉴别晶闸管的好坏

见图12-76,用万用表$R×1k$的电阻档测量两只晶闸管的阳极A、阴极K以及用$R×10$或$R×100$档测量两只晶闸管的门极G、阴极K之间正反向电阻并将所测数据填入下表判断被测晶闸管的好坏。

表12-12

被测晶闸管	R_{ak}	R_{ka}	R_{gk}	R_{kg}	结　论
KP1					
KP2					

(二) 晶闸管的导通条件(按图12-77接线)。

(1) 当 110V 直流电源电压的正极加到晶闸管的阳极时(即双刀开关 Q_1 右投),不接门极电压或接上反向电压(即双刀开关 Q_2 右投)观察灯泡是否亮？当门极承受正向电压(即 Q_2 左投)灯泡是否亮？

(2) 当 110V 直流电源电压的负极加到晶闸管的阳极时,给门极加上负压或正压,观察灯是否亮？

(3) 当灯泡亮时,切断六极电源(即断开 Q_2),灯是否继续亮。

(4) 当灯泡亮时,给门极加上反向电压(即 Q_2 右投),观察灯泡是否继续亮。

(三) 晶部管关断条件的实验

按图实 12-78 接线,接通 110V 直流电源。

(1) 合上开关 Q_1 晶闸管导通,灯泡发亮。

(2) 断开开关 Q_1,再合上开关 Q_2,灯泡熄灭。

(3) 合上开关 Q_1,断开开关 Q_2,晶闸管导通灯亮。调节滑线电阻,使负载电源电压减小,这时灯泡慢慢地暗淡下来。在灯泡完全熄灭之前,按下按钮 SB 让电流从毫安表通过,继续减小负载电源电压 U_a,使流过晶闸管的阳极电流逐渐减少到某值(一般几十毫安),毫安表指针突然降到零,然后再调节滑线电阻使 U_a 再升高,这时观察灯不再发亮,这说明晶闸管已完全关断,恢复阻断状态。毫安表从某值突然降到零,该值电流就是被测晶闸管的维持电流 I_H。

五、实验现象的分析

(1) 用万用表测量晶闸管门极与阴极之间正向电阻时,有时会发现表的旋钮放在不同电阻档的位置,读出的 R_{gk} 欧姆值相差很大。这是由于旋钮放在不同档位时,加到晶闸管 J_3 结的正向电压数值就不同,而 J_3 结相当于二极管,其正向电阻在外加电压数值不同所测阻值也不同,这是 J_3 结的非线性电阻所致。所以用万用表测试晶闸管各极间的阻值时旋钮应放在同一档测量。

(2) 用万用表测试晶闸管门极与阴极正反向电阻。旋钮放在 $R \times 10k$ 档时发现有的管子反向电阻很接近,约为几百欧姆。出现这现象还不能判断被测管已损坏,还要留心观察,因正反向阻值虽然很接近,但只要正向电阻值比反向电阻值小一些,一般说明被测管还是好的。

(3) 在做晶闸管关断条件实验时,如果关断电容 C 值取太小(如取 $0.1\mu F$)就会发现晶闸管难以关断,这是由于 C 值太小,当 Q_2 接通放电因其放电时间太快而小于晶闸管关断所需的时间,致使晶闸管难以关断。

六、实验说明及注意问题

(1) 用万用表测试晶闸管极间电阻时,特别在测量门极与阴极间的电阻时,不要用 $R \times 10k$ 档以防损坏门极,一般应放在 $R \times 10$ 档测量。

(2) 在做关断实验时,一定要在灯泡快要熄灭通过灯泡的电流极小时,方准按下常闭按钮 SB,否则将损坏表头。

七、实验报告提纲及要求

(1) 根据实验记录判断被测晶闸管的好坏,写出简易判断的方法。

(2) 根据实验内容写出晶闸管导通条件和关断条件。

(3) 说明关断电容 $1\mu F$ 的作用以及电容值大小对晶闸管关断时间的影响。

实验 12-2 单结晶体管触发电路及单相半控桥整流电路三种负载的研究

一、实验目的

(1) 熟悉单结晶体管触发电路的工作原理及电路中各元件的作用,观察电路图中各点的电压波形,掌握调试步骤和要点。

(2) 对单相半控桥整流电路三种负载工作情况的波形作全面分析。

(3) 实验中出现的问题能加以分析和排除。

二、实验电路

如图 12-79 所示。

三、实验设备

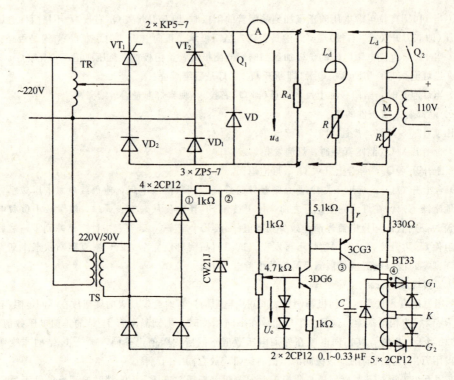

图 12-79 单结晶体管触发的单相半控桥

(1) 单相半控桥整流电路底板　　　1 块
(2) 单结晶体管触发电路底板　　　1 块
(3) 单相自耦调压器(3kV·A)　　　1 台
(4) 滑线变阻器(200Ω1A)　　　　 1 只
(5) 电抗器　　　　　　　　　　　1 台
(6) 直流电动机发电机组　　　　　1 套
(7) 直流电流表　　　　　　　　　1 块
(8) 万用表　　　　　　　　　　　1 块
(9) 双踪示波器　　　　　　　　　1 台
(10) 直流电源(110V)　　　　　　 1 台

四、实验内容及步骤

(一) 单结晶体管触发电路的调试

先接通触发电路,用示波器逐一查看触发电路中各点波形:整流输出、削波、单结晶体管电容两端、单结晶体管输出和脉冲变压器输出,如图实 12-79 所示。

(二) 波形的研究

改变输入电位器上的电压,观察并记录单结晶体管电容器两端其输出电压锯齿波形的变化,以及单结晶体管输出尖脉冲波形的移动情况并估算移相范围。

(三) 电阻性负载的研究

触发电路调试正常后,主电路接上电阻负载(100Ω1A 或 220V100W 灯泡)并接通电源,用示波器观察并记录负载两端电压 u_d、晶闸管两端电压 u_T 以及硅整流管两端电压 u_D 的波形。改变控制角的大小,观察波形的变化。作出 $U_d/U_2=f(\alpha)$ 的表格和曲线并与 $U_d/U_2=0.9(1+\cos\alpha)/2$ 计算式比较加以分析。

(四) 电阻电感负载的研究

(1) 接上电阻电感负载，其中 L_d 为电动机励磁 α 绕组或平波电抗器，外加滑线变阻器（$100\Omega 1A$），用示波器观察并记录不并接续流二极管和并接续流二极管在不同阻抗角 φ 情况下，不同控制角 α 的 u_d、i_d 和 u_1 波形。

(2) 从输出电压 u_d 的波形看续流二极管的作用，观察并记录无续流二极管的失控现象：当晶闸管导通时，去掉触发电路的电源，观察晶闸管有无一管直通，两个二极整流管轮流导通而输出电压 u_d 波形为单相正弦半波。

(3) 接入续流二极管再观察是否还存在上述失控现象。

（五）反电动势（直流电动机）负载的研究

(1) 按图实 12-80 接上电动机负载。合上 Q_1，短接 L_d，给直流电动机发电机的励磁绕组加上额定励磁电压，同时将触发电路给定电压 U_c 旋钮调到零位。

(2) 合上主电路电源，调节 U_c 使 U_d 由零逐渐上升到额定值，电动机减压起动。用示波器观察并记录不同 α 角时，输出电压 u_d、电流 i_d 及电动机电枢两端电压 u_M 的波形。观察由于 i_d 波形断续时电动机可能出现的振荡现象。

(3) 打开 Q_1，接入平波电抗器，再观察并记录不同 α 角时 u_d、i_d 和 u_M 波形。

(4) 电动机的机械特性实验。将 U_c 旋钮调到零位，打开 Q_2，发电机空载，然后调节 U_c 使 U_d 为额定值（直流电动机的额定电压），记录 I_d 及转速 n，合上 Q_2 逐步增加负载到额定值（直流电动机电枢额定电流），中间记录几点，作出机械特性 $n = f(I_d)$ 曲线。

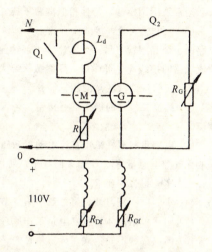

图 12-80 电动机负载接线图

五、实验现象的分析

单结晶体管触发电路如果元件参数选择不当，在调试过程可能出现如下现象：

(1) 在单结晶体管未导通，稳压管能正常削波其两端为梯形波，可是一旦单结晶体管导通，稳压管就不削波了，用万用表测量同步变压器二次电压 U_T 值是否正常。出现这现象一般是由于所选的稳压电阻值太大或稳压管容量不够造成的。

(2) 当调节 U_c 为最大时，单结晶体管电容器 C 两端电压有时出现如图 12-81 的波形。

图 12-81(a) 说明固定电阻 r 值太大，单结晶体管可供移相范围未得到充分利用，应进一步减少 r 值扩大移相范围。

图 12-81(b) 说明固定电阻 r 值已减到极限值，触发脉冲仍有一个尖脉冲足以触发晶闸管。

图 12-81(c) 说明固定电阻 r 值太小，以致 C 充电时间常数太短，梯形波刚从零值上升，电容 C 两端电压就充到单结晶体管的峰点电压（因为这时 U_{bb} 值很小，U_p 值也很小），单结晶导通。但由于 u_c 值很小，所以产生的尖脉冲幅度很小甚至没有，就无法触发晶闸管，另一方面由于 r 值太小，单结晶体管导通后同步电压经 r 流过单结晶体管 e 与 b_1 极的电流可能太大易烧坏单结晶体管。

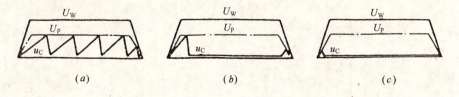

图 12-81 当 r 值选择不当时 u_c 的波形
(a) r 值太大；(b) r 值极限；(c) r 值太小

(3) 触发电路各点波形调试后,有时出现触发尖脉冲难以触通晶闸管(晶闸管是好的),其原因可能是:

1) 充放电电容 C 值太小、单结晶体管的分压比太低以致触发尖脉冲功率不够、幅度不够等造成的。

2) 电阻性负载触发正常,大电感负载就难以触通晶闸管。这也是由于 C 值太小,尖脉冲宽度太狭,以致阳极电流还未上升到擎住电流,其触发脉冲已消失,管子又重新恢复到阻断。

(4) 实验中有时会出现两个晶闸管的最小控制角和最大控制角不相等,当控制角调节到很小或很大时,主电路仅剩下一个晶闸管被触发导通。出现这现象一般是由于两只晶闸管的触发电流差异较大所造成。通常采用调换触发特性相似的管子或在门极回路中串接不同阻值的电阻等措施即可消除上述现象。

(5) 大电感实验,接续流管比不接续流管的 i_d 波形脉动要小。其原因是不接续流管时,电流需经主电路的一个晶闸管与另一个整流管内部续流。这样续流回路内阻大,所以 i_d 波形脉动就大。这现象说明续流回路的接线应尽可能短,导线截面要大以及接头要接牢,以利续流,使 i_d 波形更平坦。

六、实验说明及注意问题

(1) 续流二极管的极性不要接错,否则造成短路事故。续流回路与负载连线要短,并要接牢以利于续流。

(2) 电感负载最好采用直流电动机激磁绕组或平波电抗器。也可用变压器绕组取代,但由于变压器铁心无气隙电感量将随 i_d 加大而减小,所以 i_d 波形和教材所分析的情况有较大差别。

七、实验报告的要求

(1) 实验前应复习教材第二章中第二节与第五节内容。

(2) 阐述单结晶体管触发电路工作原理和调试方法。

(3) 画出三种不同负载在某 α 角时的 u_{g1}、u_{g2}、u_d、u_{T1} 和 i_d 的波形。

(4) 作出电阻性负载时 $U_d/U_2 = f(\alpha)$ 表格、曲线并与 $U_d/U_2 = 0.9(1+\cos\alpha)/2$ 式比较,分析误差的原因。

(5) 由示波器观察 u_d 与 i_d 波形来说明续流二极管作用与电动机负载串入平波电抗器 L_d 的作用。

(6) 根据实验结果画出电动机负载时机械特性曲线,即 $n = f(I_d)$ 关系曲线。

(7) 讨论分析实验中出现的现象和故障。

参 考 文 献

1. 王毓银编. 脉冲与数字电路. 北京：高等教育出版社，2000
2. 张建华主编. 数字电子技术. 北京：北京理工大学出版社，1999
3. 陈传虞主编. 脉冲与数字电路. 北京：高等教育出版社，2001
4. 陈振源主编. 电子技术基础. 北京：高等教育出版社，1999
5. 郑忠杰，吴作海主编. 电力电子变流技术. 北京：机械工业出版社，1998
6. 王忠庆主编. 电子技术基础(数字部分). 北京：高等教育出版社，2002
7. 徐惠康主编. 电子技术. 北京：机械工业出版社，2000
8. 杨志忠主编. 模拟电子技术. 北京：高等教育出版社，2000